典型数控机床案例学习模块化丛书

经济型系列数控机床维修案例

胡家富　主编

上海科学技术出版社

图书在版编目(CIP)数据

经济型系列数控机床维修案例 / 胡家富主编. —上海:上海科学技术出版社, 2015.9
(典型数控机床案例学习模块化丛书)
ISBN 978-7-5478-2727-7

Ⅰ. ①经… Ⅱ. ①胡… Ⅲ. ①数控机床—维修 Ⅳ. ①TG659

中国版本图书馆 CIP 数据核字(2015)第156880号

经济型系列数控机床维修案例
胡家富 主编

上海世纪出版股份有限公司
上 海 科 学 技 术 出 版 社 出版
(上海钦州南路71号 邮政编码200235)
上海世纪出版股份有限公司发行中心发行
200001 上海福建中路193号 www.ewen.co
常熟市兴达印刷有限公司印刷
开本 889×1194 1/32 印张 12
字数: 360千字
2015年9月第1版 2015年9月第1次印刷
ISBN 978-7-5478-2727-7/TH·55
定价: 48.00元

内容提要

本书以数控机床装调维修工的技能鉴定标准相关内容为依据进行编写，并按照适用于批量生产的经济型系列数控机床装调维修工岗位的实际需要进行内容的编排。内容包括数控车床装调维修、数控钻床和铣床装调维修、其他数控机床装调维修。

本书有大量的装调维修和鉴定考核实例，可有效帮助读者掌握西门子 SIEMENS、发那科 FANUC、华中 HNC、广数 GSK 等系列经济型数控机床常见和典型故障的维修基础知识和相关知识，帮助读者达到经济型数控机床装调维修工岗位各项技能要求。读者在实际工作中，遇到问题可得到书中实例对照的现场帮助；面临难题可通过书中实例借鉴而茅塞顿开。

本书可供数控车床、数控钻床和铣床、其他数控机床装调维修工上岗培训和自学使用，适用于初、中级经济型数控机床装调维修工的技术培训和考核鉴定，对于初学数控机床装调维修的技术工人，是一本可供自学和参考的实用书籍。本书也可供数控机床装调维修工岗位职业培训和技能鉴定部门参考使用。

前　言

经济型数控机床装调维修工是机械制造业紧缺的技术人才，数控加工机床是柔性自动化加工的主要机床设备，数控车床、数控钻床和铣床是经济型数控金属切削加工机床中最常用、最典型的数控机床设备，数控磨床、数控专用机床、数控电加工机床、数控成形加工机床也是各种制造业常用的经济型数控机床。本书以经济型系列数控车床、数控钻床和铣床、其他数控机床装调维修的岗位能力要求为主线，按数控机床装调维修工职业鉴定标准为依据，将经济型数控机床装调维修的知识和技能通过通俗易懂、循序渐进、深入浅出的实例叙述，引导读者克服经济型数控机床装调维修"难"的障碍，抓住经济型系列数控机床维修诊断中常见的问题，把经济型数控机床装调工岗位必须掌握的技术基础、诊断方法、维修技能、经验积累融入各种典型和特殊的故障维修实例，使初学者通过实例问答，了解和熟悉经济型系列数控车床、数控钻床和铣床、数控磨床和数控专用机床等的常见故障现象观察、原因分析、诊断技术和维修方法。在岗人员能通过实例分析，熟悉生产一线经济型数控机床故障诊断维修的基本方法，学会生产中数控机床常见故障的维修方法，掌握生产中的典型故障的诊断分析方法，指导难以解决故障的排除途径。

本书中各项任务综合实例特点进行简要介绍，实例通过故障现象、故障原因分析、故障诊断和排除、维修经验归纳和积累四个基本模块，融入经济型数控机床装调维修的基本知识和技能，解决生产实际问题的方法，职业鉴定知识和技能考核范围的主要内容，精辟通俗、图文并茂、步骤清晰、便于借鉴，可供装调维修经济型系列（包括常用的西门子 SIEMENS、发那科 FANUC、华中 HNC、广数 GSK 等数控系统）数控机床的初、中级工实际维护维修参考选用。

本书的内容除了基本知识和技能的介绍外，还介绍了经济型数控机床装调维修经验的归纳、积累、技巧的启示和分析，以便读者在本书指导下，快速达到经济型数控机床装调维修工岗位要求，在岗位实践中逐步提高独立解决问题的能力。读者结合生产实际和数控机床装调维修的仿真演示，按本书实例进行自学训练，便能从容应对数控机床装调维修工计算机模拟培训和考核方式。

本套丛书的编写人员有胡家富、尤道强、王庆胜、李立均、韩世先、周其荣、程学萍、李国樑、纪长坤、何津、王林茂、朱雨舟、储伯兴；其中胡家富担任主编，李国樑、纪长坤、何津、王林茂、朱雨舟、储伯兴等同志主要负责本书编写，限于编者的水平，书中难免有疏漏之处，恳请广大读者批评指正。

编　者

目　录

模块一　数控车床机械、气动、液压部分装调维修

内容导读

数控车床的装调维修包括机械部分、气液系统、电气部分、数控系统和辅助装置的装调维修。数控车床的装调维修是本专业工种中级技能鉴定标准的主要内容，也是数控机床维修工岗位的上岗技能要求。维修配置经济型系列系统数控车床，首先应熟悉数控车床的基本配置和结构特点，掌握数控车床的操作和程序释读方法，经济型系列系统的组成和特点，重点掌握伺服系统和装置的故障诊断和维修，兼顾报警显示故障和典型无报警显示故障的诊断分析方法、检测排除和维修调整方法。在机床本体的维修实践中应注重直观法、隔离法等故障基本检测方法的训练，掌握数控车床安装验收方法，基本组成部分（主轴伺服、进给伺服和刀架、尾座等）的装拆、调整和检修方法。

项目一　机械部分故障维修

数控卧式车床由数控系统和机床本体组成。机床本体包括床身、主轴箱、刀架、纵横向驱动装置、冷却系统、液压系统、润滑系统和安全保护系统等。数控卧式车床按其导轨类型可分为平床身数控车床和斜床身数控车床。图 1－1 所示为 CKA6150 数控卧式平床身车床的基本组成；图 1－2 所示为典型数控车床的结构系统组成。

任务一　数控车床床身导轨部件故障维修

1. 数控机床导轨的技术要求与典型结构

(1) 数控机床导轨的技术要求　机床导轨的主要功能是为运动部件（如刀架、工作台等）提供导向和支承，并保证运动部件在外力作用下能准

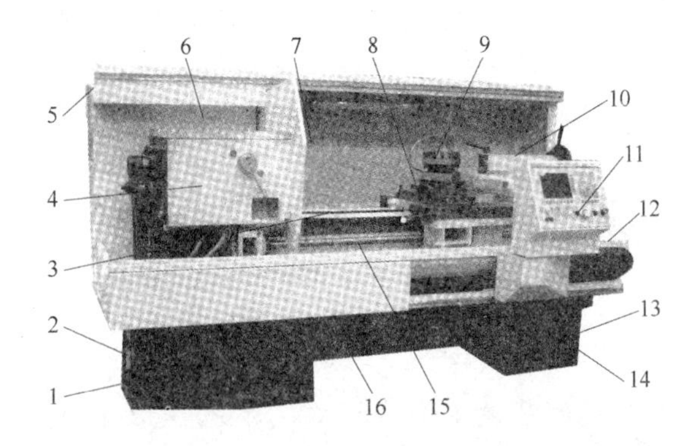

图 1-1 CKA6150 数控卧式车床的基本组成

1—前床腿；2—主电动机；3—床身；4—主轴箱；5—电气箱；6—全封闭防护；7—卡盘；8—床鞍及横向驱动；9—刀架；10—尾座；11—操纵箱；12—集中润滑箱；13—冷却水箱；14—后床腿；15—纵向驱动；16—接屑盘

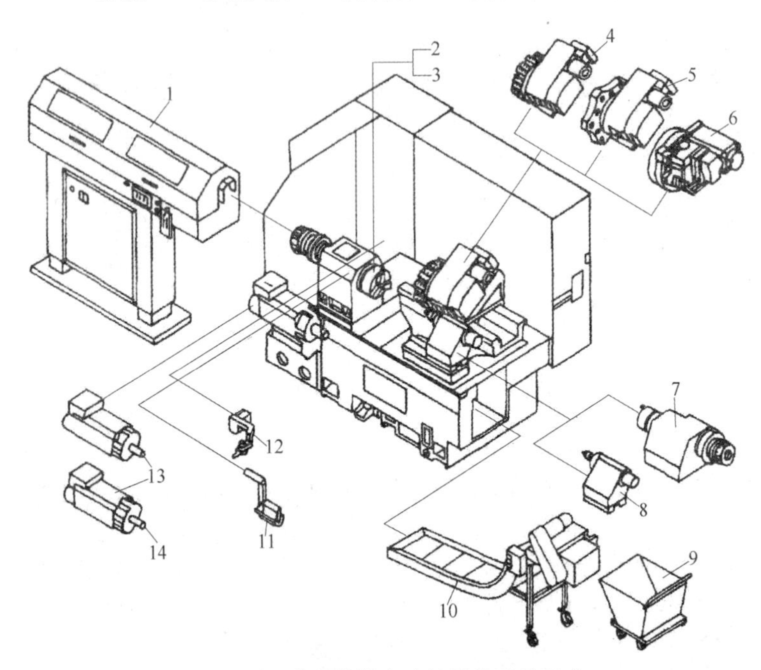

图 1-2 典型数控车床的结构系统组成

1—自动送料机；2—三爪卡盘；3—弹簧夹头；4—标准刀架；5—VDI 刀架；6—动力刀架；7—副主轴；8—尾架；9—集屑车；10—排屑器；11—工件接收器；12—接触式机内对刀仪；13—主轴电动机；14—*C* 轴控制主轴电动机

确地沿着预定的方向运动。导轨的精度及其性能对机床加工精度，承载能力等有着重要的影响，因此对数控机床的导轨有如下技术要求：

① 具有较高的导向精度；

② 具有良好的摩擦特性；

③ 具有良好的精度保持性；

④ 结构简单，工艺性好，便于加工、装配和维修。

(2) 数控机床常见滑动导轨截面的形式及其特点(表 1-1)

表 1-1　数控机床常用滑动导轨截面形式及其特点

截面形式	示　　图	特　　　　点
山形截面		山形截面导轨导向精度高，导轨磨损后靠自重下沉自动补偿，下导轨用凸形，有利于污物排放
矩形截面		矩形截面导轨制造方便，承载能力大，新导轨导向精度高，磨损后不能进行自动补偿，需用镶条调节导向间隙

(3) 数控机床导轨的常用种类(表 1-2)

表 1-2　数控机床常用导轨的种类

按不同的接触面间摩擦性质分类	种　　　　类
滚动导轨	滚动导轨常用的有滚珠导轨、滚柱导轨和滚针导轨
塑料导轨	塑料导轨常用的有贴塑导轨和注塑导轨
静压导轨	静压导轨常用的有液体静压导轨和气体静压导轨

(4) 数控车床的床身导轨布局　数控车床的床身导轨布局有多种形式，见表 1-3。

表 1-3　数控车床的床身导轨布局形式及其应用

布局形式	示　　图	特 点 与 应 用
平床身平滑板		平床身平滑板布局形式，因床身工艺性好，易于提高刀架移动精度等特点，一般用于大型数控车床和精密数控车床

（续表）

布局形式	示　图	特 点 与 应 用
斜床身斜滑板		这种布局形式因排屑容易、操作方便、易于安装机械手实现单机自动化、容易实现封闭式防护等特点而为中小型数控车床普遍采用
平床身斜滑板		这种布局形式因排屑容易、操作方便、易于安装机械手实现单机自动化、容易实现封闭式防护等特点而为中小型数控车床普遍采用
立床身		立式床身是斜床身和倾斜导轨的特殊形式，用于中小规格的数控车床，其床身的倾斜度以 60°为宜

(5) 数控车床底座、鞍座和滑板的结构　如图 1-3 所示，数控车床的导轨部件与滑板、鞍座和底座有安装连接关系，典型数控车床的底座、鞍座和滑板都是通过滚动导轨提供导向和支承的。

2. 滚动导轨的结构特点

(1) 滚动导轨基本特点　滚动导轨是在导轨工作面间放入滚珠、滚柱或滚针等滚动体，使导轨面间形成滚动摩擦的机床导轨。滚动导轨摩擦因数小(μ=0.002 5～0.005)，动、静摩擦因数很接近，且不受运动速度变化的影响，因而运动轻便灵活，所需驱动功率小，摩擦发热少，磨损小，精度保持性好，低速运动时，不易出现爬行现象，定位精度高。滚动导轨可以预紧，通过预紧可显著提高刚度。因此，适用于要求移动部件运动平稳、灵敏，能实现精密定位的数控机床。

(2) 常用滚动导轨的种类与特点(表 1-4)

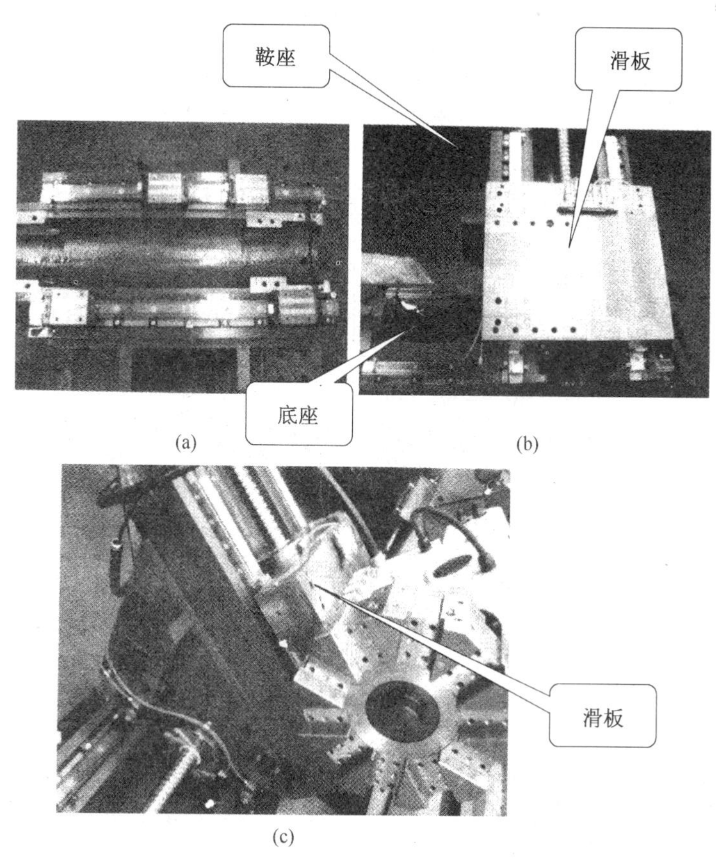

图 1-3　典型数控车床的底座、鞍座和滑板

表 1-4　常用滚动导轨的特点

滚动导轨种类	示　图	特　　点
滚珠导轨		这种导轨结构紧凑，制造容易，成本较低，由于是点接触，因而刚度低，承载能力小；因此适用于载荷较小（小于 2 000N）、切削力矩和颠覆力矩都较小的机床。导轨用淬硬钢制成，淬硬至 60～62HRC

（续表）

滚动导轨种类	示　图	特　　点
滚柱导轨	(a) (b) (c)	这种导轨的承载能力和刚度都比滚珠导轨大，适用于载荷较大的数控机床，滚柱导轨对导轨面的平行度要求比较高，否则会引起滚柱的偏移和侧向滑动，使导轨磨损加剧和精度降低。图 a 所示的滚柱导轨结构比较简单，制造较方便，导轨一般采用镶钢结构，如图 b 所示。图 c 为十字交叉短滚柱导轨，滚柱长度比直径小 0.15～0.25mm，相邻滚柱的轴线交叉成 90°排列，使导轨能承受任意方向的力，这种导轨结构紧凑，刚性较好，不易引起振动，但制造比较困难
滚针导轨	—	滚针比滚柱的长径比大，由于直径尺寸小，故结构紧凑。与滚柱导轨相比，可在同样长度上排列更多的滚针，因而承载能力大，但摩擦也相应大一些。通常适用于尺寸受限制的场合
直线滚动导轨块（副）组件	1　2 (a) (b)	近年来数控机床常采用由专业生产制造厂制造的直线滚动导轨块或导轨副组件。这种导轨副组件本身制造精度很高，对机床的安装基准面要求不高，安装、调整都非常方便，现已有多种形式、规格可供选择使用。图示是一种滚柱导轨块组件，其特点是刚度高、承载能力大，导轨行程不受限制。当运动部件移动时，滚柱 1 在支承部件的导轨与本体 2 之间滚动，同时绕本体 2 循环滚动。每一导轨上使用导轨块的数量可根据导轨的长度和负载的大小决定

3. 机床导轨的装配与调整

(1) 滑动导轨的精度要求（表 1－5）

(2) 直线滚动导轨安装精度要求（表 1－6）

4. 机床导轨的常见故障与诊断方法（表 1－7）

5. 数控车床导轨部件的故障维修实例

表 1-5 滑动导轨的精度要求

检 测 项 目	精 度 要 求
导轨面平面度	0.01～0.015mm
长方向的直线度	0.005～0.01mm
侧导轨面的直线度	0.01～0.015mm
侧导向面之间的平行度	0.01～0.015mm
侧导向面对导轨底面的垂直度	0.005～0.01mm
镶钢导轨的平面度	0.005～0.01mm
镶钢导轨的平行度、垂直度	0.01mm 以下
贴塑导轨	应保证黏合剂厚度均匀、粘接牢固

表 1-6 滚动导轨的安装精度要求

检 测 项 目	精 度 要 求
直线滚动导轨精度等级	一般选用精密级(D 级)
安装基准面平面度	一般取 0.01mm 以下
安装基准面两侧定位面之间的平行度	0.015mm
侧定位面对底平面安装面之间的垂直度	0.005mm

表 1-7 机床导轨副的常见故障诊断及排除

故障现象	故 障 原 因	排 除 方 法
导轨研伤	1) 机床失准:机床经长期使用,地基与床身水平有变化,使导轨局部单位面积负荷过大	1) 定期进行床身导轨的水平调整,或修复导轨精度
	2) 使用不当:长期加工短工件或承受过分集中的负载,使导轨局部磨损严重	2) 注意合理分布短工件的装夹位置,避免负荷过分集中
	3) 维护不好 ① 导轨润滑不良 ② 导轨里落下脏、异物	3) 加强机床保养,调整导轨润滑油量,保证润滑油压力;保护好导轨防护装置

（续表）

故障现象	故 障 原 因	排 除 方 法
导轨研伤	4）制造质量差 ① 刮研质量不符合要求 ② 导轨材质不佳	4）采用改进措施 ① 刮研修复提高导轨精度 ② 采用电镀加热自冷淬火对导轨进行处理，导轨上增加锌铝铜合金板，以改善摩擦情况
导轨上移动部件运动不良或不能移动	1）导轨面研伤	1）用180＃砂布修磨机床导轨面上的研伤部位
	2）导轨压板研伤	2）卸下、修复压板，重新调整压板与导轨间隙
	3）导轨镶条与导轨面接触不良	3）卸下镶条，研刮修复镶条
	4）导轨镶条与导轨间隙太小，调得太紧	4）松开镶条止退螺钉，调整镶条螺栓，使运动部件运动灵活，保证0.03mm塞尺不得塞入，然后锁紧止退螺钉
	5）导轨镶条调节螺钉锁紧螺母松动	5）检查锁紧螺母螺纹，若损坏应更换
加工面在接刀处不平	1）导轨直线度超差	1）调整或修刮导轨，控制导轨直线度在0.015mm/500mm以内
	2）机床水平失准，使导轨发生弯曲	2）调整机床安装水平，保证平行度、垂直度在0.02mm/1 000mm之内
	3）滑动导轨接触面不良	3）修复导轨接触面和接触刚度
	4）工作台镶条松动或镶条弯曲度太大	4）修复镶条，镶条弯度在自然状态下小于0.05mm/全长，调整镶条间隙
	5）静压导轨油膜厚度不均匀	5）工作台各点的浮起量应相等，并控制好最佳原始浮起量(油膜厚度)
	6）静压导轨油膜刚度差	6）各油腔均需建立起压力，并应使各油腔中的压力 p_I 与进油压力 p_s 之比接近于最佳值；在工作台全部行程范围内，不得使有的油腔中的压力为零或等于进油压力 p_s
	7）贴塑导轨精加工精度差	7）检测贴塑导轨的研刮精度
	8）贴塑导轨局部磨损	8）检测配对金属导轨的硬度和表面粗糙度，并进行修复

【实例 1-1】

(1) 故障现象 某配置广州数控 GSK980TDb 系统经济型数控卧式斜床身车床，车削盘、套零件的端面时表面精度下降，出现绸纹形状的痕迹，并沿 X 向具有一定的排列间距规律。

(2) 故障原因分析

① 以结构特点为线索分析。本例数控车床 X 向中滑板为燕尾导轨，采用镶条进行导轨间隙调整；传动丝杠为滚珠丝杠，采用直流伺服调速电机驱动。查阅有关资料和故障显示的含义，因系统能执行程序指令运行正常，推断系统基本无故障；用替换法检查伺服电机，故障现象依旧。

② 以常见的故障原因分析。按经验法初步分析为机械部分故障，常见故障原因：X 向导轨部件有故障或失调；X 向滚珠丝杆部件有故障或失调。

(3) 故障诊断和排除

① 故障诊断方法。本例应用顺序逐项检查法：检查导轨面，未发现有研伤和异物黏附；用手转动丝杠，发现有周期性的阻滞现象，脱离负载后检查滚珠丝杠及其轴承，未发现有异常情况；检查导轨的镶条，并调整配合间隙后重新试车，故障依旧。由此，判断镶条与导轨的配合面精度有问题。拆下镶条进行研点检查，发现镶条的平面度和研点不符合精度要求。进而检查导轨的平面精度，符合精度要求。由此确定镶条的平面度精度降低是造成中滑板周期性阻滞的基本原因。

② 故障维修方法。

a. 应用零件返修法，在标准平板对镶条进行研刮修整。

b. 应用装配检修法，在基本符合要求后与机床上的滑板导轨配合部位进行对研配刮，进一步修整镶条的斜度及其与导轨面的配合精度，用 0.03mm 的塞尺检测保证配合间隙。

c. 应用试件加工质量检查法，在配刮、安装调整后，用不同的 X 向进给速度进行端面车削试车，端面车削精度恢复，车削中出现等间距绸纹的故障被排除。

(4) 维修经验积累 经济型数控车床采用镶条调整结构的滑动导轨，由于批量生产可能导致镶条承受切削力偏载而形成与导轨配合间隙或配合表面精度下降的现象，从而产生加工面精度下降的故障。

【实例 1-2】

(1) 故障现象 某配置 KND 系统经济型数控车床，在加工过程中，工件圆周表面轴向固定部位有异常切削纹理形成的不规则痕迹。

（2）故障原因分析

① 故障现象观察与分析。

a. 短时加工几个零件的表面都很好，经过一段时间的运行，故障现象出现，加工表面固定位置有一段痕迹。说明故障有渐变过程。

b. 采用外圆加工和内孔加工进行切削试验，外圆加工和内孔加工后都在轴向同一位置出现痕迹。说明故障与轴向机械部件有关。

② 查阅资料。查阅驱动电气原理图和说明书；查阅机械结构图。本例配置 KND 经济型数控系统；Z 轴方向机械部分采用滑动导轨和滚珠丝杠。

③ 检查分析。先检查数控系统部分，因系统能执行各种加工的指令，指令的位置准确，推理判断数控系统基本无问题。初步推断故障原因可能是机械部分。

④ 罗列成因。按经验判断，估计滚珠丝杠或导轨部分有问题，常见故障原因如下：

a. 丝杠滚道、滚柱有损伤；

b. 导轨及其相关零部件配合表面研伤；

c. 导轨上移动部件因某种原因导致运动不良或移动有阻滞。

（3）故障诊断和排除

① 故障诊断步骤。对出现痕迹对应位置的丝杠滚道和导轨进行检查。机床断电，用手拧转丝杠，在拧到工件出现问题的那一段时，注意传动机构的异常情况。

② 故障部位确认。检查滚珠丝杠，丝杠部分无故障迹象；但到了有痕迹的对应位置，转动丝杠感觉有轻微的卡滞，转矩有所增加，将滑板退回去，检查导轨的相应部位，发现导轨面上对应部位有异物黏附，很牢固，将黏连的东西用砂纸除去一部分，然后再试运行一段时间，发现加工表面有痕迹的故障有所改善。由此确认，故障是由于机床导轨上黏附的异物造成滑板移动不顺畅，出现轻微的卡滞而产生进给运动误差，从而产生表面加工有痕迹的故障现象。

③ 故障根源分析。经过仔细观察和分析，机床导轨上的黏附物源于润滑油管道中的切屑粉末沉淀杂质。

④ 故障排除方法。

a. 用刮刀、砂纸和油石等导轨维修工具，把导轨上黏连的异物除去，对该部位的导轨面进行清洁修复。

b. 为了保障导轨的清洁和润滑，避免异物的黏附，对机床导轨的润滑部分进行疏通清洗检修，更换润滑油，使机床导轨面达到说明书规定的润滑技术要求。

c. 试运行 3h，没有出现任何问题。观察数日，出现加工痕迹的位置无故障重现，故障排除。

（4）维修经验积累　经济型数控车床由于在批量生产过程中会产生大量的切屑，而且机床使用的时间比较长，机床利用率比较高，机床的日常维护保养比较简单，可能导致切屑细末混入润滑系统管道，日久沉淀异变后随润滑油溢出，黏附在导轨等配合表面，影响滑动导轨的导向精度，从而影响表面加工质量。因此维修经济型数控机床应注意检查润滑系统的清洁度和润滑情况。

【实例 1－3】

（1）故障现象　某配置 FANUC 0TC 系统的经济型数控车床，出现报警 411“SERVO ALARM：X AXIS EXCESS ERROR”（伺服报警：*X* 轴超差错误）和 414“SERVO ALARM：X AXIS DETECT ERROR”（伺服报警：*X* 轴检测错误）。报警指示 *X* 轴伺服驱动有故障。

（2）故障原因分析　本例是有报警故障，可按以下步骤进行故障原因分析。

① 故障现场询问。

a. 询问操作人员，故障在开机运行一段时间后发生。

b. 故障重现观察，出现故障后，关机一段时间再开机，机床还可以运行一段时间。

② 罗列故障成因。*X* 轴伺服电动机有故障；*X* 向机械传动机构有故障；*X* 向导轨部件有故障。

（3）故障诊断和排除

① 据理推断。由于机床开机后能正常运行一段时间，因此伺服电动机在初始阶段是正常的。故障发生时，伺服电动机应有异常。

② 数据诊断。出现故障后利用系统诊断功能检查诊断数据 DGN720，发现 DGN720bit7 为“1”，指示 *X* 轴伺服电动机过热。此时检查 *X* 轴伺服电动机，发现确实过热。

③ 因果诊断。伺服电动机发热可能是电动机故障，替换检查后伺服电动机无故障；由此判断为机械负载过重。

④ 检查诊断。将 X 轴伺服电动机拆下，手动转动 X 轴滚珠丝杠，发现阻力很大；拆开 X 轴的护板，发现导轨上堆积大量切屑，导轨配合面磨损、划伤也很严重。

⑤ 故障排除方法。

a. 清除堆积的切屑，对磨损和划伤的导轨进行修复。

b. 检查润滑系统的完好程度，进行疏通和清理，保证导轨的润滑。

c. 检查护板的完好程度和密封性，防止切屑和异物进入导轨。

d. 开机测试，机床恢复稳定运行，报警故障排除。

（4）维修经验积累

① 本例故障报警内容显示的是伺服电动机有故障，而实质上是伺服电动机过载后的报警显示，对此类报警应在排除电动机本身的故障后，分析导致伺服电动机过载的机械原因。

② 经济型数控车床在批量生产过程中会产生大量的切屑堆积，操作人员需要及时规范地清除切屑，清除时需注意防止将切屑从防护罩的缝隙中挤入导轨配合部位，导致导轨的损伤。有些操作人员经常将待加工和已加工零件摆放在导轨的防护罩上，致使导轨防护罩变形，影响防护功能。检修和维护中应注意此类特点。

【实例 1－4】

（1）故障现象　某配置华中 HNC 系统经济型数控车床，X 轴移动时，经常出现 X 轴超差错误报警，指示 X 轴伺服系统有问题。

（2）故障原因分析

① 故障重现。运行机床，调整机床 X 轴的进给速度，发现进给速度相对较高时，出现伺服报警的概率比较低，进给速度相对较低时，出现伺服超差报警的概率比较高。

② 报警释义。根据系统报警手册超差报警的解释为：X 轴的指令位置与机床实际位置的误差在移动中产生的偏差过大。

③ 罗列成因。

a. X 轴伺服系统有故障；驱动模块有故障。

b. X 轴机械部分有故障，如滚珠丝杠故障、导轨部分故障等。

（3）故障诊断和排除

① 参数分析。为了排除伺服参数设定的影响，将该机床的机床数据与其他同类机床对比，基本一致，没有改变。

② 强电检查。检查伺服系统的供电，三相电压平衡，幅值正常。

③ 模块替换。用替换法检查伺服驱动模块，故障依旧。

④ 参数调整。适当调整机床的数据设定：调整机床位置环增益数据、X 轴快进加减速时间常数和 X 轴手动进给加减速时间常数，故障依旧。

⑤ 检查连接部分。对 X 轴伺服系统连接电缆进行检查，未发现异常现象。

⑥ 检查机械部分。将 X 轴伺服电动机拆下，直接转动 X 轴的滚珠丝杠，发现某些位置转动的阻力比较大。将 X 轴的滑台护罩打开，观察导轨，发现润滑不均匀，有些位置明显没有润滑油。进一步检查润滑系统，发现润滑泵的工作不正常，润滑系统的“定量分油器”工作也不正常。

⑦ 故障排除方法。更换同一型号的润滑泵，更换润滑“定量分油器”，检查和疏通润滑管路。机床滑台导轨充分润滑后，运行恢复正常，X 轴超差报警故障排除。

【实例 1－5】

(1) 故障现象　某配置广数 GSK980TDb 经济型系统数控卧式斜床身车床，车削盘类零件较大端面时出现接刀不平或平面度失准现象，并无一定的规律。

(2) 故障原因分析　数控车床出现接刀不平的故障现象，常见的原因是导轨配合间隙失调、滑动导轨接触面不良、水平失准等。

(3) 故障诊断和排除

① 故障诊断方法。检查导轨接触面，未发现接触不良现象；检查配合间隙，未发现间隙过大的现象；用电子水平仪检查机床的水平安装精度，发现机床失准。初步诊断由于机床失准，引起导轨变形发生弯曲，引起滑板运动精度误差，导致接刀不平的故障现象。

② 故障排除方法。用电子水平仪复核机床的水平安装精度，并通过调整底座安装的调整垫块，使机床安装精度达到机床说明书的安装调整要求。启动机床对原故障发生状态进行重演，故障被排除。

(4) 维修经验积累

① 对新安装的数控机床在使用一段时间或承受重载切削后，要进行安装水平精度的复核检查，以免失准而影响加工精度。

② 在选用安装调整垫时，应注意机床的切削负荷、周围的加工环境对机床安装精度保持性的影响。一些依靠摩擦力定位支承的调整垫只适用于轻载切削加工。

③ 对批量生产的数控车床，技术人员和操作人员应按机床安装后能承受的切削载荷合理选用切削用量，注意控制刀具的磨损极限，避免因操作不合理导致机床失准影响加工精度。

任务二 数控车床主轴部件故障维修

1. 主轴部件典型结构

(1) 主传动系统特点

① 转速高，功率大，能进行大功率切削和高速切削，实现高效率加工。

② 主轴的变速迅速可靠，能实现自动无级变速，使切削工作始终在最佳状态下进行。

③ 车削中心的主轴上设有刀具的自动装卸、主轴定向停止(或称为准停装置)和主轴孔内的切屑清除装置。

(2) 主传动伺服装置 主要是指主轴转速控制装置，以实现主轴的旋转运动，提供切削过程的转矩和功率，并保证任意转速的调节，完成转速范围内的无级变速。当数控机床具有螺纹加工、准停和恒线速度加工功能时，主轴电动机需要配置脉冲编码器等位置检测装置进行主轴位置反馈。当数控机床具有 C 轴功能时，即主轴旋转像进给轴一样，则需要配置与进给轴类似的位置控制装置，以实现刚性攻螺纹等控制功能。

(3) 主轴的变速方式及其特点(表 1-8)

表 1-8 主轴的变速方式及其特点

变速方式	特点
无级变速	数控机床一般采用直流或交流伺服电动机实现主轴无级变速，具有以下特点 1) 使用交流伺服电动机，由于没有电刷，不产生火花，使用寿命长，可降低噪声 2) 主轴传递的功率或转矩与转速之间存在一定的关系，当机床处在连续运转状态下，主轴的转速在 437～3 500r/min 范围内，主轴传递电动机的全部功率(一般为 11kW)，称为主轴的恒功率区域。在这个区域内，主轴的最大输出转矩(一般为 245N·m)随着主轴转速的增高而变小。在 35～437r/min 范围内，主轴的输出转矩不变，称为主轴的恒转矩区域，在这个区域内，主轴所能传递的功率随主轴转速的降低而减小 3) 电动机的超载功率一般为 15kW，超载的最大输出转矩一般为334N·m，允许超载的时间为 30min

（续表）

变速方式	特　　点
分段无级变速	在实际生产中，数控机床主轴并不需要在整个变速范围内均为恒功率，一般要求在中、高速段为恒功率传动，在低速段为恒转矩传动。由此，一些数控机床在交流或直流电动机无级变速的基础上，配置齿轮变速，使之成为分段无级变速。在带有齿轮变速的分段无级变速系统中，主轴的正、反起动与停止、制动由电动机实现，主轴变速由电动机转速的无级变速和齿轮有级变速配合实现。齿轮有级变速通常用以下两种方式 1）液压拨叉变速机构。液压变速机构的原理和形式如图 1－4 所示，滑移齿轮的拨叉与变速液压缸的活塞杆连接，通过改变不同通油方式可以使三联齿轮获得三个不同的变速位置 2）电磁离合器变速。这种方式是通过安装在传动轴上的电磁离合器的吸合和分离的不同组合来改变齿轮的传动路线，以实现主轴的变速。采用这种方式，使变速机构简化，便于实现自动操作
内置电动机主轴变速	将电动机与主轴合成一体（电动机转子即为机床主轴），这种变速方式大大简化了主轴箱体与主轴的结构，有效提高了主轴部件的刚度，这种方式一般用于主轴输出转矩要求较小的机床。这种方式的缺点是电动机发热会影响主轴的精度

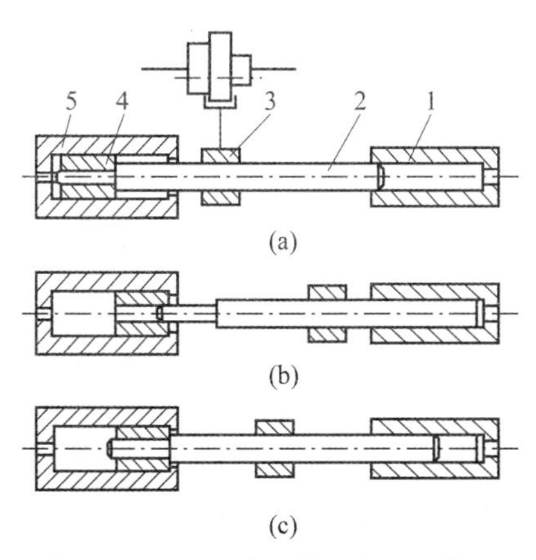

图 1－4　三位液压拨叉作用示意图

1，5—液压缸；2—活塞杆；3—拨叉；4—套筒

(4) 主轴的支承与润滑

① 数控机床主轴的支承配置主要有三种形式,见表1-9。

图1-5所示为TND360数控车床主轴部件结构。其主轴是空心轴,内孔可通过长的棒料,直径60mm,也可用于通过气动、液压夹紧装置。主轴前端的短圆锥面及其端面用于安装卡盘或拨盘,主轴支承配置为前后支承都采用角接触球轴承的形式。前轴承三个一组,4、5大口朝向主轴前端,3大口朝向主轴后端。前轴承的内外圈轴向由轴肩和箱体孔的台阶固定,以承受轴向负荷。后轴承1、2小口相对,只承受径向载荷,并由后压套进行预紧。前后轴承一般都由轴承生产厂配套供应,装配时不需修配。

表1-9 数控机床主轴支承的配置形式及其特点

支承形式	示图	特点
圆锥孔双列圆柱滚子轴承和60°角接触球轴承组合支承		主轴前支承采用这种配置形式使主轴的综合精度大幅度提高,可以满足强力切削的要求,因此在各类数控机床中得到广泛应用
主轴前轴承采用高精度双列(或三列)角接触球轴承,后支承采用单列(或双列)角接触球轴承		采用这种配置形式,角接触球轴承具有较好的高速性能。主轴最高转速可达4 000r/min,但这种轴承的承载能力小,因而适用于高速、轻载和精密的数控机床主轴
前后轴承分别采用双列和单列圆锥滚子轴承		这种配置形式的轴承径向和轴向刚度高,能承受重载荷,尤其能承受较大的动载荷,安装和调试性能好,但这种轴承配置形式限制了主轴的最高转速和精度,故适用于中等精度、低速与重载的数控机床

② 数控机床主轴轴承的润滑可采用油脂润滑,迷宫式密封;也可采用集中强制型润滑,为保证润滑的可靠性,通常配置压力继电器作为润滑油压力不足的报警装置。

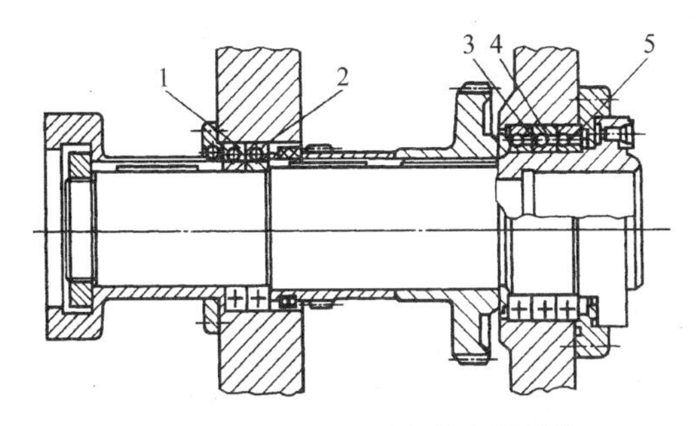

图 1-5　TND360 型车床主轴结构

1,2,3,4,5—轴承

2. 数控车床主轴装配精度检验

表 1-10 列出了数控车床(CKA6150 型)主轴精度检验的方法。

表 1-10　数控卧式车床主轴精度检验的方法

机床型号:CKA6150	装配部门	试车工段	工序内容	主轴轴向窜动及轴肩支承面的跳动
简　　图	允　　差		检验工具	检 验 方 法
百分表 b a 检验棒 CM71-1571 G4项	a—主轴轴向窜动: 0.008mm b—轴肩支承面的跳动: 0.016mm		检验棒: CM71-1571 表架: CM19-44 百分表 磁力表座	在主轴锥孔装入检验棒,将百分表及磁力表座固定在溜板上,使百分表测头触及 a—检验棒端部的钢球上,b—主轴轴肩支承面上。旋转主轴检验。a、b 误差分别计算,百分表读数的最大差值就是轴向窜动误差和轴肩支承面的跳动误差
机床型号:CKA6150	装配部门	试车工段	工序内容	主轴定心轴颈的径向跳动
简　　图	允　　差		检验工具	检 验 方 法
百分表 G5 项	0.008mm		百分表 磁力表座	将百分表及磁力表座固定在溜板上,使百分表测头触及轴颈的表面。旋转主轴检验。百分表读数的最大差值就是径向跳动误差

（续表）

机床型号：CKA6150	装配部门	试车工段	工序内容	主轴锥孔轴线的径向跳动
简　　图	允　　差		检验工具	检 验 方 法
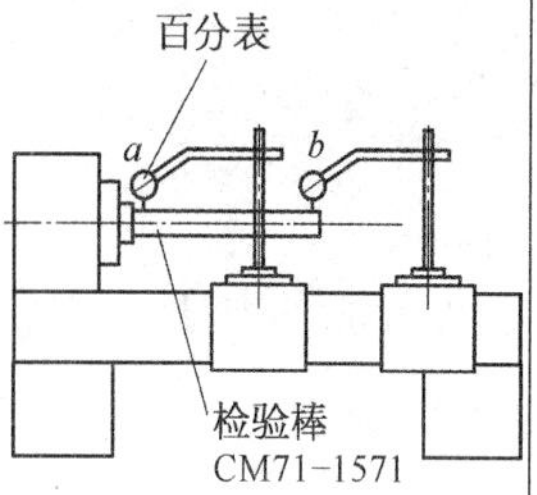 百分表 a　b 检验棒 CM71-1571 G6 项	a—根部： 0.008mm b—300 处： 0.016mm		检验棒： CM71－1571 百分表 磁力表座	将检验棒插入主轴锥孔内，将百分表及磁力表座固定在溜板上，使其测头触及检验棒的表面：a—靠近主轴端面，b—距离 a 处 300mm 长。旋转主轴检验 拔出检验棒，相对主轴旋转 90°，重新插入主轴锥孔中，依次重复检验三次，a、b 的误差分别计算，四次测量结果的平均值就是径向跳动误差

机床型号：CKA6150	装配部门	试车工段	工序内容	主轴轴线对溜板移动的平行度
简　　图	允　　差		检验工具	检 验 方 法
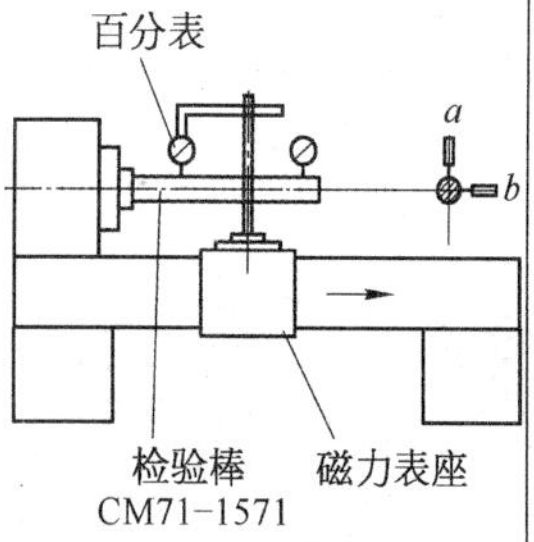 百分表 a b 检验棒 CM71-1571 磁力表座 G7 项	a—上母线： 冷检精度： －0.002～ ＋0.005mm/300mm 热检精度： 0.002～0.018mm （只许向上偏） b—侧母线： ＋0.003～ ＋0.008mm/300mm 热检精度： 0.002～0.013mm （只许向前偏）		检验棒： CM71－1571 百分表 磁力表座	将百分表及磁力表座固定在床鞍上，使百分表测头触及检验棒表面，移动溜板检验 将主轴旋转 180°，再同样检验一次。a、b 误差分别计算，两次测量结果的代数和的一半，就是平行度误差

（续表）

机床型号：CKA6150	装配部门	试车工段	工序内容	顶尖的跳动
简　　图	允　　差		检验工具	检　验　方　法
百分表 F 顶尖 CM72-135 G8项	0.012mm		顶尖 CM72—135 百分表 磁力表座	将顶尖插入主轴孔内，固定好百分表，使其测头垂直触及顶尖锥面上。旋转主轴检验，百分表读数除以cosα（α为锥体半角）后，就是顶尖跳动误差

3. 主轴部件的常见故障及其诊断（表1-11）

表1-11　数控机床主轴部件常见故障与诊断

故障现象	故　障　原　因	排　　除　　方　　法
主轴 无变速	1）电气失控 ① 电器变速信号丢失 ② 变挡复合开关失灵 2）液压系统压力不足 ① 变挡液压缸窜油或内泄 ② 检测或调定元件失控 3）变速零件失控或损坏 ① 变挡液压缸研损或卡死 ② 变挡液压缸拨叉脱落 ③ 变挡电磁阀卡死 ④ 主轴箱拨叉磨损	1）电气检查或维修 ① 检查有无变挡信号输出，并进一步进行排除 ② 更换新开关 2）液压系统维修 ① 检查和更换密封件 ② 更换损坏的元件或按要求调定系统工作压力 3）更换或修复变速零件 ① 修复液压缸，清洗后重新装配 ② 复位装配或更换损坏的拨叉 ③ 检修、清洗电磁阀或更换电磁阀 ④ 更换拨叉、调整液压变速活塞的行程与滑移齿轮的定位、调整或更换垂直滑移齿轮下方平衡弹簧
主轴 不转动	1）主轴转动指令输出信号丢失 2）连锁环节故障原因 ① 保护开关没有压合 ② 卡盘未夹紧工件 ③ 变挡复合开关损坏 ④ 变挡电磁阀体内泄失控等	1）检查主轴转动指令输出信号，并进一步排除故障 2）检修排除连锁环节故障 ① 检修或更换压合保护开关 ② 调整或修理卡盘 ③ 更换复合开关 ④ 更换电磁阀

（续表）

故障现象	故障原因	排除方法
主轴箱噪声大	1）主轴、传动轴部件故障原因 ① 主轴部件动平衡精度差 ② 主轴、传动轴轴承损坏 ③ 传动轴变形弯曲 ④ 传动齿轮精度变差 ⑤ 传动齿轮损坏 ⑥ 传动齿轮啮合间隙大 2）带传动故障原因 ① 传动带过松 ② 多传动带传动各带长度不等 3）润滑环节原因 ① 润滑油品质下降 ② 主轴箱清洁度下降 ③ 润滑油量减少不足	1）排除主轴、传动部件故障 ① 重新进行动平衡校核 ② 修复或更换轴承 ③ 校直传动轴或更换轴 ④ 更换齿轮 ⑤ 更换齿轮 ⑥ 调整齿轮啮合间隙或更换齿轮 2）排除带传动故障 ① 调整传动带张紧量或更换带 ② 更换传动带 3）改善润滑 ① 更换润滑油 ② 清洗主轴箱更换润滑油 ③ 按规定量调整润滑油
主轴发热	1）主轴轴承预紧力过大 2）轴承研伤或损坏 3）润滑油不符合要求（规格不对、变质、有杂质等）	1）按要求调整预紧力 2）按精度等级更换轴承 3）清洗主轴箱、更换新油
切削振动大加工精度下降	1）主轴箱与床身连接松动 2）主轴与箱体精度超差 3）主轴部件轴承预紧力不足 4）轴承损坏 5）机床水平失准 6）机床运送过程受冲击影响几何精度	1）校正精度后紧固连接螺钉 2）修复主轴或主轴箱，达到位置、配合精度要求 3）更换轴承或调整轴承游隙 4）检查和更换拉毛和损坏的轴承 5）重新安装、调平、紧固 6）按标准检测机床几何精度，并进行相应的调整
主轴拉不紧刀具	1）主轴拉刀碟形弹簧变形或损坏 2）拉刀液压缸动作不到位 3）拉钉与刀柄夹头间的螺纹连接松动	1）更换碟形弹簧 2）调整拉刀液压缸（活塞）移动位置 3）调整拉钉位置并锁紧

4. 数控车床主轴部件的故障维修实例

主轴部件的故障常与一些关联的电器故障和连接部分的故障混合在一起，数控车床主轴常见故障的维修可借鉴以下实例。

【实例 1－6】

(1) 故障现象 某配置广数 GSK 数控系统的数控卧式车床主轴变速箱噪声过大，变速动作过程中有噪声。

(2) 故障原因分析

① 带轮动平衡差。

② 主轴与电动机传动带张力过大。

③ 传动、变速齿轮啮合间隙不均匀；齿轮损坏。

④ 传动轴变形弯曲。

(3) 故障诊断和排除

① 拆卸传动带轮进行动平衡检测，按有关技术参数进行判定，本例大、小传动带轮均处于合格动平衡状态。

② 按有关技术参数检查传动带的张紧力，本例传动带的张紧力在许可的范围内。

③ 检查传动齿轮和变速齿轮的啮合间隙及啮合宽度等，发现一个传动齿轮齿面磨损严重，有局部破损；有一组齿轮啮合间隙较小。

④ 检查传动轴几何精度，发现传动轴变形弯曲。

⑤ 根据故障诊断，本例的主轴变速箱噪声由齿轮传啮合状态不良引起，同时伴有传动轴变形故障。由此采用以下维修作业：

a. 检测间隙较小的齿轮副，采用齿距误差和公法线长度变动量等方法检测齿轮的等分精度和尺寸精度，并用常规的齿轮啮合间隙检测方法检测啮合状态的实际间隙。本例应用齿轮替换的方法进行试车，发现噪声明显降低。

b. 更换齿面磨损和局部破损的传动齿轮，试车发现噪声进一步降低，主轴运转正常。

c. 矫正微量变形的传动轴，对变形较大的传动轴予以更换。

d. 检查主轴变速箱的润滑系统，避免润滑不良引发不正常磨损。

e. 检查张紧装置的稳定性，调整传动带的张紧力，避免张紧力过大，引起噪声。

(4) 维修经验积累 经济型数控车床的变速机构通常是齿轮有级变速和伺服电机无级变速相结合的变速形式，尤其是改进型的数控车床，由于长期加工某些批量零件，固定使用某几种的主轴转速，齿轮变速机构的拨叉、某些变速传动齿轮局部磨损是常见故障。由于齿轮的磨损，会进一步导致传动轴变形，因此检修中应注意进行关联零部件的检查维修。

【实例 1-7】

（1）故障现象　CK7815 型车床加工表面精度下降。

（2）故障原因分析　查阅有关技术资料，本例机床主轴的结构如图 1-6 所示。查阅机床维护维修档案，本例机床使用的时间比较长，经几何精度检测主轴各项精度指标有所下降，主要原因是机械部分配合间隙等失调。因此需要进行拆卸检查和装配调整。

（3）故障诊断和排除

① 主轴结构分析。CK7815 型数控车床主轴部件结构如图 1-6 所示，该主轴工作转速范围为 15～5 000r/min。主要结构分析如下：

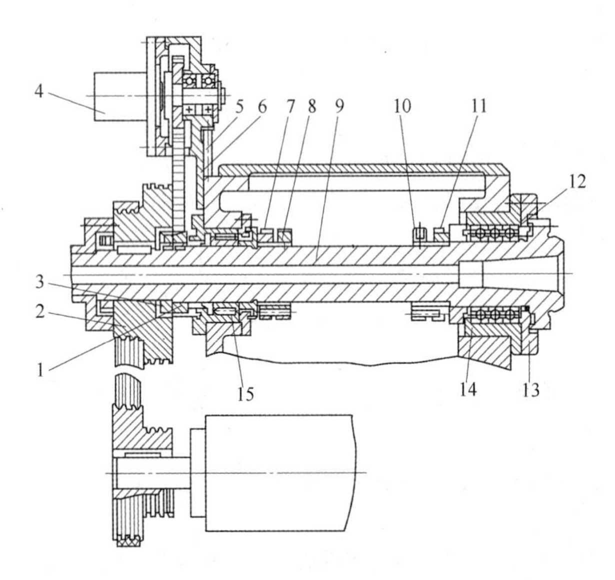

图 1-6　CK7815 型数控车床主轴部件结构

1—同步带轮；2—带轮；3，7，8，10，11—螺母；4—主轴脉冲发生器；5—螺钉；6—支架；9—主轴；12—角接触球轴承；13—前端盖；14—前支承套；15—圆柱滚子轴承

a. 主轴 9 前端采用三个角接触轴承 12，通过前支承套 14 支承，由螺母 11 预紧。

b. 后端采用圆柱滚子轴承支承，径向间隙由螺母 3 和螺母 7 调整。螺母 8 和螺母 10 分别用来锁紧螺母 7 和螺母 11，防止螺母 7 和 11 的回松。

c. 带轮 2 直接安装在主轴 9 上(不卸荷)。

d. 同步带轮 1 安装在主轴 9 后端支承与带轮之间，通过同步带和安装在主轴脉冲发生器 4 轴上的另一同步带轮，带动主轴脉冲发生器 4 和主轴同步运动。

e. 在主轴前端，安装有液压卡盘或其他夹具。经过结构分析，需要按规范进行维修拆卸，并进行清洗和装配调整，以恢复主轴的回转精度。

② 主轴部件的拆卸。主轴部件在维修时需要进行拆卸。拆卸前应做好工作场地清理、清洁工作和拆卸工具及资料的准备工作，然后进行拆卸操作。拆卸操作顺序大致如下：

a. 切断总电源及主轴脉冲发生器等电器线路。总电源切断后，应拆下保险装置，防止他人误合闸而引起事故。

b. 切断液压卡盘(图 1－6 中未画出)油路，排掉主轴部件及相关各部润滑油。油路切断后，应放干净管内余油，避免油溢出污染工作环境，管口应包扎，防止灰尘及杂物侵入。

c. 拆下液压卡盘及主轴后端液压缸等部件，排尽油管中余油并包扎管口。

d. 拆下电动机传动带及主轴后端带轮和传动键。

e. 拆下主轴后端螺母 3。

f. 松开螺钉 5，拆下支架 6 上的螺钉，拆去主轴脉冲发生器(含支架、同步带)。

g. 拆下同步带轮 1 和后端油封件；

h. 拆下主轴后支承处轴向定位盘螺钉。

i. 拆下主轴前支承套螺钉。

j. 拆下(向前端方向)主轴部件。

k. 拆下圆柱滚子轴承 15 和轴向定位盘及油封。

l. 拆下螺母 7 和螺母 8。

m. 拆下螺母 10 和螺母 11 以及前油封。

n. 拆下主轴 9 和前端盖 13。主轴拆下后要轻放，不得碰伤各部螺纹及圆柱表面。

o. 拆下角接触球轴承 12 和前支承套 14。

以上各部件、零件拆卸后，应进行清洗及防锈处理，并妥善存放保管。

③ 主轴部件装配及调整。装配前，各零、部件应严格清洗，需要预先加涂油的部件应加涂油。装配设备、装配工具以及装配方法，应根据装配要求及配合部位的性质选取。操作者必须注意，不正确或不规范的装配方法，将影响装配精度和装配质量，甚至损坏被装配件。

CK7815 数控车床主轴部件的装配过程，可大致依据拆卸顺序逆向操作。主轴部件装配时的调整，应注意以下几个部位的操作。

a. 前端三个角接触球轴承，应注意前面两个大口向外，朝向主轴前端，后一个大口向里（与前面两个相反方向）。预紧螺母 11 的预紧量应适当（查阅制造厂家说明书），预紧后一定要注意用螺母 10 锁紧，防止回松。

b. 后端圆柱滚子轴承的径向间隙由螺母 3 和螺母 7 调整。调整后通过螺母 8 锁紧，防止回松。

c. 为保证主轴脉冲发生器与主轴转动的同步精度，同步带的张紧力应合理。调整时先略松开支架 6 上的螺钉，然后调整螺钉 5，使之张紧同步带。同步带张紧后，再旋紧支架 6 上的紧固螺钉。

d. 液压卡盘装配调整时，应充分清洗卡盘内锥面和主轴前端外短锥面，保证卡盘与主轴短锥面的良好接触。卡盘与主轴连接螺钉旋紧时应对角均匀施力，以保证卡盘的定位精度。

e. 液压卡盘、驱动液压缸安装时，应调好卡盘拉杆长度，保证驱动液压缸有足够的、合理的夹紧行程储备量。

（4）维修经验积累　经济系列数控车床在进行批量生产的过程中，由于频繁启动、变速、切削用量和吃刀量选用不尽合理，机床的主轴部件会发生失调或损坏，从而导致加工精度下降。在检修主轴部件时，需要按装配和调整规范进行作业，否则可能导致故障隐患。

【实例 1－8】

（1）故障现象　某经济系列数控卧式车床采用广数 GSK980TDb 系统，使用过程中发现主轴有发热和异常噪声故障。

（2）故障原因分析

① 主轴轴承预紧力过大。

② 轴承研伤或损坏。

③ 润滑油不符合要求(规格不对、变质、有杂质等)。

(3) 故障诊断和排除

① 检查主轴支承轴承，适当减小预紧力，发现发热和噪声都有减少。根据机床资料，本例的轴承预紧力调整结构如图 1－7d 所示，将紧靠轴承右端的垫圈做成两个半环，可以径向取出，修磨其厚度可控制预紧力的大小，调整精度较高，调整螺母采用细牙螺纹，而且调整好后能锁紧放松。

② 重新调整预紧力后进行加工，没有发现表面振动现象。

③ 清洗检查润滑系统和润滑油质，发现润滑油不够清洁。

④ 进一步检查润滑油箱和油泵及滤网，发现滤网上有不少污物，且滤网有堵塞和局部网孔损坏的情况。更换滤网和润滑油。

经过以上维护维修，机床主轴发热和噪声的故障被排除。

(4) 维修经验积累

① 主轴承的噪声和主轴箱传动齿轮的噪声是不同的，在检查中应注意区分。

② 主轴滚动轴承的预紧力应注意调整结构的特点，如图 1－7a 所示结构预紧力不易控制；如图 1－7b 所示结构，应注意两端螺母的配合调整；如图 1－7c 所示结构，注意用几个螺钉应均匀调整，避免造成垫圈歪斜。

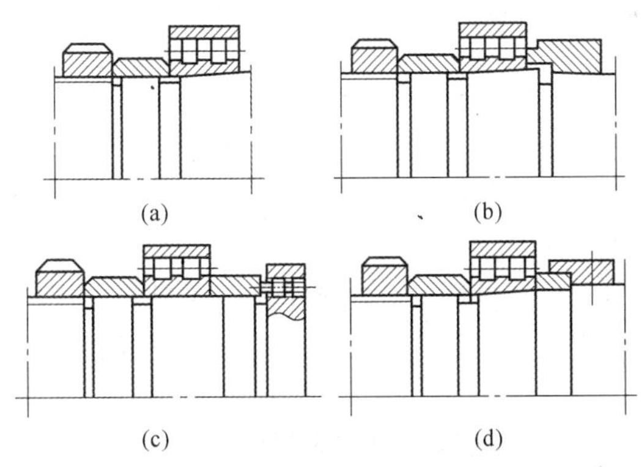

图 1－7　轴承内圈移动预紧力调整结构

(a) 单螺母与套筒；(b) 双螺母与套筒；
(c) 螺母螺钉与套筒；(d) 螺母套筒与半环

【实例 1-9】

(1) 故障现象　某 FANUC 系统经济型数控卧式车床开机后出现主轴不转动故障。

(2) 故障原因分析　主轴不能转动,需要沿主轴驱动和传动系统进行逐级检查,若驱动正常,可沿机械传动系统进行检查,常见的原因为传动键损坏、V 带松动、制动器异常、轴承故障等。

(3) 故障诊断和排除

① 检查驱动电路,处于正常状态。

② 检查电动机及其输出轴的传动键,处于完好状态。

③ 检查 V 带,无损坏;调整 V 带松紧程度,主轴仍无法转动。

④ 检查测量电磁制动器的接线和线圈均正常。

⑤ 检查制动器弹簧和摩擦盘,处于完好状态。

⑥ 检查传动轴及其轴承,发现轴承因缺乏润滑而烧毁。

⑦ 拆下传动轴,用手转动主轴,主轴回转状况正常。

⑧ 故障排除方法。

a. 更换损坏的轴承,仔细装配和调整后进行试车,主轴转动正常,排除主轴不能转动的故障。

b. 合理调整主轴制动的时间,调整摩擦盘与衔铁之间的间隙,调整时先松开螺母,均匀地调整 4 个螺钉,使衔铁与摩擦盘之间的间隙为 1mm,用螺母将其锁紧后试车,主轴的制动时间在规定范围以内。

c. 检查主轴传动系统的润滑系统,轴承的润滑状态,防止相关轴承出现类似的故障。

(4) 维修经验积累　经济型数控车床的主轴、主轴箱润滑系统的保养和维护十分重要,润滑系统的清洁度、润滑油的油量和润滑油质量不符合机床使用的要求,都可能导致主轴故障。合理调整主轴的制动时间,调整摩擦盘与衔铁之间的间隙也是主轴不转动故障维修调整中十分重要的作业环节。维修后应告知操作人员注意主轴与主轴箱的润滑状态,维修人员的巡视检查也应关注润滑系统的运行状态,注意测听主轴启动和停车时的机床噪声。

任务三　数控车床刀架部件故障维修

1. 自动换刀装置的结构

(1) 自动换刀装置的类型与典型结构

① 自动换刀装置的基本要求。为了进一步提高生产效率,压缩非生

产时间，实现一次装夹完成多工序加工，一些数控机床配置了自动换刀装置。数控机床对自动换刀装置的基本要求为：

a. 刀具换刀时间短。

b. 刀具重复定位精度高。

c. 足够的刀具储存量。

d. 刀库的占地面积、占用空间小。

② 自动换刀装置的主要形式与特点见表 1－12。

表 1－12 自动换刀装置的形式与特点

形　式	特点与应用
回转刀架换刀装置	数控机床上使用的回转刀架是一种最简单的自动换刀装置，通常有四方形、六角形或其他形式，回转刀架可分别安装四把、六把或更多的刀具，并按数控指令回转、换刀。回转刀架在结构上必须有较好的强度和刚性，并具有尽可能高的重复定位精度。数控车床常采用此类自动换刀装置
更换主轴头换刀装置	在带有旋转刀具的数控机床中，更换主轴头换刀是一种简单的自动换刀装置，主轴头通常有卧式和立式两种，通常使用转塔的转位来更换主轴头以实现自动换刀。各个主轴头上预先装有各工序加工所需要的旋转刀具，当受到换刀数控指令时，各主轴头一次转到加工位置，并接通主运动使相应的主轴带动刀具旋转，而其他处于不加工位置的主轴都与机床主运动脱开。数控铣床常采用此类自动换刀装置
带刀库的自动换刀装置（系统）	带刀库的自动换刀系统一般由刀库和刀具交换装置组成，这种自动换刀装置的结构比较复杂，目前在多坐标数控机床上大多采用这类自动换刀装置（系统）。在数控机床的自动换刀系统中，实现刀库与机床主轴之间传递和装卸刀具的装置称为刀具的交换装置

（2）回转刀架换刀装置的典型结构　数控车床上的回转刀架是一种最简单的自动换刀装置。随着数控机床的发展，机床多工序功能的不断拓展，逐步发展和完善了各类回转刀具的自动更换装置，扩大了换刀数量，从而能实现更为复杂的换刀操作。

① 四方回转刀架结构与换刀过程见表 1－13。

② 盘式回转刀架结构与换刀过程。MJ－50 数控车床自动回转刀架结构如图 1－8 所示，结构特点与工作过程见表 1－14。

表 1-13 螺旋升降式四方回转刀架结构与换刀过程

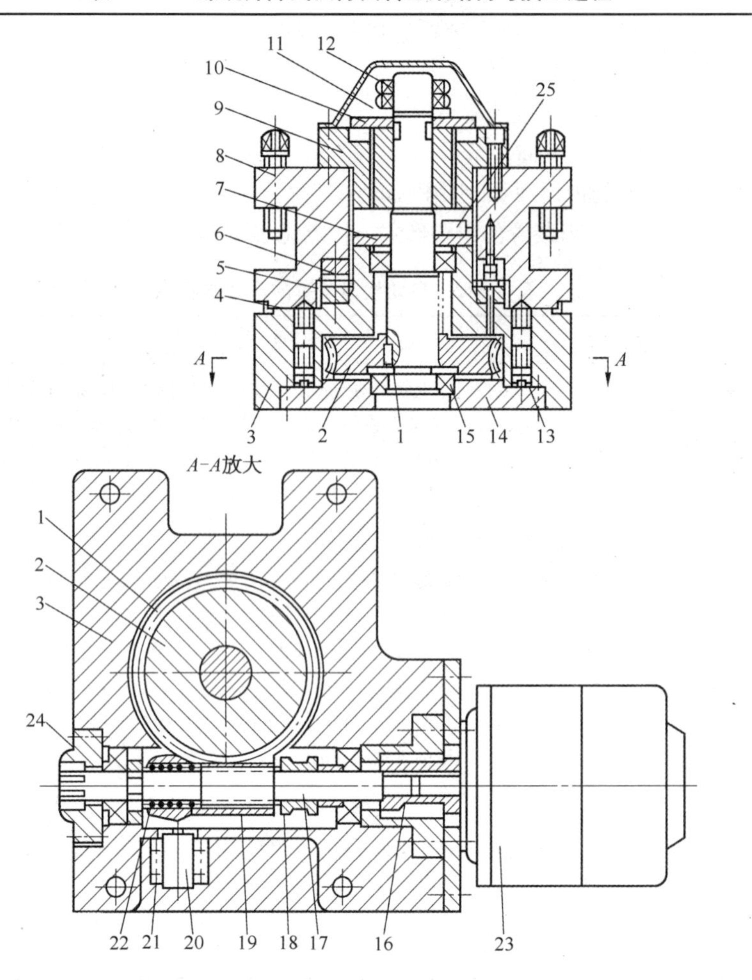

1,17—轴；2—蜗轮；3—刀座；4—密封圈；5,6—齿盘；7,24—压盖；8—刀架；9,21—套筒；10—轴套；11—垫圈；12—螺母；13—销；14—底盘；15—轴承；16—联轴套；18—套；19—蜗杆；20,25—开关；22—弹簧；23—电动机

换刀过程	说　　明
刀架抬起	当数控装置发出换刀指令后，电动机 23 正转，经联轴套 16、轴 17，由滑动键(花键)带动蜗杆 19、蜗轮 2、轴 1、轴套 10 转动。轴套 10 的外圆上有两处凸起，可在套筒 9 内孔中的螺旋槽内滑动，从而举起与 9 相连的刀架 8 及上端齿盘 6，使上端齿盘 6 与下端齿盘 5 分开，完成刀架抬起动作

（续表）

换刀过程	说　　明
刀架转位	刀架抬起后，轴套10仍在继续转动，同时带动刀架8转过90°（如不到位，刀架还可继续转位180°、270°、360°），并由微动开关25发出信号给数控装置
刀架压紧	刀架转位后，由微动开关发出信号使电动机23反转，销13使刀架8停住而不随轴套10回转，于是刀架8向下移，上下端齿盘啮合并压紧。蜗杆19继续转动则产生轴向位移，压缩弹簧22，套筒21的外圆曲面压缩开关20使电动机23停止旋转，从而完成本次转位

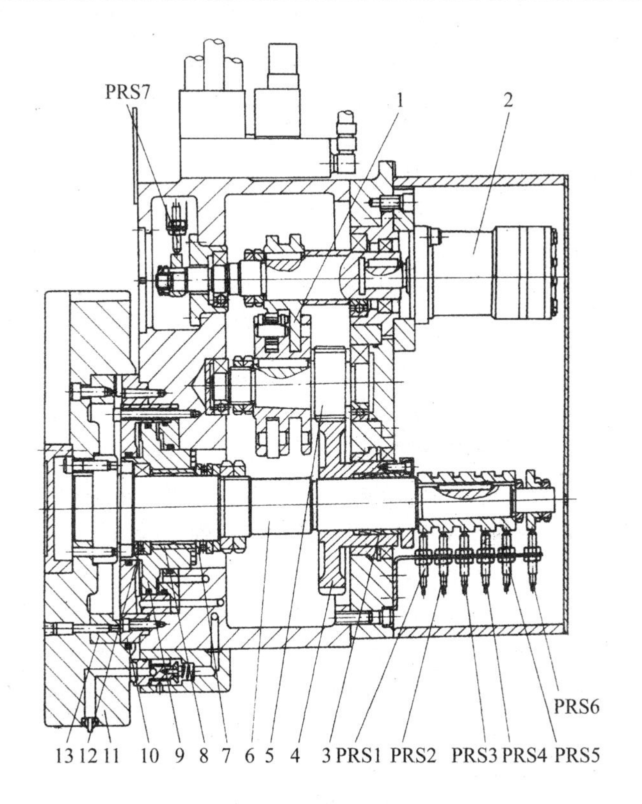

图1-8　数控车床回转刀架结构简图

1—平板共轭分度凸轮；2—液压马达；3—锥环；4,5—齿轮；6—刀架主轴；7,12—推力球轴承；8—双列滚针轴承；9—活塞；10—刀架鼠齿盘；11—刀盘；13—刀盘鼠齿盘

表 1-14　盘式回转刀架结构特点与换刀过程

项　　目		说　　　明
结构特点		1）回转刀架的夹紧与松开、刀盘的转位均由液压系统驱动 2）采用 PC 顺序实现动作控制 3）用鼠齿盘啮合定位刀盘的换刀位置 4）刀盘回转传动为平板共轭分度凸轮和齿轮传动机构 5）刀盘主轴采用推力球轴承和滚针轴承支承 6）在机床自动工作状态下，当指定待装刀的刀号后，数控系统可以通过内部的运算判断，实现刀盘就近转位换刀，即刀盘可正转也可反转。但当手动操作机床时，从刀盘方向观察，只允许刀盘顺时针转动换刀
转位换刀过程	刀盘松开	当数控装置发出换刀指令后，活塞 9 及轴 6 在压力油推动下向左移动，使鼠牙盘 13 与 10 脱开，与轴 6 固定连接的刀盘 11 松开
	刀盘转位	刀盘松开后，液压马达 2 起动带动平板共轭分度凸轮 1 转动，经齿轮 5 和齿轮 4 带动主轴 6 和刀盘 11 旋转。刀盘旋转的准确位置，通过开关 PRS1、PRS2、PRS3、PRS4 的通断组合来检测确认
	刀盘夹紧	当刀盘旋转到指定的刀位后，接近开关 PRS7 通电，向数控系统发出信号，指令液压马达停转，这时压力油推动活塞 9 向右移动，使鼠牙盘 10 和 13 啮合，刀盘被定位夹紧。接近开关 PRS6 确认刀盘夹紧并向数控系统发出刀盘夹紧，转位结束信号，从而完成本次转位

2. 回转刀架的调试要点

（1）回转刀架的抬起松开或定位夹紧动作的调试要点

① 采用定位销定位、端面齿盘定位、鼠齿式定位盘结构的回转刀架，用液压缸或活塞动作驱动的，应调整好轴向行程与起始位置，避免刀架回转时碰牙或因定位销未脱离定位卡死。

② 采用凸轮、螺旋槽结构抬起刀架的，应注意调整刀架、刀盘抬起至定位齿盘脱离位置时发出转位信号，定位到位时发出完成信号。

③ 采用液压缸驱动刀盘轴向位移时，应注意调整位移速度与系统压力，使动作符合机床规定要求。

（2）刀架刀盘转位动作的调试要点

① 刀盘转轴和中间传动轴的支承轴承的预紧力应符合要求，否则可能造成转位阻滞。

② 转位凸轮机构的间隙应调整至刀盘抬起后窜动和摆动在允差范围之内。

③ 调整上下齿盘的定位间隙和位置精度，轴向定位啮合承受夹紧力

时不应发生松动。

④ 采用蜗杆副转位传动机构的应调整蜗轮蜗杆啮合间隙，以及蜗杆支承轴承的预紧力，蜗轮与转轴的连接精度。

⑤ 注意机床换刀位置的设定和实际到达位置，避免转位换刀碰撞和干涉。

3. 自动换刀装置的常见故障及其诊断

自动换刀装置的种类和形式很多，结构上有较大的差异，汇集的常见故障和诊断适用于一些普通、典型结构的刀架、刀库和换刀机械手，在进行故障诊断时必须了解自动换刀装置的结构原理、动作过程，才能循序渐进地找出故障原因，制订和实施故障的排除方法。刀架、刀库和换刀机械手的常见故障诊断及排除见表 1-15。

表 1-15　回转刀架的常见故障诊断及排除

故障现象	故障原因	排除方法
转塔转位速度缓慢或不转位	1）无转位信号输出 2）转位电磁阀断线 3）控制阀阀杆卡死 4）系统压力不够 5）控制转位速度的节流阀卡死 6）液压泵磨损卡死 7）凸轮轴压盖过紧 8）抬起液压缸体与转塔平面产生摩擦、磨损 9）安装附具不配套	1）检查转位继电器动作 2）修复电路接线 3）修理或更换控制阀 4）检查、调整系统至额定压力 5）清洗或更换节流阀 6）检查、修复或更换液压泵 7）调整调节螺钉 8）松开连接盘进行转位试验，取下连接盘配磨平面轴承下的调整垫，并使相对间隙保持在 0.04mm 9）重新安装调整附具，减少转位冲击
转塔不正位	1）转位盘上的撞块与选位开关松动，使转塔到位时传输信号超前或滞后 2）上下连接盘与中心轴花键间隙过大，产生位移偏差大，落下时易碰牙顶，引起转位不到位 3）转位凸轮与转位盘间隙大 4）凸轮轴向窜动 5）转位凸轮轴的轴向预紧力过大或有机械干涉，使转位不到位	1）拆下护罩，使转塔处于正位状态，重新调整撞块与选位开关的位置 2）重新调整连接盘与中心轴的位置；间隙过大可更换零件 3）用塞尺测试滚轮与凸轮，将凸轮置中间位置；转塔圆周窜动量保持在二齿中间，确保落下时顺利啮合；转塔抬起时用手摆动，摆动量不超过二齿的 1/3 4）调整并紧固转位凸轮的固定螺母 5）重新调整预紧力，排除干涉

（续表）

故障现象	故障原因	排除方法
转塔刀架没有抬起动作或转塔转位时碰牙	1）控制系统无T指令输出信号 2）抬起控制电磁阀断线或抬起阀杆卡死 3）系统压力不够 4）抬起液压缸磨损或密封圈损坏 5）与转塔抬起连接的机械部分磨损 6）抬起延时时间短，造成转位碰牙	1）检查信号输出，排除相关故障 2）修理或清除污物，更换电磁阀 3）检查系统压力并重新调整压力 4）修复磨损部分或更换密封圈 5）修复磨损部分或更换零件 6）调整抬起延时参数，增加延时时间
转塔刀重复定位精度差	1）液压夹紧力不足 2）上下牙盘受冲击，定位松动 3）两牙盘间有污物或轴承滚针脱落在牙盘间 4）转塔落下夹紧时有机械干涉（如夹入切屑） 5）夹紧液压缸拉毛或磨损 6）转塔坐落在二层滑板之上，由于压板和楔铁配合不好产生运动偏差大	1）检查系统压力并调到额定值 2）重新调整固定牙盘 3）清除污物保持转塔清洁，检修更换滚针轴承 4）检查排除机械干涉，清除杂物 5）检修拉毛、磨损部位，更换活塞密封圈 6）修理调整滑板压板和楔铁，用0.04mm塞尺检测不能塞入
转塔转位不停	两计数开关不同时计数或复置开关损坏 转塔上的24V电源断线	调整两个挡块的位置及两个计数开关的计数延时，修复复置开关 接好电源线

4. 数控车床回转刀架的故障维修实例

【实例1-10】

（1）故障现象　某配置华中HNC系统经济型数控车床，在车削加工过程中，尺寸不能控制。加工出来的工件尺寸总是在变化，也看不出变化的规律，部分工件因此而报废。

（2）故障原因分析　故障发生时机床的工作是车削内孔，尺寸不能控制，一般是伺服进给系统存在着故障，或刀架定位不准确。

（3）故障诊断和排除

① 替换检查。交换 X 轴与 Z 轴的伺服驱动信号，故障现象没有变化，说明 X 轴驱动信号没有问题。再检查 X 轴电动机和传动机构，均处于

正常状态。

② 推理分析。X 轴的尺寸控制，除 X 轴伺服系统之外，还有一个重要部件——电动刀架。如果电动刀架定位有偏差，加工出来的尺寸也不准确。对刀架各个刀位的定位情况进行检查，发现定位的确有误差。由于加工尺寸的变化无规律可循，不像是刀架自身的机械故障。

③ 检查刀架。对刀架的转位动作进行仔细观察。当刀架抬起时，发现有一块金属切削屑片卡在定位齿盘上，造成齿盘定位不准。

④ 故障处理。拆开电动刀架，用压缩空气将切削屑片吹扫干净。修整局部微量变形的齿盘，重新安装电动刀架，加工尺寸不能控制的故障被排除。

（4）维修经验积累　在刀架抬起、回转和回落的动作过程中，很容易将周围黏附的污物、切屑等带入，从而造成定位不准确而影响加工尺寸的故障。因此，维修人员应与操作人员进行沟通，在加工中应注意及时清除切屑，并注意清除的时段。在以上过程时段决不能进行清扫。

【实例 1-11】

（1）故障现象　某配置广数 GSK 系统经济型数控车床自动刀架不动。

（2）故障原因分析

① 电源无电或控制开关位置不对。

② 电动机相序反。

③ 夹紧力过大。

④ 机械卡死，当用 6mm 六角扳手插入蜗杆端部，顺时针转不动时，即为机械卡死。

（3）故障诊断和排除

① 检查电动机是否旋转。

② 检查电动机转向是否正确。

③ 用 6mm 六角扳手插入蜗杆端部，顺时针旋转，如用力可以转动，但下次夹紧后仍不能启动，可将电动机夹紧电流按说明书调小些。

④ 检查夹紧位置的反靠定位销、重新调整锁死的主轴螺母、检查润滑情况等。通过上述各项措施，故障被排除。

（4）维修经验积累　在检修经济型数控车床时，应参照表 1-14 所示的回转刀架工作过程和结构调整方法进行诊断和维修。维修中应注意了解、熟悉和掌握其中各个零部件的作用和动作原理，以便正确进行维护维修。

【实例 1-12】

（1）故障现象　某华中 HNC 系统 CK6140 经济型数控车床，在加工过程中刀具经常损坏，固定部位的加工尺寸不稳定。

（2）故障原因分析

① 机床主轴运转精度差。

② 进给伺服系统有故障。

③ 刀架定位不准确。

（3）故障诊断和排除

① 检查机床的数控系统，各方向轴均处于正常状态。检查主轴系统和机械部分，均处于正常状态。

② 这台机床使用国产 LD4-1 型电动刀架，共有 1 号～4 号四个刀位。检查电动刀架的机械部分，没有任何问题。

③ 对各个刀位进行比较，发现除了 3 号刀位之外，其他刀位定位都很正常。选择 3 号刀位时，有时电动刀架连续旋转，不能停止下来。

④ 采用交换法，将其他刀位的控制系统去控制 3 号刀位，3 号刀位都不能定位。

⑤ 用 3 号刀位的控制信号可控制其他刀位，因此判断是 3 号刀位失控。

⑥ 在电动刀架中，用霍尔元件进行定位和检测，霍尔元件对准确选择刀号，完成工件加工有着重要的作用。

⑦ 检查霍尔元件，1 号、2 号、4 号刀位所对应的霍尔元件正常，而 3 号刀位所对应的霍尔元件有时不能传送信号。

⑧ 更换不正常的霍尔元件，故障得以排除。

（4）维修经验积累　霍尔元件是检测元件，在四方回转刀架中应用广泛，维修中应注意参照有关说明书，对霍尔元件进行检测，以便发现由元件的性能变化造成的转位动作和定位精度故障。

【实例 1-13】

（1）故障现象　某 SIEMENS 系统数控车床，在自动换刀过程中，刀塔连续旋转不能停止，CRT 上显示报警："TURRET INDEXING LINE UP"（刀塔分度时间超过）。

（2）故障原因分析　根据使用说明书上"刀塔分度时间超过"报警的含义，表明刀塔的转位机构、信号传递等有故障。

(3) 故障诊断和排除

① 强行将车床复位,刀塔旋转停止,但是又出现了报警:"TURRET NOT CLAMP",提示"刀塔没有卡紧"。

② 观察刀塔位置发现,刀塔实际上没有回落。

③ 检查信号,利用数控系统的诊断功能检查PMC。在刀塔转位找到第一把刀具后,PMC的输出点Y48.2的状态立即变为"0",这说明系统已经发出了"刀塔回落"的指令。

④ Y48.2的控制对象是"刀塔推出"电磁阀,即电磁阀是执行刀架回落指令的元件。

⑤ 对该电磁阀进行性能检查,检测发现,电磁阀电源在按照指令被切断后,阀芯没有脱开,使液压缸没有动作,导致刀塔没有回落。

⑥ 检查结果表明液压系统执行刀架回落的控制元件电磁阀有故障。更换新的电磁阀,故障得以排除。

(4) 维修经验积累　本例与上例不同的是本例有报警信号提示,故障检查的方法也是检查PLC状态,然后继续检查相关的执行元件,以确定故障的部位和元件或零部件。本例为输出执行元件的机械部分有故障(电磁阀的阀芯复位动作有故障),从而造成报警故障。

【实例1-14】

(1) 故障现象　某SIEMENS 810T系统数控卧式车床刀架奇数刀位号能定位,偶数刀位号不能定位。

(2) 故障原因分析　常见的故障原因是编码器故障。

(3) 故障诊断和排除

① 转位控制分析。从机床侧输入的PLC信号中,刀架位置编码器有5根线,这是一个8421编码,它们对应的输入信号为:X06.0、X06.1、X06.2、X06.3、X06.4。在刀架的转换过程中,这5个信号根据刀架的变化而进行组合,从而输出刀架的各个位置的编码。

② 故障原因推理。若刀架的位置编码最低位始终为"1",则刀架信号将恒为奇数,而无偶数信号,从而产生奇偶报警。

③ 故障诊断方法。根据上述分析,将PLC的输入参数从CRT上调出来观察,刀架转动时,X06.0恒为"1",而其余4个信号由"0"、"1"之间变化,从而证实刀架位置编码器发生故障。

④ 更换编码器,故障排除。

(4) 维修经验积累　在回转刀架中,转位动作通常由编码器控制,编码器的输出是 PLC 的输入，维修中应了解编码的组合方式，以便诊断故障的原因。

任务四　数控车床进给传动部件故障维修

1. 进给传动部件的技术要求与滚珠丝杠螺母副的结构

(1) 进给传动机构的技术要求　数控机床进给系统机械传动机构是指将电动机的旋转运动传递给工作台或刀架，以实现进给运动的整个机械传动链，包括齿轮传动副、滚珠丝杠螺母副及其支承部件等，为了确保数控机床进给系统的传动精度、灵敏度和工作稳定性，对进给传动系统机械传动机构总的技术要求是：消除传动间隙，减少摩擦，减小运动惯量，提高传动精度和刚度。

(2) 滚珠丝杠螺母副的工作原理和结构特点

① 滚珠丝杠螺母副工作原理。滚珠丝杠螺母副是数控机床进给传动系统的主要传动装置，其结构如图 1－9 所示，其工作原理和过程为：在丝杠和螺母上加工有圆弧形螺旋槽，两者套装后形成了滚珠的螺旋滚道，整个滚道内填满滚珠，当丝杠相对螺母旋转时，两者发生轴向位移，滚珠沿着滚道流动，并沿返回滚道返回。按照滚珠的返回方式，可将滚珠丝杠螺母副分为内循环和外循环两种方式。

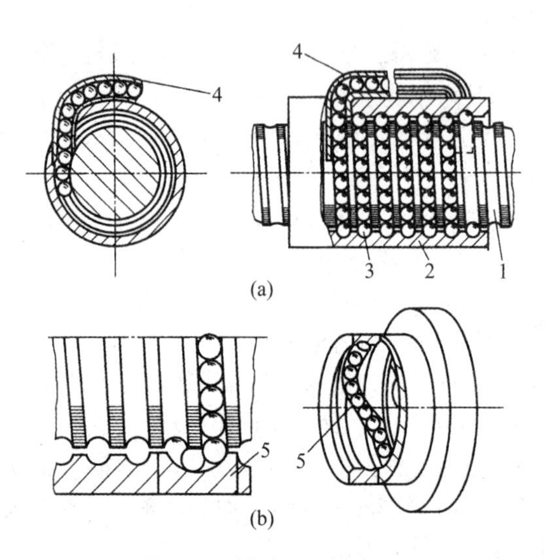

图 1－9　滚珠丝杠的结构

1—丝杠；2—螺母；3—滚珠；4—回珠管；5—返回器

外循环方式的滚珠丝杠螺母副如图1-9a所示，螺母螺旋槽的两端由回珠管4接通，返回的滚珠不同丝杠外圆接触，滚珠可以做周而复始的循环运动，管道的两端可起到挡珠的作用，以免滚珠沿滚道滑出。

内循环方式的滚珠丝杠螺母副如图1-9b所示，这种返回方式带有反向器5，返回的滚珠经过反向器和丝杠外圆之间的滚道返回。

② 滚珠丝杠螺母副的传动特点。在传动过程中，滚珠与丝杠、螺母之间为滚动摩擦，其传动特点见表1-16。

表1-16　滚珠丝杠螺母副的传动特点

特　点	说　明
传动效率高	传动效率可达到92%～98%，是普通丝杠螺母副传动的2～4倍
摩擦力小	因为动、静摩擦系数相差小，因而传动灵敏，运动平稳，低速不易产生爬行，随动精度和定位精度高
使用寿命长	滚珠丝杠副采用优质合金制成，其滚道表面淬火硬度高达60～62HRC，表面粗糙度值小，故磨损很小
刚度高	经预紧后可以消除轴向间隙，提高系统的刚度
反向无空程	反向运动时无空行程，可以提高轴向运动精度
自锁性能差	滚动摩擦系数小，不能实现自锁，用于垂向位置时，为防止突然停、断电而造成主轴箱下滑，必须设置制动装置

2. *滚珠丝杠的支承方式和安装调整方法*　滚珠丝杠的支承和螺母座的刚性，以及与机床的连接刚性，对进给系统的传动精度影响很大。为了提高丝杠的轴向承载能力，须采用高刚度的推力轴承；当轴向载荷很小时，也可采用向心推力轴承。

(1) 水平坐标轴进给传动系统滚珠丝杠常用的支承方式(表1-17)

表1-17　数控机床滚珠丝杠的支承方式及其特点

支承方式	示　图	特　点
一端装推力轴承，另一端自由		此种支承方式的轴向刚度低，承载能力小，只适用于短丝杠，如数控机床的调整环节或升降台式数控铣床的垂直进给轴等

（续表）

支承方式	示　　图	特　　点
一端装推力轴承，另一端装向心轴承		此种方式用于较长的丝杠支承。为了减少丝杠热变形的影响，热源应远离推力轴承一方
两端装推力轴承		两个方向的推力轴承分别装在丝杠的两端，若施加预紧力，可以提高丝杠轴向传动刚度，但此种支承方式对丝杠的热变形敏感
两端均装双向推力轴承		丝杠两端均装双向推力轴承和向心轴承或向心推力球轴承，可以施加预紧力。这种方式可使丝杠的热变形转化为推力轴承的预紧力，这种支承方式适用于刚度和位移精度要求高的场合，但结构比较复杂

(2) 支承轴承的配合公差。合理选择高速、高精度数控机床滚珠丝杠两端支承轴承的配合公差，可保证支承轴承孔与螺母座孔之间的同轴度要求，能提高滚珠丝杠支承部分的接触刚度和使用寿命。滚珠丝杠固定轴承、支持轴承与轴、孔推荐配合公差见表 1－18。

表 1－18　支承方式与推荐配合公差

部　　位	固　定　部		支　承　部	
	配合（理想间隙）	推荐公差	配合（理想间隙）	推荐公差
丝杠轴支承部外径与轴承内径	零间隙	h5、h6	零间隙或（0～5μm）间隙配合	h5
轴承外径与轴承座孔内径	零间隙	JS5、JS6	零间隙或（0～5μm）间隙配合	h5

(3) 伺服电动机与滚珠丝杠的连接方式　伺服电动机与滚珠丝杠的连接必须保证无传动间隙，以保证准确执行系统发出的指令。在数控机床中伺服电动机与滚珠丝杠的连接方式见表 1－19。

表1-19　数控机床滚珠丝杠与伺服电动机的连接方式

连接方式	示图	说明
直连式	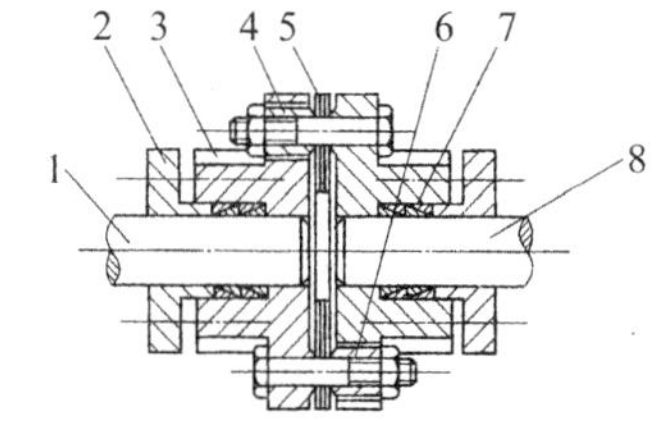 1—滚珠丝杠；2—压圈；3—联轴套；4,6—球面垫圈；5—柔性片；7—锥环；8—电动机	如图所示，直连式通常是采用挠性联轴节把伺服电动机和滚珠丝杠连接起来，锥环7是这种无键、无隙连接方式的关键元件，挠性联轴节为膜片弹性联轴器，在加工中心进给驱动系统中应用较多
齿轮减速式	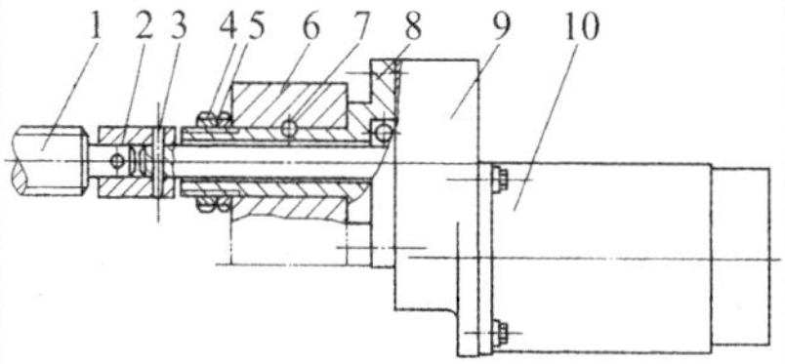 1—丝杠；2—套筒联轴器；3,7—锥销；4—螺母；5—垫圈；6—支架；8—支承套；9—减速箱；10—步进电动机	齿轮减速式在数控机床上应用较普遍，经济型数控基本上都采用这种方式。这种连接方式主要用于不便直连，或需要放大输出伺服电动机输出转矩的场合。这种方式需要调整齿轮的啮合间隙，以达到数控机床连接传动要求
同步带式	—	使用条件与齿轮减速式基本相同，具有成本低、噪声小等特点

(4) 滚珠丝杠螺母副的间隙调整方法(表1-20)

表1-20　滚珠丝杠螺母副的间隙调整方法

目的与方法	示图	说明
目的与基本方法	—	为了保证滚珠丝杠反向传动精度和轴向刚度，必须消除滚珠丝杠螺母副的轴向间隙。消除间隙的方法通常采用双螺母结构，即利用两个螺母的轴向相对位移，使两个滚珠螺母中的滚珠分别紧贴在螺旋滚道的两个相反的侧面上。用这种方法预紧消除轴向间隙时，应注意预紧力不宜过大，预紧力过大会使空载力矩增大，从而降低传动效率，缩短使用寿命

（续表）

目的与方法	示　　图	说　　明
垫片调整法	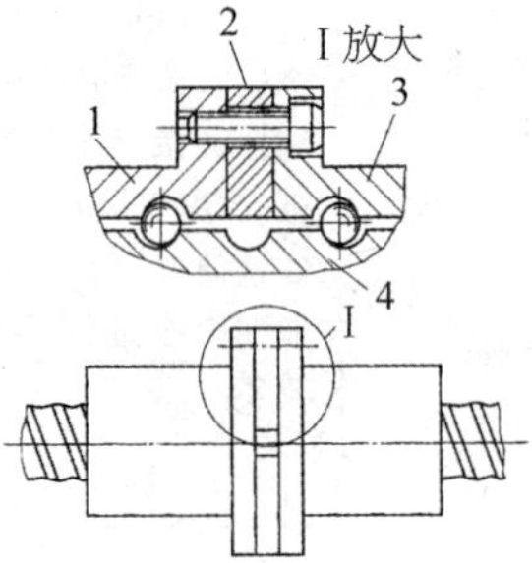 2 I放大 3 1 4 I	如图所示，调整垫片2厚度，使左右两个螺母1、3产生轴向位移，即可消除间隙和产生预紧力，这种方法结构简单，刚性好，但调整不便，滚道有磨损时不能随时消除间隙和进行预紧
螺纹调整法	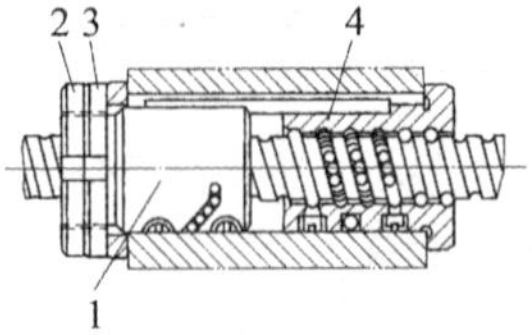 2 3 4 1	如图所示，螺母4外端有凸缘，螺母1外端没有凸缘而有螺纹，用锁紧调整螺母固定，并通过平键限制其转动。调整时，只需拧动调整螺母3即可消除间隙，产生预紧力，然后用螺母2锁紧。这种方法具有结构简单、工作可靠、调整方便的特点，但预紧力较难控制
齿差调整法	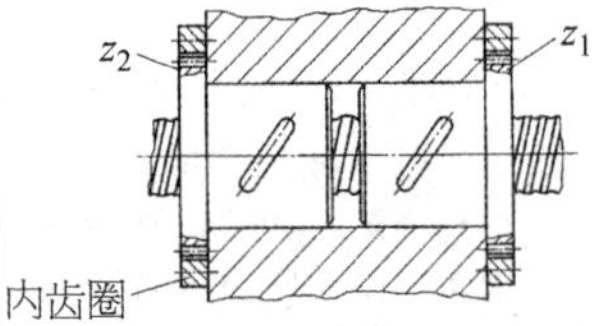 z_2 z_1 内齿圈	如图所示，两个螺母的凸缘是圆柱外齿轮，分别与套筒两端的内齿圈啮合，内齿圈z_1、z_2齿数相差一个齿。调整时，先取下内齿圈，使两个螺母相对套筒同方向转过一个齿，然后插入内齿圈，则两个螺母便产生相对角位移，其轴向位移量$s=(1/z_1-1/z_2)P_h$。例如，$z_1=80$，$z_2=81$，滚珠丝杠的导程为$P_h=6mm$，则$s=6/6480\approx0.001mm$。这种方法能精确调整预紧量，调整方便、可靠，但结构尺寸大，都用于高精度的传动

（续表）

目的与方法	示　　图	说　　明
螺距变位调整法	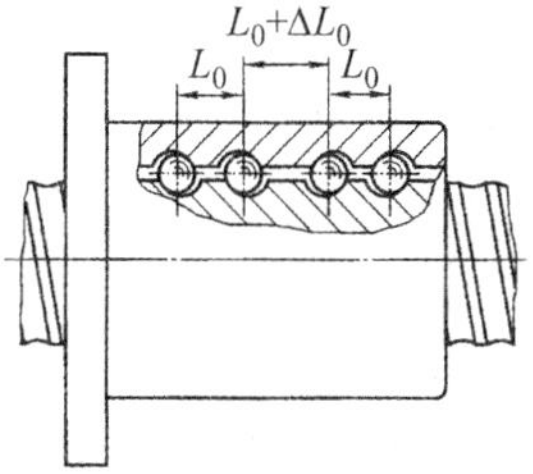 $L_0+\Delta L_0$ L_0 L_0	如图所示，这种方法是在滚珠螺母体内的两列循环珠链之间使内螺纹滚道在轴向产生一个 ΔL_0 的导程突变量，从而使两列滚珠在轴向错位实现预紧。这种调整方法结构简单，但负荷预先设定后不能改变

（5）进给系统齿轮间隙的消除调整方法　数控机床进给系统中的减速齿轮，除了本身要求很高的运动精度和工作平稳性外，还需尽可能消除传动齿轮副间的传动间隙，否则，齿侧间隙会造成进给系统每次反向运动滞后于指令信号，丢失指令信号并产生反向死区，从而影响加工精度。消除进给系统齿轮间隙的调整方法见表1-21。

表1-21　消除进给系统齿轮间隙的调整方法

方法	示　　图	说　　明
直齿圆柱齿轮传动间隙刚性调整法	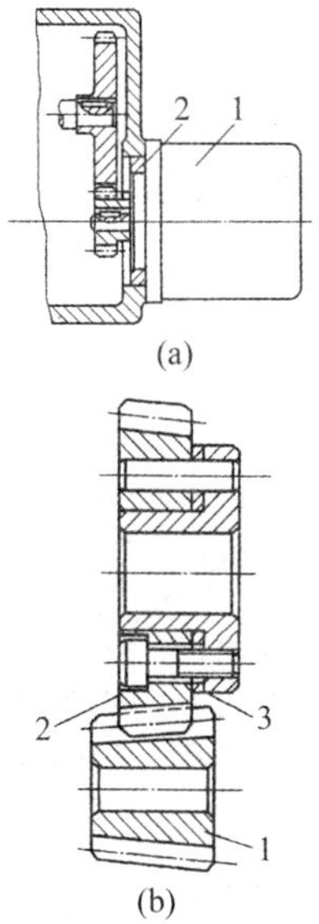 2　1 (a) 2　3　1 (b)	刚性间隙调整结构能传递较大转矩，传动刚度好，但齿侧间隙调整后不能自动进行补偿。常用的刚性调整法有偏心套调整法和锥度齿轮调整法。如图a所示，偏心套间隙调整法是使电动机1通过偏心套2安装到机床壳体上，通过转动偏心套2，调整两齿轮的中心距，从而消除齿侧间隙；如图b所示，在加工齿轮1、2时，将分度圆柱面改变成有小锥度的圆锥面，使其齿厚在齿轮的轴向稍有变化。调整时，只要改变垫片3的厚度便能调整两个齿轮的轴向位置，从而消除齿侧间隙

（续表）

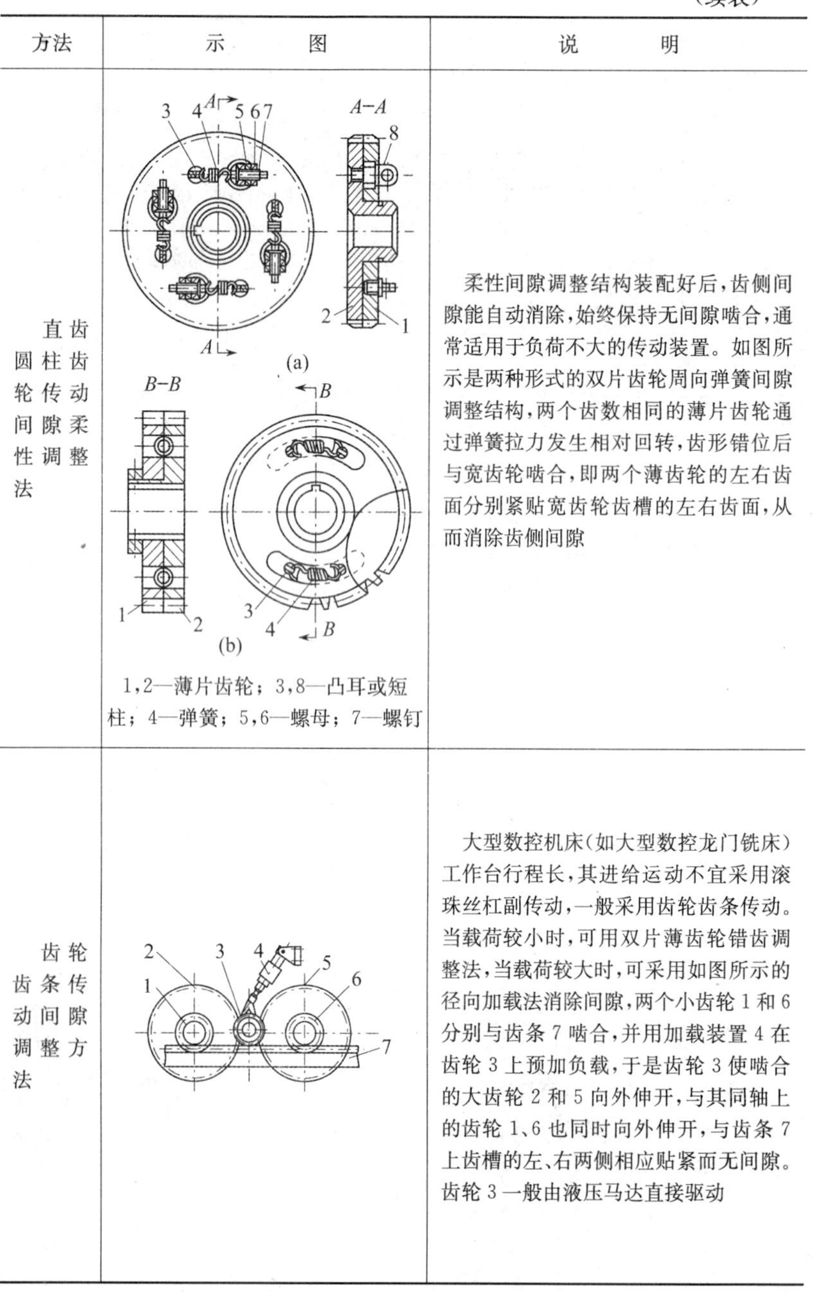

方法	示　　图	说　　明
直齿圆柱齿轮传动间隙柔性调整法	(a) (b) 1,2—薄片齿轮；3,8—凸耳或短柱；4—弹簧；5,6—螺母；7—螺钉	柔性间隙调整结构装配好后，齿侧间隙能自动消除，始终保持无间隙啮合，通常适用于负荷不大的传动装置。如图所示是两种形式的双片齿轮周向弹簧间隙调整结构，两个齿数相同的薄片齿轮通过弹簧拉力发生相对回转，齿形错位后与宽齿轮啮合，即两个薄齿轮的左右齿面分别紧贴宽齿轮齿槽的左右齿面，从而消除齿侧间隙
齿轮齿条传动间隙调整方法		大型数控机床（如大型数控龙门铣床）工作台行程长，其进给运动不宜采用滚珠丝杠副传动，一般采用齿轮齿条传动。当载荷较小时，可用双片薄齿轮错齿调整法，当载荷较大时，可采用如图所示的径向加载法消除间隙，两个小齿轮 1 和 6 分别与齿条 7 啮合，并用加载装置 4 在齿轮 3 上预加负载，于是齿轮 3 使啮合的大齿轮 2 和 5 向外伸开，与其同轴上的齿轮 1、6 也同时向外伸开，与齿条 7 上齿槽的左、右两侧相应贴紧而无间隙。齿轮 3 一般由液压马达直接驱动

（续表）

方法	示　　图	说　　明
斜齿圆柱齿轮传动间隙调整方法	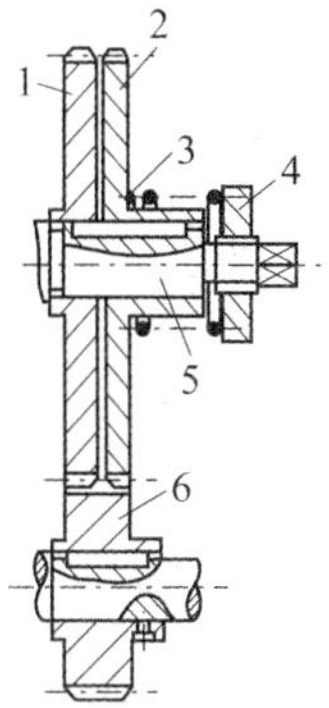 1,2—薄片齿轮；3—轴向弹簧；4—调节螺母；5—轴；6—宽齿轮	与上述方法类似，斜齿圆柱齿轮常用轴向垫片调整法和如图所示的轴向压簧调整法
圆锥齿轮传动间隙调整方法	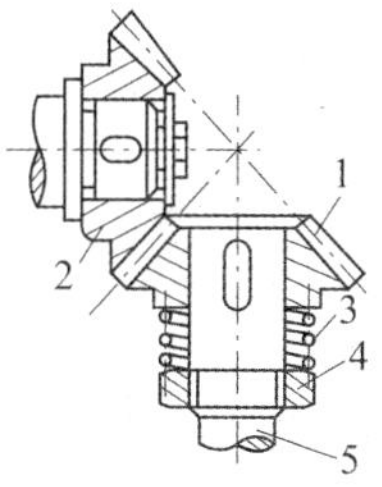 1,2—圆锥齿轮；3—压缩弹簧；4—螺母；5—轴	与上述方法类似，圆锥齿轮常用周向弹簧和如图所示的轴向压簧调整法

3. 进给传动部件的常见故障及其诊断(表1-22)

表1-22　数控机床进给传动部件(滚珠丝杠副)常见故障与诊断

故障现象	故　障　原　因	排　除　方　法
加工件表面质量精度差	1）导轨润滑不良，滑板爬行 2）滚珠丝杠局部拉毛或磨损 3）丝杠轴承损坏，运动精度差 4）伺服电动机未调整好，增益过大	1）排除润滑油路故障 2）修复或更换丝杠 3）更换轴承 4）调整伺服电动机控制系统

（续表）

故障现象	故障原因	排除方法
反向误差大，加工精度不稳定	1. 调整原因 1）丝杠轴滑板配合压板过紧或过松 2）丝杠轴滑板配合镶条过紧或过松，面接触率低 3）滚珠丝杠预紧力不适当 4）丝杠支座轴承预紧力不适当 5）丝杠轴联轴器锥套松动 2. 零件质量原因 1）滚珠丝杠螺母端面与结合面不垂直，结合过松 2）滚珠丝杠制造精度差或轴向窜动 3. 润滑油不足或没有 4. 其他机械干涉	1. 调整排除 1）重新调整或研修，用 0.03mm 塞尺控制间隙 2）重新调整或研修，使接触率达 70%以上，用 0.03mm 塞尺控制间隙 3）重新调整预紧力，按 0.015mm 控制轴向窜动量 4）重新调整轴承预紧力 5）重新紧固，用百分表进行检测 2. 修理、调整排除 1）修理、调整或加垫处理 2）用控制系统进行间隙自动补偿，调整丝杠的轴向窜动 3. 检查调节使各导轨面充分润滑 4. 排除干涉
滚珠丝杠在运转中转矩过大	1. 装配调整原因 1）二滑板配合压板过紧或过松 2）伺服电动机与丝杠连接不同轴 3）滚珠丝杠轴端螺母预紧力过大 2. 零件损坏 1）二滑板配合压板研损 2）滚珠丝杠螺母反向器损坏，滚珠丝杠卡死 3）滚珠丝杠磨损 3. 润滑不良 1）分油器不分油 2）油管堵塞 3）缺润滑脂 4. 电器原因 1）超程开关失灵 2）伺服电动机过热	1. 调整排除 1）重新调整，用 0.03mm 塞尺控制间隙 2）重新调整同轴度并紧固连接座 3）精心调整预紧力 2. 修复或更换 1）修研压板，调整控制间隙 2）更换丝杠，重新调整 3）更换丝杠 3. 调整排除润滑油路故障 1）检查调整分油器 2）清除污物使油管畅通 3）用润滑脂润滑的丝杠重涂润滑脂 4. 分析检查排除 1）检查电器及控制故障并排除 2）检查电器及控制故障并排除

（续表）

故障现象	故障原因	排除方法
滚珠丝杠运动不灵活	1）轴向预加载荷过大 2）滚珠丝杠与导轨不平行 3）螺母轴线与导轨不平行 4）丝杠变形 5）支承轴承预紧力过大	1）调整预加载荷 2）调整滚珠丝杠支座位置，使丝杠与导轨平行 3）调整螺母座位置，使螺母座轴线与导轨平行并与丝杠同轴 4）校正丝杠或更换丝杠 5）重新调整预紧力
滚珠丝杠副噪声	1）滚珠丝杠轴承压盖压合情况不好 2）滚珠丝杠润滑不良 3）丝杠滚珠破损 4）电动机与丝杠联轴器松动 5）滚珠丝杠支承轴承破损	1）调整轴承压盖，使其压紧轴承端面 2）检查分油器和油路，使润滑油充足 3）更换滚珠 4）调整、拧紧联轴器锁紧螺钉 5）更换新轴承

4．数控车床进给传动部件的故障维修实例

【实例 1－15】

（1）故障现象　CK6125 型经济系列卧式数控车床在加工过程中，X 轴伺服驱动器出现“位置超差”报警。

（2）故障原因分析　由伺服驱动器的使用说明书可知，报警提示伺服轴“位置超差”，一般有以下几种原因。

① 伺服电路板故障。

② 伺服电动机 U、V、W 引线接错。

③ 编码器故障或编码器电缆接错。

④ 设定的位置超差检测范围太小。

⑤ 伺服系统位置比例增益太小。

⑥ 电动机转矩不足或过载。

（3）故障诊断和排除

① 分析认为，由于报警是在加工过程出现的，故障原因①～③可以先排除，重点针对④～⑥几个方面进行检查。

② 检查设定的位置检测范围和伺服系统位置比例增益，均符合系统设定的要求。

③ 检查电动机的负载。将电动机和滚珠丝杠分开，准备移动 X 轴并

观察是否报警，此时发现丝杠的螺母座内有很多切屑。丝杠用扳手也转不动，表明故障原因是机械卡死，导致电动机过载。

④ 用汽油将螺母座上的切屑清洗干净，用手转动滚珠丝杠，检查滚珠丝杠的性能，未发现异常。重新安装调整拆卸的部位，机床运行正常，报警解除，故障被排除。

（4）维修经验积累　逐级拆卸和检查，寻查故障的部位和原因是维修中常用的基本方法，本例在拆卸检查过程中发现的切屑堆积等现象，为诊断分析提供了可见异常现象和可能导致故障的原因，及时排除后，机床恢复正常。此例提示维修人员，在检查中，观察到的有些异常现象，虽然不在预先推断的原因中，但也有可能是导致故障的原因，应及时予以排除，不能随便轻易放过，以免错失排除故障的良机。

【实例 1 - 16】

（1）故障现象　某配置 GSK 系统数控车床，机床返回参考点的基本动作正常，但参考点位置随机性大，每次定位的坐标值都有微量变化。

（2）故障原因分析　常见的故障原因可能是脉冲编码器的“零脉冲”不良，或滚珠丝杠与电动机之间的连接部位有故障。

（3）故障诊断和排除

① 检查伺服电动机、滚珠丝杠和导轨，各部分均处于完好状态。

② 对返回参考点动作进行仔细观察，发现虽然参考点位置每次都不完全相同，但基本处于减速挡块放开之后的位置上。

③ 本例机床的伺服系统为半闭环系统。现在采用分割方法，脱开伺服电动机与丝杠间的联轴器，单独试验脉冲编码器。手动压下减速开关，进行返回参考点试验。经过多次试验，发现每次回参考点之后，伺服电动机总是停止在某一固定的位置上，这说明脉冲编码器的“零脉冲”没有问题。

④ 检查电动机与丝杠之间的联轴器，发现联轴器的弹性胀套存在间隙。据此推断，参考点坐标值的微量变化与此有关。

⑤ 更换弹性胀套，并进行安装调整，执行返回参考点指令，参考点位置微量变化的故障被排除。

（4）维修经验积累　本例数控车床纵向滑板的传动系统如图 1 - 10 所示，在诊断和分析中，应逐级进行检查分析，本例检查分析中发现弹性胀套存在间隙，因而造成参考点坐标值的微量变化，此类故障的检查和分析需要熟悉机床传动系统的结构，并熟悉其工作原理和性能要求。

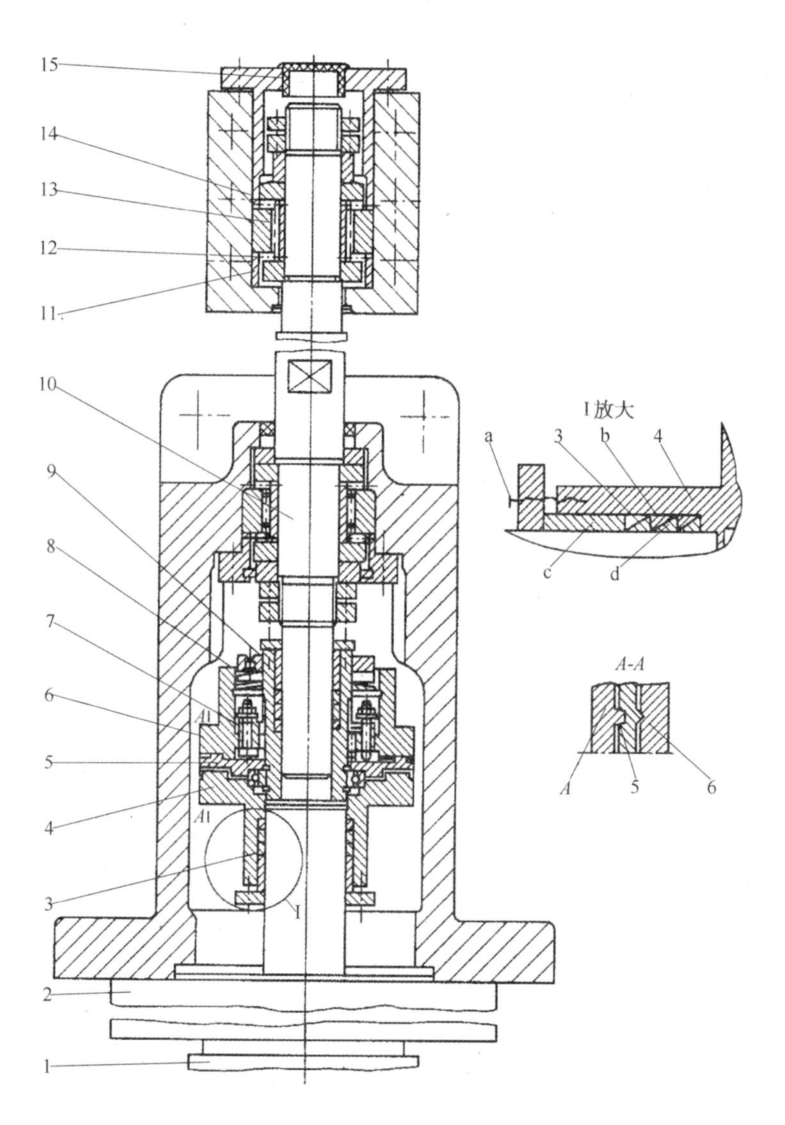

图 1-10 典型数控车床纵向滑板传动系统

1—旋转变压器和测速发电机；2—直流伺服电动机；3—锥环(b—外圈；d—内圈)；4,6—半联轴器；5—滑块；7—钢片；8—蝶形弹簧；9—套；10—滚珠丝杠；11—垫圈；12,13,14—滚针轴承；15—堵头

a—夹紧结构；c—夹紧块

【实例 1－17】

（1）故障现象　用 C6140 改造的经济型数控车床，在加工过程中，工件出现尺寸误差。故障没有任何规律地反复出现，从而导致部分工件报废。

（2）故障原因分析　常见的故障原因是进给伺服驱动、传动机构和电动机等有故障。

（3）故障诊断和排除

① 检查步进电动机和步进驱动模块，没有异常情况。

② 检查步进电动机轴与减速箱的主动齿轮结合部位，发现连接锥销松动。锥销有扭曲变形，且与锥孔的锥度不一致，两者接触面积不到 60％。

③ 机理分析连接圆锥销松动，会造成步进电动机换向时空步起步，使步进电动机失步，并导致复位和定位不准确，加工工件的尺寸出现误差。

④ 根据诊断结果，采取以下方法进行维修。

a. 提高锥销的力学性能，原来的锥销用普通钢材制作，现在采用强度高、脆性小的金属材料，并进行合格的热处理，以防止锥销扭曲断裂。

b. 保证锥销与锥孔的接触面积大于 70％。

c. 齿轮孔与步进电动机的传动轴达到配合精度要求。

d. 更换损坏的圆锥销，安装后进行试加工，工件尺寸控制稳定，故障被排除。

（4）维修经验积累　在维修改进型的经济系列数控车床时，应注意所维修车床机械部分与数控车床机械结构的区别，尤其是一些连接部位的结构，可能因受到原有机床结构的限制，容易产生结构件、连接件的磨损或损坏而导致各种故障。

【实例 1－18】

（1）故障现象　CJK6140 经济型数控车床，在车削加工过程中，工件的尺寸出现了严重的误差，有的误差达到 0.01mm 以上，致使部分工件报废。

（2）故障原因分析　本例数控车床属于开环控制系统，采用步进电动机驱动和定位，机床没有配置检测和反馈装置，刀具的实际加工量不能反馈到数控系统，因而不能与给定值进行比较以修正加工量的偏差，因此工件的加工尺寸容易出现误差。引起误差的主要因素有刀具磨损、步进电动机失步、滚珠丝杠故障等。

（3）故障诊断和排除

① 将转换开关置于手动高速挡处，检查滚珠丝杠、步进电动机、导轨及滑块的运行情况，没有听到异常的响声。

② 检查主轴支承轴承、滚珠丝杠支承轴承，运转灵活且没有异常的噪声，说明轴承没有磨损。

③ 用百分表仔细测量电动刀架在丝杠各个部位的偏差。这是因为滚珠丝杠与螺母之间，以及导轨与滑板的滑动配合处，由于长期运行会造成磨损，各点松紧不匀。测量结果说明，有三处的偏差比较严重。

④ 根据检测数据，对这三个部位进行调整或刮研修理。对有严重磨损零件，按磨损极限标准更换零部件。

⑤ 维修后进行安装、调整和检测，各配合部位达到精度要求。

⑥ 试加工，机床达到加工精度要求，故障被排除。

(4) 维修经验积累　本例故障具有综合性的特点，在经济型系列数控车床使用过程中，由于长期加工某一种产品，某些部位使用磨损导致综合性的故障也是常见的故障现象，在维护检修中应注意这一特点。

项目二　气动、液压系统故障维修

数控机床的液压(气动)系统通常由动力、控制、执行和辅助部分及其传动介质组成，整个系统由若干个基本液压回路组成，如数控车床的卡盘夹紧、松开液压(气动)控制系统，由压力控制回路、速度控制回路和方向控制回路等组成，以实现卡盘的夹紧、松开(方向控制)，夹紧力大小的调节(压力控制)，以及夹紧、松开速度快慢(速度控制)等动作要求。基本液压(气动)回路是由若干个液压(气动)元件组成，用以完成某种特定功能的简单回路。熟悉和掌握基本液压(气动)回路的组成、原理和性能，才能熟悉数控机床液压(气动)系统的组成和工作原理，才能正确分析数控机床液压(气动)系统的故障原因，进而排除液压(气动)系统的常见故障。

任务一　数控车床气动系统故障维修

【实例 1-19】

(1) 故障现象　某 SIEMENS 810T 系统数控车床，在加工过程中，发生气动夹头不能动作，工件不能夹紧故障。

(2) 故障原因分析　气动夹头是由夹头气缸带动的，夹头不动作，常见的故障原因如下：

① 管路连接部位松动脱落。

② 空气压缩泵故障。

③ 控制阀故障。

④ 控制信号传输故障。

⑤ 气缸故障。

（3）故障诊断和排除

① 气动系统检查。夹头采用气缸控制夹头的夹紧和放松，检查气缸，正常；检查系统气压，正常；检查气源，空压机输出正常。检查输气管路，未发现接头松脱等故障。

② PMC 状态检查。

a. 检查 PMCDGN X0012.0 的状态正常，说明 COLLET/CHUCK 键的信号已经输入到 PMC 控制器。

b. 对比另一台同一型号的机床，发现 PMC 控制器上部分输入和输出信号不正常。正确的状态是：执行夹头放松指令时，输入中的 B4、输出中的 A2 点亮，完成夹头放松动作；执行夹头夹紧指令时，输入中的 B3、输出中的 A7 点亮，完成夹头夹紧动作。而故障机床在以上两种指令下，都是 B4、A2 点亮，即始终处于夹头放松状态。

③ PMC 输出元件检查。检查控制气缸使夹头夹紧和放松的电磁阀，发现电磁阀在控制信号输入的状态没有工作，造成空气压力检测开关不能动作，PMC 无法执行有关的控制指令。

④ 故障排除方法。

a. 更换同一规格型号的电磁阀进行替换试验，故障排除。

b. 对故障的电磁阀进行清洗，加油润滑阀芯，并进行性能试验。

c. 将修复后的电磁阀在气动系统中安装复位，开机试车，机床恢复正常工作，故障排除。

（4）维修经验积累　经济型数控车床通常用于大批量生产，所处的工作环境比较差，所使用的气源装置通常与共用的大气源连接，因此工作介质的质量较难控制。根据气动系统的特点，介质中可能含有水分，因此控制元件的阀芯等位置常见阻塞等故障。因而采用替换法后，若故障被排除，并不一定需要更换控制阀，可以对故障控制阀进行清洗检修，加油润滑，通常可以继续使用。对锈蚀严重，无法达到控制性能的控制阀等应及时更换，以免故障重现。

【实例 1-20】

（1）故障现象　某数控车床真空卡盘不能吸住工件。

(2) 故障原因分析　数控车床的真空卡盘如图 1-11 所示，用来装夹薄形工件，根据夹紧的原理和该机床的气动回路工作原理，采用经验检查法分析故障原因。

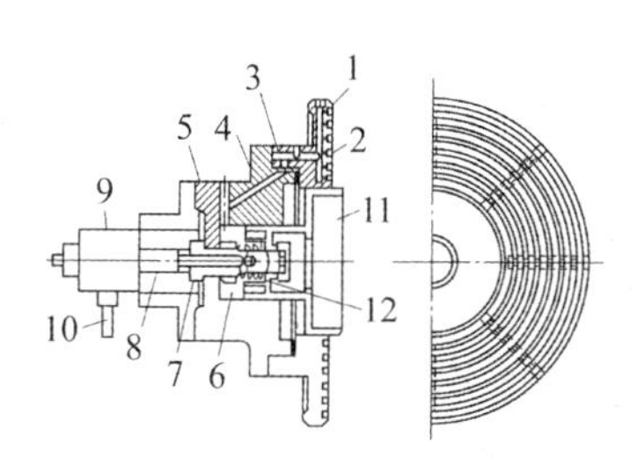

图 1-11　真空卡盘的结构简图

1—卡盘本体；2—沟槽；3—小孔；4—孔道；5—转接件；6—腔室；7—孔；8—连接管；9—转阀；10—软管；11—活塞；12—弹簧

① 检查被装夹的工件：装夹表面的精度、工件装夹面的面积和工件重量等都应符合要求。

② 检查吸盘表面，是否有损坏、拉毛、凸起等影响真空夹紧的因素。

③ 检查吸盘至卡盘真空输入管口各连接环节是否泄漏，造成系统真空度损失。

④ 检查松夹气源电磁阀是否有故障，无法复位，致使吸盘常通大气。

⑤ 检查夹紧控制换向阀是否有故障，不能换向，致使吸盘未造成真空，卡盘无夹紧力。

⑥ 检查真空罐真空度，若真空度下降，造成吸盘夹紧力不足。

⑦ 若采用接点式真空表控制真空罐压力，应检查接点式真空表的接线、触点和表的精度。

⑧ 检查过滤器滤芯是否堵塞。

⑨ 检查真空调节阀是否有故障，引起系统真空度下降。

⑩ 检查真空泵的真空度和抽气速率。

(3) 故障诊断和排除　系统检修时，从故障部位开始，逐步检查排除，故障未排除，进行下一步检查，直至系统故障排除为止。真空夹具的工作原理如图 1-12 所示，系统控制过程：

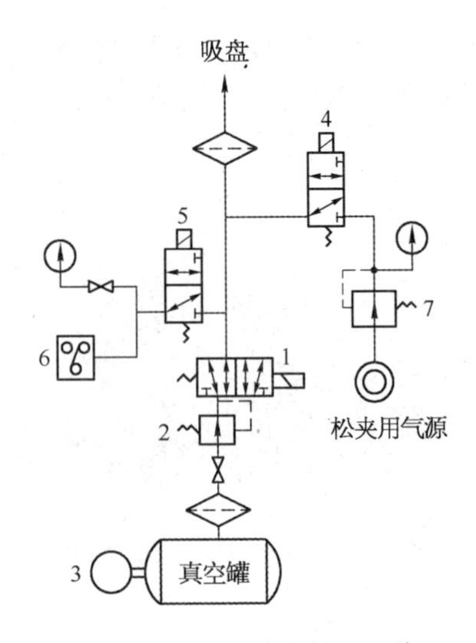

图 1-12　真空卡盘控制系统

1,4,5—电磁阀；2—调节阀；3—真空罐；
6—继电器；7—压力表

真空吸盘的夹紧是由电磁阀 1 的换向来进行的，即打开包括真空罐 3 在内的回路以造成吸盘内的真空，实现压紧动作。气路走向：吸盘→空滤器→阀 1 右位→阀 2→空滤器→真空罐→真空泵→大气。

真空吸盘松压时，在关闭真空回路的同时，通过电磁阀 4 迅速地打开空气源回路，以实现真空下瞬间松压的动作。气路走向：松压气源→阀 7→阀 4 上位→空滤器→吸盘→大气。

电磁阀 5 是用以开闭压力继电器 6 的回路。在压紧的情况下此回路打开，当吸盘内真空度达到压力继电器的规定压力时，给出压紧完成的信号。在吸盘松压的情况下，回路已换成空气源的压力了，为了不损坏检测真空的压力继电器，将此回路关闭。

根据被加工工件的尺寸、形状，调节真空调节阀 2 可选择最合适的吸附压紧力的大小。

本例顺序检查、排除和检修方法：

① 被夹紧工件不符合重量、吸附面积和表面精度要求，应进行调整。各项要求都符合后，能夹紧，故障排除。

② 检查吸附表面，进行夹紧面的修正。

③ 卸下卡盘的真空输入管，若输入管口处真空压力正常，判定卡盘内

部有泄漏，检查内部泄漏部位，并进行泄漏排除检修。

④ 检查负载的过滤器是否堵塞，若堵塞，更换滤芯。

⑤ 断开松夹气路，若吸盘能夹紧工件，判断松夹换向阀有故障，针对换向阀故障予以排除。

⑥ 检查夹紧控制换向阀能否换向，工作是否正常，也可用橡胶板吸附在阀口检测真空度。正常情况下，橡胶板应吸附在阀口，中间凹陷。若换向阀有故障，针对故障进行排除。

⑦ 检查真空调节阀是否正常，真空压力是否调节过高，造成夹紧力不足。若有故障，按阀的故障排除方法检修。

⑧ 检查单向电磁阀或球阀是否不能开启或开度不足，若有故障可更换或进行检修。

⑨ 检查气源处空滤器性能，检修、更换滤芯。

⑩ 检查调节阀性能，出口的真空度变化。若有故障，检修或更换调节阀。

⑪ 检查接点式真空表触点位置，排除真空罐真空度低对夹紧的影响。

⑫ 检查真空泵的性能，包括真空度、噪声、真空泵油的质量等，若有故障，按真空泵的常见故障及其排除方法进行检修或更换新真空泵。真空泵的常见故障包括不能启动、达不到规定的极限压力、抽气速率下降、油耗大、排气有油雾或油滴、运转噪声大等。

（4）维修经验积累　真空系统是数控机床夹具等常用的气动系统，对大批量生产中薄板类零件的装夹通常使用真空夹具。维修过程中要掌握真空系统属于负压的气动系统的特点，其中关键是检查真空系统的真空度，系统的真空度越差，夹具的夹紧力越小。系统真空泵的故障是引发系统真空度下降的主要原因之一。旋片型真空泵的常见故障见表 1－23。

表 1－23　旋片型真空泵的常见故障和排除方法

故障现象	故障原因	排除方法
泵不能启动	1）电机接线有误，电压过低 2）泵或电机卡住 3）环境温度低于 0℃ 油黏度大 4）泵卡死	断电后操作： 1）重新接线；核对电压 2）除去风扇罩试转泵和电机，找出泵或电动机的故障 3）加油前，先将油加热至 30℃ 4）检查吸气嘴口是否有污物

（续表）

故障现象	故障原因	排除方法
泵达不到规定的极限压力	1）泵油中有可凝物或气体 2）测量方法或仪器不正确 3）存在外泄漏 4）吸气阀失效 5）排气阀失效 6）泵腔内缺油 7）用错油或油污染	1）封闭进气口运转 60min 2）使用正确测量方法或仪器 3）检查泵及管路连接处密封情况、消除泄漏 4）检查吸气阀动作是否灵活，电磁阀管路有否泄漏 5）更换排气阀 6）检查油位；检查油管油过滤器是否堵塞 7）换规定的新真空泵油
泵抽气速率下降	1）吸气滤网堵塞 2）进气管道过长或过窄	1）清洗吸气滤网 2）使用粗而短的进气管道
电动机工作电流很大	1）油乳化、变稠 2）排气过滤器堵塞	1）整机保养 2）更换排气过滤器
泵油消耗大　排气有油雾油滴	1）泵油太多 2）排气过滤器安装位置不正或过滤器材料破裂 3）排气过滤器堵塞 4）回油阀失效、回油管堵塞	1）放掉过多的油 2）重新安装排气过滤器或更换排气过滤器 3）更换排气过滤器 4）更换回油阀；清洗回油管
泵运转噪声大	1）油位过低 2）油过滤器堵塞 3）联轴器弹性块磨损 4）叶片或泵体有异常磨损	1）加真空泵油（按标准加油） 2）更换油过滤器 3）更换联轴器弹性块 4）更换磨损失效的零件（请专业人员更换）

【实例 1－21】

（1）故障现象　某数控车床气动尾座不动作。

（2）故障原因分析　尾座顶尖采用气动系统控制工件顶入动作，顶尖不动作的常见原因如下：

① 气源故障：如空压泵或气源无压缩空气输出等。

② 气源三联件故障：包括空滤器堵塞、化油器故障等。

③ 控制阀故障：包括阀芯阻滞不动作等。

④ 气缸故障：活塞阻滞、密封件失效等。

⑤ 顶尖套筒机械故障：如滑动部位无润滑油、配合间隙过小或拉毛等。

（3）故障诊断和排除

① 检查气源压力，本例气源压力正常；检查压力表状态，压力表检测数据正常。

② 检查气源三联件的状态：检查分水过滤器滤芯，发现有网眼堵塞情况，采用更换滤芯方法处理；检查油雾器，发现油滴不正常，油量调节螺钉失效，对调节螺钉进行检修处理。

③ 检查方向控制阀，发现阀的滑动阻力较大，润滑不良，进行润滑处理。

④ 检查气缸，发现气缸体内润滑不良，有局部锈蚀，进行针对性的维修，并合理调节油雾器。

经过以上的维护维修，故障排除。

(4) 维修经验积累 气动系统气源三联件是指空气过滤器、减压阀和油雾器，这三个元件是气动系统必不可少的，因而常将三联件组合在一起，将其称为气源调节装置。在数控机床气动系统维修中，若气源有故障，通常需要检查三联件的性能，进行必要的检修和调整。

任务二 数控车床液压系统故障维修

1. 数控车床的典型液压系统

(1) 系统组成与原理

① 如图 1－13 所示为 MJ50 数控车床的典型液压系统原理图，MJ50

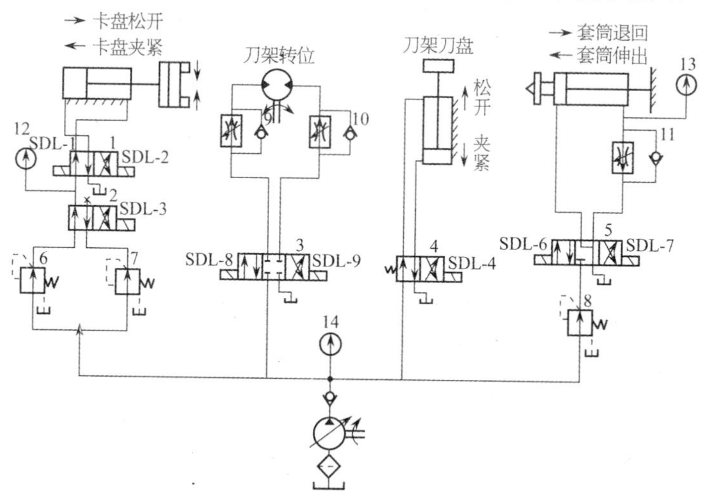

图 1－13 MJ50 数控车床的典型液压系统原理图

1,2,3,4,5—电磁阀；6,7,8—减压阀；9,10,11—调速阀；12,13,14—压力表

数控车床卡盘的夹紧与松开、卡盘夹紧力的高低压转换、回转刀架的松开与夹紧、刀架刀盘的正转反转、尾座套筒的伸出与退回都是由液压系统驱动的,液压系统中各电磁阀电磁铁的动作是由数控系统的 PC 控制实现的。

② 如图 1-14 所示为 CK6150 数控车床的典型液压系统原理图,与 MJ50 相比,卡盘的夹紧和松开、卡盘夹紧力的高低压转换、回转刀架的松开和夹紧,刀架盘的正转和反转、尾座套筒的伸出和退回基本相同,其中增加了防护门的开启和关闭的控制部分。

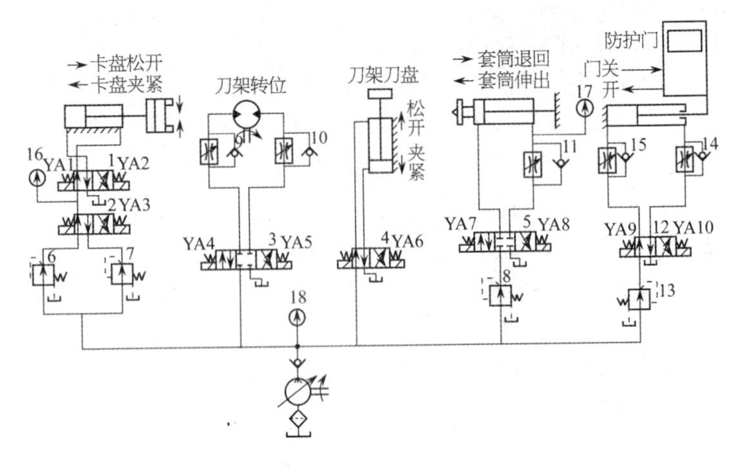

图 1-14 CK6150 数控车床液压系统原理

1,2,3,4,5,12—换向阀;6,7,8,13—减压阀;9,10,11,14,15—调速阀;16,17,18—压力表

(2) MJ50 数控车床工作过程与控制顺序 典型数控车床液压系统工作过程可参见图 1-13。

① 液压系统的工作过程见表 1-24。

表 1-24 MJ50 数控车床液压系统的工作过程

组成部分	工作元件	工作、控制说明
动力部分(辅助部分)	1) 单向变量液压泵 2) 单向阀 3) 滤网 4) 油箱	1) 液压泵输出压力调整到 4MPa 2) 输出压力由压力表 14 显示 3) 液压泵输出的压力油经单向阀进入液压控制回路

（续表）

组成部分	工作元件	工作、控制说明
主轴卡盘控制	1）二位四通电磁阀1、2 2）减压阀6、7 3）卡盘液压缸 4）压力表12	主轴卡盘的夹紧与松开由二位四通电磁阀1控制。卡盘的高压夹紧与低压夹紧的转换，由电磁阀2控制 1）高压夹紧：当卡盘处于正卡（也称外卡）且在高压夹紧状态下，夹紧力的大小由减压阀6来调整，由压力表12显示卡盘压力。系统压力油经减压阀6→电磁阀2(左位)→电磁阀1(左位)→液压缸右腔，活塞杆左移，卡盘夹紧。这时液压缸左腔的油液经阀1(左位)直接回油箱 2）高压松开：系统压力油经减压阀6→电磁阀2(左位)→电磁阀1(右位)→液压缸左腔，活塞杆右移，卡盘松开。这时液压缸右腔的油液经阀1(右位)直接回油箱 3）低压夹紧：当卡盘处于正卡且在低压夹紧状态下，夹紧力的大小由减压阀7来调整。系统压力油经减压阀7→电磁阀2(右位)→电磁阀1(左位)→液压缸右腔，卡盘夹紧 4）低压松开：系统压力油经减压阀7→电磁阀2(右位)→电磁阀1(右位)→液压缸左腔，卡盘松开
回转刀架控制	1）三位四通电磁阀3 2）二位四通电磁阀4 3）调速阀9、10 4）刀架转位液压马达 5）刀盘夹紧松开液压缸	回转刀架换刀时，首先是刀盘松开，之后刀盘就近转位到达指定的刀位，最后刀盘复位夹紧 刀盘的夹紧与松开，由一个二位四通电磁阀4控制。刀盘的旋转有正转和反转两个方向，由一个3位四通电磁阀3控制，其旋转速度分别由调速阀9和10控制 1）回转刀架正转：电磁阀4右位，刀盘松开→系统压力油经电磁阀3(左位)→调速阀9→液压马达，刀架正转→电磁阀4左位，刀盘夹紧 2）回转刀架反转：电磁阀4右位，刀盘松开→系统压力油经电磁阀3(右位)→调速阀10→液压马达，刀架反转→电磁阀4左位，刀盘夹紧

（续表）

组成部分	工作元件	工作、控制说明
尾座套筒控制	1）减压阀 8 2）三位四通电磁阀 5 3）调速阀 11 4）压力表 13 5）尾座套筒驱动液压缸	尾座套筒的伸出与退回由一个三位四通电磁阀 5 控制，套筒伸出工作时的预紧力大小通过减压阀 8 来调整，并由压力表 13 显示 1）尾座套筒伸出：系统压力油经减压阀 8→电磁阀 5(左位)→液压缸左腔，套筒伸出。这时液压缸右腔油液经阀 11→电磁阀 5(左位)回油箱 2）尾座套筒退回：系统压力油经减压阀 8→电磁阀 5(右位)→阀 11→液压缸右腔，套筒退回。这时液压缸左腔的油液经电磁阀 5(右位)直接回油箱

② 回转刀架转位换刀的控制流程见表 1－25。

表 1－25　回转刀架回转换刀流程

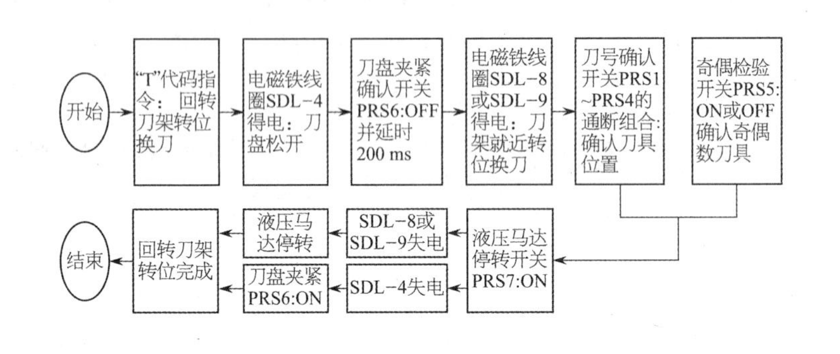

如图所示，回转刀架的自动转位换刀是由 PC 顺序控制实现的。在机床自动加工过程中，当完成一个工步需要换刀时，加工程序中的 T 代码指令回转刀架转位换刀。这时，由 PC 输出执行信号，首先使电磁铁线圈 SDL－4 得电动作，刀盘松开，同时刀盘的夹紧确认开关 PRS6 断电，并延时 200ms。之后，根据 T 代码指定的刀具号，由液压马达驱动刀盘，就近转位选刀，若 SDL－8 得电则刀架正转，若 SDL－9 得电则刀架反转。刀架转位后是否到达 T 代号指定的刀具位置，由一组刀号确认开关 PRS1～PRS4 并与奇偶校验开关 PRS5 来确认。如果指令的刀具到位，开关 PRS7 通电，发出液压马达停转信号，使电磁铁线圈 SDL－8 或 SDL－9 失电，液压马达停转。同时，SDL－4 失电，刀盘夹紧，即完成了回转刀架的一次转位换刀动作。这时，开关 PRS6 通电，确认刀盘已夹紧，机床可以进行下一个动作

③ 液压系统的动作控制　液压系统的动作顺序和电磁阀电磁铁动作见表1－26。

表1－26　MJ50数控车床液压系统电磁铁动作顺序表

动作 \ 电磁铁线圈号			SDL－1	SDL－2	SDL－3	SDL－4	SDL－8	SDL－9	SDL－6	SDL－7
卡盘正卡	高压	夹紧	+	−	−					
		松开	−	+	−					
	低压	夹紧	+	−	+					
		松开	−	+	+					
卡盘反卡	高压	夹紧	−	+	−					
		松开	+	−	−					
	低压	夹紧	−	+	+					
		松开	+	−	+					
回转刀架	刀架正转						+	−		
	刀架反转						−	+		
	刀盘松开					+				
	刀盘夹紧					−				
尾座	套筒伸出								+	−
	套筒退回								−	+

2. 液压系统的常见故障诊断与排除方法

(1) 常见故障现象　数控机床液压系统的常见故障与一般的机床液压系统故障类似,故障一般现象有:压力不能提高、液压冲击、振动与噪声、速度不稳爬行、系统液压油温度过高、系统内外泄漏等。

(2) 常见故障原因　液压系统的故障是由多种因素综合影响的结果,基本原因有:使用维护不合理、装配调整不到位、点检维修不及时、维修检修质量差等。

(3) 常用维修方法　故障引发的原因是综合性、多因素的,因此故障检修的部位也往往是多部分、多元件的。对于同一故障现象,故障引发的部分和元件也是不一样的。因此，熟悉机床液压系统，掌握系统的基本原理和组成元件的检测方法，由表及里，逐步排除，是数控机床液压系统故障排除的基本方法。

3. 数控车床液压系统的故障维修实例

【实例 1-22】

（1）故障现象　某 SIEMENS 810T 系统数控立式车床，刀架上下运动时，刀架顶端进油管路出现异常，连续冒油，系统报警润滑油路油压过低。

（2）故障原因分析　常见原因是润滑油路及相关控制元件故障。

（3）故障诊断和排除

① 检查润滑液压系统管路无损坏。

② 检查润滑油路的 PLC 状态正常。

③ 进一步检查润滑液压系统控制元件，发现刀架润滑油路中的一个二位三通电磁阀线圈烧坏，致使阀芯不能复位。

④ 检查诊断结果：由于电磁阀损坏，导致刀架润滑供油始终处于常开状态，润滑油大量泄流，从而产生润滑油压过低报警。

⑤ 根据故障成因，更换故障电磁阀，加入润滑油调整油液面，系统报警消除，故障被排除。

（4）维修经验积累　润滑油路的控制一般是比较简单的，但在一些润滑要求比较高的数控机床上，设置了润滑油路监控的系统，检查润滑油路控制元件的控制状态和元件性能是排除此类故障的基本方法。

【实例 1-23】

（1）故障现象　某 SIEMENS 810T 系统数控车床，在工件装夹时出现报警 6013“CHUCK PRESSURE SWITCH”。

（2）故障原因分析　根据机床说明书，报警 6013 提示卡紧压力开关和工件卡紧压力不足。通常原因为卡盘或控制信号有故障。

（3）故障诊断和排除

① 检查工件卡紧机械装置。经检查，工件卡紧装置相关的机械传动部位无故障。

② 检查工件卡紧的液压控制系统。压力正常，系统无泄漏，工件夹紧状态正常。

③ 检查夹紧装置信号传递系统。根据机床工作原理，如图 1-15 所示，压力开关 B05 检测工件夹紧压力，接入 PLC 的输入 I0.5。

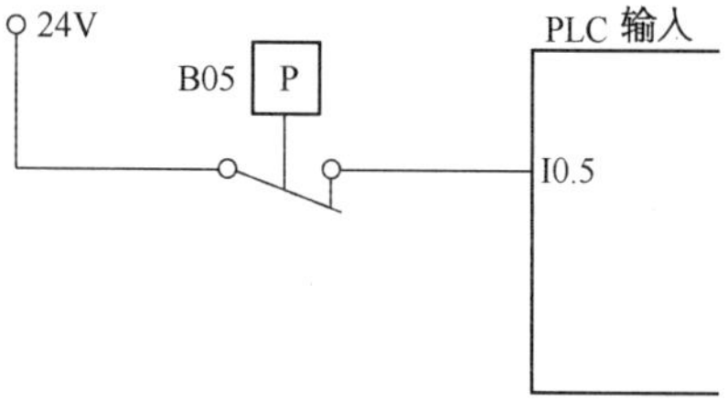

24V
B05　P
PLC 输入
I0.5

图 1-15　工件夹紧系统压力检测开关连接图

④ 检查 PLC 输入状态。利用机床 DIAGNOSIS 功能检查 I0.5 的状态为"0",表明没有压力检测信号输入。

⑤ 检查输入元件。输入元件是压力开关 B05,检测压力开关的性能,发现已损坏。

⑥ 更换输入元件。根据检查诊断结果,更换损坏的压力开关 B05,机床报警解除,恢复正常运行。

(4) 维修经验积累　液压或气动控制的数控车床工件夹紧装置,夹紧力的控制信号传递通常是通过压力开关实现的,压力开关的性能直接影响夹紧动作的控制信号的传递。因此在日常维护维修中应重视压力开关的性能检测和发信压力的调整。

【实例 1-24】

(1) 故障现象　某 SIEMENS 805C 系统数控车床,开机后发现液压站发出异常响声,液压卡盘无法正常装夹工件。

(2) 故障原因分析

① 现场观察。经现场观察,发现机床开机起动液压泵后,即产生异常响声,同时,液压站无液压油输出。

② 罗列成因。液压站由液压泵、电动机、液压油箱和管路等组成,产生异常响声的原因可能是:

a. 液压站油箱内液压油太少,导致液压泵因缺油而产生空转。

b. 液压站油箱内液压油长期未更换,污物进入油中,导致液压油黏度太高。

c. 液压站输出油管堵塞,产生液压冲击。

d. 液压泵与液压电动机连接处发生松动。

e. 液压泵损坏。

f. 液压电动机轴承损坏。

(3) 故障诊断和排除

① 系统检查。

a. 检查液压泵起动后的出口压力为“0”。

b. 检查液压油箱的油位处于正常位置。

c. 检查液压油的油质和清洁度属于正常范围。

d. 检查管路无堵塞现象。

② 元件检查。

a. 拆卸、检查液压泵,叶片液压泵无故障现象。

b. 检查液压电动机,电动机运转正常,电动机轴承无故障现象。

c. 检查液压泵与液压电动机的连接用尼龙齿式联轴器,发现联轴器啮合齿损坏。

③ 故障排除方法。

a. 根据故障元件的损坏情况,需要进行尼龙联轴器的更换。安装联轴器时,应按要求调整液压泵与液压电动机的轴向和轴线位置。更换联轴器后,液压泵输出正常压力的液压油,异常响声和卡盘无法装夹工件的故障排除。

b. 按系统设计和联轴器的承载能力,检查调整液压站的输出压力,避免输出液压油压力过高,导致联轴器的啮合齿超载损坏。

c. 建立联轴器维修更换记录,控制联轴器的使用寿命,避免重复的故障检查诊断。

(4) 维修经验积累　联轴器是液压站的动力连接部件,联轴器有一定的负载能力,超载后会损坏结合齿。在维修液压卡盘的过程中,若出现超载故障,应同时兼顾检查联轴器的完好程度。

【实例 1-25】

(1) 故障现象　某 SIEMENS 系统数控车床,刀塔旋转启动后,旋转不停,并出现报警“TURRET INDEXING TIME UP”,指示刀塔分度超时。

(2) 故障原因分析　液压驱动转塔刀架的典型结构如图 1-16 所示。转塔刀架用液压缸夹紧,液压马达驱动分度,端齿盘副定位。根据刀塔的工作原理和电气原理图,PMC 输出 Y48.2 通过一个直流继电器控制刀塔推出电磁阀,如图 1-17 所示。按以上分析,常见的故障原因如下:

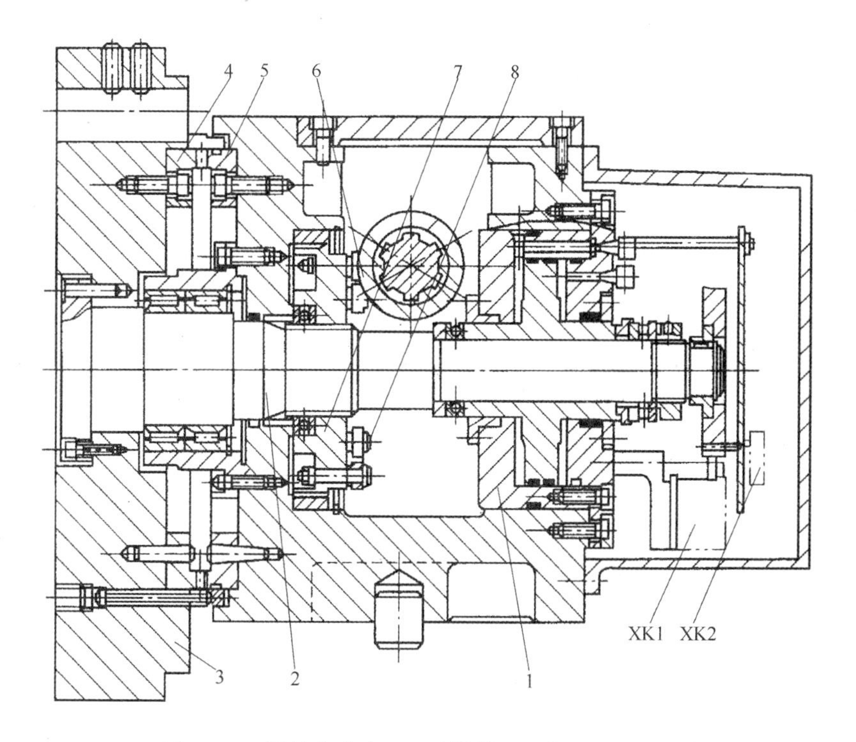

图 1-16　数控车床液压驱动转塔刀架典型结构示意

1—液压缸；2—刀架中心轴；3—刀盘；4,5—端齿盘；
6—转位凸轮；7—回转盘；8—分度柱销；
XK1—计数行程开关；XK2—啮合状态行程开关

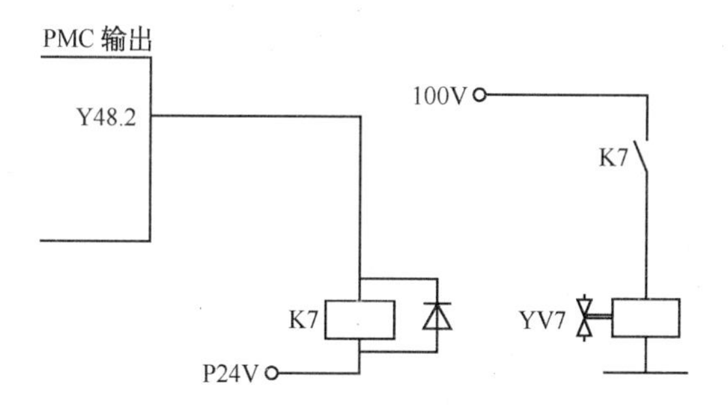

图 1-17　刀塔推出电气控制原理图

① 计数开关故障。

② 夹紧液压缸电磁阀故障。

③ 直流继电器故障。

④ 数控系统 PMC 信号传输故障。

（3）故障诊断和排除

① 状态诊断检查。利用机床 DGNOS PARAM 功能观察 PMC 输出状态，在刀塔旋转找到第一把刀后，Y48.2 的状态变成“0”，说明刀塔回落的命令已经发出。

② 信号传输检查。检查刀塔推出的电磁阀在 PMC 输出 Y48.2 的状态变成“0”时，控制电源已经断开。

③ 推理诊断。因能找到第一把刀，显示计数开关无故障；因 PMC 状态显示正常，指示刀塔回落的信号已经发出；因电磁阀控制电源断开，显示信号传输无故障，表明直流继电器无故障；电磁阀控制电源断开，但刀塔没有回落动作，而液压缸能抬起刀塔，液压缸无故障，因此故障应在控制电磁阀上。

④ 故障排除方法。

a. 用更换同型号的电磁阀进行维修，刀塔运行正常，刀塔旋转不停和没有卡紧的故障排除。

b. 检查电气线路，测量控制线路的电压，注意排除电磁阀线圈损坏的过电压情况。

c. 检查液压油的质量和清洁度，检查液压系统过滤装置，预防因液压油污染变质引发电磁阀阀芯阻滞等故障。

（4）维修经验积累　换向电磁阀的常见故障包括阀芯不动或不到位、电磁铁过热或线圈烧毁等。在液压控制系统中，出现动作控制有故障时，在检修中应注意检查电磁阀的性能，主要检查阀芯的机械动作和电磁线圈、电磁铁的性能。

【实例 1－26】

（1）故障现象　某广州数控 GSK 980 TDb 系统数控车床发现尾座行程不到位，尾座顶尖顶不紧现象。

（2）故障原因分析　常见故障原因如下：

① 系统压力不足。

② 液压缸活塞拉毛或研伤。

③ 密封圈损坏。

④ 液压阀断线或卡死。

⑤ 套筒和尾座壳体内孔的配合间隙过小。

⑥ 行程控制开关位置调整不当。

（3）故障诊断和排除

① 用压力表检查系统压力，发现系统压力不稳定。

② 拆卸检查液压缸，缸筒内壁和活塞无损坏；承载能力正常。

③ 检查密封圈，密封圈变形损坏。

④ 检查液压电磁阀线圈、控制线和阀芯动作，无故障现象。

⑤ 检查套筒和壳体内孔的配合间隙，间隙偏小。

⑥ 检查行程开关的位置，调整不当。

⑦ 故障排除维修方法。

a. 更换液压缸和活塞的密封圈。

b. 研修套筒和尾座壳体内孔，或经过锥套调整，使两者配合间隙达到技术要求。如图 1-18 所示的尾座结构，轴承的径向间隙用螺母 8 和 6 进行调整，尾座套筒与尾座孔的间隙，用内、外锥套 7 进行微量调整，当向内

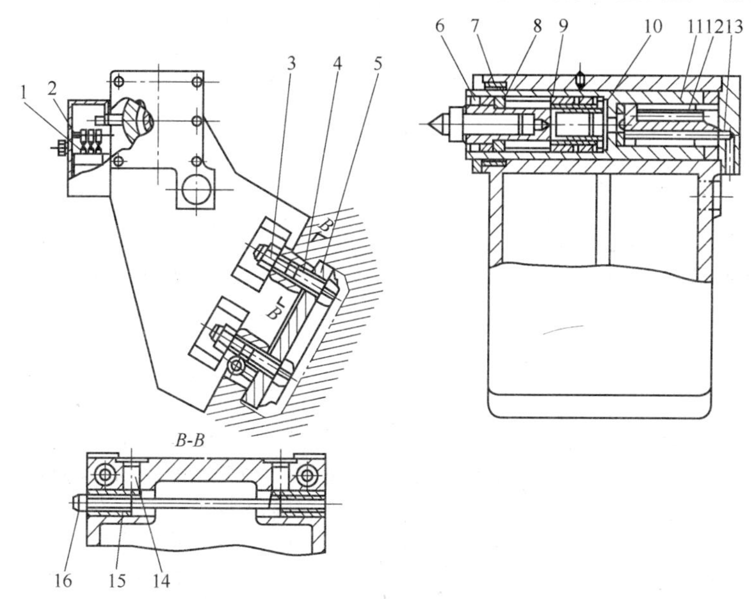

图 1-18　数控车床尾座的典型结构

1—行程开关；2—挡铁；3,6,8,10—螺母；4—螺栓；5—压板；7—锥套；9—套筒内轴；11—套筒；12,13—油孔；14—销轴；15—楔块；16—螺钉

压外锥套时，内锥套内孔缩小，可使配合间隙减小；反之变大，压紧力用端盖来调整。

c. 检查溢流阀和减压阀，按技术要求调整系统和回路压力。

d. 合理调整行程开关的位置。

e. 检查和维护尾座部位的导轨润滑。

经过以上维修保养，尾座行程不到位和顶尖顶不紧的故障排除。

（4）维修经验积累　用于大批量生产的经济型数控车床，液压顶尖的使用是十分频繁的，一些工序时间短的零件，顶尖使用的频率更高，因此相应的故障率也比较高。数控车床的液压系统维修涉及机械负载、液压系统承载和控制性能等几方面的维护维修内容，在实际维修中，应熟悉各机械组件配合和传动精度，液压元件的性能检测，以便进行合理的检修和元件更换与调整。溢流阀和减压阀的常见故障见表 1-27、表 1-28。

表 1-27　溢流阀的常见故障及其排除方法

故障现象	产 生 原 因	排 除 方 法
压力波动	1）弹簧弯曲或弹簧刚度太低 2）油液不清洁，阻尼孔不畅通 3）锥阀与锥阀阀座接触不良或磨损 4）滑阀表面拉伤或弯曲变形，滑阀动作不灵	1）更换弹簧 2）清洗阻尼孔 3）更换锥阀 4）修磨滑阀或更换滑阀
振动和噪声	1）回油路有空气进入 2）液压弹簧永久变形 3）流量超过额定值 4）锥阀与阀座接触不良或磨损 5）油温过高，回油阻力过大 6）滑阀与阀盖配合间隙过大 7）回油不畅通	1）拧紧油管接头 2）更换弹簧 3）更换流量匹配的溢流阀 4）修磨锥阀或更换锥阀 5）降低油温，降低回油阻力 6）检查滑阀，控制配合间隙 7）清洗回油管路
压力调整无效	1）滑阀卡住 2）进、出油口接反 3）远程控制口接油箱或泄漏严重 4）主阀弹簧太软、变形 5）先导阀座小孔堵塞 6）滑阀阻尼孔堵塞 7）紧固螺钉松动 8）压力表不准 9）调压弹簧折断	1）修磨滑阀或更换滑阀 2）纠正进、出油口位置 3）切断远程控制口接油箱的油路、加强密封 4）更换弹簧 5）检查清洗 6）清洗阻尼孔 7）调整阀盖螺钉 8）检修或更换压力表 9）更换弹簧

（续表）

故障现象	产生原因	排除方法
泄漏	1）锥阀与阀座配合不良 2）滑阀与阀体配合间隙过大 3）紧固螺钉松动 4）密封件损坏 5）工作压力过高	1）修磨锥阀或更换锥阀 2）修配滑阀或更换滑阀 3）拧紧螺钉 4）检查密封，更换密封 5）降低工作压力或选用额定压力高的阀

表 1-28　减压阀的常见故障及其排除方法

故障现象	产生原因	排除方法
压力调整无效	1）弹簧折断 2）阀阻尼孔堵塞 3）滑阀卡住 4）先导阀阀座小孔堵塞 5）泄油口的螺纹堵头未拧出	1）更换弹簧 2）清洗阻尼孔 3）清洗、修磨滑阀或更换滑阀 4）清洗小孔 5）拧出螺纹堵头，接上泄油管
出口压力不稳定	1）油箱液面低于回油管口或过滤器，空气进入系统 2）主阀弹簧太软、变形 3）滑阀卡住 4）泄漏 5）锥阀与阀座配合不良	1）补油 2）更换弹簧 3）清洗修磨滑阀或更换滑阀 4）检查密封，拧紧螺钉 5）更换锥阀

模块二　数控车床电气部分和辅助装置装调维修

内容导读

维修经济型系列数控车床的电气部分(包括系统和强电部分)和辅助装置,首先应熟悉各种数控车床的系统基本配置(如主轴伺服、进给伺服和检测装置)和各种辅助装置的结构特点,所选用数控控制系统的基本组成和应用特点,掌握各种经济型数控车床的操作和程序释读方法,重点掌握经济型数控车床用于多品种批量生产加工过程中CNC、PLC系统的故障规律和特点,掌握伺服系统和装置的故障诊断和维修,兼顾报警显示故障和典型无报警显示故障的诊断分析方法、检测排除和维修调整方法。在实践中应注重原理分析法、逻辑推理法、故障隔离法、类比法、替代法等故障基本检查分析方法的训练,掌握典型经济型数控车床系统工作原理、参数检测和设置方法,系统硬件基本组成部分的装拆、调整和检修方法。同时应注重掌握强电部分装调维修基本技能的训练,各种电气元器件常见故障的检测检修技能。

项目一　强电部分故障维修

数控机床强电电路一般由主回路、控制电路和辅助电路等部分组成。各部分电路都是由低压电器等构成的。低压电器包括配电电器和控制电器。如图2-1所示为数控车床强电电路图,TK40A数控车床主轴采用变频调速,三挡无级变速,数控系统实现机床的两轴联动。机床配有四工位刀架,可开闭的半防护门。设备主要器件见表2-1。

表 2-1　设备主要装置和元器件

名称	规　　格	主 要 用 途	备注
数控装置	HNC-21TD	控制系统	HCNC
软驱单元	HFD-2001	数据交换	HCNC
控制变压器	AC380/220V 300W AC380/110V 250W AC380/24V 100W	伺服控制电源、开关电源供电 交流接触器电源 照明灯电源	HCNC
伺服变压器	3P AC380/220V 2.5kW	为伺服供电	HCNC
开关电源	AC 220V 或 DC 24V 145W	HNC-21TD、PLC 及中间继电器	明玮
伺服驱动器	HSV-16D030	*X*、*Z* 轴电动机伺服驱动器	HCNC
伺服电动机	GK6062-6AC31-FE(7.5N·m)	*X* 轴进给电动机	HCNC
伺服电动机	GK6063-6AC31-FE(11N·m)	*Z* 轴进给电动机	HCNC

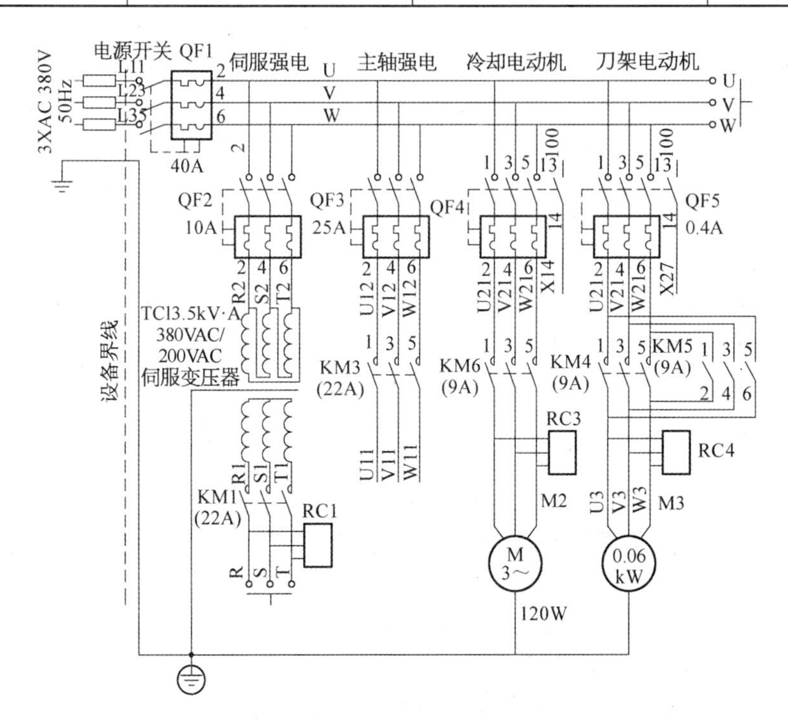

图 2-1　TK40A 强电回路

1. 电路分析方法

维修经济型数控车床的电气部分，首先要了解电气控制系统的总体结构，电动机和电器元件的分布状况及控制要求等内容，然后阅读分析电气原理图。

（1）分析主回路　从主回路入手，根据伺服电动机、辅助机构电动机和电磁阀等执行电器的控制要求，分析控制内容，包括启动、方向控制、调速和制动等。

（2）分析控制电路　根据主回路各伺服电动机、辅助机构电动机和电磁阀等执行电器的控制要求，逐一找出控制电路中的控制环节，按功能不同划分成若干个局部控制线路来进行分析。

（3）分析辅助电路　辅助电路包括电源显示、工作状态显示、照明和故障报警等部分，分析时应结合控制电路中的相关控制电器的控制过程进行逐一分析。

（4）分析连锁与保护环节　数控机床有较高的安全性和可靠性要求，因此在分析中要注重分析控制电路中设置的一系列电气保护和必要的电气连锁环节的具体作用。

（5）总体分析　经过化整为零，逐步分析了每一个局部电路的工作原理以及各部分之间的控制关系后，还必须用“集零为整”的方法，检查分析整个控制线路，从整体角度进一步分析和理解各控制环节与主回路之间的联系，理解电路中各个元器件所起的作用。

2. 电气常识

在维修经济型数控机床的电气部分时，应熟悉机床电器。机床侧的电器可分为配电电器、控制电器和执行电器。

（1）配电电器　包括熔断器、断路器、接触器与继电器及各类低压开关等。配电电器主要用于低压配电电路和动力装置中，对电路和设备具有保护、通断、转换电源或转换负载等作用。

（2）控制电器　包括控制电路中用于分布命令或控制程序的开关电器、电阻器与变阻器、操作电磁铁、中间继电器等。

（3）执行电器　包括电动机、电磁抱闸制动、电磁离合器与电磁阀等。执行电器一般通过接触器或继电器的触点通断其电源。

任务一　数控车床电源和主电路故障维修

1. 典型数控车床电源与主电路分析

（1）主回路分析　图 2-1 所示是 380V 强电回路。图中 QF1 为电源总开关。QF3、QF2、QF4、QF5分别为主轴强电、伺服强电、冷却电动机、刀架电动机的空气开关，作用是接通电源及短路、过电流时起保护作用。其中QF4、QF5带辅助触头，该触点输入PLC，作为报警信号，并且该空气开关的保护电流为可调的，可根据电动机的额定电流来调节空气开关的设定值，起过电流保护作用。KM3、KM1、KM6分别为主轴电动机、伺服电动机、冷却电动机交流接触器，由它们的主触点控制相应电动机。KM4、KM5为刀架正反转交流接触器，用于控制刀架的正反转。TC1为三相伺服变压器，将交流380V变为交流200V供给伺服电源模块。RC1、RC3、RC4为阻容吸收，当相应的电路断开后，吸收伺服电源模块、冷却电动机、刀架电动机中的能量，避免产生过电压而损坏器件。

（2）电源电路分析　图2-2所示为电源回路图。图中TC2为控制变压器，一次侧为AC380V，二次侧为AC110V、AC220V、AC24V，其中AC110V给交流接触器线圈和强电柜风扇提供电源；AC24V给电柜门指示灯、工作灯提供电源；AC220V通过低通滤波器滤波后给伺服模块、电源

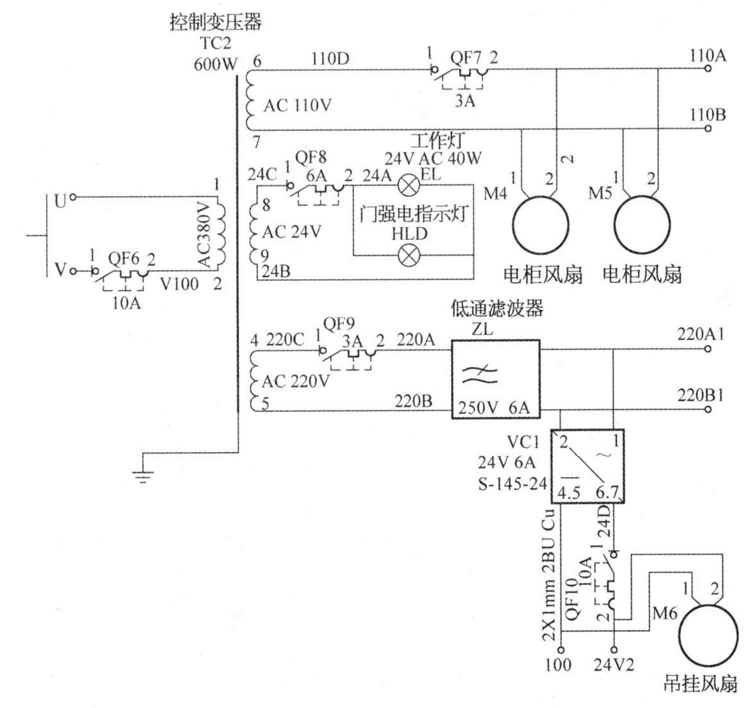

图2-2　TK40A电源回路图

模块、24V电源提供电源。VC1为24V电源，将AC220V转换为AD24V电源，给机床数控系统、PLC输入/输出、24V继电器线圈、伺服模块、电源模块、吊挂风扇提供电源。QF6、QF7、QF8、QF9、QF10空气开关为电路的短路保护。

2. 数控车床电源和主电路的故障维修实例

【实例2-1】

（1）故障现象　某980TD系统数控车床配置广州数控GSK980TA/DA98A双速主轴电动机，四工位刀架。系统通电即出现急停报警，按超程开关可解除报警，松开后继续报警。

（2）故障原因分析

① 现场调查。操作者演示故障现象，980TD系统通电即报警，所有机床功能不能使用。

② 查阅资料。查看、释读、分析机床电路图（图2-3），X、Z轴限位与急停开关是串联在一起的。

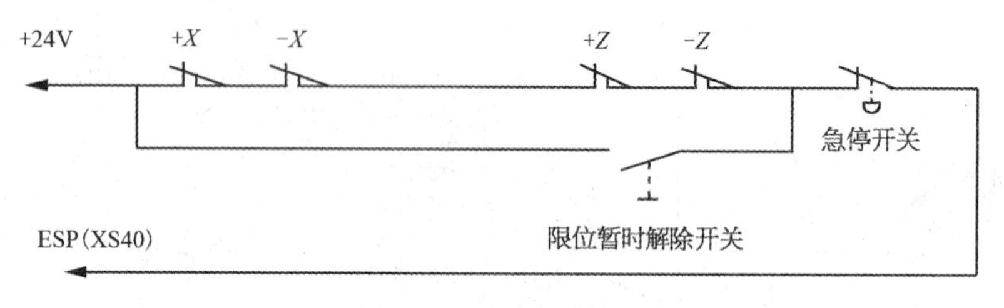

图2-3　机床急停电路

③ 罗列成因。980TD系统急停报警常见原因有开关电源24V不正常、急停电路断路、急停开关断路、串接的开关等有故障、系统I/O板有故障等。

（3）故障诊断和排除　据理分析，本例按限位暂时解除开关可解除报警，而限位暂时解除开关与串接的X、Z轴限位开关并联，因此，推断原因是X、Z轴限位开关有断路故障。经过测试检查，发现X轴行程开关进水断路，引起系统出现急停报警。更换限位开关后，故障被排除。同时检查限位开关进水的具体原因，进行必要的防护措施，杜绝故障的重复发生。

（4）维修经验积累　数控车床的限位开关具有安全性和可靠性控制的特点，在本例电路中可直接控制24V电源。在经济型数控车床的使用中，由于多种原因（如冷却液的大量冲注、开关防护装置的损坏、自动控制行程的操作频繁等），会导致行程开关出现故障，引起系统急停报警，而急停开关本身并没有出现故障。因此，本例提示维修人员，按故障现象进行电路图的查看、释读、分析，是准确诊断故障原因和故障部位的主要方法。行程（位置）开关的常见故障及修理方法见表 2－2。

表 2－2　行程开关的常见故障及其修理方法

故障现象	产生原因	修理方法
挡铁碰撞开关，触头不动作	1）开关位置安装不当 2）触头接触不良 3）触头连接线脱落	1）调整开关的位置 2）清洗触头 3）紧固连接线
位置开关复位后，常闭触头不能闭合	1）触杆被杂物卡住 2）动触头脱落 3）弹簧弹力减退或被卡住 4）触头偏斜	1）清扫开关 2）重新调整动触头 3）调换弹簧 4）调换触头
杠杆偏转后触头未动	1）行程开关位置太低 2）机械卡阻	1）将开关向上调到合适位置 2）打开后盖清扫开关

【实例 2－2】

（1）故障现象　某 FANUC 0T 经济型数控车床，正常关机后，再次开机，系统电源无法启动。

（2）故障原因分析　电源无法启动的常见原因是保护电器启动，如熔断器熔断、热继电器过载动作、主继电器故障等。

（3）故障诊断和排除

① 观察电源单元的指示灯（发光二极管）亮，表明内部输入单元的 DC24V 辅助电源正常。同时 ALM 灯也亮着。查阅原理图，表明系统内部的＋24V、±15V、＋5V 电源模块报警，或外部的报警信号接通，使继电器吸合，引起互锁而无法通电。

② 进一步检查发现外部报警信号 E. ALM 已接通，根据机床电器原理图，逐一检查该报警号接通的各个条件，最终查明故障原因是液压马达主电路跳闸，但检查液压马达并无过载现象。

③ 进一步检查主电路的保护电器调整值，发现主电路热继电器的整定值过小。

④ 确认故障原因和部位后，采用以下维修措施：

a. 检查液压马达的性能。

b. 检测和核对液压马达的启动电流和额定电流。

c. 检查热继电器的完好状态，并适当调整热继电器整定值，与液压马达的额定电流匹配。

经过以上故障维修作业，机床供电恢复正常。

（4）维修经验积累　热继电器整定电流可通过旋转电流整定旋钮来调节，旋钮上刻有整定电流值标尺。所谓热继电器的整定电流，是指热继电器连续工作而不动作的最大电流，超过整定电流，热继电器将在负载未达到其允许的过载极限之前动作。

【实例 2-3】

（1）故障现象　某 KND(凯恩帝)系统经济型数控车床，在工件装卸过程中，突然断电，再次通电后，机床不能启动。

（2）故障原因分析　通常是电源单元有故障。

（3）故障诊断和排除

① 根据报警显示，电源单元的报警灯 ALM 亮，表明电源单元有故障。进一步检查，发现熔断器 F14 已经熔断。

② 进一步分析电源熔断器熔断的原因：对照电源单元原理图，发现系统提供给外部的＋24V 电源与地之间存在短路。＋24V 电源是系统提供给机床 PMC 外部输入、输出电路的直流 24V 电源，由此可以初步判定故障部位在机床侧。

③ 对 PMC 的各个输入、输出点进行逐一测量，由于故障在装卸工件时发生，因此对脚踏开关等进行了重点检查，最后发现车床的脚踏开关有故障，其连接线对地短路。

④ 确认故障原因和部位后，采用以下维修措施：

a. 更换短路的连接线，或排除连接线的短路故障。通电试车机床恢复正常。

b. 对脚踏开关和连接线的位置进行检查调整，进一步排除导致开关连接线造成短路的各种因素。防止发生类似故障。

（4）维修经验积累　经济型数控车床装夹工件的卡盘是使用十分频繁的，由此脚踏开关的使用频率也很高，而且脚踏开关的工作位置使其容易被污损。脚踏开关的连接线是容易造成短路故障的常见部位，维修中应注意检查和检修连接线。此外本例提示故障呈现的即时状态分析也十分重要，如本例是在工件进行装夹时发生故障的，因此可以按即时状态相关的各个方面进行检查分析，以便准确进行故障原因和部位的诊断。

【实例 2-4】

(1) 故障现象 某配置华中世纪星系列数控系统数控车床,系统上电后系统无反应,电源不能接通。

(2) 故障原因分析 通常是电源单元有故障。根据电源指示灯的指示状态分析:

① 电源指示灯不亮故障原因:

a. 外部电源没有提供、电源电压过低、缺相或外部形成短路、电源进线断路。

b. 电源的保护装置跳闸或熔断形成电源开路。

c. PLC 的地址错误或互锁装置使电源不能正常启动。

d. 系统上电按钮接触不良或脱落。

e. 电源模块不良、元器件的损坏引起故障(如熔断器熔断、浪涌吸收器短路等)。

f. 机床总电源开关损坏。

g. 控制变压器输入端熔断器熔芯断或断路器跳闸。

h. 指示灯控制电路中熔断器熔芯断或断线。

i. 电源指示灯灯泡坏。

j. 电气控制柜门未关好,开门断电保护开关动作。

k. 电气控制柜上的开门断电保护开关损坏或关门后与碰块接触不良。

② 电源指示灯亮且系统无反应故障原因:

a. 接通电源的条件未满足。

b. 系统黑屏。

c. 系统文件被破坏,没有进入系统。

(3) 故障诊断和排除 本例电源指示灯不亮,故障诊断按常见故障原因采用排除法进行。

① 检测外部电源,提供的电源正常。

② 开合开关,检查熔断器,处于正常状态。

③ 采用更改 PLC 地址和接线的方法,故障依旧。

④ 检查系统上电按钮,处于正常状态。

⑤ 检查电源模块、电源进线和电源开关,处于正常状态。

⑥ 检查控制变压器及其相关电器,处于正常状态。

⑦ 检查电气控制柜保护开关和门开关的碰块位置,发现开门断电保

护开关失灵，碰块位置变动。

按照以上诊断结果，更换开门断电保护开关，调整碰块的位置，系统上电电源不能接通的故障被排除。

(4) 维修经验积累　经济型数控车床的工作环境比较复杂，周围的空气湿度、环境温度、空气质量等，都会对控制电器产生不利的影响，本例故障的原因是电气控制柜开门断电保护开关损坏，门碰块位置变动，属于容易忽略的故障部位，维修分析时应注意避免疏漏，致使故障诊断和排除陷入僵局。

任务二　数控车床电气控制电路故障维修

1. 典型数控车床控制电路分析

(1) 主轴电动机的控制分析　图 2－4、图 2－5 所示分别为交流控制回路图和直流控制回路图。先将 QF2、QF3 空开合上(参见图 2－1 强电回路)，当机床未压限位开关、伺服未报警、急停未压下、主轴未报警时，KA2、KA3 继电器线圈通电，继电器触点吸合，并且 PLC 输出点 Y00 发出伺服允

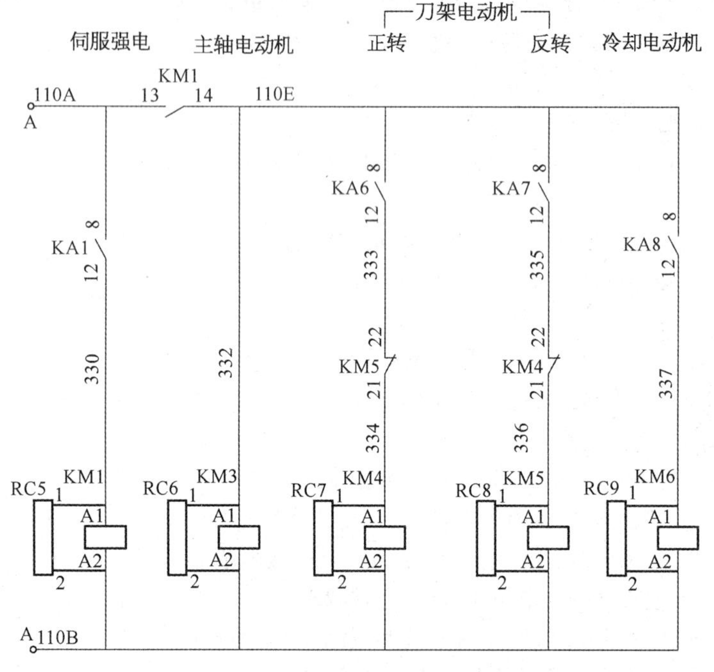

图 2－4　TK40A 交流控制回路图

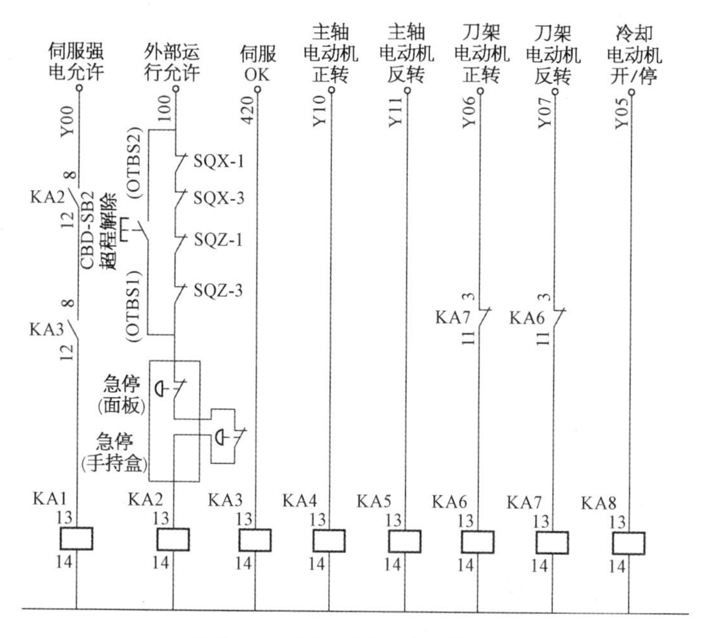

图 2－5　TK40A 直流控制回路图

许信号。KA1 继电器线圈通电，继电器触点吸合；KM1 交流接触器线圈通电，交流接触器触点吸合；KM3 主轴交流接触器线圈通电，交流接触器主触点吸合。主轴变频器加上 AC380V 电压，若有主轴正转或主轴反转及主轴转速指令时（手动或自动），PLC 输出主轴正转 Y10 或主轴反转 Y11 有效，主轴 AD 输出对应于主轴转速的直流电压值（0～10V），主轴按指令值的转速正转或反转。当主轴速度到达指令值时，主轴变频器输出主轴速度到达信号给 PLC 输入 X31（未标出），主轴转动指令完成。主轴的启动时间、制动时间由主轴变频器内部参数设定。

（2）刀架电动机控制分析　当有手动换刀或自动换刀指令时，经过系统处理转变为刀位信号。这时使 PLC 输出 Y06 有效，KA6 继电器线圈通电，继电器触点闭合，KM4 交流接触器线圈通电，交流接触器主触点吸合，刀架电动机正转。当 PLC 输入点检测到指令刀具所对应的刀位信号时，PLC 输出 Y06 有效撤消、刀架电动机正转停止；PLC 输出 Y07 有效，KA7 继电器线圈通电，继电器触点闭合，KM5 交流接触器线圈通电，交流接触器主触点吸合，刀架电动机反转。延时一定时间后（该时间由参数设定，并根据现场情况作调整），PIC 输出 Y07 有效撤消，KM5 交流接触器主触点断开，刀架电动机反转停止，换刀完成。为了防止电源短路，在刀架电动机正转、继电器线圈、接触器线圈回路中串入了反转继电器、接触器动断触点。值得注意的是，刀架转位选刀只能一个方向转动，取刀架电动机正转。刀架电动机反转只为刀架定位。

(3) 冷却电动机控制分析　当有手动或自动冷却指令时，这时 PLC 输出 Y05 有效，KA8 继电器线圈通电，继电器触点闭合，KM6 交流接触器线圈通电，交流接触器主触点吸合，冷却电动机旋转，带动冷却泵工作。

2. 数控机床电气控制电路的常见故障及其原因

(1) 故障现象——熔断器熔断　常见故障原因：

① 操作电路中有一相接地。

② 若主接触器接通时熔断，为该相接地。

(2) 故障现象——接触器不能接通　常见故障原因：

① 线路无电压。

② 应闭合的闸刀或紧急开关未合上。

③ 控制电路的熔断器熔断。

④ 过电流保护电器元件的连锁触点未闭合。

⑤ 线路主接触器的吸引线圈断路。

(3) 故障现象——过电流继电器动作　常见故障原因：

① 若主接触器接通时动作，原因是控制器的电路接地。

② 过电流继电器的整定值不符合要求。

③ 电动机定子线路有接地故障。

④ 机械部分故障，导致电流过载。

(4) 故障现象——电动机只能单向旋转或无法断电　常见故障原因：

① 配线发生故障。

② 限位开关故障。

(5) 故障现象——连锁或保护控制动作未达到要求　常见故障原因：

① 配线错误。

② 接线松脱。

3. 数控车床控制电路的故障维修实例

【实例 2-5】

(1) 故障现象　某 FANUC 0T 系统经济型数控车床，机床工作一段时间后，主轴电动机停止运行，不能再次启动。

(2) 故障原因分析　常见的原因为电动机过载、变频器故障等。

（3）故障诊断和排除

① 检测主轴电动机三相绕组，无故障现象。

② 电动机运行中用手触摸外壳，温度正常，说明电动机没有过载，可排除机械部分过载因素。

③ 检查变频器的三相输入电压 R、S、T 都正常，而三相输出电压 U、V、W 均为零，表明变频器没有工作。

④ 本例机床主轴使用 FR－SF－2－15K 型变频器，对变频器的控制电路进行检查。如图 2－6 所示为变频器的外部接线，主轴电动机过载保护热继电器 FR 通过 OHS1 和 OHS2 两个端子与变频器连接，按图检查连接线，未发现故障现象。

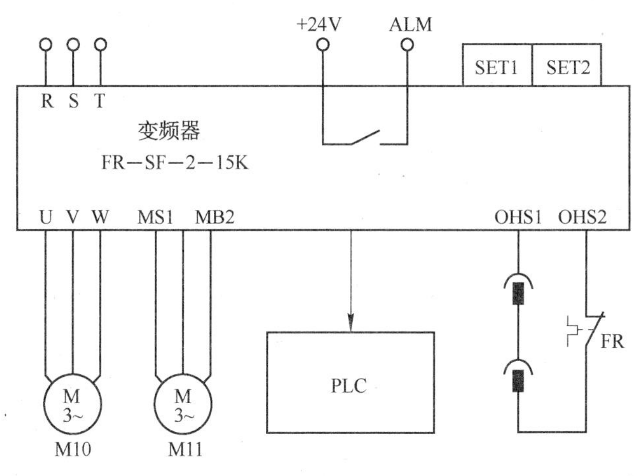

图 2－6　变频器的外部接线

⑤ 进一步检查发现 OHS1 和 OHS2 的外部呈开路状态，故障应为 FR 没有闭合。

⑥ 检测 FR，发现 FR 触头接触不良，虽然电动机没有过载，但因 FR 触头未闭合，导致变频器内部的保护电路动作，变频器不能启动。

⑦ 更换相同规格的热继电器，控制电路正常，变频器启动，机床主轴恢复正常工作。

（4）维修经验积累　在经济型数控车床的电气控制电路中，热继电器是具有保护作用的电器元件。热继电器保护性动作或有故障可采用更换法进行检测或维修，也可对热继电器进行维修调整。热继电器的常见故障及修理方法见表 2－3。

表 2-3 热继电器的常见故障及修理方法

故障现象	产 生 原 因	修 理 方 法
热继电器误动作或动作太快	1）整定电流偏小 2）操作频率过高 3）连接导线太细	1）调大整定电流 2）调换热继电器或限定操作频率 3）选用标准导线
热继电器不动作	1）整定电流偏大 2）热元件烧断或脱焊 3）导板脱出	1）调小整定电流 2）更换热元件或热继电器 3）重新放置导板，并试验动作是否灵活
热元件烧断	1）负载侧短路或电流过大 2）反复短时间工作，操作频率过高	1）排除故障调换热继电器 2）限定操作频率或调换合适热继电器
主电路不通	1）热元件烧毁 2）接线螺钉未压紧	1）更换热元件或热继电器 2）旋紧接线螺钉
控制电路不通	1）热继电器常闭触头接触不良或弹性消失 2）手动复位的热继电器动作后，未手动复位	1）检修常闭触头 2）手动复位

【实例 2-6】

（1）故障现象　某 SIEMENS 系统数控车床，在加工过程中，机床突然停电，CRT 上的显示全部消失，呈现黑屏状态，无法再次启动。

（2）故障原因分析　常见故障原因是电源单元和控制单元有故障，电源单元和控制电源的接线如图 2-7 所示。

（3）故障诊断和排除

① 检查电源单元 MATE-E2，交流电源和直流电源都处于正常状态。启动按钮 SB1、停止按钮 SB2，都处于完好状态。

② 检查控制单元的 CU-M3 的连接电缆 J27、J37 和 J38，都处于正常状态。

③ 用万用表检查各连接导线，发现 SB2 左侧的端子与电源单元的端子 2 之间断路。

④ 将断路的两点直接短接，机床立即恢复正常。

⑤ 进一步检查发现，故障根源是接插件 XP/S62(2)上的导线脱焊，相当于停止按钮 SB2 断开动断触头断路，致使系统始终处于停止状态。

⑥ 根据诊断部位和结果，对脱焊的导线端子重新进行焊接，故障被排除。

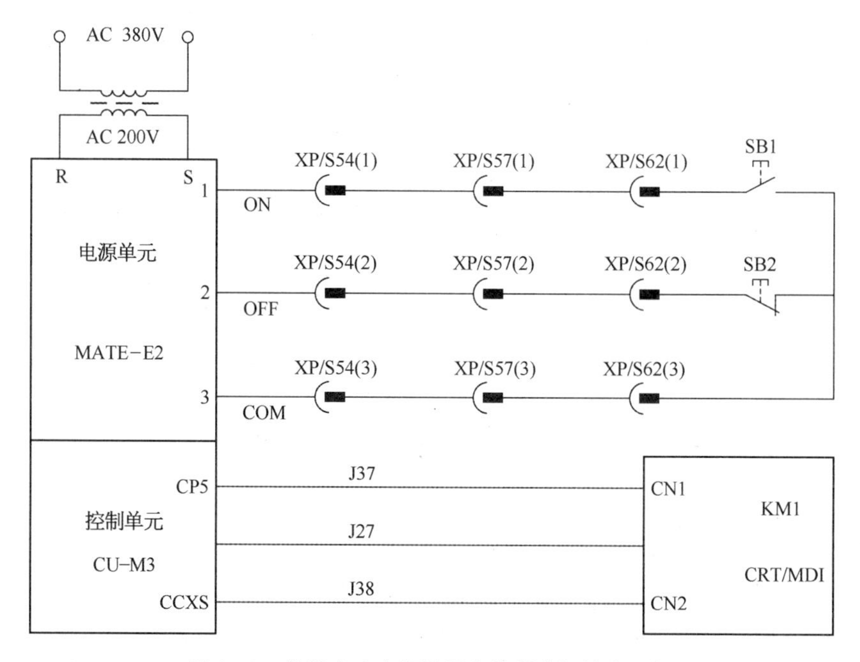

图 2－7　数控车床电源单元和控制电源接线示例

（4）维修经验积累　控制电路是由电器元件和接线组成的，控制电路失控故障，通常是由于断路造成的。因此需要逐级检查连接端子和接线的导通情况。对控制电器的常闭触点（动断触点）也应进行检查，以便诊断出断路的部位进行修复。

【实例 2－7】

（1）故障现象　某 KND 系统经济型数控车床，机床在工作时，MDI 手动数据输入接口有时工作正常，有时送不上电。CRT 也是相同情况。

（2）故障原因分析　常见故障原因是电源单元和控制单元有故障。

（3）故障诊断和排除

① 检查电源系统，交流输入电压正常。

② 检查系统电压＋5V 和＋12V 处于正常状态。

③ 检查控制按钮和继电器等元器件，都处于完好状态。

④ 检查控制电路所有接线、接插件都处于正常状态。

⑤ 检查控制电路中的 24V 直流电压，不稳定，电压在 10V～18V 波动。

⑥ 拆开 24V 稳压电源装置，取出印刷电路板仔细观察，发现有一个 22Ω 的电阻烧黑，用万用表测量其电阻，阻值变为几百千欧。

⑦ 根据稳压电源的工作原理分析，电阻改变阻值后，稳压电源失去稳压性能。

⑧ 更换 22Ω 电阻，电压恢复正常，控制电路不稳定的故障被排除。

(4) 维修经验积累　数控机床稳压电源的电压不稳定，常见的故障有稳压管击穿、分压电阻毁损且阻值不稳定、调整管参数变化等。检查和维修中应进行仔细地观察和检测。本例电阻外表发黑，阻值变大等，为故障部位及元器件诊断提供了线索，值得借鉴。

项目二　数控系统故障维修

任务一　数控车床 PLC 控制系统故障维修

1. 数控机床 PLC 控制方式和主要功能

1) 控制方式　PLC 控制为存储程序控制，其工作程序存放在存储器中，系统要完成的控制任务是通过存储器中的程序来实现的，其程序是由程序语言来表达的。控制程序的修改不需要改变 PLC 的内接线(即硬件)，只要通过编程器来改变存储器中某些语句的内容就可实现。PLC 系统的结构组成如图 2-8 所示，由输入、输出和控制逻辑三部分组成。

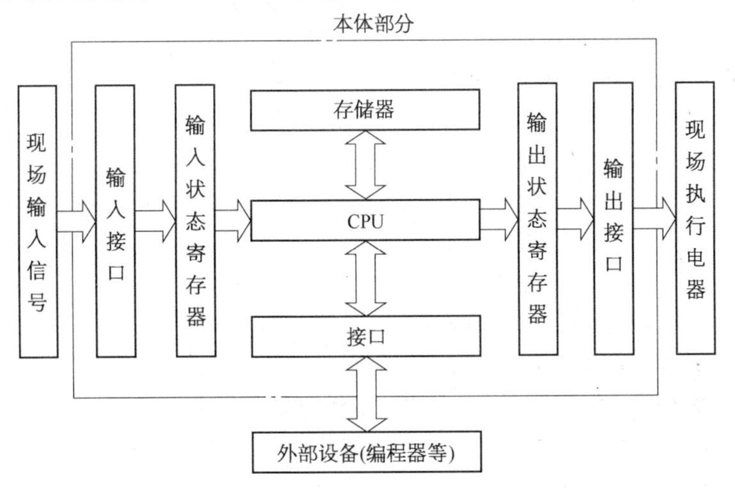

图 2-8　PLC 系统结构框图

PLC 控制系统的输入、输出部分与传统的继电器控制系统基本相同，其差别仅在于其控制部分，其控制元器件和工作方式是不一样的，熟悉和了解两者的区别和联系，有利于分析和排除 PLC 控制模块的故障。

2）主要形式和功能

（1）主要形式　数控系统内部处理的信息大致可分为两大类：一是控制坐标轴运动的连续数字信息，这种信息主要由 CNC 系统本身去完成；另一类是控制刀具更换、主轴启动停止、换向变速、零件装卸、切削液的开停和控制面板、机床面板的输入输出处理等离散的逻辑信息，这些信息一般用可编程序控制器来实现。数控装置、PLC、机床之间的关系如图 2-9 所示。

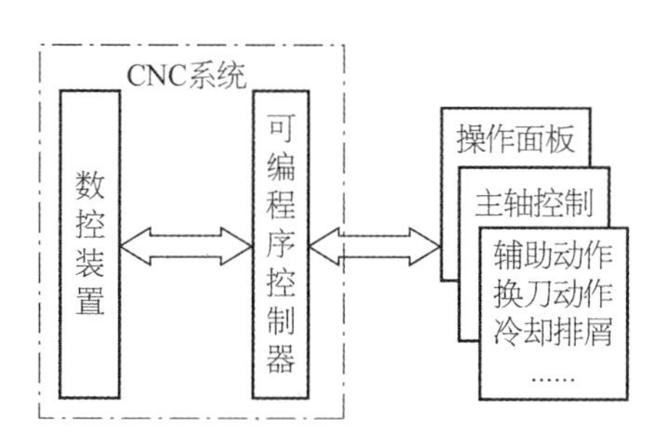

图 2-9　数控装置、PLC、机床之间的关系

PLC 在 CNC 系统中是介于 CNC 装置与机床之间的中间环节。它根据输入的离散信息，在内部进行逻辑运算并完成输出功能。数控机床 PLC 的形式有两种：一是采用单独的 CPU 完成 PLC 功能，即配有专门的 PLC。如果 PLC 在 CNC 的外部，则称为外装型 PLC（或称作独立型 PLC）。采用独立型 PLC 的 CNC 系统结构如图 2-10 所示。二是采用数控系统与 PLC 合用一个 CPU 的方法，PLC 在 CNC 内部，称为内装型 PLC（或称作集成式 PLC）。采用内装式 PLC 的 CNC 系统结构如图 2-11 所示。

（2）主要功能　数控机床的 PLC 功能模块有以下主要功能：

① 机床操作面板控制。将机床操作面板上的控制信号直接送入 PLC，以控制数控系统的运行。

② 机床外部开关输入信号控制。将机床侧的开关信号送入 PLC，经逻辑运算后，输出给控制对象。这些控制开关包括各类按钮开关、行程开关、接近开关、压力开关和温控开关等。

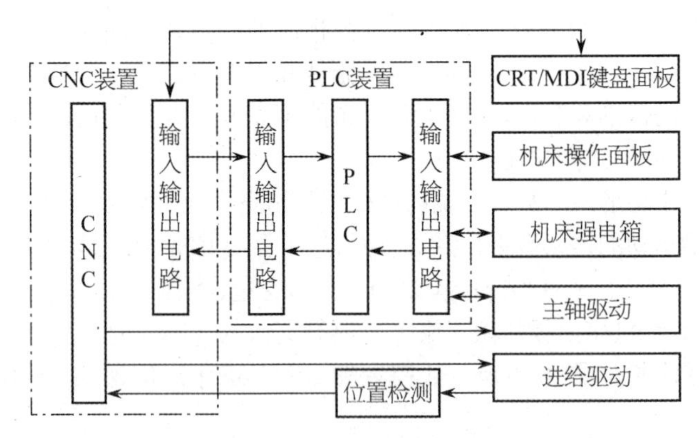

图 2-10　独立型 PLC 的 CNC 系统框图

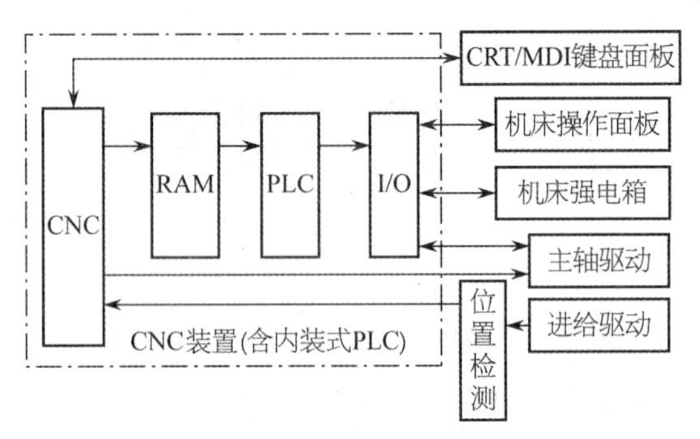

图 2-11　内装式 PLC 的系统框图

③ 输出信号控制。PLC 输出的信号经强电柜中的继电器、接触器，通过机床侧的液压或气动电磁阀对刀库、机械手和回转工作台等装置进行控制，另外还对冷却泵电动机、润滑泵电动机及电磁制动器等进行控制。

④ 伺服控制。控制主轴和伺服进给驱动装置的使能信号，以满足伺服驱动的条件。通过驱动装置，驱动主轴电动机、伺服进给电动机和刀库电动机等。

⑤ 报警处理控制。PLC 收集强电柜、机床侧和伺服驱动装置的故障信号，将报警标志区中的相应报警标志位置位，数控系统便显示报警号及报警文本，以方便故障诊断。

⑥ 软盘驱动装置控制。有些数控机床用计算机软盘取代了传统的光电阅读机。通过控制软盘驱动装置，实现与数控系统进行零件程序、机床

参数、零点偏置和刀具补偿等数据的传输。

⑦ 转换控制。有些加工中心的主轴可以立/卧转换，当进行立/卧转换时，PLC 完成下述工作：

a. 切换主轴控制接触器。

b. 通过 PLC 的内部功能，在线自动修改有关机床数据位。

c. 切换伺服系统进给模块，并切换用于坐标轴控制的各种开关、按键等。

2. 数控机床 PLC 的输入输出元器件和故障形式

（1）常用输入元件　数控机床中 PLC 部分的输入元件主要是按钮开关、行程开关、接近开关以及其他元器件。数控机床其他的机床信号，如电流信号、电压信号、压力信号、温度信号都要由相应的传感器检测，然后送入系统进行判断，如果工作超常则进行报警等动作。另外，机床电路中的接触器、中间继电器等的常开（动合）触头和常闭（动断）触头信号也要进入 PLC，从而判断接触器或继电器的状态。

（2）常用输出元件　数控机床中 PLC 的常用输出元件主要是接触器、各种继电器，另外，在数控机床中，与 PLC 相关的输出元件还有用于控制液压元件、气动元件的电磁阀，用来指示机床运行状态的 LED 指示灯等。

（3）故障表现形式　当数控机床出现有关 PLC 方面的故障时，一般有三种表现形式：

① 故障可通过 CNC 报警直接找到故障的原因。

② 故障虽有 CNC 故障显示，但不能反映故障的真正原因。

③ 故障没有任何提示。

对于后两种情况，可以利用数控系统的自诊断功能，根据 PLC 的梯形图和输入，输出状态信息来分析和判断故障的原因，这种方法是解决数控机床外围故障的基本方法。

3. 经济型数控车床 PLC 控制系统故障特点

（1）输入输出元器件故障频率较高　由于机床处于批量生产现场和使用环境，因此，大量的切屑及其金属粉尘、受污染的冷却液、被污秽的润滑油、潮湿的空气、切削用量造成的机床运动部件过载等，都会给机床与 PLC 控制相关的输入输出元器件带来影响和损坏，因此故障频率较高。

（2）刀架、卡盘、顶尖相关的 PLC 控制部分故障频率较高　用于批量生产的数控车床，卡盘装卸工件、顶尖移动、刀架回转的使用频率较高，PLC 控制系统的运动部件和输入输出元器件的工作频率较高，因此故障的出现频率也较高。

(3) 辅助装置相关的 PLC 控制部分故障频率较高　用于批量生产的数控车床,防护门的频繁使用、冷却液的大量冲注和频繁启停、机床防护装置的频繁位移造成其形态的不断变动,容易造成 PLC 控制系统相关的元器件出现意外的故障现象。

4. 经济型数控车床 PLC 控制系统故障维修实例

【实例 2-8】

(1) 故障现象　FANUC 0T 系统经济型数控车床,用脚踩踏尾座开关,使套筒顶尖顶紧工件时,系统出现报警。

(2) 故障原因分析　报警显示初步判断与尾座顶尖动作有关联。

(3) 故障诊断和排除

① 启动系统诊断功能,调出 PMC(在 FANUC 0T 系统中,PLC 被称为 PMC)中有关的输入信号和外接元件,如图 2-12 所示。

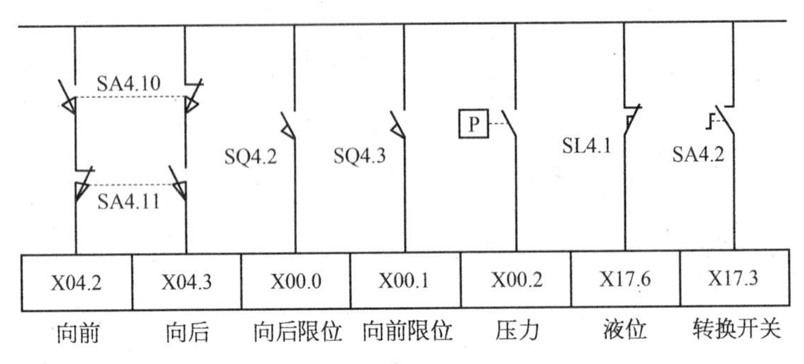

图 2-12　尾座套筒的 PLC 输入开关

② 检查输入点对应状态,发现脚踏向前开关输入点 X04.2、尾座套筒转换开关输入点 X17.3、反应润滑油状态的液位开关输入点 X17.6 均为“1”,这一部分完全正常。

③ 调出 PMC 输出信号,用脚踩踏向前开关时,输出点 Y49.0 为“1”,所控制的电磁阀也能得电。这说明 PMC 的输出状态都正常,分析是尾座套筒液压系统可能存在着故障。

④ 检查液压系统,发现压力继电器 P 的触点接触不良,在压力足够时仍然不能接通导致 PMC 的输入信号 X00.2 为 0;系统误认为尾座顶尖没有顶紧工件,故而出现报警。

⑤ 更换压力继电器,报警解除,机床恢复正常。

（4）维修经验积累　本例压力继电器是PLC控制系统的输入元件，控制过程是尾座顶尖顶紧工件时，液压系统压力升高，到达预定的压力，发信元件压力继电器发信，通过PLC系统控制机床的后续动作。当压力继电器触点出现故障，系统误认为尾座顶尖没有顶紧工件，故而出现报警。压力继电器是一种液电联动控制的元器件，检查检修过程中应注意掌握液压控制和机械联动电器触点的工作过程。进行更换维修时注意控制压力的调整。

【实例2-9】

（1）故障现象　HNC（华中）系统经济型数控车床，在自动加工过程中，当主轴执行"定向准停"指令时，主轴始终以缓慢的速度转动，定位无法完成。"定向准停"控制板上的ERROR指示灯亮，提示"定向准停"出现错误。

（2）故障原因分析　检查主轴的工作状态，能正常地旋转和变换转速，只是在进行"定向准停"时才出现故障。这说明机械传动系统完全正常，分析是主轴位置编码器或"定向准停"传感器有问题。

（3）故障诊断和排除

① 检查位置编码器，在正常状态，其反馈电缆和插接件都完好无损，能正常地传送位置反馈信号。

② 根据故障的诊断流程，检查PLC梯形图中有关信号的状态，发现主轴在360°范围内旋转时，检测主轴"定向准停"信号的磁性传感器没有信号送出，故障显然与此有关。

③ 用螺钉旋具靠近磁性传感器进行试验，传感器反应很灵敏，这说明传感器并未损坏。进一步检查，发现发信挡铁的位置发生了偏移，不能靠近传感器。

④ 调整发信挡铁的位置，故障得以排除。

（4）维修经验积累　PLC控制电路是通过输入和输出信号进行逻辑控制，输入元器件的发信方式是多种多样的。本例"定向准停"传感器的信号是通过发信挡铁靠近传感器进行传递的，当挡铁的位置发生偏移时，信号传递发生故障，因此产生"定向准停"出现错误的提示。本例提示维修人员，按PLC输入元器件的发信方式检查相关部位，有利于PLC故障部位的诊断和确定。经济型数控车床因切削加工负载较大，机床的切削振动也比较大，通过机械装置进行信号传递的部位（零件）容易因锁紧装置的松动发生位移，维修中应予以重视和位置检查。

【实例 2－10】

(1) 故障现象　某配置 SIEMENS 810T 系统经济型数控车床，工件加工完毕后，出现卡具不能松开，工件无法取下故障。

(2) 故障原因分析　常见原因是卡具控制系统及其控制元器件故障。

(3) 故障诊断和排除

① 现象观察：在自动加工时，工件松不开。在手动状态下，使用脚踏开关也不能松开卡具。

② 据理分析：如图 2－13 所示，工件夹紧是电磁阀 Y14 控制的，电磁阀 Y14 由 PLC 输出 Q1.4 控制。

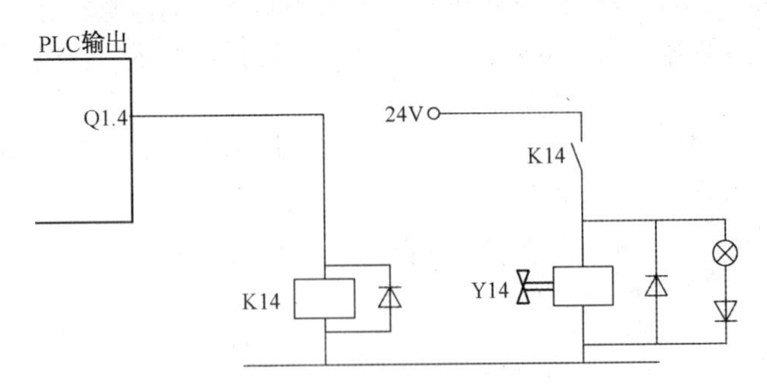

图 2－13　卡具电气控制原理图

③ 状态检查：

a. 利用系统 DIAGNOSIS 功能检查 PLC 输出 Q1.4 的控制状态，在踩脚踏开关时，Q1.4 的状态为"0"，没有变为"1"，说明 PLC 没有给出卡具松开的控制信号。

b. 查阅 PLC 输出 Q1.4 有关梯形图（图 2－14），发现标志位 F141.2 和 F146.2 的状态为"0"，使 PLC 输出 Q1.4 的状态不能置位。

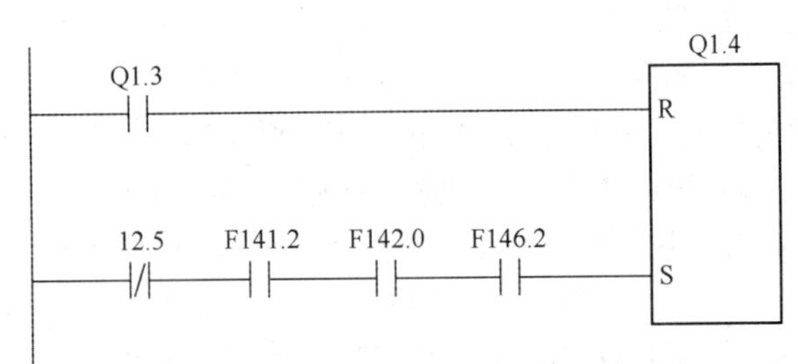

图 2－14　PLC 输出 Q1.4 梯形图

c. 查阅标志位 F142.2 的梯形图(图 2-15),观察其置位的各个元件的状态,发现标志位 F146.2 的状态为“0”,使标志位 F141.2 不能置位。

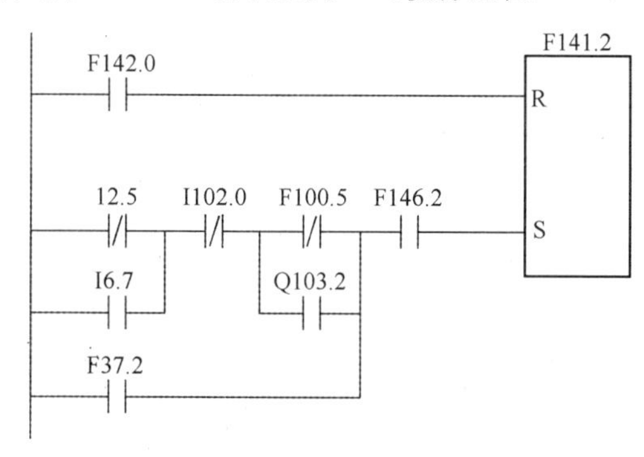

图 2-15　标志位 F141.2 梯形图

④ 原因追踪:

a. 根据以上查阅,发现 PLC 输出 Q1.4 和标志位 1421.2 不能置位的原因都是标志位 146.2 的状态为“0”。

b. 查阅关于标志位 146.2 的梯形图(图 2-16),检查各元件的状态,发现 PLC 输入 I4.7 的状态为“0”,使标志位 146.2 的状态为“0”。

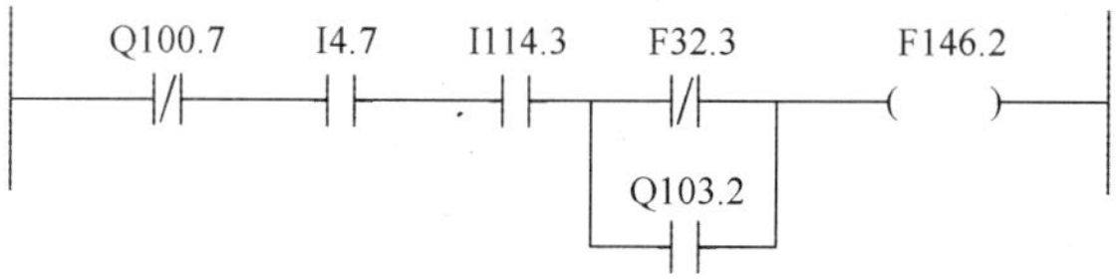

图 2-16　标志位 F146.2 梯形图

⑤ 诊断确认:PLC 输入 I4.7 是主轴静止信号,接入主轴控制单元,如图 2-17 所示。

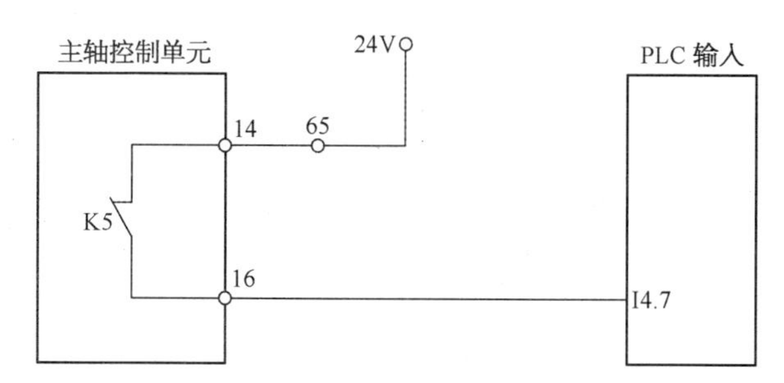

图 2-17　PLC 输入 I4.7 的电气连接图

a. 检查工件主轴已经停止。

b. 测量 I4.7 的端子没有电压。

c. 断电测量 K5 闭合无故障。

d. 检测主轴 24V 输入端子 14 无电压信号。

e. 检查发现接线端子 65 有松动现象,造成电源线虚接。

由此确认,虽然主轴静止继电器已经动作,但 PLC 没有得到主轴静止信号。

⑥ 故障维修:将电源线连接端子 65 紧固好后,机床卡具不能松开,工件不能取下的故障排除。

⑦ 维修经验积累　在应用查阅 PLC 状态诊断故障原因时,可以通过检查相关标志位的状态,或数据位、定时器和计数器的状态进行推断,检查中应注意其中的关联和逻辑关系。如本例故障分析是根据 PLC 输出 Q1.4 状态不正常检查标志位的状态,然后根据有关的标志位状态检查 PLC 输入 I4.7 的状态,最后确诊相关的接线端子 65 松动导致故障产生。

任务二　数控车床 CNC 系统故障维修

1. 数控车床的系统技术规格

数控系统维修的重要技术依据是系统技术规格,不同的数控系统有共性的技术规格项目,具体的指标是不同的,在维修系统的过程中,需要按技术规格进行各项检测检查,才能确定故障的原因和具体部位,维修检验时也需要按技术规格进行验收检验。在数控车床系统维修中,应按机床的技术规格要求进行。以数控车床 FANUC 0TE 系统为例,其技术规格参见表 2-4。

表 2-4　FANUC 0TE 系统主要技术规格

名　称	规　格	
控制轴数	X 轴、Z 轴,手动方式同时仅一轴	
最小设定单位	X 轴、Z 轴 0.001mm	0.000 1in
最小移动单位	X 轴 0.000 5mm	0.000 05in
	Z 轴 0.001mm	0.000 1in
最大编程尺寸	±9 999.999mm	
	±999.999 9in	

（续表）

名　　称	规　　格
定位	执行 G00 指令时，机床快速运动并减速停止在终点
直线插补	G01
全象限圆弧插补	G02（顺圆）　G03（逆圆）
快速倍率	LOW，25%，50%，100%
手摇轮连续进给	每次仅一轴
切削进给率	G98（mm/min）指令每分钟进给量；G99（mm/r）指令每转进给量
进给倍率	从 0～150%范围内以 10%递增
自动加/减速	快速移动时依比例加减速，切削时依指数加减速
停顿	G04（0～9 999.999s）
空运行	空运行时为连续进给
进给保持	在自动运行状态下暂停 X、Z 轴进给，按程序启动按钮可以恢复自动运行
主轴速度命令	主轴转速由地址 S 和 4 位数字指令指定
刀具功能	由地址 T 和 2 位刀具编号＋2 位刀具补偿号组成
辅助功能	由地址 M 和两位数字组成，每个程序段中只能指令一个 M 码
坐标系设定	G50
绝对值/增量值混合编程	绝对值编程和增量值编程可在同一程序段中使用
程序号	O＋4 位数字（EIA 标准），：＋4 位数字（ISO 标准）
序列号查找	使用 MDI 和 CRT 查找程序中的顺序号
程序号查找	使用 MDI 和 CRT 查找 O 或（：）后面 4 位数字的程序号
读出器/穿孔机接口	PPR 便携式纸带读出器
纸带读出器	250 字符/s（50Hz）　300 字符/s（60Hz）
纸带代码	EIA（RS－244A）　ISO（R－840）
程序段跳	将机床上该功能开关置于“ON”位置上时，跳过程序中带“/”符号的程序段

（续表）

名　　称	规　　格
单步程序执行	使程序一段一段地执行
程序保护	存储器内的程序不能修改
工件程序的存储和编辑	80m/264ft
可寄存程序	63个
紧急停止	按下紧急停止按钮所有指令停止，机床也立即停止运动
机床锁定	仅滑板不能移动
可编程控制器	PMC－L型
显示语言	英文
环境条件	环境温度：运行时0～45℃； 运输和保管时－20～60℃ 相对湿度低于75％

2. 数控系统的结构框图及工作流程

以GSK928TC/TE系统为例（图2－18），其系统结构框图和工作流程如下：

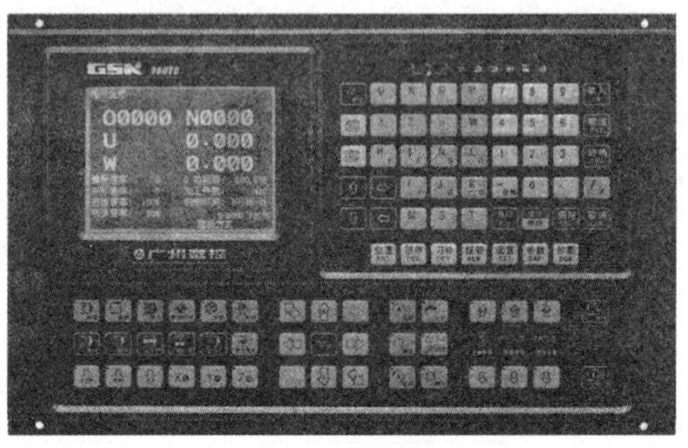

图2－18　广州数控系统

（1）组成　如图2－19为系统结构框图，该系统由主板、LCD液晶、键盘板、I/O接口板和PC2电源盒组成，其硬件结构如图2－20所示。主板是GSK928TC/TE系统的控制核心，主板上主要有CPU、门阵处理器、RAM/ROM存储器、液晶显示电路、键盘驱动电路、内部电源转换电路、RS232通信电路等。

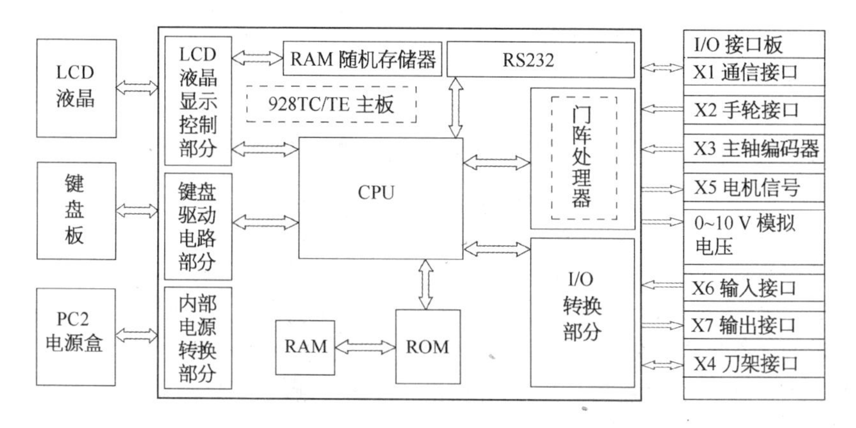

图 2－19　GSK928TC/TE 系统结构框图

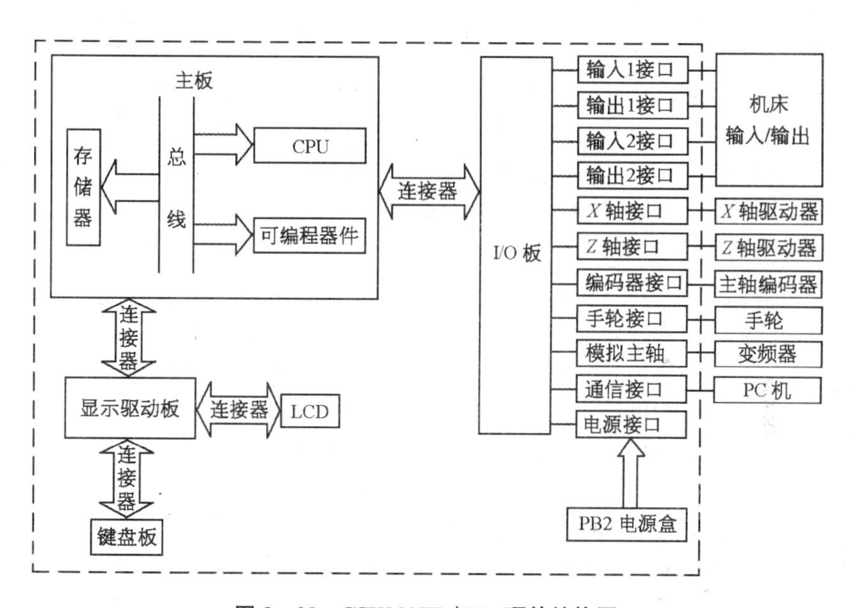

图 2－20　GSK980TD/TDa 硬件结构图

主板电源由外部 PC2 开关电源盒提供，主要电压为＋24V 和＋5V，其中＋5V 电压经内部电源转换电路部分提供给主板各个 IC 的工作电压，＋24V 电压一路接至 I/O 转换部分，为外部提供＋24V 电源，如刀架发信电源、中间继电器的工作电源等；另一路则经内部电源转换电路部分变为＋5V 和＋12V，＋5V 为差分输入、差分输出提供单独的电源，如手轮、主轴编码器、电动机信号上用的5V电源。+12V经转换电路、门阵处理器等输出0～10V的模拟电压。

(2) 工作流程　操作者操作键盘板，经键盘驱动电路传给CPU进行译码、信息、数据处理。字符、数据、图形、报警等信息由CPU控制经液晶显示驱动电路传到LCD液晶显示器上显示出来，方便操作者随时能看到零件程序、参数、刀具位置、机床状态、报警和刀具加工图形轨迹等。零件程序也可以通过RS232通信接口传输到系统，由主板上的MAX202芯片与CPU进行传输、解码、数据处理并保存，系统就可以运行加工零件程序控制各个执行部分，使机床运动。手轮、主轴编码器的信号经门阵处理器后再送到CPU进行信号处理，并作出相应的控制，如主轴转速、信号插补、机床运动等。主轴模拟电压直接由门阵处理器输出0～10V的模拟电压到变频器，实现主轴无级变速。X、Z两轴的信号插补由CPU控制门阵处理器，再经X5电动机接口输出到驱动器单元，带动电动机旋转实现位移和驱动器报警时信号的处理，机床马上停止运行。输入/输出信号、刀架信号则经过I/O转换部分与CPU进行信号交互，完成主轴、刀架、卡盘、冷却、润滑等的控制。系统的软件参数，零件程序等由CPU分配存储到ROM存储器和从ROM存储器上读取。

广州数控另一典型系统GSK980TD/TDa系统的结构框图及工作流程可参见图2-20。GSK980TD/TDa系统的控制软件将用户输入的零件程序代码进行解释译码、语法检查刀补运算，并进行插补处理和I/O逻辑控制。插补运算的脉冲经轴接口输出至伺服(或步进电动机驱动单元，控制伺服(或步进)电动机旋转运动，以实现位移。I/O信号通过输入/输出接口与机床电气控制系统进行信号交互，完成主轴、刀架、卡盘、冷却、润滑等的控制。

3. 数控机床的系统配置示例

以SINUMERIK数控系统为例，SINUMERIK 840D是典型的SINUMERIK数控系统之一，适用于所有机床及所有的工艺功能，广泛应用于车削、钻削、铣削、磨削、冲压、激光加工等工艺，既能适用于大批量生产，也能满足单件小批量生产的要求。SINUMERIK 840D由数控及驱动单元CCU(Compact Control Unit)或NCU(Numerical Control Unit)、人机界面MMC(Man Machine Communication)、可编程序控制器PLC模块三部分组成，840D数控系统基本配置如图2-21所示，各部分的组成与功能见表2-5。

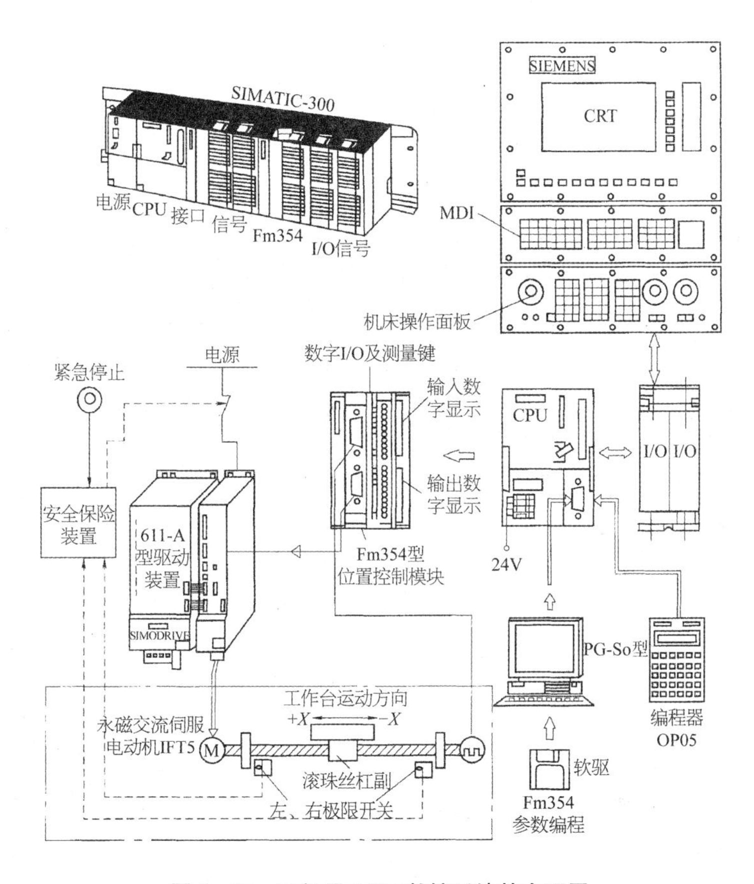

图 2-21　西门子 840D 数控系统基本配置

表 2-5　SINUMERIK840D 系统各组成部分及其功能

组成部分	组 成 及 其 功 能 说 明
数控及驱动单元	1）数控单元 NCU。SINUMERIK840D 的数控单元被称为 NCU 单元，负责 NC 所有的功能、机床的逻辑控制以及和 MMC 的通信等功能。它由一个 COMCPU 板、一个 PLC CPU 板和一个 DRIVE 板组成。根据选用硬件，如 CPU 芯片等和功能配置的不同，NCU 分为 NCU561.2、NCU571.2、NCU572.2、NCU573.2(12 轴)、NCU573.2(31 轴)等若干种 2）数字驱动。SINUMERIK840D 配置的驱动一般都采用 SIMODRIVE611D，它包括两部分：电源模块和驱动模块（也称功率模块）

（续表）

组成部分	组成及其功能说明
数控及驱动单元	① 电源模块主要为NC和进给驱动装置提供控制和动力电源，产生母线电压，同时监测电源和模块状态。根据容量不同，凡小于15kW均不带馈入装置，记为U/E电源模块；凡大于15kW均需带馈入装置，记为I/RF电源模块，通过模块上的订货号或标记可识别 ② 611D数字驱动是新一代数字控制总线驱动的交流驱动，它分为双轴模块和单轴模块两种，相应的进给伺服电动机可采用1FT6或者1FK6系列，编码器信号为1Vpp正弦波，可实现全闭环控制。主轴伺服电动机为1PH7系列
人机界面	人机交换界面负责NC数据的输入和显示，完成数控系统和操作者之间的交互，它由MMC和操作面板OP(Operation Panel)组成 MMC包括：OP单元、MMC、机床控制面板MCP(Machine Control Panel)三部分。MMC实际上就是一台计算机，有自己独立的CPU，还可以带硬盘、软驱；OP单元正是这台计算机的显示器，而西门子MMC的控制软件也在这台计算机中 1）最常用的MMC有两种：MMC100.2和MMC103，其中MMC100.2的CPU为486，不能带硬盘；而MMC103的CPU为奔腾，可以带硬盘。一般地，用户为SINUMERIK 810D系统配MMC100.2，而为SINUMERIK 840D配MMC103。PCU(PCUNIT)是专门为配合西门子最新的操作面板OP10、OP10S、OP10C、OP12、OP15等而开发的MMC模块，目前有三种PCU模块——PCU20、PCU50、PCU70。PCU20对应于MMC100.2，不带硬盘，但可以带软驱；PCU50、PCU70对应于MMC103，可以带硬盘。与MMC不同的是：PCU50的软件是基于WINDOWS NT的。PCU的软件被称作HMI，HMI分为两种：嵌入式HMI和高级HMI。一般标准供货时，PCU20装载的是嵌入式HMI，而PCU50和PCU70则装载高级HMI 2）OP单元一般包括一个10.4″TFT显示屏和一个NC键盘。根据用户不同的要求，西门子为用户选配不同的OP单元，如OP010、OP010C、OP030、OP031、OP032、OP0325等 3）MCP是专门为数控机床而配置的，是OPI(Operator Panel Interface)上的一个节点，根据应用场合不同，其布局也不同。目前，有车床版MCP和铣床版MCP两种 对于SINUMERIK 840D应用了MPI(Multiple Point Interface)总线技术，传输速率为187.5MB/s，OP单元为这个总线构成的网络中的一个节点。对810D和840D，MCP的MPI地址分别为14和6，用MCP后面的S3开关设定。为提高人机交互的效率，又有OPI总线，它的传输速率为1.5MB/s

(续表)

组成部分	组 成 及 其 功 能 说 明
PLC 模块	SINUMERIK 840D 系统的 PLC 部分使用的是西门子 SIMATIC S7-300 的软件及模块,在同一条导轨上从左到右依次为电源模块、接口模块和信号模块 1) 电源模块(PS)是为 PLC 和 NC 提供电源的(+24V 和+5V) 2) 接口模块(IM)是用于各级之间互连的 3) 信号模块(SM)是机床 PLC 的输入/输出模块,有输入型和输出型两种

4. 车削数控单元的配置特点、数控设备的接线和报警信息示例

以华中世纪星 HNC-21/22TD 车削数控单元为例,其配置特点、设备接线和报警信息如下。

(1) 配置特点

① 最大联动轴数为 3 轴。

② 可选配各种类型的脉冲指令式驱动单元。

③ 除标准机床控制面板外,标准配置 40 路开关量输入和 32 路开关量输出接口,手持单元接口、主轴控制与编码器接口,还可扩展 20 路开关量输入/16 路开关量输出。

④ 支持基于总线的 PLCI/O 扩展,最多扩展 128/128。

⑤ 采用 8.4in(HNC-22TD 为 10.4in)彩色液晶显示器(分辨率为 640×480),全汉字操作界面、故障诊断与报警、加工轨迹图形显示和仿真,操作简便,易于掌握和使用。

⑥ 采用国际标准 G 代码编程,与各种流行的 CAD/CAM 自动编程系统兼容,具有直线插补、圆弧插补、螺纹切削、刀具补偿、宏程序、恒线速切削等功能。

⑦ 反向间隙和单、双向螺距误差补偿功能。

⑧ 内置 RS232 通信接口,易于实现机床数据通信。

⑨ 支持 USB 盘,存取程序方便快捷。

⑩ 支持以太网功能选择,快速传输程序与数据。

⑪ 128MB(可扩充至 2GB)用户零件程序断电存储区,64MBRAM 加工内存缓冲区。

(2) 设备接线 如图 2-22 所示为华中世纪星 HNC-21/22 数控设备的接线示意图;编号说明如图 2-23 所示。

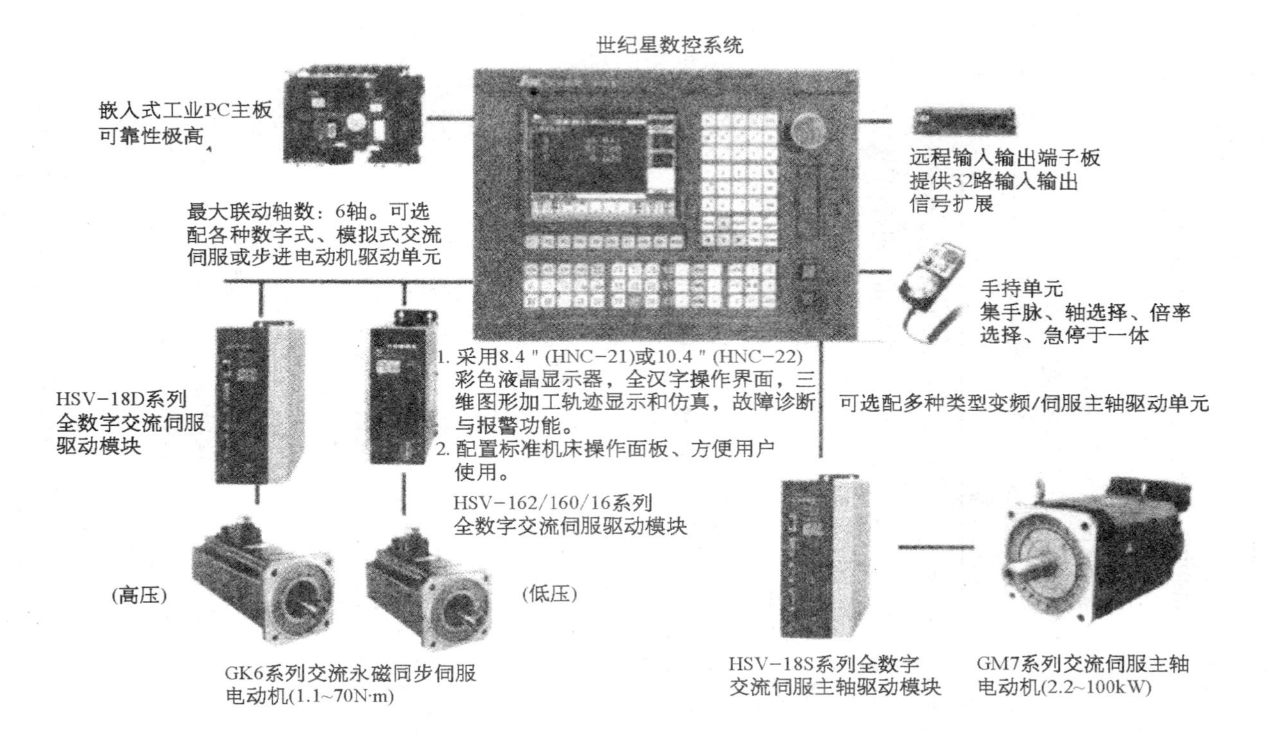

图 2－22　世纪星 HNC－21/22 数控设备接线示意图

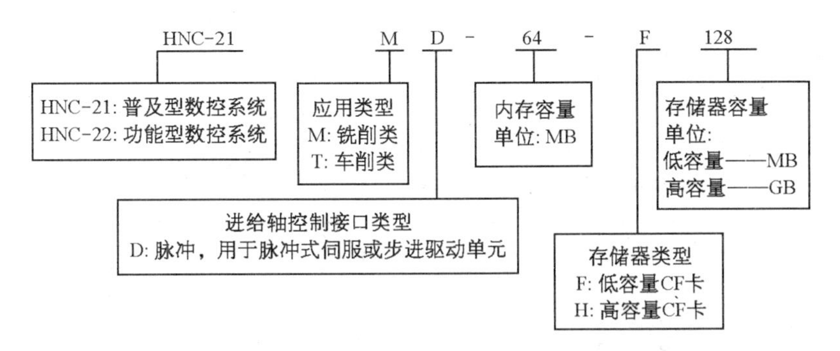

图 2-23　世纪星 HNC-21/22 数控单元编号说明

（3）报警信息　世纪星 HNC-21/22 数控装置报警信息见表 2-6。

表 2-6　世纪星 HNC-21/22 数控装置报警信息

报警号	报警信息	系统动作	处理方法
01h	初始化错	急停	正确设置参数,并正确连接坐标轴控制电缆
02h	参数错	急停	正确设置参数
03h	通信错误	急停	正确设置参数,并正确连接坐标轴控制(串口)电缆(主要指使用 HSV－11 型伺服驱动器时)
04h	伺服失去联系	急停	正确连接坐标轴控制(串口)电缆;检查伺服驱动器控制电源(主要指使用 HSV－11 型伺服驱动器时)
05h	机床位置丢失	急停	检查坐标轴控制电缆、电动机强电电缆、编码器电缆后,重新通电
09h	未知故障	急停	检查参数、接线与电源,重新通电
20h	正向超程	急停	按住超程解除按钮,用手动方式负向移动,退出超程位置
21h	负向超程	急停	按住超程解除按钮,用手动方式正向移动,退出超程位置

（续表）

报警号	报警信息	系统动作	处理方法
22h	正软超程	超程轴停止正向移动	负向移动超程轴
23h	负软超程	超程轴停止负向移动	正向移动超程轴
30h	硬件故障	急停	关闭电源 3min 后，重新通电
31h	主回路短路	急停	更换 HSV－11 型伺服驱动器
32h	过热	急停	检查电动机、HSV－11 型伺服驱动器；检查电动机热保护开关及电缆；更换驱动
33h	熔丝熔断	急停	更换 HSV－11 型伺服驱动器熔丝；更换 HSV－11 型伺服驱动器
34h	直流过电流	急停	增加轴参数中加减速时间常数和加速度时间常数；更换 HSV－11 型驱动器
35h	直流过电压	急停	增加轴参数中加减速时间常数和加减速时间常数；更换 HSV－11 型伺服驱动器
36h	泵升故障	急停	增加轴参数中加减速时间常数和加速度时间常数；减小升降轴移动速度；更换 HSV－11 型伺服驱动器
37h	控制欠电压	急停	检查 HSV－11 型伺服驱动器控制电源；应该为 AC220V、单相
38h	反馈异常	急停	检查 HSV－11 型伺服驱动器的编码器反馈电缆
39h	伺服驱动器报警	急停	检查 HSV－11 型伺服驱动器的报警信息
40h	超速	急停	检查伺服驱动器的参数；检查伺服驱动器坐标轴控制电缆

（续表）

报警号	报警信息	系统动作	处理方法
41h	跟踪误差过大	急停	检查机械负载是否合理；检查伺服驱动器动力电源是否正常；检查抱闸电动机的抱闸；检查坐标轴参数中的最高快移速度是否超出了电动机额定转速；检查伺服驱动器内部参数的设置；检查电动机每转脉冲数是否正确；对于脉冲式伺服，检查伺服内部参数[0]，伺服内部参数[1]
44h	找不到参考点	急停	检查参考点开关；检查编码器反馈电缆；检查编码器 0(z、/z)脉冲信号

注：涉及 HSV－11 型伺服驱动器的报警信息，在使用其他伺服时无效。

5. 数控系统维修的作业要点

在维修数控系统时，可根据数控系统维修的一般规律，从位置环、伺服驱动系统、电源、可编程序控制器逻辑接口或其他（如环境干扰、操作规范、参数设置等）方面进行故障原因和部位的诊断和处理。

1） 现场故障维修主要步骤　系统维修包括维修准备、现场维修和维修后处理三个阶段。现场维修是系统维修工作全过程的主要阶段，包括以下主要步骤：

（1） 现象和故障诊断　分析现象特征，对故障进行检测、诊断、分析、判断系统故障原因。

（2） 故障部位的确认　通过各种排除方法，确认故障原因和部位，将故障定位在板级或片级（元器件级）。

（3） 故障维修　更换损坏电路板或元器件。

（4） 试运行和系统调试　按规范进行维修装配、调整和试机。

（5） 维修质量检验检测　运行观察和必要的精度检测，以确定维修质量。

2） 现场故障记录的内容和方法

（1） 故障时系统状态

① 系统当时处于何种方式，如 JOG（点动方式）、EDIT（编辑方式）、MEMORY（存储器方式）等。

② 是自动运行还是执行 M、S、T 等辅助功能。

③ 是否有CRT报警显示;报警号是什么。

④ 定位超差情况;刀具轨迹误差情况。

(2) 故障发生的频繁程度

① 故障发生的时间,如一天发生几次;是否在用电高峰时发生等。

② 加工同类工件时发生故障的概率如何。

③ 发生故障的程序段。

④ 故障与机床何种运动、加工有关,如进给速度、螺纹切削等。

(3) 故障的重复性

① 故障重演现象是否相同。

② 故障重复性出现是否与外界因素有关。

③ 故障重复性是否与程序的某些程序段、指令有关。

(4) 故障发生时外界环境

① 环境温度:如环境温度是否超过允许温度;周围是否有高温源存在。

② 振动干扰:如周围是否有振动源存在。

③ 电磁干扰:是否有电磁干扰源存在。

(5) 故障发生时机床情况

① 调整状况,如导轨间隙调整,加工位置调整等。

② 切削用量,如转速、吃刀量、进给量等。

③ 刀补设定,如刀补方向、刀补量等。

(6) 操作运转情况

① 操作面板倍率开关设定位置是否为0。

② 数控系统是否处于急停状态。

③ 操作面板的方式开关是否正确。

④ 进给按钮是否处于进给保持状态。

(7) 机床与系统连接情况

① 电缆是否连接可靠。

② 拐弯处电缆是否有破裂、损伤。

③ 电源线和信号线是否分组走线,间距是否符合要求。

④ 信号线屏蔽接地是否正确、可靠。

(8) CNC装置情况

① 机柜是否有污染;空气过滤器过滤性能是否良好。

② 风扇工作是否正常;印刷电路板是否清洁。

③ 电源单元熔丝是否熔断;接线是否牢靠。

④ 印刷线路板安装是否牢靠;有无歪斜现象。

⑤ 电缆连接中接地、屏蔽接地是否可靠。

⑥ MDI/CRT 单元按钮是否破损;电缆连接是否正常。

⑦ 纸带阅读机是否有污物。

6. 经济型数控车床 CNC 故障维修实例

【实例 2-11】

(1) 故障现象 某 SINUMERIK 840D 系统经济型数控车床在加工过程中,屏幕突然无显示(非屏幕保护),出现操作单元无显示故障。

(2) 故障原因分析 引起的原因可能有 PCU20 控制单元故障、OP010 显示操作单元故障、电源故障;或是系统软件进入死循环。

(3) 故障诊断和排除

① 现象观察:机床的 MMC(人机通信操作面板)单元配置的是 PCU20 控制单元和 OP010 显示操作单元,在加工过程中突然无显示并不是屏幕保护生效,因为按操作面板上的任何键均不起作用。

② 先易后难:在这些故障原因中很快就能检查的是电源故障和软件故障,后者可通过系统关机复位进行恢复,前者需要对 MMC 的电源进行检查。

③ 排除检查:关机复位后故障仍然存在,排除了软件问题,说明故障发生在电源或 MMC 硬件上。

④ 检测诊断:测量 PCU20 控制单元的直流 24V 电源,没有 24V 电源电压,进一步检查发现 MMC 操作面板的 24V 电源线接头松动,接触不良。

⑤ 维修方法:紧固接线端子和采取防止松动的措施,处理后 MMC 操作面板恢复正常,操作单元无显示故障被排除。

(4) 维修经验积累 检查单元、模块的故障应按先强电后弱电顺序,首先检查电源,然后检查输入输出的状态、电平等,随后再进行故障部位和元器件的诊断和确认。本例是操作面板电源线接头松动引发的故障,故障起因简单,但对于经济型数控车床,此类故障确实是常见的故障,因机床的使用频率比较高,振动比较大,接线部位的松动会引发各种故障,值得维修人员注意。

【实例 2-12】

(1) 故障现象 某 KND(凯恩帝)系统经济型数控车床,数控系统在正常工作时经常自动断电关机，重新启动后还可以工作。

（2）故障原因分析　常见原因是系统供电电源有故障。

（3）故障诊断和排除

① 经验推断。由于系统自动断电关机，屏幕上无法显示故障，检查硬件部分也没有报警灯指示，故根据经验首先怀疑数控系统的24V供电电源有故障。

② 实时监测。对供电电源进行实时监测，发现电压稳定在24V，没有问题。

③ 硬件检查。因气候环境为夏季，环境温度较高，因此对系统的硬件结构进行检查，检查中发现系统的风扇冷却风入口的过滤网太脏。

④ 推理分析。过滤网是操作人员为防止灰尘进入系统而采取的硬件过滤措施，由于长期没有更换，过滤网变脏后通风效果不好，恰好故障时段是夏季，影响系统的冷却效果，使系统温度过高，这时系统自动检测出系统超温，采取保护措施将系统自动关闭。

⑤ 维修方法。更换新的过滤网后，机床故障消失。

（4）维修经验积累

① 数控机床系统运行有环境温度要求，因此维护维修中应注意系统超温引发的自动保护性关机故障现象。

② 数控机床操作人员的普遍特点是偏重使用，而不注重维护。在炎热季节，维修人员应定期清洁排风的过滤装置，保证系统正常运行。

③ 经济型数控车床的使用环境比较差，铁屑和灰尘的堆积和飞溅也会造成过滤装置的堵塞引发故障，应注意避免滤网堵塞等小故障引发系统温度过高引起的大故障。

【实例2-13】

（1）故障现象　某SIEMENS 802C Baseline系统，配置Baseline伺服驱动器的数控车床，开机时发现机床动作全部正常，但*X*轴的实际移动距离与CNC显示值不符。

（2）故障原因分析　数控机床出现实际移动距离与CNC显示值不符的原因有两方面：一是CNC的参数设定错误，如传动比、编码器脉冲数等参数设定错误；二是机械传动系统连接不良，如联轴器松动等。

（3）故障诊断和排除

① 区别分析。当CNC参数设定错误时，实际移动距离与CNC显示值之间始终保持严格的比例关系；但机械传动系统连接不良时，则不存在

比例关系，误差是随机变化的。这是区分两者的简单方法。

② 检查诊断。检查故障机床，发现实际移动距离与 CNC 显示值之间始终保持严格的比例关系，故属于是 CNC 的参数设定错误引起的故障。

③ 检查丝杠螺距。进给系统的实际状况，伺服电动机与丝杠之间为 1∶1连接，*X* 丝杠螺距为 4mm，*Z* 丝杠螺距为 5mm。

④ 检查电动机型号。X/Z 伺服电动机型号为 1FK7060－5AF71－1TG0 与 1FK7080－5AF71－1TG0。

⑤ 检查参数。CNC 上与实际移动距离有关的参数设定为：

MD31030＝4（*X*）/5（*Z*）丝杠螺距；

MD31040＝0 编码器安装在电动机上；

MD31050＝1（减速比分母）；

MD31060 ＝1（减速比分子）；

MD31070＝1（减速解算器分母）；

MD31080＝1（减速解算器分子）。

查阅有关资料，以上参数的设定是正确的，因此，推断故障原因应与电动机编码器脉冲数的设定（参数 MD31020）有关。

⑥ 诊断结果。检查此值，发现设定为 2048。对照电动机型号，对于 1FK7×××－5AF71－1T××系列，其编码器脉冲数为 1024。

⑦ 故障处理。更改 CNC 编码器脉冲数设定参数 MD31020（由 2048 变为 1024），故障被排除。

（4）维修经验积累

① 本例提示，西门子数控系统配置的伺服电动机应注意正确设置电动机编码器的脉冲数。

② 注意掌握机械传动系统连接不良与参数设定错误各自造成的实际移动距离与 CNC 显示值出现误差的区别。后者造成的误差有严格的比例关系，前者则是随机变化的。

【实例 2－14】

（1）故障现象　日本西铁城公司的 F12 数控车床，其数控系统为 FANUC 10T 系统，发生 0T001—0T003 软超程报警，机床停止运行。

（2）故障原因分析　编程时操作失误。

（3）故障诊断和排除　此故障有时以超程方向的反方向运动而解除报警，若此办法无效时，可按如下方法解除：

① 同时按下[—]和[·]键并启动电源。

② CRT 上显示 IPL 方式及以下内容：

1 CUMPMEMORY

2 —

3 CLEAR FILE

4 SETTING

5 —

6 END IPL

③ 键入 4 、 INPUT 去选择“4 SETTING”。

④ 键入 N 之后，显示“CHECK SOFT ATPOWER ON?”

⑤ 第①项的内容再次显示出之后键入 6 、 INPUT ，改变了 IPL 方式且报警自然消除。

(4) 维修经验积累　本例显示，某些数控机床的软超程报警需要按说明书规定的方法进行解除操作，若操作无效，需要按说明书规定的步骤和方法进行重新设置操作。本例提示维修人员，对机床报警的软件故障，需要熟读说明书规定的解除方法，以便正确进行报警解除的有关操作。

【实例 2-15】

(1) 故障现象　某广州数控 GSK928TC/TE 系统配置 DA98A 双速电动机、四工位刀架数控车床通电系统出现 KEYBOARD ERR(键盘)报警，不能进入正常界面。

(2) 故障原因分析　开机出现 KEYBOARD ERR(键盘)报警，常见故障原因为系统按键短路、外接开关短路、外部输入信号线接错等。

(3) 故障诊断和排除方法

① 重演故障。验证故障情况，现场开机即出现 KEYBOARD ERR 报警，按任何按键都不起作用，不能进入正常画面。

② 逐项排除。按上述常见原因进行逐项检查和排除。

③ 故障诊断。当检查到循环启动时发现循环启动的常开触点错接在常闭触点上。

④ 成因确认。循环启动开关的常开触点错接成常闭触点，造成开机时系统检测到按键短路而报警。

⑤ 成因追溯。本机是检修后第一次使用，用户开机即发现此故障，推断是维修中发生错接操作，造成此故障。

(4) 维修经验积累　经济型数控车床的维修检修频率比较高，检修的方法也比较多,现场检修检测的要求不能降低和疏忽。本例提示,在检修过程中必须要严格按照有关技术资料的要求进行,检修完毕要进行仔细的检查和检测,以免维修操作失误造成新的故障隐患。

【实例 2-16】

(1) 故障现象　某 HNC(华中)系统经济型数控车床用手轮控制滑板 X、Z 轴正方向移动正常,负方向不能移动。手动方式下运行正常。

(2) 故障原因分析　机床出现手轮控制滑板 X、Z 轴正方向移动正常,负方向不能移动现象,常见故障原因为手轮出现故障、手轮与系统端口连接线存在故障、系统相关参数设置不正确等。

(3) 故障诊断和排除

① 重演故障。验证故障情况,现场使用手轮方式,X、Z 轴正方向移动正常,负方向不能移动。手动/自动/录入 X、Z 轴正负方向都能正常工作。

② 据理推断。因手动/自动/录入 X、Z 轴正负方向都能正常工作,因此可推断系统正常,并初步估计为外围故障。

③ 逐项排除。按上述常见原因的外围元器件进行逐项检查和排除。

④ 故障诊断。采用替换法,发现手轮损坏。

⑤ 成因确认。手轮损坏后没有负脉冲输出,由此引起 X、Z 轴正方向移动正常,负方向不能移动故障现象。

(4) 维修经验积累

① 手轮工作不正常故障的常见原因。经济型数控车床的手轮是使用比较频繁的操作元件,手轮工作不正常故障常见的原因及其排除方法:

a. 机床锁住按钮损坏,使机床按钮一直处于机床锁住状态。更换机床锁住按钮排除故障。

b. 脉冲发生器损坏。更换脉冲发生器排除故障。

c. 伺服或主轴部分出现报警。查找并排除伺服或主轴部分故障。

d. 系统参数设置不正确。重新调整机床参数。

e. 手摇使能无效,或使能信号没有接通。检查相关部分,接通使能信号。

② 手摇脉冲发生器接口与连线图。在维修更换手摇脉发生器时,应注意掌握所维修系统手摇脉冲发生器的接口及接线图,如图 2-24、图 2-25为 FANUC 0i 系统的手摇脉冲发生器接口和接口连线图。

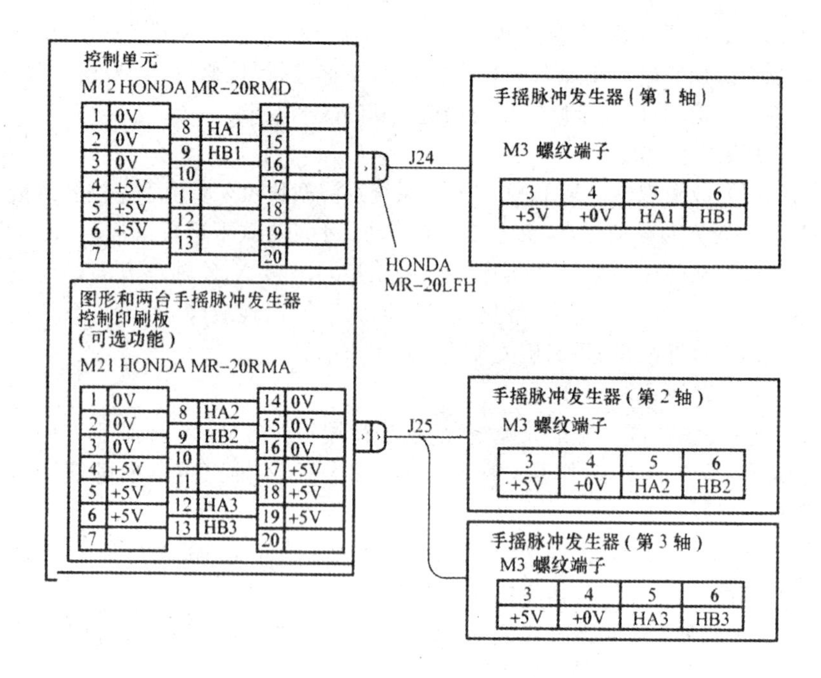

图 2－24　手摇脉冲发生器接口

【实例 2－17】

(1) 故障现象　FANUC 0TC 系统经济型数控车床机床通电后，CRT 上显示故障报警：

FS10TE 1399B

ROM TEST：END

RAM TEST

提示 ROM 测试已经通过，但是 RAM 测试没有通过。

(2) 故障原因分析　RAM 测试没有通过，可能是 RAM 损坏或参数丢失。

(3) 故障诊断和排除

① 根据故障报警提示，可确定 RAM 有故障。

② 查阅维修档案，本例机床刚刚更换过电池。

③ 推断认为，若更换电池的过程中 RAM 短时失电，很可能造成 RAM 中的参数丢失。

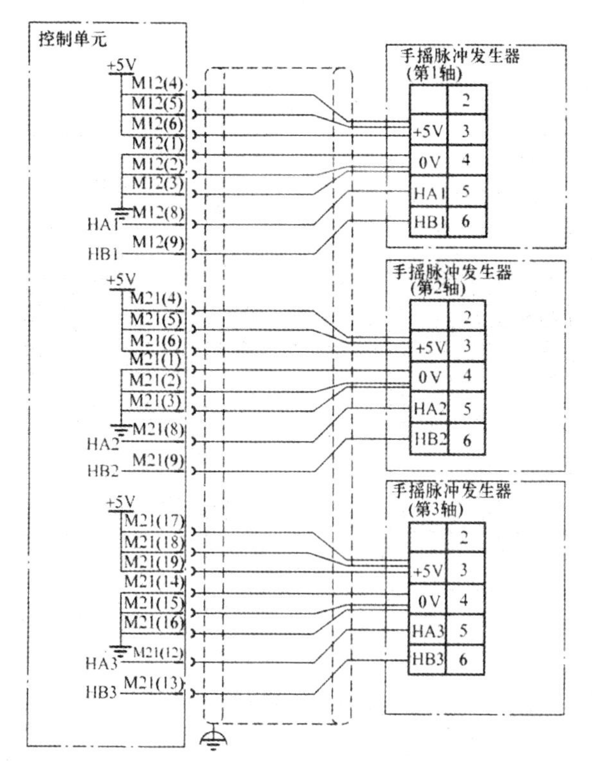

图 2-25　手摇脉冲发生器接口连线图

④ 由此分析判断，RAM测试没有通过，并不一定是RAM损坏。经参数检查，发现RAM部分参数确已丢失。

⑤ 使用备用参数光盘，对RAM重新输入参数后，机床恢复正常工作，RAM测试未通过的故障排除。

（4）维修经验积累　数控机床的参数丢失会显示故障报警。本例在记载维修档案时，应提示：在更换RAM电池时，需注意不能切断机床电源，否则会造成RAM失电，从而造成加工参数丢失。

【实例2-18】

（1）故障现象　某GSK980TD(广州数控)系统经济型数控车床，初次使用笔记本电脑通信，按照使用说明书使用，系统显示通信未连接好报警。

（2）故障原因分析　采用笔记本电脑与CNC通过USB线通信，出现通信未连接好报警，常见故障原因如下：

① 通信线连接不正常。

② 系统通信端口存在故障。

③ 系统与计算机通信参数设置不正确。

④ USB线有故障。

⑤ USB端口与系统通信软件端口设置不匹配。

(3) 故障诊断和排除

① 故障重演。现场验证用户描述的故障，用户使用的笔记本电脑与CNC通过USB连接进行通信，输入输出操作计算机都显示通信未连接好。

② 溯源调查。根据客户介绍，以前用台式计算机输入输出能正常使用，现在机床比较多，使用笔记本电脑比较方便。由此可判断通信操作和系统通信参数设置没有问题。

③ 据理推断。由于是第一次使用USB线进行通信连接，推断可能是USB程序未装，或是计算机端口与通信软件端口设置不匹配。

④ 故障确认。打开计算机进行设备管理，发现USB通信端口与系统通信软件端口设置不一致。

⑤ 故障排除。按系统通信软件端口设置更改计算机通信端口设置，故障被排除。

(4) 维修经验积累　本例故障具有典型性和普遍性，在经济型数控机床的使用管理中，为了提高生产效率，通常会使用计算机编程后输入机床进行调试、生产；使用完毕后会将系统保存的成熟的程序内容输出后进行备份保存，以便在下一次生产同类产品使用。因此，操作人员和工艺技术人员经常会使用USB接口进行数据的传送操作，使用计算机进行数据传送也是经常使用的管理操作内容。在维护和维修中，应注意USB线、机床CNC系统软件通信端口和计算机通信端口的设置的管理。以便使通信管理和使用操作正常进行。

任务三　数控车床主轴伺服系统故障维修

1. 数控机床主轴驱动系统的组成与配置

(1) 基本组成　数控机床主轴驱动系统是主运动的动力装置部分，主轴驱动系统包括主轴驱动放大器、主轴电动机、传动机构、主轴组件、主轴信号检测装置及主轴辅助装置。

(2) 主轴传动方式及配置　主轴传动方式配置有普通鼠笼型异步电动机配置齿轮变速箱、普通鼠笼型异步电动机配变频器、三相异步电动机配齿轮变速箱及变频器、伺服主轴驱动系统、电主轴。综上所述，主轴驱动主要有两种控制方式(图 2－26)：变频器＋主轴电动机＋编码器；主轴驱动模块＋主轴伺服电动机。

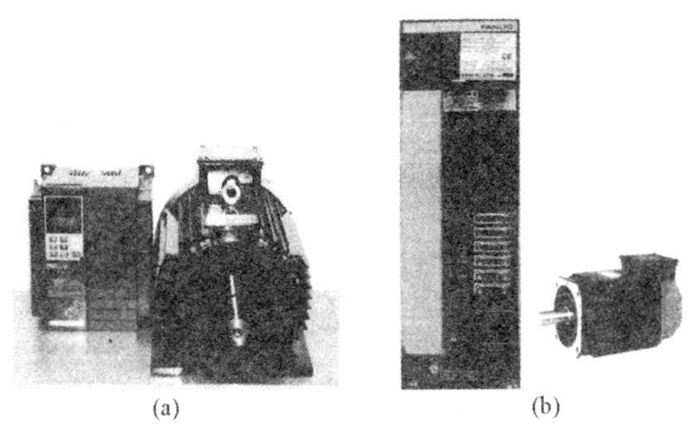

(a)　　(b)

图 2－26　主轴驱动控制方式

(a) 变频器＋主轴电动机；(b) 主轴驱动模块＋主轴伺服电动机

(3) 伺服主轴驱动系统的特点　伺服主轴驱动系统具有响应快、速度高、过载能力强的特点，主轴速度通过系统加工程序的 S 码实现无级调速控制，为了满足低速大转矩输出并扩大加工范围，一些数控车床主轴还配置了齿轮变速，主轴挡位控制是通过程序的 M 代码进行选择的，在每一档位上实现电气无级调速。

(4) 变频主轴控制电路　GSK980TD 变频主轴控制电路如图 2－27 所示，继电器 KA1 控制变频器正转使能：由系统 M3 指令输出。当系统执行 M3 指令时，系统输出低电平控制继电器 KA1 的线圈，再由 KA1 的触点控制变频器的正转使能信号。KA2 是控制主轴变频反转使能：由系统 M4 指令输出，当系统执行 M4 指令时，系统输出低电平控制继电器 KA2 的线圈，再由 KA2 的触点控制变频器的反转使能信号。KA3 或 KA4 分别是控制主轴 1 挡和 2 挡换挡功能，由电磁阀 YV1 或 YV2 线圈输出转换，当系统执行 M41 或 M42 指令时，系统 XS39 端口的⑤脚或①脚分别输出低电平控制 KA3 或 KA4 的线圈，再由 KA3 或 KA4 的触点控制 YV1 或 YV2 的线圈进行换挡。SQ1 或 SQ2 分别用来检测主轴 1 挡和 2 挡是否换挡到位，当系统没有检测到换挡到位信号时，系统将产生报警。系统检测到换挡到位信号后程序将继续向下运行。变频器有了正转和反转使能信号，还需要有换挡检测信号和模拟电压输出，否则主轴是不会旋转的。因为主轴没有模拟电压输出，变频器的模拟电压也不会转换，因此主轴不会旋转。主轴模拟电压是由系统参数设定进行输出限制的，一般控制在 5 000r/min 以下。

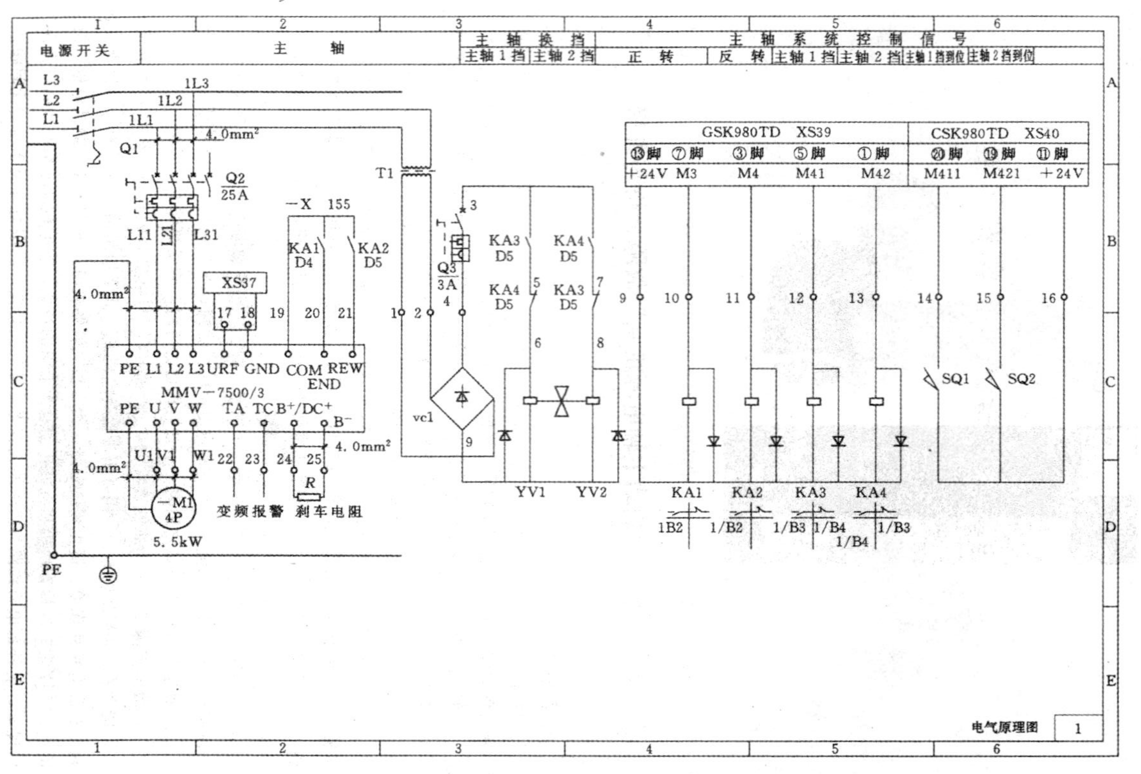

图 2-27 变频主轴控制电路原理图

2. 直流主轴驱动系统的故障诊断

以 FAUUC 系统直流主轴驱动系统为例,常用的故障诊断方法如下。

(1) 主轴电动机不转　常见故障原因:

① 印刷电路板不良或表面太脏。

② 触发脉冲电路故障,晶闸管无触发脉冲产生。

③ 主轴电动机动力线断线或电动机与主轴驱动器连接不良。

④ 机械连接脱落,如高/低挡齿轮切换用的离合器啮合不良。

⑤ 机械负载过大。

⑥ 控制信号未满足主轴旋转的条件,如转向信号、速度给定电压未输入。

(2) 电动机转速异常或转速不稳定　常见故障原因:

① D/A 转换器故障。

② 测速发电机断线或测速机不良。

③ 速度指令电压不良。

④ 电动机不良,如励磁丧失等。

⑤ 电动机负荷过重。

⑥ 驱动器不良。

(3) 主轴电动机振动或噪声过大　常见故障原因:

① 电源缺相或电源电压不正常。

② 驱动器上的电源开关设定错误(如 50/60Hz 切换开关设定错误)。

③ 驱动器上的增益调整电路或颤动调整电路调整不当。

④ 电流反馈回路调整不当。

⑤ 三相电源相序不正确。

⑥ 电动机轴承存在故障。

⑦ 主轴齿轮啮合不良或主轴负载过大。

(4) 发生过电流报警　常见故障原因:

① 驱动器电流极限设定错误。

② 触发电路的同步触发脉冲不正确。

③ 主轴电动机的电枢线圈内部存在局部短路。

④ 驱动器的+15V 控制电源存在故障。

(5) 速度偏差过大　常见故障原因:

① 机床切削负荷过重。

② 速度调节器或测速反馈回路的设定调节不当。

③ 主轴负载过大、机械传动系统不良或制动器未松开。

④ 电流调节器或电流反馈回路的设定调节不当。

(6) 熔断器熔丝熔断　常见故障原因：

① 驱动器控制印刷电路板不良，此时通常驱动器的报警指示灯LDE1亮。

② 电动机不良，如电枢线短路、电枢绕组短路或局部短路、电枢对地短路等。

③ 测速发电机不良，此时通常驱动器的报警指示灯LDE1亮。

④ 输入电源相序不正确，此时通常驱动器的报警指示灯LDE3亮。

⑤ 输入电源存在缺相。

(7) 热继电器保护　此时驱动器的LED4灯亮，常见故障原因是电动机存在过载。

(8) 电动机过热　此时驱动器的LED4灯亮，表示电动机连续过载，导致电动机温升过高。

(9) 过电压吸收器烧坏　通常情况下，常见故障原因是外加电压过高或瞬间电网电压干扰引起。

(10) 运转停止　此时驱动器的LDE5灯亮，常见原因是电源电压过低、控制电源存在故障等。

(11) 驱动器LED2灯亮　表示主电动机励磁丧失，常见原因是励磁断线、励磁回路不良。

(12) 电动机速度达不到最高转速　常见故障原因：

① 电动机励磁电流调整过大。

② 励磁控制回路存在不良。

③ 晶闸管整流部分太脏，造成直流母线电压过低或绝缘性能降低。

(13) 主轴在加减速时不正常　常见故障原因：

① 电动机加/减速电流极限设定、调整不当。

② 电流反馈回路设定、调整不当。

③ 加减速回路时间常数设定不当或电动机——负载间的惯量不匹配。

④ 机械传动系统不良。

(14) 电动机电刷磨损严重或电刷面上有划痕　常见故障原因：

① 主轴电动机连续长时间过载工作。

② 主轴电动机换向器表面太脏或有伤痕。

③ 电刷上有切削液进入。

④ 驱动器控制回路的设定、调整不当。

3. 交流主轴伺服驱动单元的常见故障分析与排除方法

以华中 HSV-18S 全数字交流伺服主轴驱动单元为例，常见故障诊断与排除方法示例如下：

(1) 在接通控制电源时发生参数破坏，常见原因和排除方法

① 在设定和写入参数时电源断开，可进行用户参数初始化后重新输入参数。

② 超出参数的写入次数，可通过更换主轴驱动器，重新评估参数写入法。

③ 主轴驱动器 EEPROM 以及外围电路故障，可更换主轴驱动器。

(2) 在接通控制电源时发生参数设定异常　常见原因和排除方法是装入了设定不适当的参数，可执行用户参数初始化处理。

(3) 在接通控制电源时或者运行过程中发生主电路检测部分异常　常见原因和排除方法：

① 控制电源不稳定，检修电源使其恢复正常。

② 主轴驱动器故障，更换主轴驱动器。

(4) 接通控制电源时发生超速　常见原因和排除方法：

① 电路板故障，更换主轴驱动器。

② 电动机编码器故障，更换编码器。

(5) 在接通控制电源时发生过电流或者散热片过热　常见原因是主轴驱动器的电路板与热开关接触不良、主轴驱动器电路板故障，更换主轴驱动器。

(6) 在接通主电路电源时发生或者在电动机运行过程中产生过电流或者散热片过热

① 接线方面的常见原因及排除方法

a. U、V、W 与底地线连接错误；地线缠在其他端子上。检查配线，正确连接。

b. 电动机主电路用电缆的 U、V、W 与地线之间短路；电动机主电路用电缆的 U、V、W 之间短路。检修或更换电动机主电路用电缆。

c. 再生电阻配线错误。检查配线，正确连接。

d. 伺服驱动器的 U、V、W 与地线之间短路；伺服驱动器故障(电流反馈电路、功率晶体管或者电路板故障)。更换主轴驱动器。

② 其他方面的常见原因和排除方法：

a. 因负载转动惯量大并且高速旋转，动态制动器停止，制动电路故障。更换主轴驱动器，注意减少负载或者降低使用转速。

b. 位置速度指令发生剧烈变化。重新评估指令值。

c. 负载过大，超出再生处理能力。重新考虑负载条件、运行条件。

d. 主轴驱动器的安装方法不适合（如安装方向、与其他部分的间隔等）。可将主轴驱动器的环境温度下降到55℃以下。

e. 主轴驱动器的风扇停止转动、主轴驱动器故障、驱动器的IGBT损坏、电动机与驱动器不匹配。更换或重新选配主轴驱动器。

(7) 在接通主电源时发生再生异常　常见原因和排除方法：

① 6kW以上时未接再生电阻；连接再生电阻。

② 再生电阻配线不良；检修外接再生电阻的配线。

(8) 在通常运行时发生电压不足，伺服驱动器内部的主电路直流电压低于其最小值　常见故障原因和排除方法：

① 交流电源电压低；将交流电压调节到正常范围。

② 发生瞬时停电；通过报警后重新开始运行。

③ 电动机主电路用电缆短路；更换主轴电动机用电缆。

④ 主轴电动机短路；更换主轴电动机。

⑤ 主轴驱动器故障；更换主轴驱动器。

⑥ 整流器件损坏；检测或更换主轴驱动器。

(9) 在高速旋转时发生位置偏差过大　常见原因是主轴电动机的U、V、W的配线不正常（缺相）。可修正电动机配线和编码器配线。

(10) 主轴电动机减速时发生过电压（主轴驱动器内部的主电路直流电压超过其最大值）　常见原因是使用转速高，负载转动惯量过大；加减速时间过小，在降速过程中引起过电压。可检查并重新调整负载条件、运行条件；调整加减速时间常数。

(11) 电动机启动时发生超速　常见原因是超调过大；负载惯量过大。可重新设置主轴伺服调整使启动特性曲线变缓；主轴伺服惯量减到规定范围内。

(12) 电动机得电不松开、失电不吸合制动　常见原因是电磁制动故障。可更换电磁阀。

(13) 主轴电动机缓慢转动零漂　常见原因和排除方法：

① 主轴电源参数错；更正参数。

② 坐标轴参数设置错误;更正坐标参数。

③ 数控装置与主轴单元之间的控制电缆连接不良;检修连接电缆。

④ 主轴单元控制输入信号和反馈信号受到干扰;调整电路,排除干扰。

(14) 主轴电动机不转　常见原因和排除方法:

① 数控系统没有速度信号输出;查看并调整数控系统。

② 使能信号没有接通;检查启动条件相关元器件。

③ 驱动单元故障;更换驱动单元。

④ 电动机损坏;更换电动机。

⑤ 主轴驱动器的参数或硬件配置参数设置不正确;调整参数。

⑥ 机床锁定;检查原因,并对机床进行解锁操作。

(15) 窜动　常见原因和排除方法:

① 测速信号不稳定,如测速装置故障、测速反馈信号干扰等;更换测速装置或调整反馈电路,排除干扰。

② 速度信号控制不稳定或受干扰;调整回路,排除干扰。

③ 接线端子接触不良,如螺钉松动等,反向间隙或主轴伺服系统增益过大;修正电缆或调整增益参数。

4. 主轴驱动器参数及其设置方法

(1) 参数的修改与设置　以华中 HSV-20S 主轴驱动器为例,参数的修改与设置方法如下。

华中 HSV-20S 驱动器共有 40 种运动参数,用户用↑、↓键选择需要的参数,再按 S 键,就进入具体的参数值并进行修改和设置。完成修改和设置后,再按 S 键,可返回上级菜单(二级菜单),再按 S 键可返回主菜单。若修改或设置的参数需要保存,则按 M 键切换到 EE-WRI 方式,按 S 键修改或设置值保存到主轴驱动器的 EEPROM 中,完成保存后,数码管显示"FINISH"。通过按 M 键可重新选择参数模式或其他模式。参数设置应注意以下事项。

① 参与参数调整的人员务必了解参数的意义,错误的设置可能会引起设备的损坏和人身伤害。

② 参数调整应先在主轴电动机空载运行下进行。

(2) 功能菜单　华中 HSV-20S 有各种参数,通过参数可以调整或设定驱动器的性能和功能。华中 HSV-20S 参数分为两类,一类为运动参数,另一类为控制参数,分别对应在运动参数模式和控制参数模式,可以通过驱动器面板按键或计算机串口查看、设定和调整这些参数。参数的分组见表 2-7。

表 2-7　参数分组说明

类　　别	分组	参　数　号	简　要　说　明
控制参数模式	功能选择	0～13	可以选择输入/输出信号定义，内部控制功能选择方式等
运动参数模式	调节	0～6、11、24、25	可设置各种因子和常数，可选择配套电动机参数等
	位置控制	12～14、22、23	可设置位置指令脉冲输入方式、脉冲分/倍频等
	速度控制	7～10、15～21	可设置速度的输入/输出增益，零漂调整以及转速限制等

(3) 运动参数模式　华中 HSV-20S 提供了 37 种运动参数，参数定义见表 2-8，表中的出厂值以适配 3.7kW，1 500r/min 电动机的驱动器为例，带“*”标志的参数在其他型号中可能不一样。适用方法中，P 代表位置控制方式(适用于主轴控制和主轴定向)，S 代表速度方式。

表 2-8　华中 HSV-20S 参数一览表

序号	名　　称	适用方法	参数范围	出厂值	单　　位
0	位置比例增益	P	1～32 767	1000 *	0.01Hz
1	力矩滤波器时间常数	P,S	0～499	20	0.1ms
2	速度比例增益	P,S	5～32 767	2560 *	
3	速度积分时间常数	P,S	1～1 000	20 *	ms
4	速度反馈滤波因子	P,S	0～4	0	
5	减速时间常数	S	1～1 800	20	0.1s/额定转速
6	加速时间常数	S	1～1 800	20	0.1s/额定转速
7	速度指令输入增益	S	10～30 000	6 000	1r/min/10V
8	速度指令零漂补偿	S	−1 023～1 023	0	
9	速度指令增益修调	S	80～120	100	1%
10	保留				
11	速度到达范围	P,S	0～32 767	10	1r/min

（续表）

序号	名　　称	适用方法	参数范围	出厂值	单　　位
12	位置超差检测范围	P	0～32 767	20 000	脉冲
13	位置指令脉冲分频分子	P	1～32 767	1	仅适用 C 轴控制
14	位置指令脉冲分频分母	P	1～32 767	1	仅适用 C 轴控制
15	正向最大力矩输出值	P,S	1～32 767	32 767	32 767 对应主轴驱动器正向最大输出电流
16	负向最大力矩输出值	P,S	−32 767～−256	−32 767	−32 767 对应主轴驱动器负向最大输出电流
17	最高速度限制	P,S	0～30 000	6 500	1r/min
18	系统额定电流设置	P,S	1～20 000	12 000	32 767 对应主轴驱动器正向最大输出电流
19	系统过载允许时间设置	P,S	1～32 767	600	0.1s
20	内部速度	S	−6 000～6 000	0	1r/min
21	JOG 运行速度	P,S	−500～500	300	1r/min
22	位置指令脉冲输入方式	P	0～2	0	仅适用 C 轴控制
23	控制方式选择	P,S	0～3	0	
24	主轴电动机磁极对数	P,S	1～4	3	
25	编码器分辨率	P,S	0～3	2	
26	保留			0	
27	电流控制比例增益	P,S	10～16 383	1 560	
28	电流控制积分时间	P,S	1～1 023	10	ms
29	零速到达范围	P,S	0～300	5	1r/min
30	速度倍率	S	1～256	64	1/64
31	保留				
32	转矩电流衰减因子	P,S	100～2 048	400	400 对应 4 倍弱磁范围
33	磁通电流	P,S	400～16 383	4 096	32 767 对应主轴驱动器最大输出电流
34	电动机转子电气时间常数	P,S	10～4 000	1 000	0.1ms
35	电动机额定转速	P,S	100～3 000	1 500	1r/min

（续表）

序号	名　　称	适用方法	参数范围	出厂值	单　　位
36	最小磁通电流限制	P,S	100～2 047	800	32 767 对应主轴驱动器最大输出电流
37	主轴定向完成范围	S	0～100	2	脉冲
38	主轴定向速度	S	40～600	400	1r/min
39	主轴定向位置	S	0～4 095	0	脉冲

（4）与调节有关的参数（表 2－9，表中序号与表 2－8 对应）

表 2－9　华中 HSV－20S 调节参数一览表

序号	名　　称	功　　能	参数范围
0	位置比例增益	1）设定位置环调节器的比例增益 2）设置值越大，增益越高，刚度越大，相同频率指令脉冲条件下，位置滞后量越小。但数值太大可能会引起振荡或超调 3）参数数值由具体的主轴系统型号和负载情况确定	1～32 767 单位：0.01s^{-1}
1	力矩滤波器时间常数	1）设定力矩指令的滤波时间常数 2）时间常数越大，控制系统的响应特性变慢，会使系统不稳定，容易产生振荡 3）不需要很低的响应特性时，本参数通常设为 10	0～499 表示范围 0～49.9ms
2	速度比例增益	1）设定速度调节器的比例增益 2）设置值越大，增益越高，刚度越大，参数数值根据具体的主轴驱动系统型号和负载值情况确定。一般情况下，负载惯量越大，设定值越大 3）在系统不产生振荡的条件下，尽量设定较大的值	5～32 767
3	速度积分时间常数	1）设定速度调节器的积分时间常数 2）设置值越小，积分速度越快，参数数值根据具体的主轴驱动系统型号和负载值情况确定。一般情况下，负载惯量越大，设定值越大 3）在系统不产生振荡的条件下，尽量设定较小的值	1～1 000ms

（续表）

序号	名　　称	功　　能	参数范围
4	速度反馈滤波因子	1）设定速度反馈低通滤波器特性 2）数值越大，截止频率越低，电动机产生的噪声越小。如果负载惯量很大，可以适当减小设定值。数值太大，造成响应变慢，可能会引起振荡 3）数值越小，截止频率越高，速度反馈响应越快。如果需要较高的速度响应，可以适当减小设定值	0～4
5	减速时间常数	1）设置值是表示电动机额定转速到 0 的减速时间 2）减速特性是线性的	0.1～180s
6	加速时间常数	1）设置值是表示电动机从 0 到额定转速的加速时间 2）加速特性是线性的	0.1～180s
11	到达速度	1）设置到达速度 2）在非位置控制方式下，如果电动机速度跟踪误差小于设定值，则速度到达开关信号为 ON，否则为 OFF 3）在位置控制方式下，不用此参数 4）与旋转方向无关	0～30 000r/min
24	主轴电动机的磁极对数	设定主轴电动机的磁极对数； 1：电动机的磁极对数为 1； 2：电动机的磁极对数为 2； 3：电动机的磁极对数为 3； 4：电动机的磁极对数为 4	1～4
25	编码器分辨率	设定主轴电动机的光电编码器线数； 0：编码器分辨率 1 024 脉冲/r； 1：编码器分辨率 2 000 脉冲/r； 2：编码器分辨率 2 500 脉冲/r； 3：编码器分辨率 1 000 脉冲/r	0～3
29	零速到达范围	1）设置零速到达范围 2）在非位置控制方式下，如果电动机转速小于本设定值，则零速输出开关信号为 ON，否则为 OFF 3）在位置控制方式下，不用此参数 4）与旋转方向无关	0～300

(5) 与主轴位置有关的参数(表 2-10,表中序号与表 2-8 对应)

表 2-10 华中 HSV-20S 主轴位置控制参数一览表

序号	名　　称	功　　能	参数范围
12	位置超差检测范围	1) 设置 C 轴位置超差报警检测范围 2) 在 C 轴位置控制方式下,当位置偏差计数器的计数值超过本参数值时,主轴驱动器给出位置超差报警	0～32 767 脉冲
13	位置指令脉冲分频分子	1) 设置 C 轴位置指令脉冲的分倍频(电子齿轮) 2) 在 C 轴位置控制方式下,通过对 NO. 13, NO. 14参数设置,可以很方便地与各种脉冲源相匹配,以达到用户理想的控制分辨率(即角度/脉冲) 3) $P\times G=N\times C\times 4$ P:输入指令的脉冲数 G:电子齿轮比 N:电动机旋转圈数: $G=\frac{分频分子}{分频分母}$ C:光电编码器线数/转,本系统缺省 $C=1\ 024$ 4) [例] 输入指令脉冲为 8 192 时,主轴电动机旋转一圈 $G=\frac{N\times C\times 4}{P}=\frac{1\times 1\ 024\times 4}{8\ 192}=\frac{1}{2}$ 则参数 NO. 13 设为 1,NO. 14 设为 2 5) 电子齿轮比推荐范围为:$1/50\leqslant G\leqslant 50$	1～32 767 脉冲
14	位置指令脉冲分频分母	见参数 NO. 13	1～32 767 脉冲
22	位置指令脉冲输入方式	1) 设置 C 轴位置指令脉冲的输入形式 2) 通过参数设定为以下三种输入方式之一。 0:两相正交脉冲输入; 1:脉冲+方向; 2:CCW 脉冲/CW 脉冲 3) CCW 是从主轴电动机的轴向观察,反时针方向旋转,定义为正向 4) CW 是从主轴电动机的轴向观察,顺时针方向旋转,定义为反向	0～2

（续表）

序号	名　　称	功　　能	参数范围
23	控制方式选择	1）用于选择主轴驱动器的控制方式 0：C 轴位置控制方式，接收位置脉冲输入指令； 1：模拟速度控制方式，接收模拟速度指令； 2 或 3：内部速度控制方式，由参数 20 设定速度指令	0～3

（6）与速度控制有关的参数（表 2－11，表中序号与表 2－8 对应）

表 2－11　华中 HSV－20S 速度控制参数一览表

序号	名　　称	功　　能	参数范围
7	速度指令输入增益	1）设置模拟速度指令的电压值与转速的关系。设定值为＋10V 电压对应的转速值（单位为 r/min） 2）只在模拟速度输入方式下有效	0～9 000
8	速度指令零漂补偿	在模拟速度控制方式下，利用本参数可以调节模拟速度指令输入的零漂。调整方法如下： 1）将模拟控制输入端与信号地短接 2）设置本参数值，至电动机不转	－1 023～1 023
9	速度指令增益修调因子	1）在模拟速度控制方式下，利用本参数可以调节模拟速度指令输入增益的放大系数 2）只在模拟速度输入方式下有效	80％～120％
15	CCW 转矩限制	1）设置主轴电动机 CCW 方向的内部转矩限制值 2）设置值是额定转矩的百分比，例如设定为额定转矩的一倍，则设置值为 16 383 3）任何时候，这个限制都有效 4）如果设置值超过系统允许的最大输出转矩设置值，则实际转矩限制为系统允许的最大输出转矩	0～32 767 对应范围：0％～100％主轴驱动器正向最大输出电流

（续表）

序号	名　　称	功　　能	参数范围
16	CW转矩限制	1）设置主轴电动机CW方向的内部转矩限制值 2）设置值是额定转矩的百分比，例如设定为额定转矩的一倍，则设置值为16 383 3）任何时候，这个限制都有效 4）如果设置值超过系统允许的最大输出转矩设置值，则实际转矩限制为系统允许的最大输出转矩	−32 767～−1对应范围：−100%～0%主轴驱动器负向最大输出电流
17	最高速度限制	1）设置主轴电动机的最高限速值 2）与旋转方向无关	0～30 000r/min
18	允许的额定负载电流	1）设置主轴电动机的额定负载电流值 2）设置值是额定电流数字值，例如设定额定电流为12 000，则最大负载电流和最大力矩电流为该值的1.5倍 3）任何时候，这个限制都有效	1～32 767表示设定范围：0%～100%主轴驱动器最大输出电流
19	系统允许过载时间设定	1）设置系统允许的过载时间值 2）设置值是单位时间计数值，单位为0.1s，例如设定为200，则表示允许的过载时间为20s 3）任何时候，这个限制都有效	0～32 767
20	内部速度	1）设置内部速度 2）内部速度控制方式下，选择内部速度作为速度指令	−6 000～6 000r/min
21	JOG运行速度	设置JOG操作的运行速度	0～500r/min

（7）与主轴电动机有关的参数（表2－12，表中序号与表2－8对应）

表2－12　华中HSV－20S主轴电动机参数一览表

序号	名　　称	功　　能	参数范围
32	转矩电流衰减控制因子	1）设置弱磁控制时转矩电流限幅值的衰减因子 设定值为1 000时对应恒功率范围为4；设定为500时对应恒功率范围为8（此为近似值，实际应用时需要进一步调整） 2）在所有模式方式下有效	100～2 047

（续表）

序号	名　　称	功　　能	参数范围
33	磁通电流值	1）设定基本的电动机磁通电流值 2）一般的磁通电流设置方法：0.4～0.6倍电动机额定电流	400～16 383 32 767表示伺服驱动器最大输出电流
34	主轴电动机转子电器时间常数	1）设置主轴伺服电动机转子电器时间常数 2）该设置值可以根据电动机的转子电感（自感＋漏感）和转子电阻计算而得 3）任何时候，这个限制都有效	50～4 095 （单位：0.1ms）
35	主轴电动机额定转速	设置主轴伺服电动机空载时的额定转速	100～3 000r/min
36	最小磁通电流限制值	1）设定允许的最小电动机磁通电流值 2）一般的最小磁通电流设置方法：0.1～0.2倍电动机额定电流 3）该设置值必须小于磁通电流值	400～4 095 32 767表示伺服驱动器最大输出电流

（8）与定向控制有关的参数（表2-13，表中序号与表2-8对应）

表2-13　华中HSV-20S定向控制参数一览表

序号	名　　称	功　　能	参数范围
37	主轴定向完成范围	1）设置主轴定向完成时允许的最小位置误差范围 2）当达到定向位置时的位置误差小于该设置值时，定向完成输出开关为ON 3）只在模拟速度输入方式下有效	0～9 000
38	主轴定向速度	在速度控制方式下，利用本参数可以设定主轴定向速度指令	40～600r/min
39	主轴定向位置	1）设置主轴电动机的定向位置 2）设置值是以电动机编码器或主轴编码器的零脉冲位置作为参考的	0～4 095脉冲

5. 数控车床主轴驱动系统故障维修实例

【实例2-19】

（1）故障现象　某经济型SIEMENS 810T系统数控车床主轴定位时出现摇摆故障现象，无法准确定位，系统没有报警。

（2）故障原因分析　可能是主轴伺服的速度环或位置环有故障。

（3）故障诊断和排除

① 配置分析。因为这台机床主轴具有定位功能，所以使用编码器进行角度检测。

② 鉴别分析。为了区分是位置环的问题还是速度环的问题，先执行 M03 或 M04 功能，发现主轴一会儿正转一会儿反转，不停摇摆。

③ 相关检查。检查电源相序及速度指令均处于正常状态。

④ 据理推断。因执行 M03 或 M04 指令与速度环有关，与位置环无关，所以怀疑速度环有问题。

⑤ 故障排除。本例机床的主轴采用西门子 611A 交流模拟伺服主轴控制装置控制，根据先易后难的原则，采用以下步骤进行诊断确认：

a. 更换驱动控制板，故障依旧；

b. 检查测量速度反馈线正常；

c. 最后确认驱动功率模块有问题。

⑥ 故障处理。更换主轴驱动功率模块，故障排除，机床恢复正常运行。

（4）维修经验积累　在经济型数控机床维修过程中，由于生产进度和维修周期的限制，常用换板法进行诊断和维修。遇到类似的故障，可先使用换板法排除故障，然后对驱动模块进行诊断分析，以便准确找到驱动模块的故障原因，随后将驱动模块修复备用，以提高经济型数控机床的经济效益。判断驱动器故障应熟悉有关技术资料。SIEMENS 611A 驱动器是常用的系列驱动器，常见的故障及引起故障的原因见表 2－14，驱动器常见的报警号以及可能的原因见表 2－15。

表 2－14　SIEMENS 611A 主轴驱动器常见的故障及引起故障的原因

故　障	说　明
开机时显示器无任何显示	1）输入电源至少有两相缺相 2）电源模块至少有两相以上输入熔断器熔断 3）电源模块的辅助控制电源故障 4）驱动器设备母线连接不良 5）主轴驱动模块不良 6）主轴驱动模块的 EPROM/FEPROM 不良
电动机转速低（≤10r/min）	引起此故障的原因通常是由于主轴电动机相序接反引起的，应交换电动机与驱动器的连线

（续表）

故　　障	说　　明
主轴驱动器正常显示	驱动器的报警可以通过6位液晶显示器的后4位进行显示。发生故障时，显示器的右边第4位显示“F”，右边第3位、第2位为报警号，右边第1位显示“三”时，代表驱动器存在多个故障；通过操作驱动器上的“＋”键，可以逐个显示存在的全部故障号。驱动器常见的报警号以及可能的原因见表2－15

表2－15　SIEMENS 611A主轴驱动器的报警号以及引起报警的常见原因

报警号	内　　容	原　　因
F07	FEPROM数据出错	1）若报警在写入驱动器数据时发生，则表明FEPROM不良 2）若开机时出现本报警，则表明上次关机前进行了数据修改，但修改的数据未存储；应通过设定参数P52＝1进行参数的写入操作
F08	永久性数据丢失	FEPROM不良，产生了FEPROM数据的永久性丢失，应更换驱动器控制模块
F09	编码器出错1（电动机编码器）	1）电动机编码器未连接 2）电动机编码器电缆连接不良 3）测量电路1故障，连接不良或使用了不正确的设备
F10	编码器出错2（主轴编码器）	当使用主轴编码器定位时，测量电路2上的设备连接不良或参数P150设定不正确
F11	速度调节器输出达到极限值，转速实际值信号错误	1）电动机编码器未连接 2）电动机编码器电缆连接不良 3）编码器故障 4）电动机接地不良 5）电动机编码器屏蔽连接不良 6）电枢线连接错误或相序不正确 7）电动机转子不良 8）测量电路不良或测量电路模块连接不良
F14	电动机过热	1）电动机过载 2）电动机电流过大，或参数P96设定错误 3）电动机温度检测器件不良 4）电动机风机不良 5）测量电路不良 6）电枢绕组局部短路

（续表）

报警号	内　容	原　因
F15	驱动器过热	1）驱动器过载 2）环境温度太高 3）驱动器风机不良 4）驱动器温度检测器件不良 5）参见 F19 说明
F17	空载电流过大	电动机与驱动器不匹配
F19	温度检测器件短路或断线	1）电动机温度检测器件不良 2）温度监测器件连线断 3）测量电路 1 不良
F79	电动机参数设定错误	参数 P159～P176 或 P219～P236 设定错误
FP01	定位给定值大于编码器脉冲数	参数 P121～P125、P131 设定错误
FP02	零位脉冲监控出错	编码器或传感器无零脉冲
FP03	参数设定错误	参数 P130 的值大于 P131 设定的编码器脉冲数

【实例 2－20】

（1）故障现象　某华中数控系统经济型数控车床，机床主轴在反转时，出现异常响声。

（2）故障原因分析　常见原因是主轴测速发电机故障。

（3）故障诊断和排除

① 经验判断。本例机床的主轴是直流伺服电动机，根据检修经验，故障原因一般是主轴测速发电机电刷磨损或换向器太脏，造成速度反馈电压不稳定。

② 常规维修。按经验更换电刷，清洁换向器，但照此处理后，故障现象不变。进一步检查主轴电动机换向器. 发现其电刷被磨出 1mm 宽的沟槽。将沟槽车平后再试机，异常响声还是存在。

③ 现场询问。经了解，在发生故障前，维修电工曾经更换过晶闸管。由此推断供电系统有故障。

④ 供电系统分析。主轴电动机采用两组晶闸管反向并联的三相半波可逆调速系统供电，三相半波反并联可逆调速系统的主电路示意如图

2-28 所示。主轴正转时，VT1、VT2、VT3 导通；主轴反转时，VT4、VT5、VT6 导通。

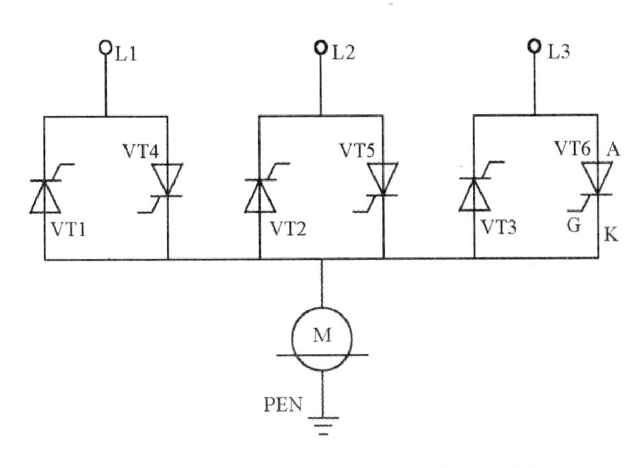

图 2-28　三相半波反并联可逆调速系统主电路的示意图

⑤ 电压波形检测。用示波器观察主轴电动机电枢电压的波形，在正转时每个周期内有三个波峰，这是正确的，它们代表三相交流电的峰值；而主轴反转时，每个周期内只有两个波峰，这是不正常的，说明有一只晶闸管没有导通。其原因是晶闸管损坏，或触发脉冲不正常。

⑥ 触发脉冲检测。检测反转组的晶闸管 VT4、VT5、VT6，都在正常状态。检查反转组的触发脉冲，发现晶闸管 VT6 的脉冲极性出现错误。脉冲的正极应该连接到晶闸管的门极 G，负极应连接到晶闸管的阴极 K，但是实际接线与此相反，这造成主轴反转时晶闸管 VT6 不能导通，电枢处于间歇通电状态，变速系统的齿轮不能均匀地转动，故而产生异常的响声。

⑦ 故障维修处理。改正触发脉冲的错误连接，故障被排除。

(4) 维修经验积累

① 本例的现场询问起到了拓展故障诊断思路的作用，经过诊断将维修电工不小心将触发脉冲接错的故障原因查找出来，否则，故障的诊断可能会增加许多推断环节。

② 经济型数控机床常会接触到晶闸管的有关维修内容，维修人员应兼顾掌握晶闸管的有关知识。

晶闸管又称可控硅，是在硅二极管基础上，发展起来的一种新型大功率半导体器件。

晶闸管用符号 V 来表示。它有三个引出线：一个是阳极，用符号 A(a)表示，另一个是阴极，用符号 C(c)表示，也可用符号 K(k)表示；再一个是控制极用符号 G(g)表示。按晶闸管外形和结构，可分为大功率和小功率管；大功率管又有螺栓式和平板压接式两种，小功率管有壳式和塑料封装等。晶闸管更换使用注意事项如下：

a. 使用晶闸管时，管子承受的正向和反向峰值电压，均不可超过其额定峰值电压；选用晶闸管的额定电压时，应根据实际工作条件下的峰值电压的大小，并留出一定的余量。

b. 所通过电流的平均值，不可超过其额定平均电流。选用晶闸管的额定电流时，除了考虑通过元器件的平均电流外，还应注意正常工作时导通角大小、散热通风条件等因素。

c. 在使用晶闸管之前，应该用万用表检查晶闸管是否良好；严禁用绝缘电阻表检查元器件的绝缘状况。

d. 触发电压和电流要足够大，但一般不允许超过 10V 和 2A。

e. 电流为 5A 以上的晶闸管要装散热器，并且保证所规定的冷却条件。对 50A 以上的晶闸管要采用风冷，若采用自然冷却，则允许电流应为额定值的 50%左右。

f. 按规定对主电路中的晶闸管采用过压及过流保护装置。

g. 要防止晶闸管控制极的正向过载和反向击穿。

【实例 2－21】

(1) 故障现象　某广州数控 980TD 系统经济型数控车床，机床配置 DA98A 主轴驱动(变频器＋主轴电动机＋编码器)出现"变频功能无效"故障现象。

(2) 故障原因分析

① 故障调查。根据用户反映输入正转指令和反转指令启动主轴，主轴都不能运转。

② 罗列成因。带变频器的主轴不转的常见原因有所用主板无变频功能；供给主轴的三相电源缺相；数控系统和变频器控制参数未调整正确；系统与变频器的线路连接错误；模拟电压输出不正常；强电控制部分断路或元器件损坏；变频器的参数未进行调整。

(3) 故障诊断和排除

① 强电检查。首先查找可能的短路原因，检查主轴电动机是否短路，控制线路是否有热继电器保护动作等。

② 信号测试。按常见原因进行逐项检查测试，发现系统没有 0～10V 模拟电压输出。

③ 线路检查。经检查连接线路，发现用户将接口（9 芯 D 型针插座）插错了，如图 2－29 所示，XS37 模拟主轴接口应连接变频器。XS38 应连接手轮。

④ 排除方法。按图 2－29 所示接口定义，将接口接到正确的位置上，机床主轴变频器无功能的故障被排除。

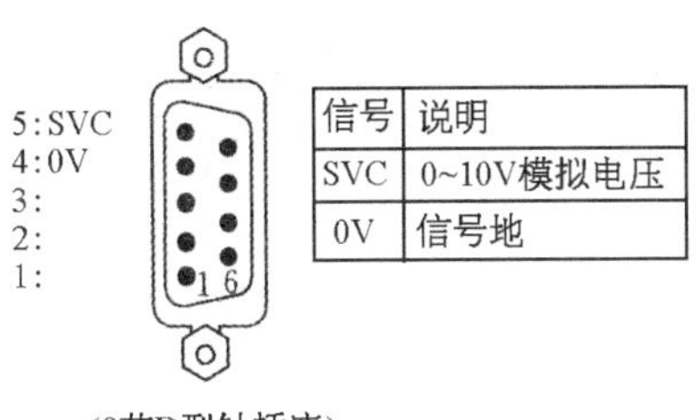

图 2－29　XS37 模拟主轴接口

（4）维修经验积累

① 维修此类机床主轴应掌握变频主轴的控制原理，通常是由系统输出 0～10V 或－10～10V 直流模拟电压给变频器模拟端子，再通过改变变频器的模拟电压来控制电动机的频率，从而达到需要的转速，主轴正/反转由系统的 I/O 端子控制变频器的正/反端子实现，主轴变频控制系统如图 2－30 所示。

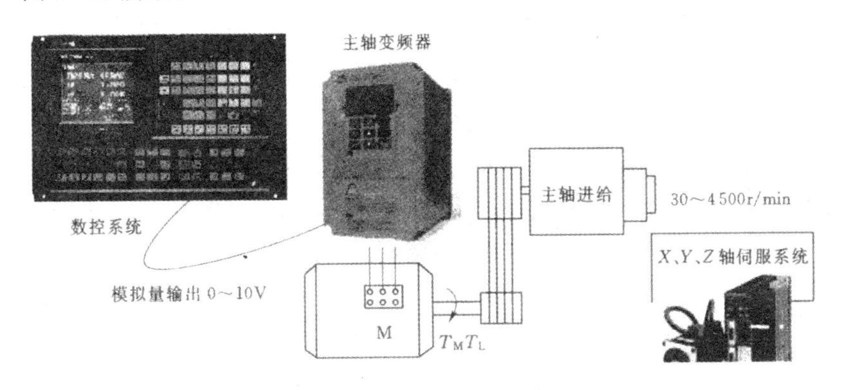

图 2－30　主轴变频控制系统

② 维修此类故障可参见表 2－16 所示的诊断方法进行。

表 2－16 "带变频器主轴无变频功能"故障原因及其处理方法

故障原因	处理方法
机械传动故障引起	检查皮带传动有无断裂或机床是否挂了空挡
供给主轴的三相电源缺相	检查电源
数控系统和变频器控制参数未调整正确	查阅系统说明书，了解与变频相关的参数并将其修改正确
系统与变频器的线路连接错误	查阅系统与变频器的连线说明书，确保连线正确
模拟电压输出不正常	用万用表检查系统输出的模拟电压是否正常；检查模拟电压信号线连接是否正确或接触不良，变频器接收的模拟电压是否匹配
强电控制部分断路或元器件损坏	检查主轴供电线路各触点连接是否可靠、线路有无断路、直流继电器是否损坏、保险管是否烧坏
变频器参数未调整好	变频器内含有控制方式选择，分为变频器面板控制主轴方式、NC 系统控制主轴方式等，若不选择 NC 系统控制方式，则无法用系统控制主轴，修改这一参数；检查相关参数设置是否合理

6. 数控车床螺纹加工中常见故障维修

1) 数控车床主轴编码器及功能

(1) 主轴编码器　如图 2－31 所示，一般与主轴采用 1∶1 齿轮传动并采用同步带连接，编码器为 1 024 脉冲/转，经过系统的 4 倍频电路得到 4 069个位置反馈脉冲，同时通过转向鉴别电路，实现主轴方向的鉴别。

图 2－31　数控车床主轴编码器

(2) 主轴位置编码器的作用

① 实现主轴位置、速度和一转信号的控制。主轴编码器发出的信号有 PA 和 * PA、PB 和 * PB 及 PZ 和 * PZ，其中 PA 和 * PA、PB 和 * PB 实

现主轴位置(反馈位置脉冲数)和速度(反馈位置脉冲的频率)的控制,同时实现主轴方向的判别;PZ 和 * PZ 信号实现主轴一转信号控制。

② 实现主轴与进给轴的同步控制。数控车床在进行螺纹加工时,要求主轴转一周,刀具准确地移动一个螺距(或导程)。系统通过主轴编码器反馈的位置脉冲信号,实现主轴旋转与进给轴的插补功能,完成主轴位置脉冲的计数与进给同步控制。

③ 实现恒线速度切削控制。数控车床进行端面或圆锥面切削时,为了保证表面粗糙度保持一定的值,要求刀具与工件接触点的线速度为恒定值。随着刀具的径向进给和切削直径的逐渐减小或增大,应不断提高或降低主轴速度,保持 $V=2\pi Dn$ 为常数。D 为刀具位置反馈信号(即工件的切削直径),V 为加工程序指定的恒线速度值。上述数据经过系统软件的处理后,传输到主轴放大器作为主轴的速度控制信号,并通过主轴编码器的反馈信号准确实现主轴的速度控制。

2) 数控车床螺纹加工故障常见原因和处理方法

以 GSK980T 系统数控车床为例,螺纹加工故障的常见原因和处理方法见表 2-17。

表 2-17　螺纹加工常见故障原因及处理方法

故障现象	故障原因	处理方法
无法切削螺纹	未安装主轴编码器导致系统无法车螺纹	加装主轴编码器,同时必须确保编码器线数与系统匹配
	主轴编码器损坏	更换新的主轴编码器
	主轴编码器与系统连接线断开或线路连接错误	用万用表测量编码器信号线是否断裂,查阅说明书检查连接线路是否正确
	系统内部的螺纹接收信号电路有故障	返厂维修或更换主板
	主轴编码器与系统连接线接头松动或是接触不良	将两端连接头连接处插紧,接触不良处重新焊紧
切削螺纹螺距不对,乱牙	参数设置不合理	检查快速移动速度设置是否过大,检查线性加、减速时间常数是否合理,检查螺纹指数加、减速常数,检查螺纹各轴指数加、减速的下限值,检查进给指数加、减速时间常数,检查进给指数加、减速的低速下限值是否合理

（续表）

故障现象	故障原因	处理方法
切削螺纹螺距不对，乱牙	电子齿轮比未设置好或是步距角未调整好	若使用980T系统或DA98伺服驱动，检查电子齿轮比是否计算准确并设置好，若使用步进驱动器，检查步距角是否正确，检查各传动比是否正确
	系统或驱动器失步	步进电机驱动器可通过相位灯或打百分表判断是否存在失步。伺服驱动器则可通过驱动器上的脉冲数显示或是打百分表判断；让程序空跑，看刀架回到加工起点后百分表是否变动；若无变动，则检查参数和机械
	系统内编码器线型参数与编码器不匹配	928TE/980TD有1200线和1024线选择参数，依据主轴编码器线数修改参数，确保系统与主轴编码器匹配
	性能超负荷	每种配置其主轴转速与螺距的乘积有一定上限，超出此上限则有可能出现加工异常，确保各性能指标在合理范围以内
	操作方式不对或编程格式不正确	查阅操作说明书，熟悉编程格式及操作方式
	机械故障或电机问题	测量定位精度是否合格，测量丝杆间隙是否用系统参数将间隙消除；检查电机轴承、阻尼盘是否存在问题；检查丝杆轴承、滚珠是否存在问题；检查刀架定位精度，有负载时是否松动，检查主轴、夹具和刀具安装是否正确，刀具对刀及补偿是否正确
	主轴编码器信号线干扰	请使用带屏蔽的主轴编码器信号线，并确保两端的屏蔽接头可靠连接
	主轴转速不稳定	排除外部干扰，检查机械传动部分是否稳定
	工件材料与所用刀具不匹配	使用匹配刀具，避免材料粘刀
	丝杆与电机连接是否松动	拧紧联轴器固定螺钉，检查相关机械传动结构

（续表）

故障现象	故障原因	处理方法
螺纹前几个乱牙，之后的部分正常	螺纹开始及结束部分，由于升降速的原因，会出现导程不正确部分，因此需预留一段空车距离，随着参数的调节，这个距离也不一样	方法一：调整系统参数。对于 980T 系统配步进驱动器的配置，可参照以下参数作修改：22 号为 200；23 号为 4000；24 号为 400；25 号为 400；26 号为 100；27 号为 8000；28 号为 100；29 号为 100；30 号为 100 方法二：通过编程调整加工工艺。将加工螺纹指令 G92 改用 G32 指令，在 G32 前用 G01 指令进行 F 进给速度指定，从而减小升、降速原因造成的影响
退尾、轨迹不正确	编程格式不对或操作不当	查阅说明书，熟悉编程格式和操作方法
	系统软故障	初始化系统，若仍不行则需返厂维修

3）数控车床螺纹加工常见故障维修实例

【实例 2-22】

（1）故障现象　某西门子系统的经济型数控车床，在自动加工时，机床不执行螺纹加工指令。

（2）故障原因分析　数控车床螺纹加工是主轴旋转与 Z 轴的进给之间进行插补。当执行螺纹加工指令时，系统得到主轴位置检测装置发出的一转信号后开始进行螺纹加工，根据主轴位置的反馈脉冲进行 Z 轴的插补控制，即主轴旋转一周，Z 轴进给一个螺距或一个导程（多头螺纹加工）。由此，故障的原因如下：

① 主轴编码器与系统的连接不良。

② 主轴编码器的位置信号不良或连接电缆断开。

③ 主轴编码器的一转信号不良或连接电缆断开。

④ 系统或主轴放大器故障。

（3）故障诊断和排除

① 检查连接电缆接口和电缆线性能。

② 对采用主轴放大器的，有第①类故障系统会出现报警提示。

③ 通过系统显示装置是否显示主轴速度判断，若无主轴速度显示，可判断为第②类故障报警。

④ 通过程序中的每转进给加工指令和每分钟进给加工指令切换进行

判断，若每转进给指令执行正常，每分钟进给加工指令执行不正常，属于第③类故障原因。

⑤ 若以上的检查都排除，则系统本身有故障，即系统存储板或系统主板有故障。

⑥ 针对以上检查和故障原因判断，确诊后采用相应的维修方法进行排除。

（4）维修经验积累　脉冲编码器是一种旋转式脉冲发生器，能把机械转角转变成电脉冲，是数控机床上使用广泛的位置检测装置。脉冲编码器有光电式、接触式和电磁感应式三种，数控机床主要在使用光电式脉冲编码器。维护中应注意防污和防振，防止连接松动。污染容易造成信号丢失，振动容易使编码器内的紧固件松动脱落，造成内部电源短路。连接松动会影响位置检测精度。

【实例 2－23】

（1）故障现象　某 FANUC 0TD 系统经济型数控车床，进行自动车削加工时，机床不能执行车削螺纹的指令。

（2）故障原因分析　如实例 2－22 所述，数控车床车削螺纹，实际上就是主轴转角与 Z 轴进给之间的插补。故障基本原因参见表 2－17。

（3）故障诊断和排除

① 检查主轴的工作状态，能正常地运转和变换速度，编码器、反馈电缆和插接件都在完好状态，速度和位置反馈信号完全正常。但是 Z 轴不能执行进给动作。

② Z 轴的进给量与主轴的“速度到达信号”有关。检查参数 PRM24.2，其设置为“1”，这表示在 Z 轴进给时，需要检测“主轴速度到达信号”（如果设置为“0”，则不需要检测“主轴速度到达信号”）。

③ 查看 CRT 上所显示的主轴转速，与设定值完全一致，即主轴的速度已经达到设置值，此时参数 PRM24.2 应该为“1”。但是通过 FANUC 0TD 诊断参数的检查，PRM24.2 仍为“0”，表明故障与此有关联。

④ 进一步检查，发现与参数 PRM24.2 有关的一根信号线断开，使 PRM24.2 固定在“0”状态，不能反映“主轴速度到达信号”。

⑤ 按连接要求，维修连接好断开的信号线，机床不能执行车削螺纹指令的故障排除。

（4）维修经验积累　本例提示，信号传递的准确性是螺纹加工中十分重要的使能条件，在发生螺纹加工指令不能执行时，应注重信号传递的检查检测,按信号流程和途径“顺藤摸瓜”,可便捷、迅速查找出故障的原因。

【实例 2 - 24】

(1) 故障现象　某华中系统经济型数控车床,螺纹加工出现螺距不稳的故障。

(2) 故障原因分析

① 系统工作原理:数控车床螺纹加工时,主轴旋转与 Z 轴进给之间进行插补控制,即主轴转一周,Z 轴进给一个螺距或一个导程(多头螺纹加工)。

② 故障产生常见原因。

a. 如果产生螺距误差是随机的:产生故障的可能原因是主轴编码器不良、主轴编码器内部太脏、主轴编码器与机床固定部件松动及连接编码器的传动带过松。

b. 如果产生螺距误差是固定的:产生故障的可能原因是主轴位置编码器与主轴连接传动比参数设定错误或系统软件不良。

(3) 故障诊断和排除　首先仔细检测加工后的螺纹,本例加工后工件上螺纹的螺距误差具有随机性,按先易后难的原则及其可能原因进行诊断检查。

① 检查连接编码器的传动带及其张紧力,本例完好无故障。

② 检查编码器与机床固定部件的连接,无松动现象。

③ 检查主轴编码器内部,对污物进行清理,未能排除故障。

④ 用替换法检查编码器的性能,故障排除。

(4) 维修经验积累　本例若螺距误差具有固定性,可首先检查核对编码器与主轴连接传动比参数。若正确,可对系统软件进行测试,也可进行替换性测试,以判断故障的确切原因,若参数有误,可按规定重新设置传动比参数。

7. 数控车床自动换挡控制系统故障维修

1) 数控车床主轴齿轮自动换挡控制流程

(1) 系统发出主轴换挡指令信号　当系统加工程序读到换挡指令(自动换挡 M 代码,如低速挡 M41、中速挡 M42 及高速挡 M43)时,系统转换成主轴指令信号输出。

(2) 通过挡位检测信号的判别,发出换挡请求指令　通过系统 PMC 挡位信号的检测,即通过检测换挡指令与实际挡位信号是否一致来判别是否执行换挡请求。

(3) 执行换挡控制　当系统发出换挡请求指令后,系统 PMC 发出换挡控制信号，相应的电磁离合器获电动作，实现主轴挡位的切换，同时主轴电动机实现摆动控制（正转和反转控制），目的是便于齿轮啮合，防止出现顶齿和打齿现象。

（4）主轴换挡切换完成信号输出　当主轴换挡指令和实际挡位信号检测一致时，发出主轴挡位切换完成信号，电磁离合器线圈断电，同时停止主轴电动机的摆动控制。

（5）输入系统挡位确认信号　通过系统 PMC 程序，输入机床主轴新的定位确认信号（系统参数可参见有关说明书），同时发出自动换挡辅助功能代码（M 码）完成信号。

（6）系统发出主轴速度信息　当换挡辅助功能代码完成信号发出后，系统根据主轴速度指令及系统挡位最高速度参数（机床系统参数可参见有关说明书），向主轴放大器发出主轴速度信息（如变频器驱动时，系统发出 0～10V 电压信号）。

（7）实现主轴速度控制　主轴放大器驱动主轴电动机实现主轴的速度控制。

2）维修实例

【实例 2－25】

（1）故障现象　某 GSK98T 系统经济型数控车床，换挡后机床的主轴指令速度与实际速度不符。

（2）故障原因分析

① 程序换挡速度 M 代码和主轴挡位实际速度不符，如挂低速挡时，指令速度却是高速速度值。

② 有关换挡系统参数设定错误，如各挡的机械齿轮传动比参数与实际不符或系统参数设定错误，如变频器的最高频率设定不正确。

③ 机床主轴实际挡位错误，机械换挡故障或电气检测信号出错。

④ 主轴速度反馈装置故障，如电动机内装传感器故障或主轴独立编码器故障。

⑤ 主轴放大器故障或系统主板不良故障。

（3）故障诊断和排除方法

① 检查主轴放大器和系统主板，未发现故障报警。

② 检查机械换挡部位，换挡机构处于正常状态。

③ 检测电气信号，处于正常状态。

④ 检查参数设定，无误。

⑤ 检查主轴速度反馈装置，本例采用电动机内装传感器，发现传感器性能不良。

⑥ 根据检查结果，更换传感器，重新安装后试车，主轴指令速度与实际转速相符，故障被排除。

(4) 维修经验积累　经济型数控机床通常设置换挡结构，本例提示，发生主轴换挡控制功能故障，应首先认知前述的控制流程，然后按本例提示的常见故障原因进行逐项诊断分析，具体维修中可按先易后难的方法诊断出引发故障的具体原因和部位。

【实例 2-26】

(1) 某华中系统经济型数控车床，主轴不能执行换挡控制。

(2) 故障原因分析　常见的故障原因是系统主板故障、换挡驱动控制电路故障等。

(3) 故障诊断和排除

① PMC 动态跟踪。通过系统 PMC 信号的动态跟踪，检查系统是否发出换挡指令，发现 M 代码换挡信号输出正常，表明系统主板无故障。

② 驱动控制检查。检查换挡驱动控制电路，包括 PMC 输出接口状态、电磁离合器线圈或控制电路等。检查后驱动控制电路各部分均处于正常状态。电磁离合器线圈的电阻值偏差很大。

③ 维修维护方法。对电磁离合器进行性能检查，发现电磁离合器损坏。更换同型号的电磁离合器，故障被排除。

(4) 维修经验积累　经济型数控车床应用于批量生产，对于某些产品，换挡操作频率可能比较高。由此可能引发电磁离合器的故障。在排除此类故障时，应注意检查电磁离合器和控制电路。

【实例 2-27】

(1) 故障现象　某 KND 系统经济型数控车床，主轴换挡不能完成(主轴一直在摆动)而发出换挡超时报警。

(2) 故障原因分析　通常的原因是换挡不能动作或动作受阻。常见的故障部位包括主轴换挡机械装置、电磁离合器线圈和控制电路、主轴放大器和主板等部分。

(3) 故障诊断和排除

① 检查主轴换挡机械控制装置，发现滑移齿轮导向轴上有厚厚的胶状油油垢，滑移齿轮有局部损坏。

② 检查电磁离合器线圈及控制电路，均处于正常状态。

③ 检查机械挡位到位信号开关位置、开关性能或信号接口，均处于正常状态。

④ 检查主轴放大器和系统主板，未发现故障报警。

⑤ 根据检查结果，本例故障原因判断为换挡动作受阻。采用清洗滑移齿轮导向轴和修整或更换滑移齿轮的方法进行维护维修，重新装配调整后，换挡超时的报警解除，主轴不能换挡的故障被排除。

(4) 维修经验积累　经济型数控车床因用于批量生产，使用环境相对比较差，对于直径变化较大的批量产品，主轴换挡频率比较高，同时维护保养时间少、条件差，容易使主轴箱机械变速和传动部位出现油垢及局部磨损。本例提示此类故障有一个油垢集聚的渐变过程，通常的表象是换挡超时报警。注意日常的维护保养，按主轴箱润滑油的品质要求定期进行更换，可避免此类故障的发生，提高机械零部件的使用寿命。

任务四　数控车床进给伺服系统故障维修

1. 经济型数控机床进给伺服系统的类型和特点

进给伺服系统按控制方式分类有闭环伺服系统和开环伺服系统，如图 2-32 所示。经济型数控机床通常使用开环进给伺服系统与半闭环进给伺服系统。

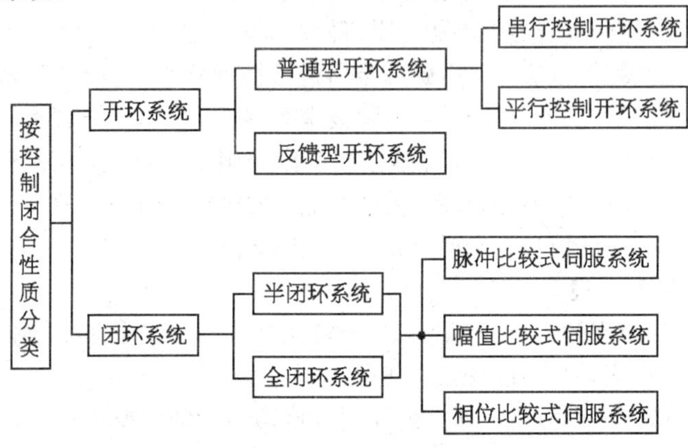

图 2-32　数控机床进给伺服系统按控制的闭合性质分类

(1) 开环伺服系统　开环伺服系统可以分为普通型与反馈补偿型。普通补偿型又可以分为串行型和平行型。串行型与平行型的工作原理相同，其控制流程如图 2-33a 所示，两个系统的主要区别是控制器不同，如图 2-33b 所示，串行型采用的是编程器接口。这类伺服系统中，脉冲分配器的失效与驱动器中大功率器件的失效是常见的故障成因。反馈补偿型开环伺服系统实际上是在普通型开环伺服系统上增加了位置误差反馈补偿功能，此类系统的组成特点如下(图 2-34)：主控链路上，以脉冲混合器代替脉冲分配器；反馈链路上由数字正弦/余弦信号发生器、感应同步器、整形电路与电压频率变换器组成。位置误差是由反馈电路获得并且转换成变频脉冲后，反馈给脉冲混合器的。反馈的变频脉冲与指令脉冲叠加，对控制脉冲进行补偿。

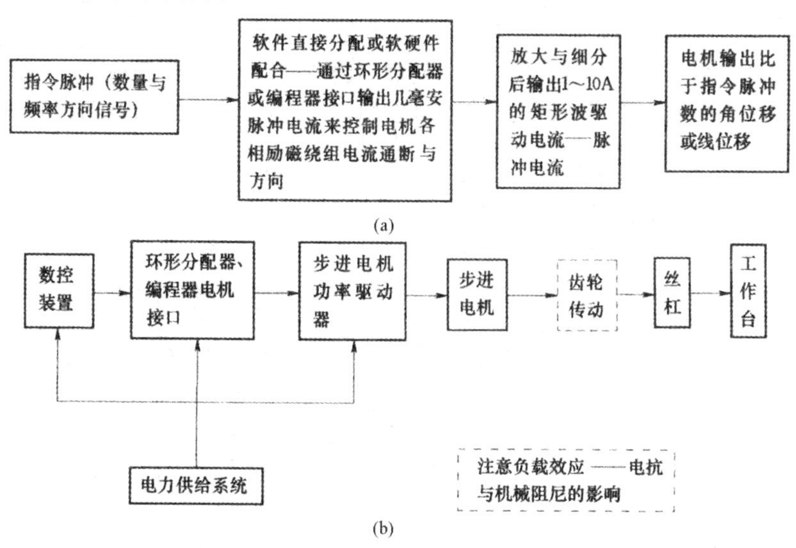

图 2-33　数控机床普通型开环进给伺服系统组成框图与工作原理

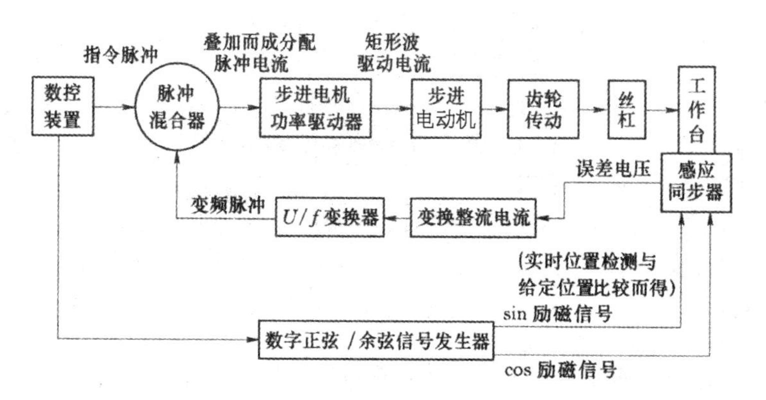

图 2-34　数控机床位置误差反馈补偿型进给开环伺服系统

(2) 半闭环伺服系统　半闭环伺服系统有三种:反馈补偿型、数字式软件控制性与普通型,如图 2-35 所示,其特点是指令信号与反馈信号都是脉冲信号,因此是一种脉冲比较型伺服系统,从系统组成分析有以下特点。

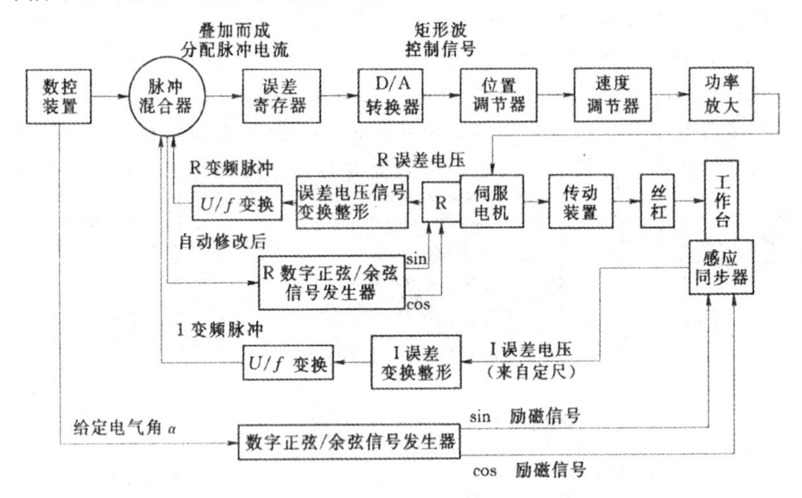

图 2-35　数控机床反馈补偿型半闭环进给伺服系统

① 其速度反馈与位置反馈信号都进入混合器中,与 CNC 指令信号进行叠加。叠加后的脉冲信号经误差寄存器内的分配而成为分配脉冲信号,再经 D/A 转换成矩形波控制信号。

② 速度环中由于采用了旋转变压器(图 2-35 中的 R)作为测速传感器,因此其组成上与普通型伺服系统不同,需要正弦/余弦励磁信号输入,并将输出误差电压信号变换与整形后转换为频率信号。

③ 位置环中采用感应同步器或磁尺为位置传感器,安装在工作台位置。这种安装方式与全闭环相同。其位置反馈仅作为位置误差补偿而不做位置反馈叠加控制。位置误差补偿回路组成及补偿作用与开环伺服系统中的反馈回路作用相同。

(3) 普通型半闭环伺服系统　在实际应用中,常见的是普通半闭环伺服系统,按反馈信号接收与处理环节不同可分成 4 类,伺服单元处理双环的结构框图如图 2-36 所示。

2. 进给伺服驱动示例

(1) 西门子典型的进给伺服电动机　西门子驱动系统常用的进给电动机有 1FT 系列和 1FK 系列。其形式与发展过程如图 2-37 所示。

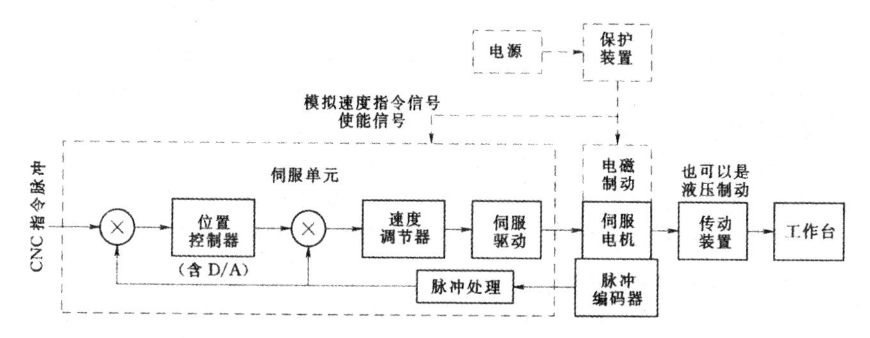

图 2-36　数控机床伺服单元处理双环的半闭环进给伺服系统

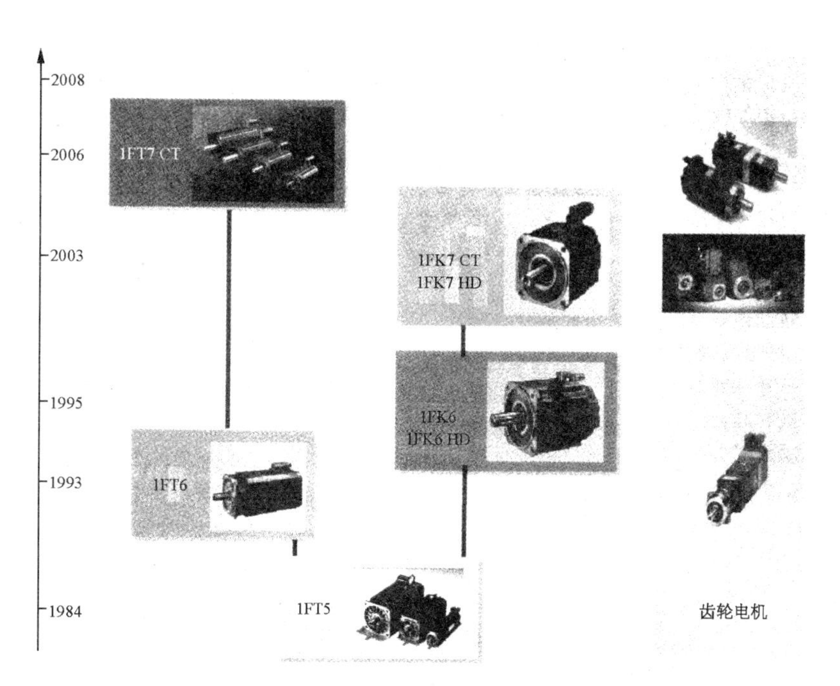

图 2-37　西门子 1FT 和 1FK 系列电动机形式与发展

(2) 西门子典型的进给驱动　常见的有步进驱动、交流进给驱动(如 610 系列伺服驱动、611A 系列伺服驱动、Baseline 伺服驱动、611U/Ue 系列驱动等)。610 系列伺服驱动的总体结构如图 2-38 所示，组成与说明见表2-18。

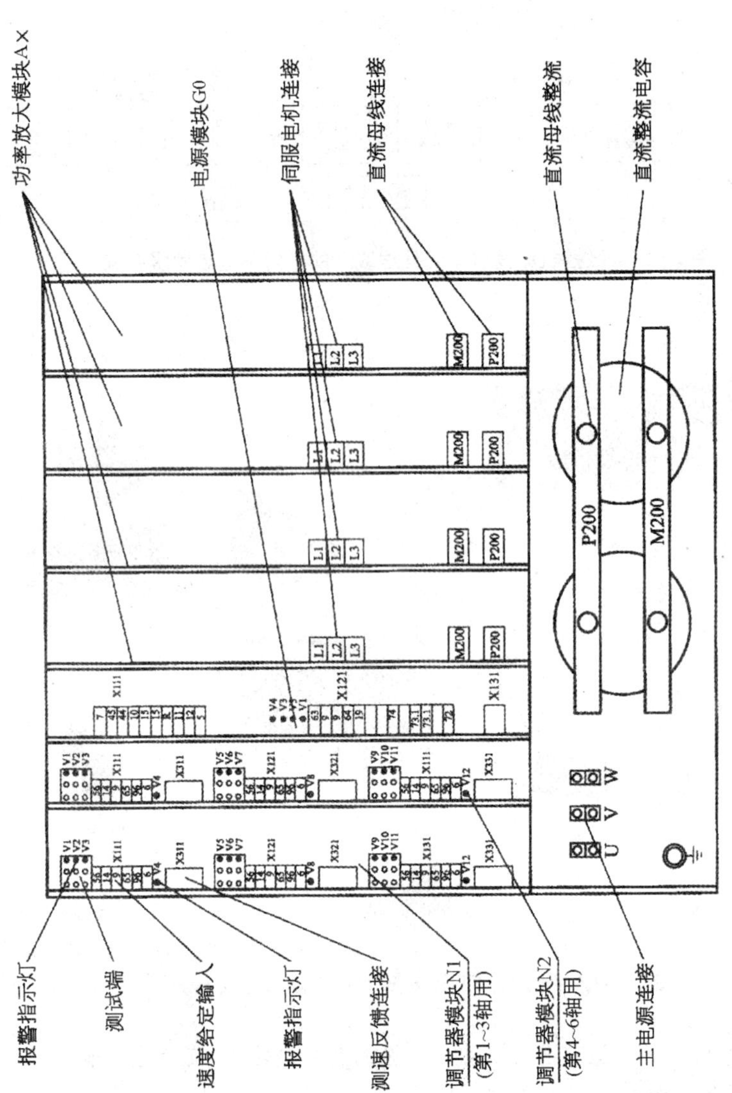

图2-38　610系列进给驱动伺服器的总体结构图

表 2-18　610 进给驱动器的总体结构及说明

组　成	说　明
伺服变压器	将外部三相交流 380V 电压变为伺服驱动器所需要的三相交流 165V 输入电压
整流单元(V12,V15,V25)	将三相交流 165V 输入电压变为 210V 直流母线电压
直流电容(CO)	进行直流母线电压的滤波和储存电机制动时的回馈能量，根据驱动器配置的不同，电容器的数目与容量也有所不同
直流母线电压控制模块(G10,G20)	当电机制动、回馈能量超过电容器的负荷能力时，将引起直流母线电压的升高，通过直流电压控制组件，可以使多余的能量通过放电电阻释放。根据驱动器配置的不同，直流电压控制组件有两种规格：G10 适用于峰值功率 30kW、持续功率 0.3kW 以下驱动器，组件安装在电源模块 GO 板上；G20 适用于峰值功率 90kW、持续功率 0.9kW 以下驱动器，组件单独安装，在机箱中占据一个模块位置
电源模块(GO)	产生控制部件所需的各种辅助控制电压并对各种电压信号进行监控，此外还负责与 NC 进行信号交换(如使能信号、伺服准备好信号等)
调节器模块(N1,N2)	该模块主要完成驱动器的速度与电流调节。模块的转速给定指令来自 CNC(10V 模拟量)；速度反馈信号来自伺服电机内置式测速发电机。两者在速度调节器进行比较，构成速度闭环，并产生电流给定指令信号。电流调节器根据速度调节器的输出与功率模块检测的电流实际值，产生占空比可变的 PWM 控制信号，并根据转子位置检测器的位置，进行三相电流的分配。一个调节器模块最多可安装 3 个坐标轴的调节器组件，每个机箱中可安装 2 个调节器模块，因此，一个独立的进给驱动机箱最多可以控制 6 个伺服进给轴
功率模块(A××)	功率模块负责将来自调节器的 PWM 控制信号进行功率放大。根据伺服电机的不同，功率模块分为 3A、8A、20A、30A、40A、70A、90A 等规格；在结构上又有单轴、双轴与三轴之分

(3) 华中典型的进给驱动　华中数控典型的数控进给伺服驱动有 HSV-16、HSV-162、HSV-160、HSV-18D、HSV-18E 等。如图 2-39 所示为 HSV-16 数字交流伺服驱动单元和型号说明。HSV-16 是华中数控继 HSV-9 型、HSV-11 型之后，推出的一款全数字交流伺服驱动单元，该驱动将电源和驱动模块集成为一体，具有结构小巧、使用方便、可靠性高等特点。HSV-16 采用最新运动控制专用数字信号处理器(DPS)、

大规模现场可编程逻辑矩阵(FPGA)和智能化功率模块(IPM)等当今最新技术设计,操作简单、可靠性高、体积小巧,易于安装。HSV-16 具有如下功能特点:

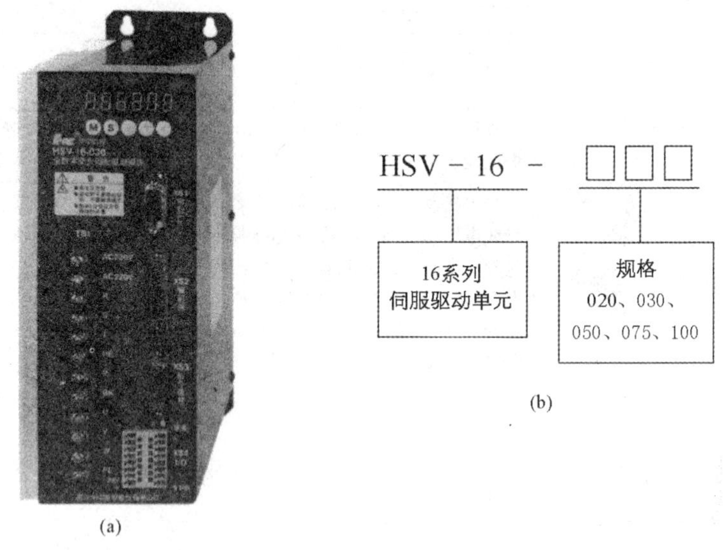

(a)　　(b)

图 2-39　HSV-16 数字交流伺服驱动单元

(a) 外形结构;(b) 型号说明

① 控制简单、灵活。通过修改伺服驱动参数,可对伺服驱动系统的工作方式、内部参数进行设置,以适应不同应用环境和要求。

② 状态显示齐全。HSV-16 设置了一系列状态显示信息,方便用户调试、使用过程中观察伺服驱动单元的相关状态参数;同时也提供了一系列的故障诊断信息。

③ 宽调速比(与电动机及反馈元件有关)。HSV-16 伺服驱动单元的最高转速可设置为 3 000r/min,最低转速为 0.5r/min;调速比为 1∶6 000。

④ 体积小巧,易于安装。HSV-16 伺服驱动单元结构紧凑、体积小巧,非常易于安装、拆卸。

图 2-40 为伺服驱动器接口端子配置图,其中 TB1(电源端子)为端子排;XS1(串口端子)、XS2(编码器信号端子)、XS3(指令信号端子)为插件,XS4(I/O 端子)为端子排。接口的定义可详见有关产品的说明书。接线维修中应清楚端子号、端子记号、信号名称及其功能等。例如其中电源端子 TB1 的接口定义见表 2-19,串口端子的接口定义见表 2-20。

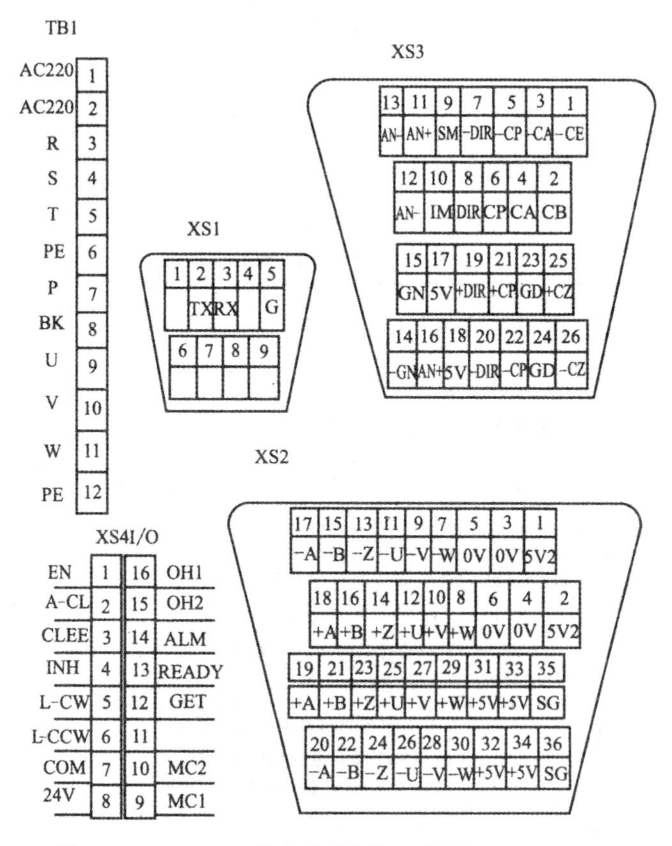

图 2-40　HSV-16 数字交流伺服驱动器接口端子配置图

表 2-19　HSV-16 数字交流伺服驱动器电源端子 TB1 接口定义

端子号	端子记号	信号名称	功　　能
1	AC220	控制电源(单相)	控制回路电源输入端子 AC220V/50Hz
2	AC220		
3	R	主回路电源 (单相或三相)	主回路电源输入端子 AC220V/50Hz 注意:不要同电动机输出端子 U、V、W 连接 单相用于小功率场合,一般不推荐使用
4	S		
5	T		
6	PE	系统接地	接地端子 接地电阻＜100Ω 伺服电动机输出和电源输入共地连接

（续表）

端子号	端子记号	信号名称	功　能
7	P	外接制动点	如在应用时需外加外部制动电阻，可由此两点接入，若仅用内部制动电阻，将此两点断开 注意：不能将此两点短接，否则，会造成严重后果，损坏驱动器
8	BK		
9	U	伺服电动机输出	伺服电动机输出端子 必须与电动机 U、V、W 端子对应连接
10	V		
11	W		
12	PE	系统接地	接地端子 接地电阻<100Ω 伺服电动机输出和电源输入公共一点接地

表 2-20　HSV-16 数字交流伺服驱动器串口端子 XS1 接口定义

端子号	端子记号	信号名称	功　能
2	TXD	数据接收	与控制器或上位机串口数据发送（RXD）连接，以实现串口通信
3	RXD	数据发送	与控制器或上位机串口数据接收（TXD）连接，以实现串口通信
5	GND	信号地	数据信号地

3. 进给伺服系统故障报警信息的处理

参与检修的人员必须在伺服驱动和电动机断电 5min 以后才能触摸驱动器和电动机，以防止电击和灼伤。驱动器故障报警后，须根据故障代码排除故障后才能投入使用。复位报警前，必须确认伺服使能信号无效，防止电动机突然启动引起意外。

（1）报警信息的处理（以华中 HSV 系列为例）

① HSV-16/18D/160/162 型伺服系统提供了不同的保护功能和故障诊断，当其中任何一种保护功能被激活时，驱动器面板上的数码管显示对应的报警信息，伺服报警输出。

② 在使用驱动器时，要求将报警输出或故障联锁输出接入急停回路。当伺服驱动器保护功能被激活时，伺服驱动器回路可以及时断开主电源（切断三相主电源，控制电源继续得电）。

③ 在清除故障源后，可以通过关断电源，重新给伺服驱动器上电来清除报警，也可通过面板按键进入辅助模式，采用报警复位方式清除报警。

维修伺服驱动报警故障时，可参照系统内部的报警信息清单，例如HSV－16/160/162系列数字交流伺服驱动单元报警信息见表2－21。

表2－21　HSV－16/160/162数字交流伺服驱动器单元报警信息表

报警代码	报 警 名 称	内　　容
—	正常	
1	主电路欠电压	主电路电源电压过低
2	主电路过电压	主电路电源电压过高
3	IPM模块故障	IPM智能模块故障
4	制动故障	制动电路故障
5 *	保险丝熔断	主回路保险丝熔断
6	电动机过热	电动机温度过高
7	编码器A、B、Z故障	编码器A、B、Z信号错误
8	编码器U、V、W故障	编码器U、V、W信号错误
9	控制电源欠电压	控制电源±15V偏低
10	过电流	电动机电流过大
11	系统超速	伺服电动机速度超过设定值
12	跟踪误差过大	位置偏差计数器的数值超过设定值
12	软件过热	电流值超过设定值(I^2t检测)
13 *	控制参数读错误	读EEPROM参数故障
14 *	DSP故障	DSP故障
15 *	看门狗故障	软件看门狗发出声音

注：*不能以报警复位方式清除，只有切断电源、清除故障原因，再接通电源后才能清除。

（2）报警故障的处理（以华中HSV系列为例）　报警故障的分析与处理参见表2－22。

表 2-22 HSV 系列数字交流伺服驱动器单元报警故障分析与处理

报警代码	报警名称	运行状态	原因	处理方法
1	主电路欠电压	接通主电源时出现	1）电路板故障 2）电源保险损坏 3）软启动电路故障 4）整流器损坏	更换伺服驱动器
			1）电源电压低 2）临时停电 20ms 以上	检查电源
		电动机运行过程中出现	1）电源容量不够 2）瞬时掉电	检查电源
			散热器过热	检查负载情况
2	主电路过电压	接通控制电源时出现	电路板故障	更换伺服驱动器
		接通主电源时出现	1）电源电压过高 2）电源电压波形不正常	检查供电电源
		电动机运行过程中出现	外部制动电阻接线断开	检查外部制动电路，重新接线
			1）制动晶体管损坏 2）内部制动电阻损坏	更换伺服驱动器
			制动回路容量不够	1）降低起停频率 2）增加加/减速时间常数 3）减小转矩限制值 4）减小负载惯量 5）更换大功率的驱动器和电动机
3	IPM 模块故障	接通控制电源时出现	电路板故障	更换伺服驱动器
		电动机运行过程中出现	1）供电电压偏低 2）伺服驱动器过热	1）检查驱动器 2）重新上电 3）更换驱动器
			驱动器 U、V、W 之间短路	检查接线
			接地不良	正确接线
			电动机绝缘损坏	更换电动机
			受到干扰	1）增加线路滤波器 2）远离干扰源

（续表）

报警代码	报警名称	运行状态	原　因	处理方法
4	制动故障	接通控制电源时出现	电路板故障	更换伺服驱动器
		电动机运行过程中出现	外部制动电阻接线断开	重新接线
			1）制动晶体管损坏 2）内部制动电阻损坏	更换伺服驱动器
			制动回路容量不够	1）降低起停频率 2）增加加/减速时间常数 3）减小转矩限制值 4）更换大功率的驱动器和电动机
			主电路电压过高	检查主电源
5	保险丝熔断	电动机运行过程中出现	驱动器外部U、V、W之间短路	检查接线
			接地不良	正确接地
			电动机绝缘损坏	更换电动机
			驱动器损坏	更换伺服驱动器
			超过额定转矩运行	1）检查负载 2）降低启停频率 3）减小转矩限制值 4）更换大功率的驱动器和电动机
			1）U、V、W有一相断线 2）编码器接线错误	检查接线
6	电动机过热	接通控制电源时出现	电路板故障	更换伺服驱动器
			1）电缆断线 2）电动机内部温度继电器损坏	1）检查电缆 2）检查电动机
		电动机运行过程中出现	电动机过负载	1）减小负载 2）降低起停频率 3）减小转矩限制值 4）减小有关增益 5）更换大功率的驱动器和电动机

（续表）

报警代码	报警名称	运行状态	原　因	处 理 方 法
6	电动机过热	电动机运行过程中出现	长期超过额定转矩运行	1）检查负载 2）降低起停频率 3）减小转矩限制 4）更换大功率的驱动器和电动机
			机械传动不良	检查机械部分
			电动机内部故障	更换伺服电动机
7	编码器A、B、Z故障		编码器接线错误	检查接线
			编码器损坏	更换电动机
			外部干扰	1）增加线路滤波器 2）远离干扰源
			编码器电缆不良	换电缆
			编码器电缆过长，造成编码器供电电压偏低	1）缩短电缆 2）采用多芯并联供电
8	编码器U、V、W故障		编码器接线错误	检查接线
			编码器损坏	更换电动机
			外部干扰	1）增加线路滤波器 2）远离干扰源
			编码器电缆不良	更换电缆
			编码器电缆过长，造成编码器供电电压偏低	1）缩短电缆 2）采用多芯并联供电
9	控制电源欠压		输入控制电源偏低	检查控制电源
			1）驱动器内部接插件不良 2）开关电源异常 3）芯片损坏	1）更换驱动器 2）检查接插件 3）检查开关电源
10	过电流		驱动器U、V、W之间短路	检查接线
			接地不良	正确接地
			电动机绝缘损坏	更换电动机
			驱动器损坏	更换驱动器

（续表）

报警代码	报警名称	运行状态	原因	处理方法
11	系统超速	接通控制电源时出现	1）控制电路板故障 2）编码器故障	1）更换伺服驱动器 2）更换伺服电动机
		电动机运行过程中出现	输入指令脉冲频率过高	正确设定输入指令脉冲
			加/减时间常数太小，使速度超调量过大	增大加/减速时间常数
			输入电子齿轮比太大	正确设置
			编码器故障	更换伺服电动机
			编码器电缆不良	更换编码器电缆
			伺服系统不稳定，引起超调	1）重新设定有关增益 2）如果增益不能设置到合适值，则减小负载转动惯量比率
		电动机刚起动时出现	负载惯量过大	1）减小负载惯量 2）更换大功率的驱动器和电动机
			编码器零点错误	1）更换伺服电动机 2）调整编码器零点
			1）电动机U、V、W引线接错 2）编码器电缆引线接错	正确接线

4. 数控车床进给伺服系统常见故障类型

（1）机床振动　机床振动是指机床的运动件在移动时或停止时的振荡、运动时的爬行、正常加工过程中的运动不稳等。

（2）运动失控　俗称飞车，通常是由位置检测、速度检测信号不良；位置编码器故障；主板、速度控制单元故障等原因引起的。

（3）机床定位精度或加工精度差　通常可分为定位超调、单脉冲进给精度差、点位点精度差、圆弧插补加工的圆度差等情况。

（4）位置跟随误差报警　伺服轴运动超过位置允差范围时，数控系统就会产生位置误差过大的报警，包括跟随误差、轮廓误差和定位误差等。

(5) 超程　当进给运动超过由软件设定的软限位或由限位开关决定的硬限位时，就会发出超程报警，一般会在 CRT 上显示报警内容，根据数控系统说明书即可排除故障，解除超程。

(6) 超过速度控制范围　此类故障通常在 CRT 上有超速提示，常见的原因：测速反馈连接错误；检测信号不正确或无速度与位置检测信号；速度控制单元参数设定不当或设置过低；位置控制板发生故障等。

(7) 过载　当进给运动的负载过大，频繁正反向运动及进给传动链润滑状态不良时，均会引起过载的故障。一般会在 CRT 上显示伺服电动机过载、过热或过电流报警信息。同时在强电柜中的进给驱动单元上，用指示灯或数码管提示驱动单元过载、过电流等信息。

(8) 窜动　在进给运动时出现窜动现象，常见的原因是位置反馈信号不稳定；位置控制信号不稳定；位置控制信号受到干扰；接线端子接触不良；传动系统间隙或伺服系统增益设定不当等。

(9) 在启动加速段或低速段进给时爬行　一般是由于进给传动系链的润滑状态不良、伺服系统增益过低及外加负载过大等因素所致。值得注意的是伺服与滚珠丝杠连接用的联轴器机械故障是产生爬行的常见原因。

(10) 伺服电动机不转　常见的故障原因是速度、位置控制信号未输出；使能信号未接通；制动电磁阀未释放；进给驱动单元故障；伺服电动机故障等。

(11) 定位超调　定位超调也称位置“过冲”现象，常见的故障原因：加减速时间设定不当；位置环比例增益设置不当；速度环比例增益设置不当；速度环积分时间设置不当等。

(12) 回参考点故障　回参考点故障一般分为找不到参考点和找不准参考点两类。前一类故障一般是回参考点减速开关产生的信号或零位脉冲失效，可以通过检查脉冲编码器标志位或光栅尺零标志位是否有故障进行排除。后一类故障是参考点开关挡块位置设置不当引起的，需要重新调整挡块位置。

(13) 开机后电动机产生尖叫(高频振荡)　通常原因是 CNC 中与伺服驱动的有关参数设定、调整不当引起的。排除的措施主要是按参数说明书设置好相关参数。

(14) 加工工件尺寸出现无规律变化　常见的原因是干扰；弹性联轴器未锁紧；机械传动系统的安装、连接与精度不良；伺服进给系统参数设定与调整不当等。

(15) 伺服电动机开机后即自动旋转 常见原因是干扰;位置反馈的极性错误;由于外力使坐标轴产生位置偏移;驱动器、测速发动机、伺服电动机或系统位置测量回路不良;电动机或驱动器故障等。

5. 数控车床进给驱动系统故障维修实例

【实例 2-28】

(1) 故障现象 某配置广州数控 GSK 980TD 系统/DA98A 双速主轴电动机经济型数控车床,加工零件出现 X、Z 轴不能移动,所有运行功能停止,系统显示驱动器 421 和 422 准备未绪报警。

(2) 故障原因分析 通常的原因如下:

① 系统至驱动器的+24V 电压丢失。

② 驱动器 I/O 端口损坏。

③ 系统 I/O 端口板损坏。

④ 系统 9 号的第一位和第二位高/低电平设置错误。

(3) 故障诊断和排除

① 现场验证。在用户现场验证故障,开机后发现系统显示驱动器 421 和 422 准备未绪报警,但打开配电柜检查驱动器,发现驱动器无报警显示。

② 推理分析。按以上常见原因进行删除推理分析,一般 X、Z 轴同时产生故障报警,常见原因是系统至驱动器的+24V 电压丢失,或是高低电平参数设置错误

③ 诊断检查。检查开关电源和调整参数,发现开关电源无+24V 输出。

④ 更换维修。更换开关电源故障部分,机床报警故障排除。

(4) 维修经验积累 本例提示,若开关电源无+24V 输出,引起驱动器无使能信号,导致驱动器高/低电平取反,从而使系统产生驱动器 421 和 422 准备未绪故障报警。在经济型数控车床驱动器系统故障中,电源的丢失会导致各种故障报警,对于 X、Z 轴同时报警的故障,首先应进行开关电源的检查。

【实例 2-29】

(1) 故障现象 某配置广州数控 GSK 980TD 系统/DA98A 双速主轴电动机经济型数控车床,机床在程序回零时突然出现准备未绪故障报警,之后所有运行功能停止。

（2） 故障原因分析

① 急停开关损坏。

② 与急停开关串联的相关装置（如主轴报警、冷却报警、刀架报警）断路。

③ X、Z 轴的限位开关出现故障。

④ 系统开关电源+24V 丢失。

⑤ 急停线路断路。

⑥ 系统 I/O 板损坏。

（3） 故障诊断和排除

① 现场验证。在用户现场验证故障，开机后即出现准备未绪报警。

② 据理推断。报警是在程序回零运行过程中产生的，很有可能是回零开关出现问题，机床运行中撞到了 X、Z 轴的限位开关引起报警。

③ 诊断检查。打开机床系统诊断页面，观看 1 号参数第 5 位急停（ESP）信号为 1，表明轴的限位开关断路。

④ 故障排除。将参数 172 号第 4 位急停参数改为 1，机床退离限位开关，机床报警解除，运行正常。

（4） 维修经验积累　本例提示，由于 X、Z 轴限位开关是与急停开关串联的，当回零开关出现故障，机床运行中撞到限位开关，会出现保护性的机床准备未绪报警。此类故障常见于回零动作比较频繁的经济型数控车床，由于程序回零动作比较频繁，容易导致回零开关出现问题，进而使机床系统产生准备未绪报警。

【实例 2－30】

（1） 故障现象　某配置广州数控 GSK 980TD 系统/DA98A 双速主轴电动机经济型数控车床，机床在加工过程中突然出现 X 轴只能沿一个方向运行，Z 轴能正常使用。重新启动机床，故障现象依旧。

（2） 故障原因分析

① 系统至驱动器的控制线松脱或断路。

② 驱动器控制板损坏。

③ 系统参数设置错误。

④ 驱动器参数设置错误。

⑤ 机械故障（如传动失灵等）。

⑥ X 轴正反按键故障。

（3） 故障诊断和排除

① 现场验证。启动机床后运行 X 轴，正向或负向都只能沿一个方向运行，Z 轴和其他辅助功能都能正常运行。

② 据理推断。一般在加工过程中突然出现 X 轴只沿一个方向运行，很有可能是系统至驱动器的控制线出现故障(如接触不良)；或是驱动器控制板损坏。

③ 诊断检查。检查控制线路，正常；用替换法检查驱动器控制板，发现驱动器控制板损坏。

④ 故障排除。更换驱动器控制板，故障排除。

(4) 维修经验积累　本例提示，经济型数控车床在生产过程中，由于切削用量较大引起振动等方面的原因，可能导致系统至驱动器线路的松动引发接触不良；若某一方向的运行使用比较频繁，该方向的驱动控制板的故障也比较容易发生。因此，出现轴只能一个方向运行的故障，首先应检查系统至驱动器的控制线路，继而检查驱动器控制板，以便迅速找到故障的原因。

【实例 2-31】

(1) 故障现象　PNE710L 数控车床，其数控系统为西门子 5T 系统。在正常加工过程中，突然出现滑板高速移动，曾发生撞坏工件和卡盘、刀架的严重事故。这种故障是随机的，从早期的几个月一次，发展到每天几次。出现故障时必须按急停按钮才能停止。

(2) 故障原因分析　进给伺服系统、驱动板及其连接电缆等有故障。

(3) 故障诊断和排除

① 经验判断。因为机床已经过较长时间使用，并且是自动运行的，因此故障不是出自编程和操作者。

② 实时测量。数控柜根据内部程序发出的 X、Z 坐标移动指令，是由 A 板输出接到机床侧驱动板 5 号、8 号输入端子，如能测量这一点的电压情况，便可判断故障所在，由于故障的偶然性，测量很困难。

③ 按故障随机性诊断。根据随机故障现象，极有可能是机床驱动板接触不良引起。驱动板在机床侧以底板为基础，上有两块插件板(如图 2-41所示)，一块为 CRU，一块为 ASU，其中 CRU 板完成驱动器的速度调节、电流限制、停车监视、测速反馈及三相同步等功能。同步信号部分接触不良引起失控的可能性最大。

④ 用敲击法诊断。该板的三相同步电源是由底板三相电源变压器通过两组插头引至该板的，是引起接触不良的关键点。为此把数控柜发出

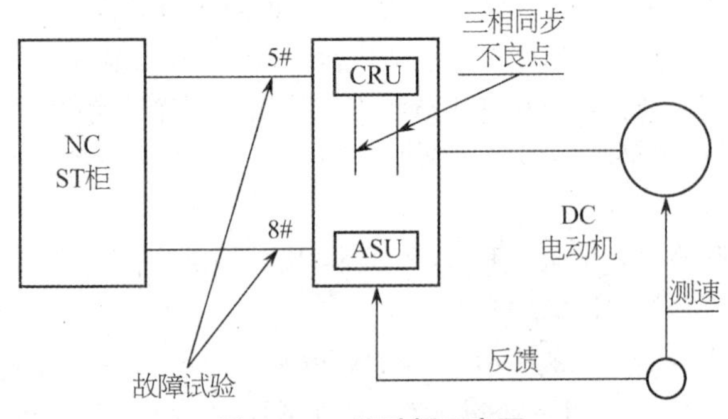

图 2－41　驱动板示意图

移动指令的输出线断开，即在驱动板的一侧断开 5 号、8 号线，用绝缘物体在机床正常送电的情况下，敲击驱动板的插头部位，此时会出现滑板高速移动故障，可诊断确定故障部位。

⑤ 维修处理方法。

a. 为了便于维修和更换，记录驱动板的型号。

b. 把线路板插接式进行改进，其中 CRU 板有两组多芯插头与底板 CPI 相连。实践证明，进口机床的电子元件本身损坏率极低，只要重新用连线焊接的方法替代原插头连接式，可避免接插件不良引发故障。经过焊接后的线路板，再振动也不会发生失控故障，本例机床改进维修后运行两年多一直处于正常状态。

（4）维修经验积累　排除故障时应注意如下几点：

① 敲击再现故障时，要把工件、刀具卸下，滑板移至中间位置，使之留有失控时安全移动距离及人为紧急停车时间。

② 失控时的移动速度极高，出现烧掉 80A 驱动板保险的情况，因此不宜多试。

③ 本故障多发生在夏季，其插头的可靠性与环境温度、湿度有关。

【实例 2－32】

（1）故障现象　一台配套 SIEMENS 802C Baseline 系统、Baseline 伺服驱动的数控车床，在首次开机调试时，手动移动坐标轴，CNC 即出现 ALM25050 报警，伺服驱动显示正常工作状态。

（2）故障原因分析　802C Baseline 系统 ALM25050 报警的含义是系统出现轮廓监控错误。报警的含义是：坐标轴在运动时，实际定位位置与给定位置间的误差超过了系统参数 MD36400 规定的最大允许值。系统出现轮廓监控错误的原因很多,一般与进给系统的调整、设定有关。如报警在开机时出现,可能的原因如下。

① 驱动系统出现过载或机械传动系统阻力过大,使驱动器的输出电流达到了极限值。

② 位置控制系统的误差过大,使速度调节器的输出达到了极限值。

(3) 故障诊断和排除

① 故障重演。检查故障机床,以手动方式移动坐标轴,发现 CNC 的显示变化,但实际工作台不运动,伺服电动机不转。且当系统位置显示达到一定的数值后,CNC 即出现 ALM25050 报警。

② 检测推断。通过测量,确认由 CNC 输出的速度给定电压已经提供给伺服驱动器,且随着系统显示的变化,其电压值逐步增加,最终到达最大值 10V,并出现“轴轮廓监控出错”报警,因此,故障属于速度给定电压输出达到了极限值引起的报警。

③ 电枢电压检查。进一步测量从驱动器输出到电动机的电枢电压,发现其输出电压值始终为 0,可暂时不考虑电动机方面的原因。

④ 驱动器故障推断。考虑到驱动器在开机时无故障,可以基本确定驱动器工作正常。

⑤ 使能信号检查。检查驱动器的“使能”信号,发现故障机床的 9 与 63、64 间的连接错误,导致了驱动器未加入“使能”信号,驱动器的工作被封锁,电动机电枢电压无输出。

⑥ 故障维修方法。正确连接驱动器使能信号后,故障被排除。

(4) 维修经验积累 驱动器未加入“使能”信号会使其工作被封锁,驱动器无输出,导致伺服电动机不转动。本例提示,在调试和维修机床过程中,应仔细查阅有关的技术资料,在接线和进行接插操作中,应仔细核对接线的方法和正确的位置,以免造成维修调试失误引发的继发性故障。

【实例 2-33】

(1) 故障现象 某双轴数控车床,配置 FANUC-0TT 数控系统。开机后屏幕显示报警号 401,即速度控制的 READY 信号(VRDY)“OFF”,打开电柜检查,轴伺服放大器模块,故障显示区的 HCAL 红色 LED 亮。

(2) 故障原因分析 拆除电动机动力线后,试开机故障依旧,说明故障点在伺服驱动模块。该机使用的驱动模块型号为 AO6B-6058-H224,为双轴驱动模块。

模块为三层结构,包括:主控制板,过渡板,晶体管模块、接触器、电容等。卸下主控制板及过渡板，测量晶体管模块已经击穿。其驱动电路如图 2－42 所示。

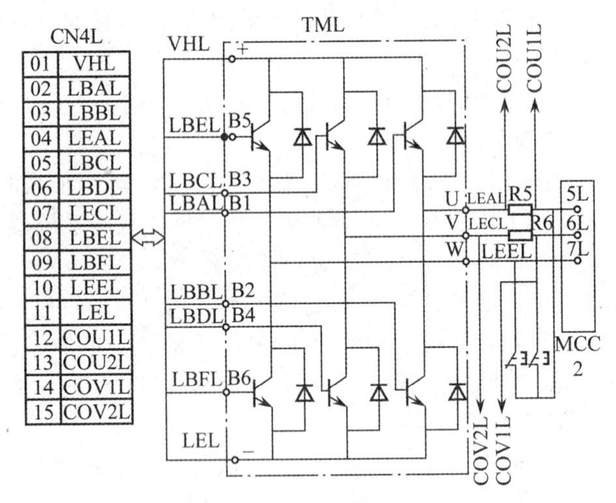

图 2－42 故障的驱动电路

晶体管模块击穿的原因：

① 晶体管模块质量问题。

② 伺服装置散热不良或晶体管模块与散热器接触不良。

③ 前置功率驱动电路有问题。

（3）故障诊断和排除　经仔细检查，证明前两项没有问题，关键在第三项的中间过渡板有问题。该伺服驱动装置的主控制板驱动信号均通过中间过渡板的针形插接件，然后经过印制电路板的铜箔接至各晶体管模块。由于针形插接件的针间距离较近，加上车间环境的铁屑粉尘、冷却水雾影响，造成绝缘下降。用万用表测量针间或对地电阻值为 10～50kΩ，如不加以处理，只更换晶体管模块，价格昂贵的模块必然会再次烧毁。

① 使用无水酒精清洗中间过渡板，特别是针形插接件，清洗后用电吹风进行干燥处理。

② 使用 500V 绝缘电阻表测量针间和针对地的绝缘电阻（注意：测量时务必将主控制板分离，以免损坏主板元件）。一般新板的绝缘电阻在 20MΩ 以上，修理板也应达到 5MΩ 以上。

③ 修理中发现第 3 脚和第 4 脚虽经清理，绝缘电阻也在 80kΩ 左右。该中间过渡板采用 4 层印制板结构，第 3 脚 LBBL 和第 4 脚 LEAL 通过中

间层的铜箔分别接到晶体管模块的 B2 和 U 端，说明中间的绝缘层已损伤，需要修理。具体修复方法是：

a. 用透光法找出印制电路板中间层的走向。

b. 在靠近晶体管模块走向的端部用手电钻将铜箔切断。

c. 将中间过渡板针形插接件的第 3 针和第 4 针拆除，用导线直接与晶体管模块的 B2 和 U 端相联。

d. 用印制电路板保护薄膜喷剂将中间过渡板进行防护处理。

用对比法测量电阻，发现损坏晶体管模块所对应的驱动厚膜集成电路 FANUC DV47 场效应晶体管 K897 以及光耦合电路 TLP－550 均不正常，必须全部更换新件。

将损坏的晶体管模块从散热器上拆下，用小刀将硅脂小心刮下，涂在新晶体管模块上，然后装在散热器上，重新装好过渡板及主控制板。

恢复电动机接线，插好控制电缆，通电试车，机床运行一切正常，故障彻底排除。

(4) 维修经验积累　经济型数控机床维修中，为了降低维修成本，可能涉及片级的维修操作，即对一些具体的故障环节进行维修，操作过程中应注意清洁清理和检修检测，避免维修不仔细造成新的故障隐患。

【实例 2－34】

(1) 故障现象　华中系统 CK7940 型数控车床，在使用过程中，加工的工件有时合格，有时直径误差达到 12mm。

(2) 故障原因分析　*X* 轴伺服系统故障。

(3) 故障诊断和排除

① 重复定位精度。检查 *X* 轴重复定位精度，在误差范围之内，表明机械传动机构无故障。

② 检测反向间隙。用百分表检查 *X* 轴丝杠的反向间隙，检测结果为 0.01mm，表明反向间隙与 12mm 的加工误差无关联。

③ 误差推断分析。本例车床的丝杠螺距为 6mm，加工工件的直径误差为 12mm，恰好为丝杠螺距的两倍，即电动机和丝杠可能多转了一圈，据此，故障很可能是在回零过程中发生的。

④ 机床回零过程。机床按照参数 PRM518 设定的速度快速移动。当撞块压下 *X* 轴回零开关后(由 ON 变成 OFF)，机床以参数 PRM534 设定的低速移动。撞块离开后，回零开关释放(由 OFF 变成 ON)，进给轴按照原来的速度移动，系统开始检测编码器零位脉冲，检测到零位脉冲时，

进给轴停止转动。进给轴停止的位置，即为 X 轴的零位。

⑤ 推理分析诊断。如果在第一个零位脉冲到来之前，回零开关已经由 OFF 变成 ON，这时系统便检测到第一个零位脉冲，X 轴准确无误地停止，回零过程结束，加工的直径尺寸就是准确的。反之，如果在第一个零位脉冲到来之前，回零开关没有变成 ON，这时系统只能检测到后面一个零位脉冲，于是电动机和丝杠就得多转一圈，相差一个螺距，表现在 X 轴直径方向上，则是 12mm。

⑥ 检测回零开关。针对回零开关进行检查检测，发现回零开关上的固定螺栓松动，造成开关位置挪动。

⑦ 根据诊断结果，将回零开关调整到正确的位置，并进行位置紧固，机床回零过程正常运行，工件直径加工误差大的故障被排除。

(4) 维修经验积累　本例提示，经济型数控车床的加工误差若是与丝杠螺距相同，故障的原因是系统没有检测到准确回零的零位脉冲，故障引发的原因应仔细检查产生第一个零位脉冲的有关环节。如本例由于机床加工过程中的振动等原因，使回零开关上的固定螺栓松动导致开关位置移动，从而产生一个螺距差的加工误差。

【实例 2－35】

(1) 故障现象　华中系统 CJK6136 型数控车床，在使用过程中 Z 轴出现跟随误差过大故障报警。

(2) 故障原因分析　该车床采用半闭环控制系统，在 Z 轴移动时产生跟随误差报警，常见原因是参数设定不当、伺服负载过大等引起的。

(3) 故障诊断和排除

① 参数检查。按技术资料检查设定参数，参数设定无误。

② 传动链检查。对电动机与滚珠丝杠的连接部位进行检查，结果正常。

③ 负载电流检查。将系统的显示方式设为负载电流显示，在空载时发现电流为额定电流的 40%左右，于是在快速移动时出现跟随误差过大的报警。

④ 电动机检查。用手触摸 Z 轴电动机，明显感觉到电动机发热。单独检查电动机，无故障。

⑤ 导轨检查。检查 Z 轴导轨上的压板，发现压板与导轨的间隙不到 0.01mm，可以判断是压板压得过紧而导致摩擦力过大，使 Z 轴移动受阻，导致电动机电流过大而发热。

⑥ 故障排除方法。松开压板，调整压板与导轨的间隙为0.02～0.04mm，锁紧紧定螺母，重新运行，机床故障被排除。

(4) 维修经验积累 本例提示，数控车床某轴的跟随误差常由负载变大而引起，当轴移动受阻，会导致电动机电流过大，快速移动时产生丢步，从而造成误差过大而报警。

【实例2-36】

(1) 故障现象 某华中系统经济型数控车床，加工中发生振动故障现象，影响加工精度。

(2) 故障原因分析 机床振动一般是指机床的运动件在移时或停止时的振荡、运动时的爬行、正常加工过程中的运动不稳定等。故障的常见原因是机械传动系统故障，也可能是伺服进给系统的调整与设定不当等。本例为机床高速运行时发生振动，当机床以高速运行时产生振动，会出现过电流报警，此类振动问题一般属于速度环节问题，机床速度的整个调整环节是由速度调节器完成的，因此主要从给定信号、反馈信号及速度调节器本身三方面查找故障原因。

(3) 故障诊断和排除

① 首先检查输出到速度调节器的信号(给定信号)。此信号是由位置偏差计数器出来经D/A转换器转换的模拟量VCMD送入速度调节器的。检查时应查一下这个信号是否有振动分量，如只有一个周期的振动信号，可以确定速度调节器没有问题，而是前级的问题，即应向D/A转换器或位置偏差计数器查找问题。如果正常，可检查测速发电机或伺服电动机的位置反馈装置是否有故障或连线错误。

② 检查测速发电机及伺服电动机。当机床振动时，表明机床速度在振荡，反馈回来的波形一定也在振荡，因此可观察其波形是否出现有规律的大起大落。此时最好能检测机床的振动频率与旋转的速度是否存在一个准确的比例关系，若振动频率是电动机转速的4倍频率，可判断电动机或测速发电机有故障。因振动频率与电动机转速成一定比例，首先应检查电动机有无故障，若没有问题，再检查反馈装置连线是否正确。

③ 位置控制系统或速度控制单元上的设定错误。如系统或位置环的放大倍数(检测倍率)过大，最大轴速度、最大指令值等设置错误。

④ 速度调节器故障。如采用上述方法还不能完全消除振动，甚至无任何改善，应判断速度调节器本身有故障，应更换速度调节器或换下后检测各处波形。

⑤ 检查振动频率与进给速度的关系。若二者成比例，除机床共振原因外，大多是由于CNC系统插补精度太差或位置检测增益过高引起的，需要进行插补调整和检测增益调整。若与进给速度无关，可能的原因有：速度控制单元设定与机床不匹配，速度控制单元调整不好，故障轴的速度环增益过大，或是速度控制单元的印刷电路板有故障。

⑥ 经过以上各项的检查检测，本例通过更换速度调节器，并调整速度控制单元和轴的速度环增益，排除了机床振动的故障。

(4) 维修经验积累　在实际生产中，机床的振动故障一般有三种情况。

① 机床开停机时机床振动的原因，检查与处理方法见表2-23。

表2-23　开停机时机床振动的故障原因、检查和处理方法

故障原因	检查步骤	措施
位置控制系统参数设定错误	对照系统参数说明检查原因	设定正确的参数
速度控制单元设定错误	对照速度控制单元说明或根据机床厂提供的设定单检查设定	正确设定速度控制单元
反馈装置出错	反馈装置本身是否有故障	更换反馈装置
	反馈装置连线是否正确	正确连接反馈线
电动机本身有故障	用替换法，检查电动机是否有故障	如有故障，更换电动机
振动周期与进给速度成正比故障原因：机床检测器不良、插补精度差或检测增益设定太高	若插补精度差，振动周期可能为位置检测器信号周期的一或二倍；若为连续振动，可能是检测增益设定太高检查与振动周期同步的部分，并找到不良部分	更换或维修不良部分，调整或检测增益

② 工作过程中，振动与爬行的故障原因和处理方法见表2-24。

表2-24　工作过程中振动或爬行故障的原因、检查和处理方法

故障原因	排除方法	措施
负载过重	重新考虑此机床所能承受的负载	减轻负载，让机床工作在额定负载以内

（续表）

故障原因	排除方法	措施
机械传动系统不良	依次查看机械传动链	保持良好的机械润滑，并排除传动故障
位置环增益过高	查看相关参数	重新调整伺服参数
伺服不良	通过交换法，一般可快速排除	更换伺服驱动器

③ 工作台移动到某处出现缓慢的正反向摆动，主要原因是机床经过长期使用，机床与伺服驱动系统之间的配合可能会产生部分改变，一旦匹配不良，可能引起伺服系统的局部振动。

任务五　数控车床检测装置故障维修

1. 数控机床位置检测装置的作用

数控机床位置检测装置是用来提供实际位移信息的一种装置，其作用是检测运动部件位移并反馈信号与数控装置发出的指令进行比较，若有偏差，则经过放大后控制执行部件向着消除误差的方向运动，直至偏差为零。

数控检测装置主要用于闭环伺服系统中的位置反馈、开环或闭环伺服系统的误差补偿、测量机与机床工作台等的坐标测量及数字显示、齿轮与螺纹加工机床的同步电子传动、直线一回转运动的相互变换用的精密伺服系统等。

2. 位置检测装置的技术要求

为了提高数控机床的加工精度，必须提高检测元件和检测系统的精度。不同的数控机床对检测元件和检测系统的精度要求、允许的最高移动速度、位置检测的内容都不相同。一般要求检测元件的分辨率为 0.000 1～0.01mm，测量精度为±0.001～±0.02mm/m。系统分辨率的提高，对机床的加工精度有一定影响，但不宜过小，分辨率的选取与脉冲当量的选取不一样，应按机床加工精度的 1/3～1/10 选取。

数控机床对位置检测装置的基本要求是：

① 工作可靠，抗干扰性强。

② 使用维护方便，适应机床的工作环境。

③ 能够满足精度和速度的要求。

④ 易于实现高速的动态测量、处理和自动化。

⑤ 成本低。

3. 位置精度补偿的基本常识

以华中数控系统为例，该系统采用软件(数控系统)和硬件(机床)相结合，可以充分发挥数控机床的特性和功能。数控机床经过长期的运行，特别是经济型数控机床，机械部件都有不同程度的磨损，其定位精度和重复定位精度都产生了变化，即使能满足一定的精度要求，但大多数数控机床都要重新进行位置精度的测试及补偿。对于维修后的数控机床就更需要进行位置精度的测试和补偿了。位置精度补偿的基本原理和适用范围包括以下内容。

(1) 螺距补偿原理　数控机床软件补偿的基本原理是:数控机床在机床坐标系中，无其他补偿条件下，在轴线测量行程内将测量行程等分为若干段，测量出各目标位置的平均位置偏差，把平均位置偏差反向叠加到数控系统的插补指令上，如图 2-43 所示，指令要求沿 X 轴运动到目标位置 P_i，目标实际位置为 P_{ij}，该点的平均位置偏差为 X_i，将该值输入系统，则计算机数控系统在计算时自动将目标位置 P_i的平均位置偏差 $\overline{X}_i$叠加到插补指令上，实际运动位置为 $P_{ij}=P_i+\overline{X}_i$，使误差部分抵消，实现误差的补偿，螺距误差可进行单向和双向补偿。

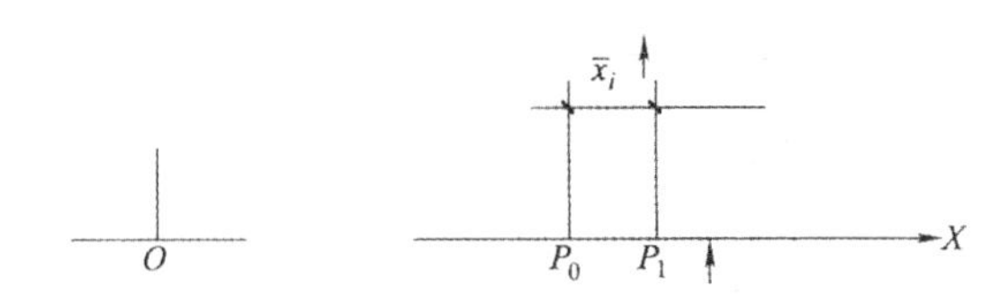

图 2-43　华中数控系统的螺距误差补偿原理

(2) 反向间隙补偿原理　反向间隙补偿又称为齿隙补偿，机械传动链在改变转向时，方向间隙的存在会引起伺服电动机的空转而无工作台的实际运动(俗称失动)。方向间隙补偿原理是在无补偿条件下，在轴线测量行程内将测量行程等分为若干段，测量出各目标值的位置的平均反向差值 $\overline{B}$ 作为机床的补偿参数输入系统。计算机数控系统在控制坐标轴反向运动时，自动先让该坐标反向运动 $\overline{B}$ 值，然后按指令进行运动。如图 2-44 所示，工作台正向移动到 O 点，然后反向移动到 P_i点，该过程数控系统实际指令运动值为 $L=P_i+\overline{B}$，反向间隙补偿在坐标轴处于任何方式时均有效。在系统进行了双向螺距补偿时，双向螺距的补偿值已经包含反向间隙，因此不需要设置反向间隙的补偿值。

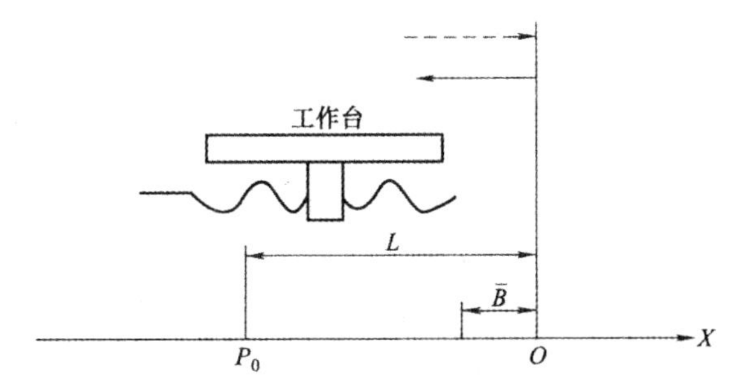

图 2-44　华中数控系统反向间隙补偿原理

(3) 误差补偿的适用范围　从数控机床进给传动装置的结构和数控系统的三种控制结构可知，误差补偿对半闭环控制系统和开环控制系统具有显著的效果，可明显提高数控机床的定位和重复定位精度，对全闭环数控系统，由于其控制精度高，采用误差补偿的效果不显著，但也可以进行位置精度补偿。

4. 数控机床位置检测装置的常见故障与诊断排除方法

数控机床位置检测装置的常见故障经常是由机械原因和电气原因混合在一起的，影响信号输入、输出的机械安装、调整和连接方面的原因，可以通过检查和测量检测元件的安装位置精度进行检查。如直线感应同步器的安装精度、角度编码器与轴的连接安装同轴度等。电路故障和位置检测元件的故障通常需要经过对检测元件的检查和信号等检测才能分析原因，予以排除。位置检测装置故障的常见形式及诊断方法见表 2-25。

表 2-25　位置检测装置常见故障与诊断

故障现象	故障原因	排除方法
加/减速时出现机械振荡	1) 脉冲编码器出现故障	1) 检查速度单元上的反馈线端子电压是否在某几点电压下降，如有下降，表明脉冲编码器不良，更换编码器
	2) 脉冲编码器十字联轴器可能损坏，导致轴转速与检测到的速度不同步	2) 更换联轴器
	3) 测速发电机出现故障	3) 修复，更换测速机

（续表）

故障现象	故障原因	排除方法
机械失控飞车	1）位置控制单元和速度控制单元故障 2）脉冲编码器接线是否错误，检查编码器接线是否为正反馈，A相和B相是否接反 3）脉冲编码器联轴器损坏 4）检查测速发电机端子接反或励磁信号线接错	1）检查位置控制和速度控制单元 2）准确接线 3）更换联轴器 4）准确接线
主轴不能定向或定向位置不准	1）主轴定向控制、速度控制单元故障 2）位置检测编码器故障	1）排除控制单元故障 2）更换编码器
坐标轴进给振动	1）电动机故障 2）机械进给丝杠同电动机的连接故障 3）脉冲编码器损坏 4）编码器联轴器故障 5）测速机故障	检查、修理或更换
因程序、操作错误引起的NC报警	如：SIEMENS 810系统的报警1040、2000、3004；FAUNUC 6ME系统的NC报警090、091 1）主电路故障 2）进给速度太低 3）脉冲编码器不良 4）脉冲编码器电源电压太低 5）没有输入脉冲编码器的一转信号而不能正常执行参考点返回	1）检查、排除主电路故障 2）合理调整进给速度 3）检查修理或更换编码器 4）调整电源电压的15V，使主电路板的+5V端子上的电压值为4.95～5.10V 5）检查输入脉冲编码器的信号
伺服系统报警	如FAUNUC 6ME系统的伺服报警：416、426、436、446、456；SIEMENS 880系统的伺服报警：1364；SIEMENS 8系统的伺服报警：114、104等。当出现以上报警号时： 1）轴脉冲编码器反馈信号断线、短路和信号丢失，用示波器测A相、B相一转信号 2）编码器内部受到污染、太脏，信号无法正确接收	1）检查编码器信号传送 2）检查编码器，清洁或更换

5. 数控机床常用位置检测装置维护保养和安装调整要点

1）常用位置检测装置的维护保养要点

（1）光栅的维护保养　光栅是数控机床常用的检测装置。光栅是在透明玻璃上或金属镜面反光平面上刻制的平行、等距的密集线纹，光栅检测装置由标尺光栅和指示光栅、光源、光电元件等组成。光栅的维护保养主要应注意防污和防振两个方面。

① 防污维护措施

a. 注意切削液选用：切削液在使用过程中会产生轻微结晶，这种结晶在扫描头上形成一层透光性差的薄膜，不易清除，影响检测精度，因此在选用切削液时应慎重。

b. 控制切削液的流量和压力：在加工过程中，切削液的流量和压力不要过大，以免形成大量的水雾进入光栅。

c. 防止污物吸入：扫描头运动时会形成负压，容易将污物吸入光栅，因此，光栅最好通入低压（约 10^5 Pa）压缩空气。冲入的压缩空气必须净化，滤芯应保持清洁，并定期更换。

d. 保持光栅清洁：光栅应保持清洁，表面的污物可以用脱脂棉蘸无水酒精轻轻擦除。

② 防振维护措施：光栅装拆时要用静力，不能用硬物敲击，以免冲击振动引起光学元件的损坏。

（2）磁栅尺的维护保养要点

① 使用保养中不能损伤表面的磁性膜。

② 采取防护措施，防止切屑和油污落在磁性标尺和磁头上。

③ 表面有油污时可用脱脂棉蘸无水酒精轻轻擦拭。

④ 不能用力装拆和撞击磁性标尺和磁头，以免磁性减弱，或使磁场紊乱。

⑤ 接线时要分清磁头上励磁绕组和输出绕组，前者绕在磁路截面尺寸较小的横臂上，后者绕在磁路截面尺寸较大的竖杆上。

（3）感应同步器的维护保养要点

① 保持定尺和滑尺的相对平行。

② 定尺固定螺栓不能超过尺面，两尺之间的间隙应调整为 0.09～0.15mm。

③ 注意保护定尺表面耐切削液涂层和滑尺表面带绝缘层的铝箔，否则容易腐蚀表面厚度较小的电解铜箔。

④ 接线时应注意分清滑尺的 sin 绕组和 cos 绕组。

(4) 光电脉冲编码器的维护保养要点

① 防止污染,污染容易使信号丢失。

② 防止振动,振动容易使编码器内的紧固件松动脱落,造成内部电源短路。

③ 防止连接松动,连接松动会影响位置控制精度,还会引起进给运动不稳定,影响交流伺服电动机的换向控制,从而引起机床振动。

(5) 旋转变压器的维护保养要点

① 接线时应分清定子绕组和转子绕组。

② 电刷磨损到一定程度后要及时更换。

2) 角度编码器的安装调试要点

(1) 角度编码器的安装方式　安装方式有三种,包括直接安装、压板安装和过渡法兰安装。图 2-45 所示为直接安装示意。

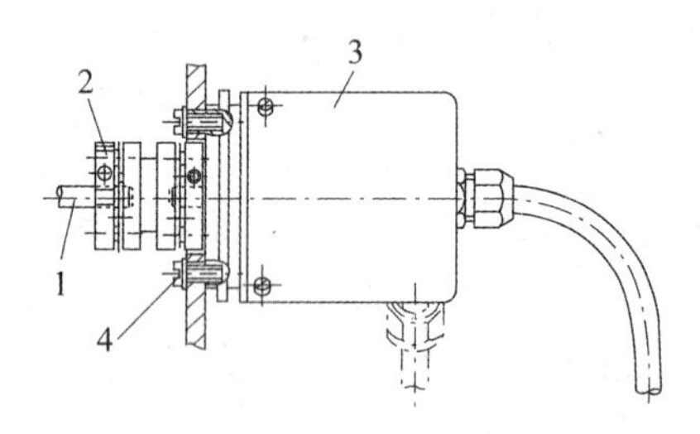

图 2-45　角度编码器安装示意

1—驱动器; 2—联轴器; 3—角度编码器; 4—固定螺钉

(2) 安装部位的精度要求　角度编码器安装面与孔的要求见表 2-26。

表 2-26　角度编码器安装面与孔的精度要求

项目＼型式	普　通　型	精　密　型
端面垂直度(mm)	0.10	0.05
端面平面度(mm)	0.05	0.03
孔尺寸精度	H7	G6

(3) 选用附件　角度编码器安装需注意选择专用联轴器的型式,并注意按技术参数进行检查。波纹管型、膜片型联轴器的型式示例与技术参数见表 2-27。

表 2-27　波纹管型、膜片型联轴器的型式示例与技术参数

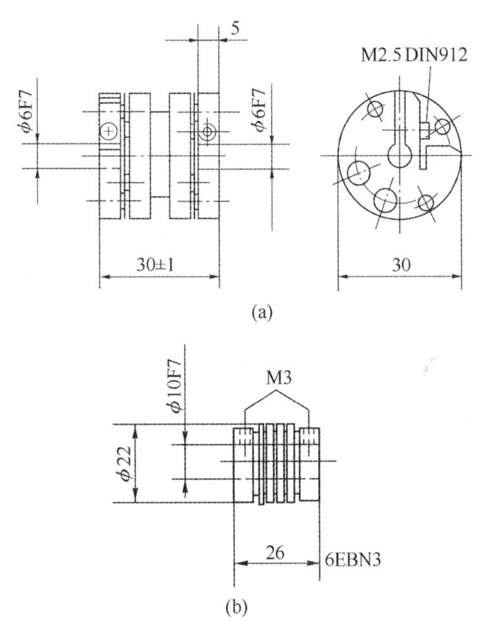

（a）K14 型联轴器；（b）3EBN3 型联轴器

技 术 参 数	K01	K14	K15	K16	K17	3EBN3	6EBN3
传递运动误差(s)	±1	±10	±0.5	±0.5	±10	±40	±20
角向滞后(s)	1	5	0.5	0.5		5	
允许扭矩(N·cm)	50	20	50	50		10	
允许径向跳动(mm)	±0.3	±0.2	±0.3	±0.3	±0.5	±0.2	±0.2
允许角向误差(°)	±0.5	±0.5	±0.2	±0.5	±1	±0.5	±0.5
允许轴向跳动(mm)	±0.2	±0.2	±0.1	±0.1	±0.5	±0.3	±0.3
允许转速($r \cdot min^{-1}$)	3 000	10 000	1 000	1 000		10 000	
夹紧螺钉(mm)	150	100	100	100		150	
质量(kg)	180	38	250	410		9	
孔径(F7)(mm)	14	6	14	14	6、10	6	10

(4) 安装调整要点

① 联轴器连接作业要点。

a. 两连接轴之间的位置误差应小于规定值。

b. 夹紧螺钉的转矩应符合规定值。

c. 夹紧螺钉紧固后用防松剂封固。

d. 装配前应检测驱动轴径尺寸精度：普通型(f7)；精密型(h6)。

e. 安装、拆卸编码器时，不能使转轴受力过大，以防变形。

② 齿轮、同步带传动连接作业要点。

a. 传动零件配合孔的尺寸精度为F7，如带轮孔径、齿轮孔。

b. 注意调整同步带的张紧力，过紧与过松都会引发故障。

c. 安装时注意调整、消除传动间隙，如齿轮侧隙、轴孔配合转矩传递处的间隙等。

d. 使用、维护过程中，应定期进行传动间隙的检测和调整。

3) 直线感应同步器的安装调试要点

(1) 安装位置　定尺、定尺座安装在机床不动部件上，滑尺和滑尺座安装在机床可动部件上，如图2-46所示。

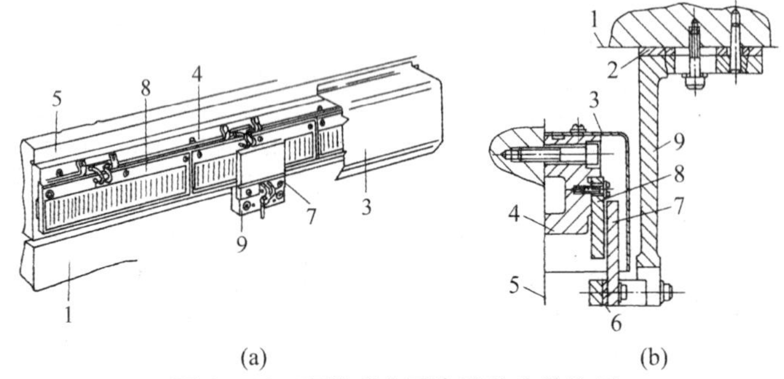

图2-46　直线感应同步器的安装位置

1—滑座(机床可动部件)；2,6—调整垫块；3—防护罩；4—定尺座；5—床身(机床不动部件)；7—滑尺；8—定尺；9—滑尺座

(2) 安装要求和方法　如图2-47所示，直线感应同步器的安装尺寸与要求如下：

① 定尺基准侧面1与机床导轨基准面 A 的平行度允差0.10mm/全长。

② 定尺安装平面2与机床导轨基准面 B 的平行度允差0.04mm/全长。

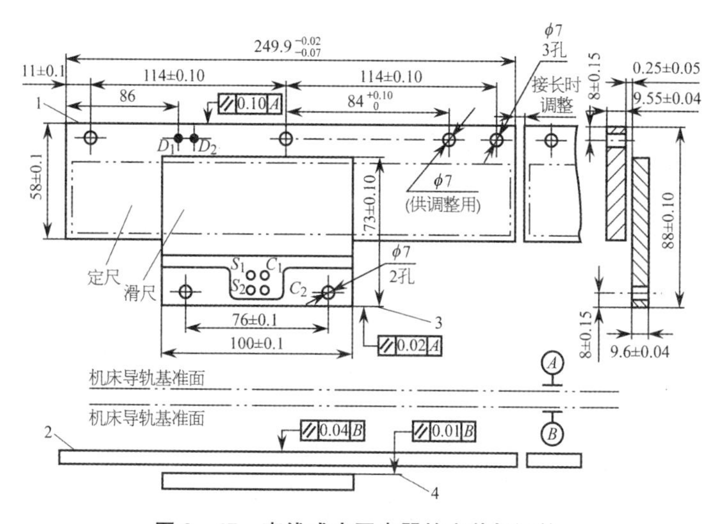

图 2-47 直线感应同步器的安装与调整

1—定尺基准侧面；2—定尺安装基准面；3—滑尺基准侧面；4—滑尺安装基准面

③ 滑尺基准侧面 3 与机床导轨基准面 A 的平行度允差 0.02mm/全长。

④ 定尺基准侧面 1 与滑尺基准侧面 3 的安装距离尺寸(88±0.10)mm。

⑤ 定、滑尺之间的间隙为(0.25±0.05)mm，间隙差≤0.05mm。

⑥ 定尺安装基准面 2 挠曲度<0.01mm/250mm。

⑦ 在切削机床上使用，为防止切屑等落入定、滑尺之间，应安装防护罩。

(3) 安装调整的作业步骤

① 检测导轨基准面平面度。

② 检测滑尺座架安装基准面与导轨基准面的平行度。

③ 安装定尺，检测安装后定尺挠曲度。

④ 检测、调整定尺基准侧面与导轨基准面的平行度。

⑤ 按①～④步骤接长安装定尺。

⑥ 安装滑尺，调整垫块厚度，保证定尺基准侧面与滑尺基准侧面的间距、位置精度要求。

⑦ 调整垫块厚度，保证定、滑尺之间的间隙要求，检测、调整并达到间

隙差要求。

⑧ 安装防护罩。

⑨ 检查安装误差。

⑩ 检查测试测量系统功能。

6. 数控车床位置检测装置故障维修实例

【实例 2-37】

(1) 故障现象 一台 KND 系统数控车床出现报警“Control Loop Hardware”(控制环硬件)。

(2) 故障原因分析 按有关资料,该报警指示 X 轴伺服环出现问题。

(3) 故障诊断和排除

① 更换排除。因为问题出在伺服环上,首先更换数控系统的伺服测量模块,故障没有排除。

② 电缆检查。接着又检查 X 轴编码器的连接电缆和插头,发现编码器的电缆插头内有一些积水,这是机床加工时切削液渗入所致。

③ 故障处理。将编码器插头清洁烘干后,重新插接并采取防护措施,开机测试,故障消除。

④ 故障机理。这个故障的原因就是编码器电缆接头进水,使连接信号变弱或者产生错误信号,从而出现“Control Loop Hardware”报警。

(4) 维修经验积累

① 数控系统的“Control Loop Hardware”(控制环硬件)是位置反馈回路的故障,出现这个报警时,要注重对位置反馈回路的检查,包括位置检测元件——编码器或者光栅尺、反馈电缆、电缆插头以及系统测量板。

② 某些系统的报警号后缀代表轴,例如在 SIEMENS 810T 系统中,此类报警的报警号为 132 *,其中 * 是数字 0、1、2 等,0 代表 X 轴,1 代表 Z 轴。维修中可参见说明书和报警号后缀确定故障轴的位置。

【实例 2-38】

(1) 故障现象 某 SINUMERIK 840C 系统数控车床 X 轴找不到参考点。

(2) 故障原因分析 通常是检测装置故障,应重点检查定位元件——光栅尺。

(3) 故障诊断和排除

① 故障观察。每次加工时,X 轴的最大行程不能超过 40mm,且 X 轴在回零过程中能减速,但是不能停止,直至压上硬限位。此时 CRT 显示器

上的坐标值突变，显示数值很大，同时显示“X AXIS SW LIMITSWITCH MINUS”报警。

② 检查分析。

a. 手动方式下机床能动作也能定位，并且能显示坐标值，这说明光栅尺没有损坏。

b. 经了解，这台机床的光栅尺是德国“HEIDENHAIN”产品，它所采用的回零方式和其他公司的产品不同，为了避免在大范围内寻找参考点，将参考标记按距离编码，在光栅刻线旁增加了一个刻道，可通过两个相邻的参考标记找到基准位置。根据光栅尺型号的不同，可以在 40mm 或 80mm 范围内找到参考点。

③ 诊断检查。拆下机床的防护罩，对光栅尺进行检查，发现因使用时间过长，油雾进入光栅尺内，将零点标志遮挡，没有零点脉冲输出，致使机床找不到参考点。

④ 故障处理。这种光栅尺是免维护型的，与厂家联系后进行更换，故障得以排除。

(4) 维修经验积累　光栅尺的清洁度和使用环境有规定的要求，在诊断检查和维护维修中应注意光栅尺的使用要求和维修调整要点。

① 查阅有关技术资料，本例机床的光栅尺是德国 HEIDENHAIN 生产的 LS 型，结构精致、紧凑。通常使用的光栅尺(增量式光电直线编码器)是一种结构简单、精度高的位置检测装置，图 2-48 是 HEIDENHAIN 增量式直线编码器的工作原理示意，与旧式光栅比较，这种光栅尺在以下方面有了很大改进。

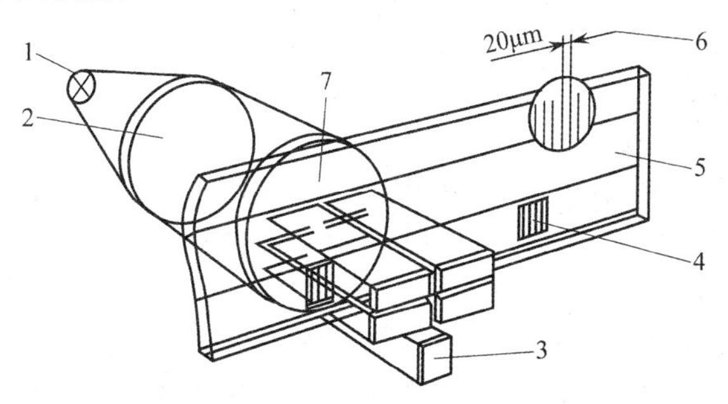

图2-48　HEIDENHAIN 增量式直线编码器的工作原理

1—光源；2—聚光镜；3—硅光电池；4—基准标记；
5—标尺光栅；6—线纹节距；7—指示光栅

a. 光栅和扫描头为圈密封结构，防护性好。

b. 结构简单，截面尺寸小，安装方便。

c. 反射性编码器具有补偿导轨误差的功能。

d. 相配的电子线路设计成标准系列器件便于选用。

② 若光栅尺内部有密封唇断片和油污时，需要进行拆卸维修保养。维修作业时，应细心将光栅头拆开，取出安装座与读数头，清理光栅框内部的密封唇断片及油污，用白绸、无水乙醇擦洗聚光镜、内框及光栅。重新装卡参考标记。细心组装读数头滑板、连接器、连接板、安装座、尺头。

③ 为了避免加工中油污及切屑进入光栅尺框内再发生故障，可测绘、制作新密封唇进行保护密封。

④ 光栅尺内参考标记重新装卡后或光栅尺拆下重新安装，不可能在原有位置，所以加工程序的零点偏移需实测后作相应改动，否则会出废品或损坏切削刀具。

⑤ 因光栅尺内读数头与光栅间隙有较高要求，安装光栅尺时要找正尺身与轴向移动的平行度。

⑥ 压缩空气接头有保护作用，不能忘记安装。

⑦ 该故障若再次发生，应首先检查在 PC 状态镜像，轴向限位开关 E56.4、E56.5 的信号转换情况，如“1”不能转换成“0”，或“0”不能转换成“1”，则可能是限位开关损坏或是过渡保护触头卡死不复原所致。

【实例 2-39】

(1) 故障现象　某采用广州 GSK980T 数控系统的数控车床，开机后，Z 轴移动即出现剧烈振荡，CNC 无报警，机床无法正常工作。

(2) 故障原因分析　通常是位置检测控制部分、伺服驱动器及位置检测器件有故障。

(3) 故障诊断和排除

① 故障重现。经对故障现象进行仔细观察、检查，发现该机床的 Z 轴在小范围(约 2.5mm 以内)移动时，工作正常，运动平稳无振动：但一旦超过以上范围，机床即发生剧烈振动。

② 特征解析。根据机床能小范围移动，且移动时工作正常的故障现象特征分析，该机床数控系统的位置控制部分以及伺服驱动器本身应无故障，初步判定故障在位置检测器件，即脉冲编码器上。

③ 诊断确认。考虑到机床为半闭环结构，维修时通过更换电动机(连同编码器)进行了确认，判定故障原因是脉冲编码器的不良引起的。

④ 排除故障。按相同型号电动机和编码器进行更换维修，机床故障被排除。

（4）维修经验积累　在生产一线的数控机床，通常为了缩短维修时间，常采用更换部件组件的方法进行维修。但拆卸下来的故障部件或组件，常需要进行修复处理排除故障后予以更换维修备用。本例为了深入了解引起部件故障的根本原因，对故障部件进行修理时在维修试验台作了以下分析与试验：

① 在伺服驱动器主回路断电的情况下，手动转动电动机轴，检查系统显示，发现无论电动机正转、反转，系统显示器上都能够正确显示实际位置值，表明位置编码器的 A、B、* A、* B 信号输出正确。

② 由于故障机床 Z 轴丝杠螺距为 5mm，只要 Z 轴移动 2.5mm 左右即发生振动，因此，故障原因可能与电动机转子的实际位置有关，即脉冲编码器的转子位置检测信号 C1、C2、C4、C8 信号存在不良。

③ 根据以上分析，考虑到 Z 轴能正常移动 2.5mm 左右，相当于电动机实际转动 180°。因此，进一步判定故障的部位是转子位置检测信号中的 C8 存在不良。

④ 按拆卸规范，取下脉冲编码器后，根据编码器的连接要求，在引脚 N/T、J/K 上加入 DC5V 后，旋转编码器轴，利用万用表测量 C1、C2、C4、C8，发现 C8 的状态无变化，确认了编码器的转子位置检测信号 C8 存在故障。

⑤ 进一步检查发现，编码器内部的 C8 输出驱动集成电路损坏。

⑥ 更换 C8 输出集成电路后，重新安装编码器，调整转子角度，该机床的故障部件恢复正常，部件故障被排除。

【实例 2 - 40】

（1）故障现象　FANUC 0TC 系统数控车床，机床开机后，出现 409 报警，主轴旋转速度只有 20 转左右，并且有异响。

（2）故障原因分析　因为报警指示主轴系统有问题，并且转速不正常，说明是主轴系统有故障。

（3）故障诊断和排除

① 本例机床的主轴采用 FANUC α 系列数字主轴系统检查主轴放大器，在放大器数码管的显示为 31 报警，根据报警手册，31 报警是速度检测信号断开。

② 检查反馈信号电缆及其连接没有问题。

③ 更换主轴伺服放大器也没有解决问题。

④ 根据主轴电动机的控制原理，在电动机内有一个磁性测速开关作为转速检测反馈元件，推断可能检测元件有故障。

⑤ 将这个硬件拆下检查，发现由于安装距离过近，主轴电动机旋转时将检测头磨坏，检查结果为磁性测速开关损坏。

⑥ 确认磁传感器为FANUC的产品，型号为A860－0850－V320，更换传感器，将传感器安装在主轴电动机的轴端，与检测齿轮的间距应在0.1～0.15mm，在现场安装时，可将间隙调整到单张打印纸可自由通过，但打印纸对折放置于其间抽动，应感觉略紧。

⑦ 启动机床进行试车，409及放大器数码管显示的31报警解除，速度检测信号断开的故障被排除。

(4) 维修经验积累　在检测装置安装的技术要求中，有许多比较重要的间距要求，如本例采用的磁传感器，与检测齿轮之间的间距应控制在0.10～0.15mm，维修安装和调整时，需要进行认真的检查检测，确保规定的间距要求，以免留下维修衍生故障隐患。

【实例2－41】

(1) 故障现象　某KND系统数控车床在运行时偶尔出现报警“SERVO ALARM:(SERIAL ERR)”(伺服报警：串行主轴故障)。

(2) 故障原因分析　本例机床的伺服系统采用FANUC的α数字伺服装置，在主轴模块上有时显示AL－02，有时显示AL－31，故障都是主轴旋转时发生的，说明主轴系统有问题。

(3) 故障诊断和排除

① 主轴模块AL－02报警含义。该报警指示实际转速与指令值不符；可能的原因有：

a. 电动机过载。

b. 功率模块(IGBT或IPM)有问题。

c. CNC设定的加/减速时间设定不合理。

d. 速度反馈信号有问题。

e. 速度检测信号设定不合理。

f. 电动机绕组短路或者断路。

g. 电动机与驱动模块电源线相序不对或者连接有问题。

② 主轴模块AL－31报警含义。该报警指示速度达不到。额定转速，转速太低或不转；可能的原因有：

a. 电动机负载过重(例如,抱闸没有打开)。

b. 电动机电枢相序不正确。

c. 速度检测电缆连接有问题。

d. 编码器有问题。

e. 速度反馈信号太弱或信号不正常。

③ 综合分析,初步判断主轴电动机转速检测元件有故障。

④ 本例机床的主轴采用磁传感器检测主轴速度,检查磁传感器发现检测距离过大。

⑤ 根据检查结果,按检测距离调整磁传感器的位置,试车后机床稳定运行,报警解除,伺服报警故障被排除。

(4) 维修经验积累　在机床系统出现报警后,可进一步检查相关部位是否有报警信息。若有,可按有关技术资料分析故障报警的具体内容,以便准确判断故障发生的部位和原因。本例系统报警的故障提示伺服系统串行主轴故障,而主轴模块出现的故障报警又进一步提示了诸多故障原因,由此为诊断分析提供了具体方向。

【实例 2-42】

(1) 故障现象　某广州数控 GSK980 系统数控车床,机床主轴正转的转速设定值为 200～500r/min,但是在 CRT 上所显示的转速出现误差,每分钟与实际转速相差 50～100r。

(2) 故障原因分析　常见原因是控制电路或检测元件有故障。

(3) 故障诊断和排除

① 现象辨析。在主轴反转时,查看 CRT 上所显示的转速,与实际转速完全相符。用转速表测量主轴的实际转速,与设定值也完全相符。改变转速的范围,故障也不出现。分析推断是控制电路或检测元件不正常。

② 记录追溯。查看维修记录,先前曾给主轴箱加过油。

③ 跟踪检查。打开主轴箱进行检查,发现油液位超过最高标准线。

④ 原因诊断。检查主轴脉冲编码器,发现油液已进入其内部,编码器的光栅格和电路板都浸泡在油中。判断故障原因为编码器和电路板不正常。

⑤ 维修操作。用无铅汽油仔细清洗光栅编码器,并用电吹风吹干。

⑥ 故障排除。机床通电后试车运转,实际转速与 CRT 所显示的转速正确无误,故障被排除。

(4) 维修经验积累

① 本例提示，在故障现象中需要进行检查辨析，如本例主轴正转有故障，反转是否有故障？从而为推断故障原因提供细节分析基础。

② 本例在推断是控制电路或检测元件不正常的情况下，首先采用了维修记录的追溯，针对性地检查了主轴箱，从而发现了主轴箱油液位超高的情况。因此对于故障机床前一次的维修记录，往往是本次故障维修值得追溯的重要资料。

项目三　辅助装置故障维修

数控车床的辅助装置包括冷却装置、润滑装置、排屑装置和防护装置等。对于批量生产的数控车床可能配置零件检测和坯件、零件输送装置等。

任务一　数控车床冷却装置故障维修

【实例 2-43】

（1）故障现象　西门子系统 CONQEST 42 型数控车床，在工作过程中，冷却电动机经常过热，引起热继电器动作，主轴驱动器的接触器线圈也多次烧坏。

（2）故障原因分析　通常的原因是电源、电动机及其控制电器故障。

（3）故障诊断和排除

① 检查冷却电动机和热继电器设定电流，冷却电动机的额定电流是 2.4A，将热继电器整定值调整到 2.6A，但是过一段时间还是会动作跳闸。

② 核对冷却电动机的参数，铭牌上的额定电压是 200～230V，频率为 60Hz。

③ 检查损坏的接触器，接触器的额定电压是 200V/50Hz 或 200～230V/60Hz。检测机床实际连接的交流电源是 220V/50Hz，使用电源的实际频率与接触器参数不符。由此判断接触器损坏的原因与电源的频率有关。

④ 检查机床供电所用的交流电频率是 50Hz，连接 220V 交流电源后，电压升高时，实测达到 240V 左右。与 200V 相比，电压升高了 20%，电流也达到 2.88A，超过了热继电器的整定电流值，所以热继电器经常动作。由此判断热继电器的动作与电源的实际电压和电流偏高有关。

⑤ 根据故障诊断，采用以下措施排除故障：

a. 通常设法变换所用的交流电源，将冷却电动机输入电压由 220V 降低到200V左右。本例增加一只电源变压器，变压器的二次侧电压为200V；或者用一台容量适当的调压器，将220V电源降低至200V，供给机床的相关部分使用。

b. 按实际的启动电流调整热继电器整定值，保证电源电路的保护和运行条件。

c. 注意接触器的规格与电源的实际输入状态相符，防止接触器的损坏。

采取以上措施后，故障排除，机床正常运行。

(4) 维修经验积累　生产场所电网供电电源的电压和频率对交流异步电动机的影响是一个比较复杂的问题，它涉及许多非线性因素。通常电动机工作主磁通都设计到接近饱和点，以获得最大的功率和输出转矩，电动机的额定参数就反映了这一点，若没有按电动机铭牌的规定供电，特别是某些进口电动机铭牌标有200～230V，60Hz等额定参数时，可能引起电动机发热等现象。

【实例2-44】

(1) 故障现象　某KND系统数控车床运行中，出现无冷却液的故障现象。

(2) 故障原因分析　冷却系统不能工作常见的原因是系统管路堵塞、管路连接脱落、管路损坏破损；控制阀或分配器故障；冷却泵故障；冷却液液面下降等。本例检查发现冷却泵不运转故障。冷却泵不运转故障的常见原因是PLC信号传输不良、输入输出元件故障、电动机控制电路故障等。

(3) 故障诊断和排除

① 检查PLC信号状态，处于正常状态。

② 检查冷却电动机电源和接触器，处于正常状态。

③ 检查电动机性能，无故障，但运行中有噪声。

④ 检查控制电路，发现热继电器动作分闸。

⑤ 根据检查结果，电动机有过载现象。进一步检查电动机的各个部位，发现冷却泵吸入口的滤网堵塞，导致电动机过载，热继电器动作，使电动机无法启动，从而冷却系统无法正常运行。

⑥ 清理冷却液的积淀污物，更换冷却液，清洗或更换滤网，冷却系统不工作的故障被排除。

(4) 维修经验积累　经济型数控车床通常用于大批量生产，冷却液的清洗作用比重较大，冷却液的消耗也比较大，切屑细末及粉尘常会混入冷却液。因此保持冷却液的质量和清洁度是保障冷却系统正常运行的基本条件，维修中应按规范经常检查冷却液的质量、液面高度和清洁度，同时要检查冷却液存储箱沉淀物高度和容器清洁度，包括滤网的完好程度等。

任务二　数控车床润滑系统故障维修

卧式车床的润滑系统主要包括机床导轨、尾座、滚珠丝杠及主轴箱等部位的润滑，其形式有电动间歇润滑泵和定量式集中润滑泵等。经济型数控车床应用电动间歇式润滑泵比较多，其自动润滑时间和每次泵油量可根据润滑要求进行调整或用参数设定。如图 2－49 所示为卧式车床集中润滑站，如 CKA6150 数控车床床鞍的横向导轨及滚珠丝杠的润滑油是通过设置在机床右后部的集中润滑站将润滑油分配到各个润滑点。

图 2－49　CKA6150 数控卧式车床集中润滑站

【实例 2－45】

(1) 故障现象　HNC 系统数控车床，在 X 轴移动时经常出现 X 轴伺服报警。

(2) 故障原因分析　系统报警手册对该报警的解释为：X 轴的指令位置与实际机床位置的误差在移动中产生的偏差过大。

(3) 故障诊断和排除

① 为了确认故障原因，调整 X 轴的运行速度，这时观察故障现象，进给速度比较低时出现比较频繁。

② 检查伺服参数设定，没有发现有异常的参数。

③ 检查伺服系统的供电电压三相平衡且幅值正常。

④ 用替换法检查伺服驱动模块没有解决问题。

⑤ 对 X 轴伺服系统的连接电缆进行检查也没有发现问题。

⑥ 为此认为机械部分出现问题的可能性比较大，将 X 轴伺服电动机拆下，直接转动 X 轴的滚珠丝杠，发现有些位置转动的阻力比较大。

⑦ 将 X 轴滑台防护罩打开发现 X 轴滑台润滑不均匀，有些位置明显没有润滑油。

⑧ 检查润滑系统，发现润滑油泵工作不正常。

⑨ 更换新的润滑油泵，充分润滑后，机床运行恢复正常。

(4) 维修经验积累　本例属于机床数控系统报警提示类故障，本例提示维修人员，润滑系统故障常会导致进给伺服报警，在维修中不要忽略此类故障现象与润滑不良的关联性因果关系。本例的故障机理是：润滑泵部分零件磨损→润滑泵工作不正常→润滑系统供油量不足→机械滑动部位局部无润滑→滚珠丝杠传动阻力增大→滑台位移位置精度下降→位置检测装置检测后发现偏差过大→X 轴伺服报警。

【实例 2-46】

(1) 故障现象　西门子系统数控车床，在 Z 轴移动时出现 Z 轴伺服报警，提示 Z 轴伺服故障。

(2) 故障原因分析　根据报警"SERVO ALARM：(Z AX-IS EXCESS ERROR)"(伺服报警：Z 轴超差错误)和"SERVO ALARM：Z AXIS DETECT ERROR"(伺服报警：Z 轴检测错误)。

(3) 故障诊断和排除

① 本例机床的伺服系统采用 611A 系列数字伺服驱动装置，检查伺服装置发现在伺服驱动模块上有伺服电动机报警，指示 Z 轴伺服电动机过流。

② 故障重现方法，关机再开，报警消除，Z 轴在初始时段可以运动一段时间。

③ 初步判断在机械方面可能有故障，将 Z 轴伺服电动机拆下，手动转动 Z 轴滚珠丝杠，发现阻力很大。

④ 将护板拆开检查 Z 轴丝杠和导轨，发现导轨没有润滑。

⑤ 检查润滑系统，发现润滑系统的"定量分油器"工作不正常。

⑥ 更换润滑"定量分油器"后，对 Z 轴导轨进行充分润滑，机床运行正常，Z 轴报警解除，故障被排除。

(4) 维修经验积累　数控车床润滑系统中定量分油器是比较容易忽

略的故障部位和组件，维修诊断中应注意检查检测。定量分油器的作用是将经过齿轮泵输送的润滑油分配到各个需要的润滑点，最终通过回油管流回油箱。值得注意的是一些经济型数控车床床鞍的横向和纵向及滚珠丝杠的润滑是通过设置在机床右后部的集中润滑站（图 2－49）通过油管分配到各个润滑点的。纵向和横向滚珠丝杠两端轴承采用 NBU 长效润滑脂润滑，平时不需要添加，待机床大修时再更换。尾座用配备的油枪手动加油润滑方式在各个班次前进行润滑。因此维修数控车床的润滑系统故障，应首先了解机床的润滑系统配置形式。

任务三　数控车床排屑装置故障维修

排屑装置是数控机床的必备附属装置。排屑装置有多种结构，包括平板链式排屑装置、刮板式排屑装置、螺旋式排屑装置、磁性板式排屑装置、磁性辊式排屑装置等。数控车床常用的平板链式排屑装置如图 2－50 所示。排屑装置的常见故障机排除方法可借鉴以下实例。

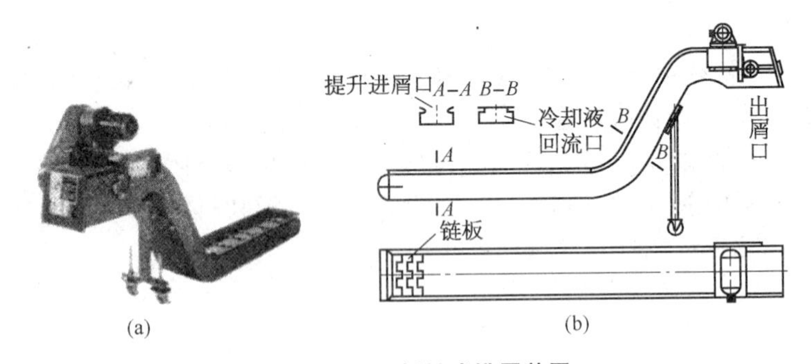

图 2－50　平板链式排屑装置

(a) 外形；(b) 结构示意

【实例 2－47】

(1) 故障现象　某 GSK 980DT 系统斜床身数控车床出现排屑困难，电动机过载故障报警。

(2) 故障原因分析　本例的数控车床采用螺旋式排屑装置，螺旋排屑装置的结构如图 2－51 所示，加工中的切屑沿着床身的斜面落到螺旋式排屑器所在的沟槽中，螺旋杆转动时，沟槽中的切屑即由螺旋杆推动连续向前运动，最终排入切屑收集箱。排屑困难和电动机过载的常见故障原因是输送通道的切屑堵塞造成的。

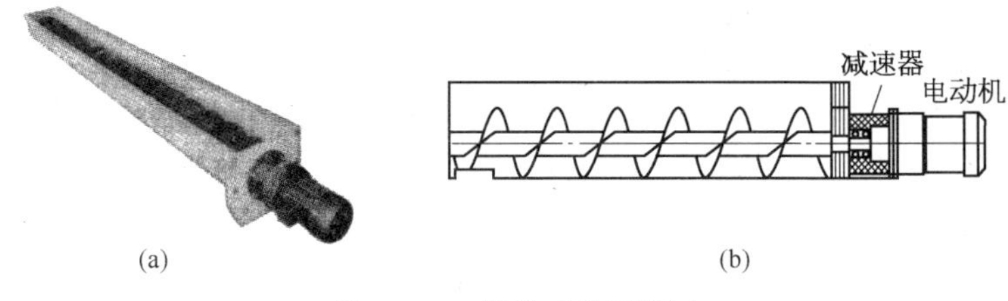

图 2-51　螺旋式排屑装置

(a) 外形；(b) 结构示意

(3) 故障诊断和排除

① 本例数控车床在试运行时产生排屑困难，判断与排屑装置的通道结构安装等有关。

② 检查电动机及其控制电路中的有关电气元件，均处于正常状态，热继电器的整定值符合电动机的过载保护和正常运行的要求。

③ 检查机械传动结构及其连接部位的状态，均处于正常的状态。

④ 本例数控车床在排屑装置设计时，为了在提升过程中将废屑中的切削液分离出来，在排屑装置的排出口处安装一个直径 160mm 长 350mm 的圆筒型排屑口，排屑口向上倾斜 30°。机床试运行时，大量切屑阻塞在排屑口，使后续的切屑排除受阻，电动机过载报警。

⑤ 分析判断，切屑受阻的原因是：输送通道的切屑在提升过程中，受到圆筒型排屑口内壁的摩擦，相互挤压，集结在圆筒型排屑口内。

⑥ 根据诊断结果，将圆筒型排屑口改为喇叭型排屑口后，锥角大于摩擦角，用以消除输送过程中受摩擦阻力而结集现象。安装新的排屑口后，输送过程中的切屑不再集结在排屑口，电动机过载和排屑困难故障被排除。

(4) 维修经验积累　在输送装置的接口拐角等部位，容易集结切屑，排屑系统的故障常与输送通道堵塞等引发输送阻力增大有关联。

【实例 2-48】

(1) 故障现象　某西门子系统平床身数控车床出现排屑装置噪声大的故障现象。

(2) 故障原因分析　排屑装置噪声大的常见故障原因如下：

① 排屑装置机械部分变形或损坏。

② 切屑堵塞。

③ 排屑器固定松动。

④ 电动机轴承润滑不良磨损或损坏。

（3）故障诊断和排除

① 检查排屑装置的机械部分，有局部变形，无损坏现象。

② 检查排屑器的固定螺栓等部位，电动机与排屑输送执行机构的连接部分，发现有个别紧固件有松动现象。

③ 观察切屑的输送和排除是否正常，发现输送和排出部位局部有停滞的切屑。

④ 测听电动机轴承的噪声，判断轴承的润滑状况。发现轴承有干摩擦的噪声和局部损坏的不正常噪声。

⑤ 根据检查诊断，采取以下措施进行维修保养。

a. 采用矫正整形的方法进行机械变形部分的修复维修。

b. 对排屑器固定螺钉、放松装置等进行检查，更换损坏的螺栓和垫圈等，紧固松动的螺栓等。

c. 清理输送和排屑口部位停滞、积集的切屑。

d. 检查电动机轴承，若无损坏，应进行清洗和润滑脂维护；若有损坏，可更换相同规格的电动机或更换电动机的轴承。

e. 注意检查过载保护装置的完好程度。装有过载保险离合器的，应进行合理的调整，以保证过载保护和排屑装置的正常运行。

经过以上维护维修措施，本例数控车床排屑装置噪声大的故障被排除。

任务四　数控车床防护装置故障维修

经济型数控车床提供多种形式的安全和设备防护装置，如卡盘防护、拉门互锁开关、后防护、防护门等安全防护装置；各种形式的机床防护罩、防护帘、防护套、拖链等。

（1）卡盘防护罩　卡盘防护罩与机床的控制电路有互锁功能，当沿主轴的顺时针方向转动卡盘防护罩时，卡盘防护罩即打开，联锁的开关会切断机床的控制电路，将电动机的电源切断，即可进行卡盘、工件的装卸；当沿主轴的逆时针方向转动卡盘防护罩时，关闭卡盘防护罩至其固定销的位置，通过其他相应的操作，方可启动电动机转动。

（2）机床防护门　机床防护门可防止铁屑和冷却液的飞溅，保护操作者的安全；门上安装有防弹玻璃，方便操作者观察工件的切削状态；系统操纵箱安装在右侧防护门前面，并可在90°范围内转动，方便操作。机床防护门上设置有安全开关，当防护门打开时，就切断了机床的主传动系统,防护门关上时才能启动机床。机床后防护上有可拆卸的门,将门拆下可以对床鞍后部进行维修和清理,也可辅助测量工件时使用。

(3) 防护罩　防护罩主要用于机床导轨防护,常见的机床防护罩形式如图 2-52 所示,其中最先进的形式是柔性风琴式防护罩,此种防护罩用尼龙革、塑料织物或合成橡胶折叠或缝制热压而成。内有 PVC 板材支撑,可耐热、耐油、耐冷却液,最大接触温度可达 400℃,最大行程速度可达 100m/min。不怕脚踩、无冲撞不变形,寿命长,密封和运行轻便。折叠罩内无任何金属零件,防护工作时不会给机床造成损坏。根据使用要求,柔性风琴式防护罩可制成带不锈钢片的平面风箱式;圆形、六角形、八角形等多种形式。卷帘式防护罩结构紧凑、合理、无噪声,适合空间小、行程大且运动快的机床设备使用。防护帘及防尘折布表面有钢条或铝条,耐热、耐油、耐冷却液,特别适合于安装位置小、切屑又较多的垂直或平面导轨防护。

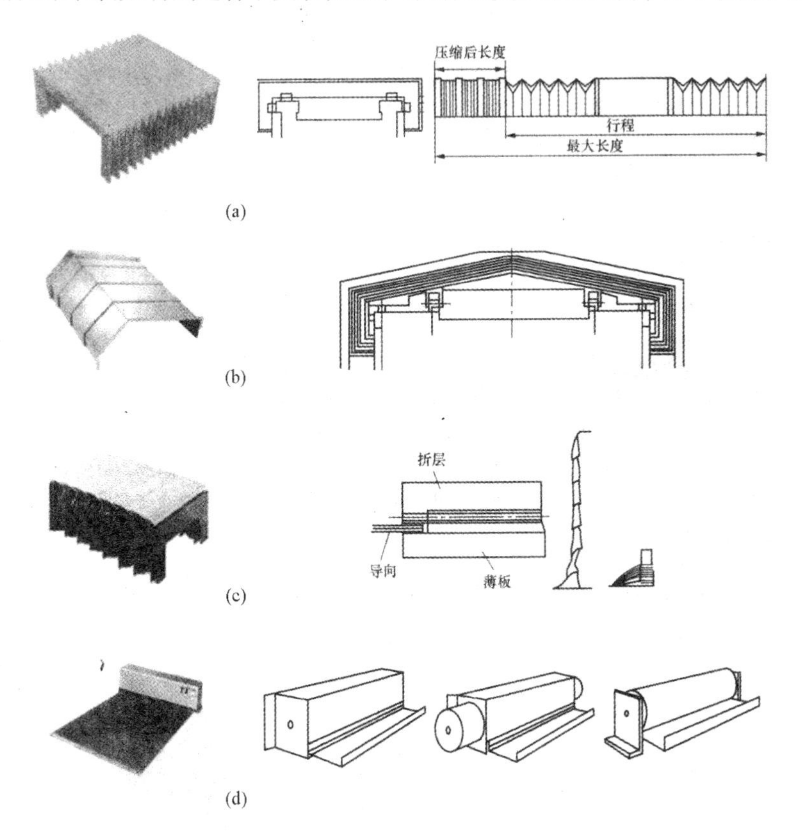

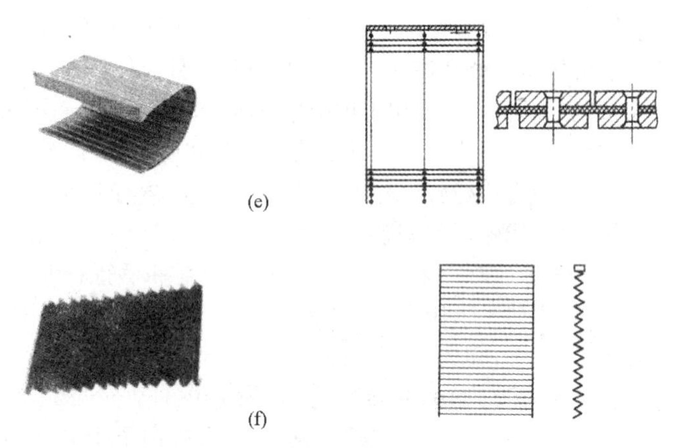

(e)

(f)

图 2-52　防护罩

(a) 柔性风琴式防护罩；(b) 钢板机床导轨防护罩；(c) 盔甲式机床防护罩；(d) 卷帘式防护罩；(e) 防护帘；(f) 防尘折布

(4) 拖链　各种形式拖链的作用是有效保护机床电线、电缆、液压气动的软管，延长被保护对象的寿命，降低消耗，并改善管线分布零乱状况。常见的拖链见表 2-28。

表 2-28　拖链系列

名　称	实 物 图	名　称	实 物 图
桥式工程塑料拖链		全封闭式工程塑料拖链	
DGT 导管防护套		JR-2 型矩形金属软管	
加重型工程塑料拖链、S 型工程塑料拖链		钢制拖链	

【实例 2-49】

(1) 故障现象　某 HNC 系统数控车床出现防护门关不上,自动加工不能进行的故障,而且无故障显示。

(2) 故障原因分析　防护门是由 PLC 控制的,通常与 PLC 相关的输入输出元件故障、信号的状态不正常等原因有关。

(3) 故障诊断和排除　检查诊断 PLC 故障可应用一种简单实用的方法,将数控机床的输入/输出状态列表,通过比较正常状态和故障状态,就能迅速诊断出故障的部位。

① 本例防护门是由气缸来完成开关的,首先应检查气动系统各组成部分是否完好。通常应检查系统压力、控制阀、气缸等部位。本例检查气缸、系统压力均正常。并按规范对气动系统进行维护:

a. 检查过滤器,清除压缩空气中的杂质和水分。

b. 检查系统中油雾器的供油量,保证空气中含有适量的润滑油来润滑气动元件,防止生锈、磨损造成空气泄漏和元件动作失灵。

c. 检查更换密封件,保持系统的密封性。

d. 调节工作压力和流量,保证气动装置具有合适的工作压力和运动速度。

e. 检查、清洗或更换气动元件、滤芯。

② 通过 PLC 梯形图分析,关闭防护门是由 PLC 输出 Q2.0 控制电磁阀 YV2.0 来实现的。

③ 检查 Q2.0 的状态,其状态为"1",但电磁阀 YV2.0 却处于失电状态。

④ 经过线路分析,PLC 输出 Q2.0 是通过中间继电器 KA2.0 来控制电磁阀 YV2.0 的。

⑤ 重点检查中间继电器,发现中间继电器损坏。中间继电器是用来增加控制电路中的信号数量或将信号放大的继电器。其输入信号是线圈的通电和断电,输出信号是触头的动作,由于触头的数量较多,所以可以用来控制多个元件或回路。中间继电器与接触器的结构类似,其常见故障有主触头不闭合、主触头不释放、铁心不释放、电磁铁噪声大、线圈过热或烧毁等。

⑥ 更换相同型号的中间继电器,机床防护门关不上的故障被排除。

(4) 维修经验积累　中间继电器是用来增加控制电路中的信号数量或将信号放大的继电器。其输入信号是线圈的通电和断电,输出信号是触头的动作，由于触头的数量较多，所以可以用来控制多个元件或回路。中间继电器与接触器的结构类似，其常见故障有主触头不闭合、主触头不释放、铁心不释放、电磁铁噪声大、线圈过热或烧毁等。在更换中间继电器时，注意输入信号和输出接线位置必须符合控制的要求，控制触头的原始状态和动作状态要符合控制电路标定的接线要求。JZ7 中间继电器的内部结构如图 2－53 所示。

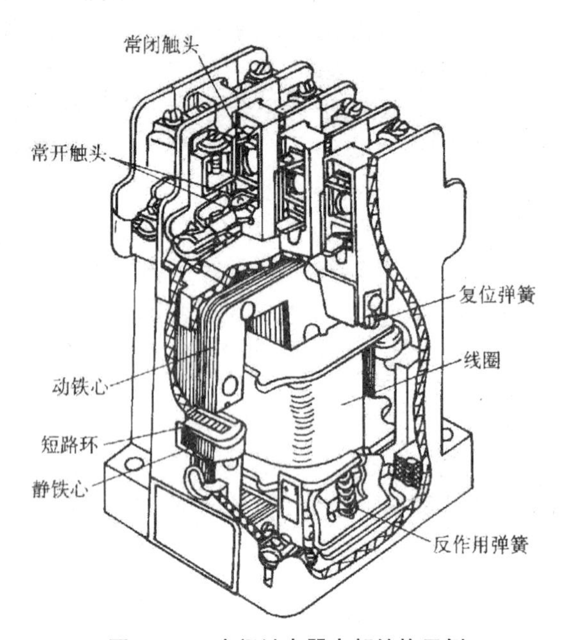

图 2－53　中间继电器内部结构示例

【实例 2－50】

（1）故障现象　SIEMENS 802 系统数控车床，机床在 *Z* 轴移动时，出现报警"SERVO ALARM(Z AXISEXCESS ERROR)"（伺服报警：*Z* 轴超差错误）。

（2）故障原因分析　出现伺服报警，指示 *Z* 轴运动时位置超差。常见的故障原因为连接电缆、进给传动机构有故障。

（3）故障诊断和排除

① 故障重现。机床出现故障后关机再开，报警消除，当移动 *Z* 轴时，*Z* 轴滑台运动一段距离后，就出现伺服报警，并向相反方向回走一段距离。

反复观察故障现象，发现出现故障是在一个相对固定的位置。

② 检查 Z 轴连接电缆没有发现问题，初步判断机械部分故障的可能性比较大。

③ 将 Z 轴防护罩拆开进行检查，发现丝杠护管因长时间工作，压缩变形，在固定位置造成的阻力过大，不能行走并向反方向反弹。

④ 根据故障诊断结果，更换丝杠护管，报警解除，机床恢复正常工作。

(4) 维修经验积累　防护套的系列如图 2-54 所示，有圆筒式橡胶丝杠、光杆防护套；丝杠防护套及螺旋钢带防护套等。在经济型系列数控车床的维护维修中，防护套的损坏是不容忽视的故障隐患。防护套的损坏有多种原因，如撞击损坏、疲劳损坏等。批量生产中，快速移动和进给运动的转换频率比较高，防护装置的收拢和张开的动作也相应比较频繁，由此会引发疲劳损坏；由于切屑堆积、防护装置运行受到阻止，表面与切屑的摩擦等因素，防护装置的撞击、摩擦损坏现象也时有发生，因此需要进行日常检查和维护，以保证防护装置的完好，从而保证所保护部位零部件的正常运行。

图 2-54　丝杠、光杠防护套示例

(a) 圆筒式橡胶防护套；(b) 螺旋钢带防护套

【实例 2-51】

(1) 故障现象　某 FAUNC 0 系统经济型数控车床，防护门很难拉动。

(2) 故障原因分析　因防护门的滚动是通过轴承实现的，因此常见故障是轴承或防护门滚道有故障。

(3) 故障诊断和排除

① 检查轨道表面，无明显的压痕和损坏现象。

② 检查防护门是否变形和移位，未发现故障现象。

③ 检查滚动轴承，发现轴承损坏锈蚀。

④ 更换同型号的滚动轴承，故障被排除。

(4) 维修经验积累　防护门是比较容易被忽略的操作安全保护装置，飞溅的切屑、喷注的切削液，都是损坏防护门轴承和滚道的根源，在批量生产中，防护门开启和关闭的频率比较高，切削液和切屑的污染和腐蚀常会影响防护门的正常运行，因此要加强日常的维护。在维修的同时应特别注意轴承部位的维护保养。

模块三　数控钻床和铣床装调维修

内容导读

经济型的数控立式钻床是最常用的数控钻床，机床适用于批量零件的钻、扩、铰孔、锪平面和沉孔、攻螺纹等工序。数控钻床属于数控的三坐标运动机床，即主轴带动钻头的上下（Z 向）、工作台带动工件的纵（X 向）、横（Y 向）运动。主轴的运动主要是正反转和快速及切削进给运动；工作台的运动主要是实现工件上孔加工位置的快速定位运动。

经济型数控钻床的装调维修的重点是掌握机床的安装调试和精度检测；滚动导轨、主轴轴承、滚珠丝杠的安装调整；步进电动机、位置检测装置的维护维修方法。同时需要掌握辅助装置（冷却、润滑、防护等）的维护和常见故障维修方法。

经济型数控铣床有多种类型，升降台式数控铣床（包括卧式铣床、立式铣床）规格比较小，适宜加工较小的零件（如模具和较复杂的平面轮廓等零件）。床身式数控铣床刚性好，适宜加工较大的零件（如连杆、气缸盖等零件）。可换刀的工具铣床适宜于各种模具工具类工件的加工，若配置回转铣头，可以实现小型零件的多面加工（如工、模具的轮廓表面等）。

数控铣床大多为三坐标、两轴联动的数控机床，被称为两轴半控制，即在 X、Y、Z 三个坐标轴中，任意两轴都可以联动。经济型的数控铣床只能用来加工平面曲线零件，若配置一个回转的 A 坐标或 C 坐标，即增加一个数控分度头或数控回转工作台，此时数控系统为四坐标数控系统，可用来加工螺旋槽、叶片等立体曲面零件。

由于数控铣床的结构特点，因此其装调维修相对比较复杂，实践中重点是掌握机床的安装调试和精度检测；滚动导轨、主轴轴承、滚珠丝杠的安装调整;典型数控伺服系统(变频器/驱动模块)、位置检测装置的维护维修方法。同时需要掌握附加装置(数控回转台、分度头)的维护和常见故障维修方法。

项目一　数控钻床的装调维修

任务一　数控钻床的安装和精度检测

1. 数控钻床的主要性能和技术指标

数控立式钻床示例如图 3－1 所示,以 ZK5140C 经济型数控钻床为例,机床适用于批量零件的钻、扩、铰孔、锪端面和沉孔、攻螺纹等工序,最大钻孔直径 ϕ40mm,零件定位精度±0.025mm,在合理的切削用量条件下,钢件的孔距控制精度±0.10mm;铸件的孔距控制精度±0.08mm。

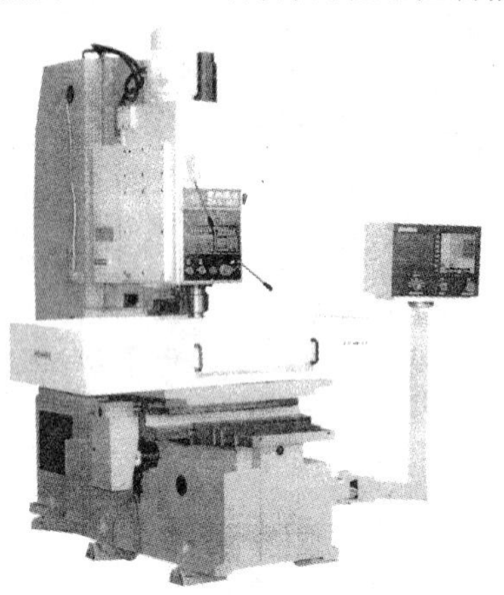

图 3－1　数控立式钻床示例

(1) 机床的主要规格和参数

工作台允许承重:200kg

最大钻孔直径(在抗拉强度为 500～600MPa 钢材零件):40mm

最大进给抗力:16 000N

主轴允许最大扭转力矩:350N·m

主轴电动机功率:3kW

主轴圆锥孔:莫氏 4 号

主轴圆锥孔至导轨面距离:335mm

主轴行程(*Z* 向):240mm

主轴箱行程(手动):430mm

主轴转速(12 级):31.5;45;63;90;125;180;250;355;500;710;1 000;
1 400r/min

进给速度 *X*、*Y*:0.6～2 000mm/min
Z:0.3～1 000mm/min(max:1 300mm/min)

快进速度 *X*、*Y*、*Z*:4 500mm/min

电动机反转装置:手动按钮操纵或系统发信

工作台行程 *X*:600mm
Y:400mm

工作台面积:850mm×450mm

工作台 T 形槽宽度:14mm

主轴端面至工作台最大距离:650mm

冷却泵功率:0.09kW

冷却泵流量:25L/min

外形尺寸(长×宽×高):1 130mm×820mm×2 532mm

机床净重:2 200kg

(2) 数控系统及控制系统

① 主要参数。

控制方式:三坐标联动、点位控制

脉冲当量 *X*、*Y*:0.01mm/步
Z:0.005mm/步

步进电动机型号:*X*(130BC3100)、*Y*(130BC3100)、*Z*(130BC3100A)

步进电动机静扭矩、步距角:

X(11.76N·m、0.6°)、*Y*(11.76N·m、0.6°)、*Z*(19N·m、0.6°)

工作电源:220V±10%,50Hz

环境温度:0～40℃

控制箱重量:25kg

② 系统工作原理。系统组成和工作原理如图 3-2 所示,本系统由双 CPU 主控单元、驱动电源、步进电动机及专用控制程序组成。主控单元按照输入的加工程序产生系列脉冲,经放大后驱动三个步进电动机,分别控制主轴的垂直运动、工作台的纵横方向运动,从而实现机床的计算机控制。零件的编程、操作顺序、显示信息表、系统维护说明可详见有关说明书。

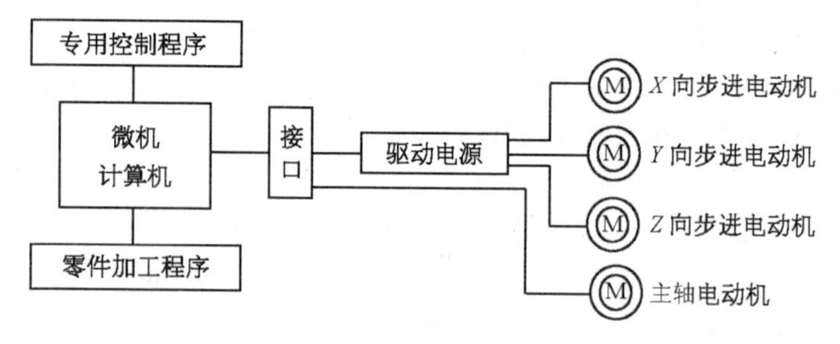

图3-2 数控系统原理图

2. 经济型数控钻床的精度检测

经济型数控钻床执行Q/320400JB032—2000《经济型数控钻床精度》标准，主要检验项目如下。

① 机床调平：在纵向平面内、横向平面内≤0.04mm/1 000mm。

② 工作台的平面度：任意300测量长度允差≤0.03mm。

③ 主轴锥孔轴线的径向跳动：靠近主轴端面≤0.02mm；距离主轴端面300mm≤0.04mm。

④ 主轴回转轴线对工作台面的垂直度：在$X-Z$平面内，在300mm直径上≤0.05mm；在$Y-Z$平面内，在300mm直径上≤0.05mm。

⑤ 主轴箱垂直移动对工作台面的垂直度：在$X-Z$平面内≤0.10mm/300mm；在$Y-Z$平面内≤0.10mm/300mm。

⑥ 主轴套筒垂直移动对工作台面的垂直度：在$X-Z$平面内≤0.10mm/300mm；在$Y-Z$平面内≤0.10mm/300mm。

⑦ 工作台X方向移动对工作台台面的平行度：在任意300mm长度上≤0.025mm；在全程上≤0.05mm。

⑧ 工作台Y方向移动对工作台面的平行度：在任意300mm长度上≤0.025mm；在全程上≤0.05mm。

⑨ 工作台X方向移动对工作台基准T形槽的平行度：在任意300mm测量长度上≤0.03mm；在全程上≤0.05mm。

⑩ 工作台X方向移动对Y方向移动的垂直度：在任意300mm长度上≤0.03mm。

⑪ 直线运动的定位精度：X方向全长≤0.08mm；Y方向全长≤0.07mm。

⑫ 直线运动的重复定位精度：X、Y方向均≤0.04mm。

⑬ 孔距精度(用中心钻预钻定位孔后,进行钻孔或铰孔):工件材料 HT200,厚度 30mm。X 坐标、Y 坐标、对角线均≤0.10mm。

⑭ 反向间隙:X 方向≤0.05mm;Y 方向≤0.06mm。

3. 数控钻床的安装、试车与调整操作要点

(1) 吊运与安装

① 在搬运机床时,应按包装箱指定的位置系索,不准倒置、过分倾斜及侧放,不准受大的冲击和振动。用斜面装卸时,斜度不准大于 15°。

② 拆箱时应先拆箱顶,再拆墙板。拆箱时应注意撬杠不得伸入太深,以免碰伤机床。

③ 拆箱后应按图 3-3 所示用铁棒、钢丝绳吊运。吊运机床用的铁棒直径不小于 30mm,在机床两侧伸出的长度不小于 300mm,钢丝绳与机床表面间应垫入软木或毡垫。

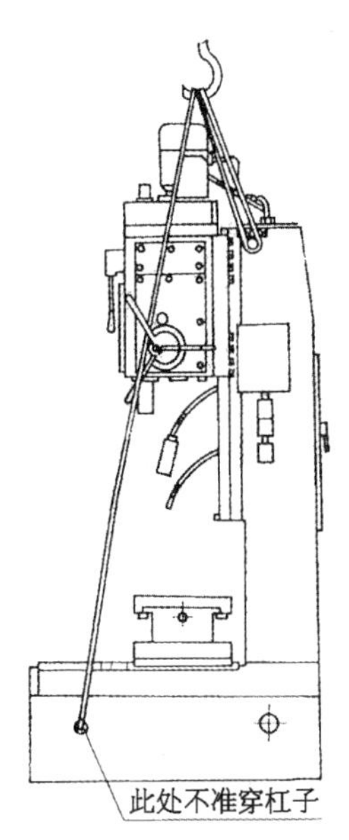

图 3-3　数控钻床吊装示意图

④ 数控系统搬运时要小心轻放,不得倾斜和倒置。

⑤ 安装前须按图 3-4 所示方法做好地基,地基凝固后,不准有空隙和裂缝。在浇注地基时,应留有截面为(100×100)mm²,深度 240mm 的地

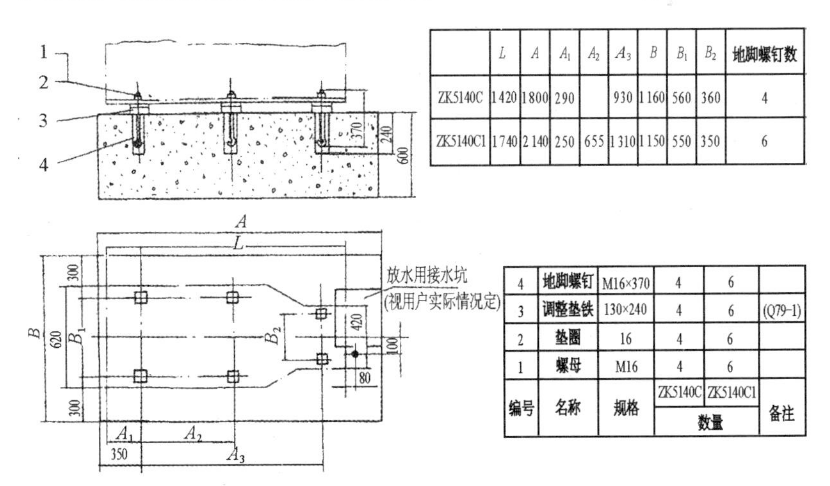

	L	A	A_1	A_2	A_3	B	B_1	B_2	地脚螺钉数
ZK5140C	1 420	1 800	290		930	1 160	560	360	4
ZK5140C1	1 740	2 140	250	655	1 310	1 150	550	350	6

编号	名称	规格	数量		备注
			ZK5140C	ZK5140C1	
4	地脚螺钉	M16×370	4	6	
3	调整垫铁	130×240	4	6	(Q79-1)
2	垫圈	16	4	6	
1	螺母	M16	4	6	

图 3-4　数控钻床地基图示例

脚螺栓孔。

⑥ 安装时应靠近地脚螺栓处垫上宽 60～80mm 角度小于 5°的垫块，将机床套上地脚螺栓置于垫块上，用水平仪在纵横方向找平校正，然后浇灌水泥，待水泥凝固后，将地脚螺栓的螺母缓慢而均匀地拧紧，使机床安装水平误差不大于 0.04mm/1 000mm。

⑦ 接上电源线及地线，用干净布蘸煤油擦去机床防锈油层，灰层及污物等，在外露加工表面涂上润滑油，向机床主轴箱内注入 20 号机械油至游标位置，然后进行试车。

(2) 试车与调整操作要点(参见图 3-5)

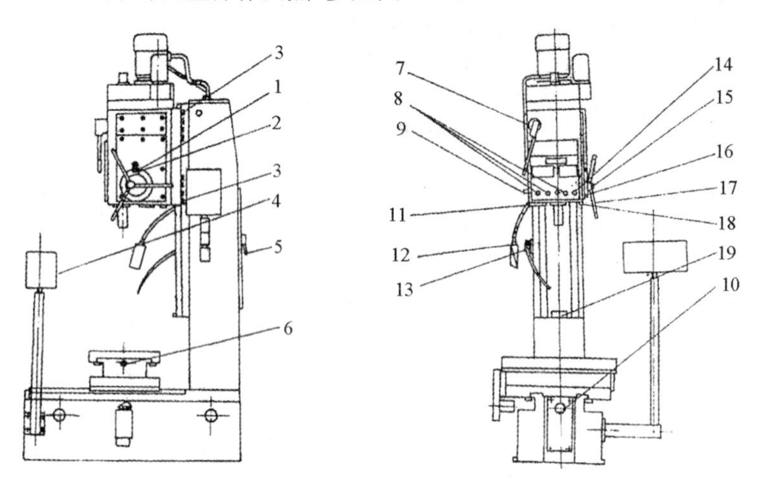

图 3-5　数控立式钻床操作部位图示例

1—进给行程挡铁；2—定程切削撞块；3—主轴箱锁紧螺栓；4—微机控制系统；5—电源开关；6—工作台纵向移动手柄；7—主轴变速手柄；8—主轴箱正转、反转、停止按钮；9—主轴箱升降手柄；10—工作台横向移动手柄；11—平衡弹簧调整螺栓；12—照明灯开关；13—冷却液调整活栓；14—冷却泵通断选择开关；15—手动及机动进给控制端盖；16—主轴进给刻度盘；17—手动进给手柄；18—放油塞；19—主轴箱升降下限位

① 机床安装后须进行清洗、注油、接线及试车试验，用以检查在运转中是否有不正常的现象发生。

② 机床在工作前，须将主轴箱调整到所需位置，调整前必须将主轴箱后端上下两块短压紧块松开，待调整到位后，再将其上下两短压紧块锁紧，中间长镶条在装配时已调整好，一般不要随意松动。

③ 在使用机床前，必须熟悉各操作件的部位和用途。操作机床时，应注意下列事项：

a. 启动机床前应检查各手柄的位置是否正确。

b. 机床在第一次使用或长时间没有使用时，应先让机床低速空运转几分钟。

c. 开车时不得变换主轴转速，变速必须停车。

d. 机床停止工作时，应切断电源开关。

④ 主轴的启动、停止和反转：主轴的启动、停止和反转是靠按压按钮实现，攻螺纹一般利用系统编程进行。

⑤ 手动进给：将操作手柄 17 逆时针旋转即可实现主轴的手动进给。

⑥ 手动进给和机动进给的相互转换：将端盖 15 向外拉出，操纵手柄 17 逆时针旋转 20°，然后见端盖 15 顺时针旋转 40°，再将端盖 15 向里推进，即接通机动进给并拧紧端盖上的锁紧螺钉；若要恢复到手动进给，锁紧螺钉松开并将端盖 15 向外拉出，然后将端盖 15 逆时针旋转 40°，再将操纵手柄 17 顺时针旋转 20°，然后将端盖 15 向里推进，即恢复到手动进给。

⑦ 机动进给的使用注意事项：

a. 由于步进电动机存在不可避免的振荡区的影响，Z 轴在低频进给时有时会有噪声，一般属于正常现象。

b. 工作台 Y 向移动时，应注意安全，避免造成挤压伤害。

c. 机床回零前，刀具必须离开工件，避免造成刀具损坏。

d. 攻螺纹反转：可通过操纵按钮的正反转攻螺纹和利用系统来控制攻螺纹，使用系统控制攻螺纹时，须使用攻螺纹夹头。由于受到电动机本身性能的限制，机床主轴启动和换向的频率不能过高。

e. 用系统来控制攻螺纹时，选择好主轴转速后，应根据螺距来选择进给速度，使进给速度/主轴转速的比值尽可能接近螺距。

⑧ 工作台的纵向和横向移动：可分别通过操纵方头 6、10 实现。

⑨ 主轴箱的升降：松开主轴箱短压紧块锁紧螺栓 3，将曲拐手柄插入主轴箱左侧的方头 9 上，回转手柄可调整主轴箱的高度，调整好位置后紧固螺栓 3。

⑩ 主轴转速的变换：主变速采用单手柄操纵，主轴转速手柄 7 在前后或左右回转各搬动四个位置，其中左起第三个位置是“0”位，在检验及更换刀具时，将主变速手柄扳至“0”位时，用手回转主轴较为轻便，相对应的主轴转速可在面板上的变速牌中读出。面板上设置有用优质高速钢钻头和

丝锥进行钻孔和攻螺纹时推荐的切削速度表，可根据切削速度和加工直径从主轴转速选用表中确定相应的主轴转速。

⑪ 冷却液的控制：将冷却液转换开关 14 扳至供水位置时，冷却泵随即工作，提供冷却液。不需要冷却液时，可将开关 14 扳至不供水的位置。

⑫ 平衡弹簧的调整：主轴平衡弹簧的初始力可通过平衡筒下的螺栓进行调节。顺时针旋转为张紧，逆时针旋转为松弛。

⑬ 摩擦离合器的调整：安装在主轴箱内的摩擦片式安全离合器，在出厂前已调整好，在新机床使用一段时间后，有可能使摩擦片产生轻度的磨合磨损，使摩擦力达不到主轴额定最大转矩要求，此时应打开主轴箱上方左侧小盖找到摩擦片离合器上部调整螺母，松开螺母上的锁紧螺钉，适度收紧螺母，调整好后，再将锁紧螺钉锁紧。

⑭ 退刀：将操纵手柄 17 置于手动位置后，将主轴左侧限位块转到卸刀位置，上提操纵手柄 17，使主轴上移由主轴内的顶杆冲击刀具尾部实现卸刀，装刀时将限位块转到装刀位置，使主轴到不了极限位置，即可装刀。钻加工 $\phi30$ 以上孔卸刀困难时，应使用退刀楔退刀。

4. 机床的润滑系统及润滑保养

机床的润滑部位，润滑油种类及润滑周期见表 3-1；机床所用的润滑油，必须是纯净无酸性的，不得含有水分和其他杂质。

① 主轴箱的润滑是由柱塞泵将油吸上，经油管喷射到各润滑部位，再由高速旋转的各个齿轮将油飞溅至各个工作面上。

② 主轴箱盖上部设有注油孔，旋下螺塞即可注油，注油量以在开车状态下油液面达到游标高度标尺线为准，通过游标可观察到润滑系统的工作情况。油箱下部设有排油孔，换油时，将箱体下部的螺塞旋出，润滑油即可排除。

③ 机床使用 10～15 天后换一次油，再经过 20～50 天后换第二次油，以后每隔三个月换一次油。换油时，应先将陈旧油液排除，再将纯净的煤油清洗油箱及管路，然后注入清洁的润滑油。过程中也可根据润滑油的实际污染程度及时进行清洗更换。

④ 主轴套筒表面和立柱导轨应每日进行润滑。

⑤ 在主轴套的上、下主轴轴承部位设有润滑孔，可使用黄油枪加注润滑脂。操作时应关闭电源开关，小心卸下主轴箱正面上方的标牌，即可看到预制孔，上下移动轴套即可找到润滑孔。

⑥ 底座右侧装有手动润滑泵，通过定量分配器润滑工作台各导轨面

表 3-1　数控钻床润滑部位及要求

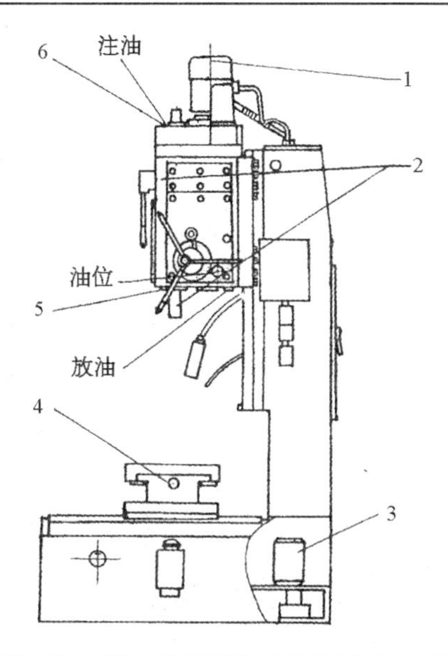

序号	润　滑　部　位	润滑方式	润滑油种类	润滑处数	润滑次数
1	电动机轴承	手润滑	1 号钙基润滑脂	2	每六个月一次
2	主轴轴承	手润滑	2 号锂基润滑脂	2	每六个月一次
3	冷却泵轴泵	手润滑	1 号钙基润滑脂	2	每六个月一次
4	工作台各导轨及滚珠丝杠副	手动润滑泵	20 号机械油	1	每八小时一次
5	主轴套筒	手润滑	20 号机械油	1	每天一次
6	主轴箱	油泵	20 号机械油	1	每月一次

及滚珠丝杠副，每班手动润滑数次。

⑦ 在工作过程中应经常注意游标处是否来油，以确保润滑系统的正常工作，否则会导致机床磨损损坏，影响机床的使用性能和使用寿命。

5. 数控钻床的强电系统

(1) 组成　数控钻床(ZK5140 型)强电系统原理如图 3-6、图 3-7 所示，主要电气元件见表 3-2。

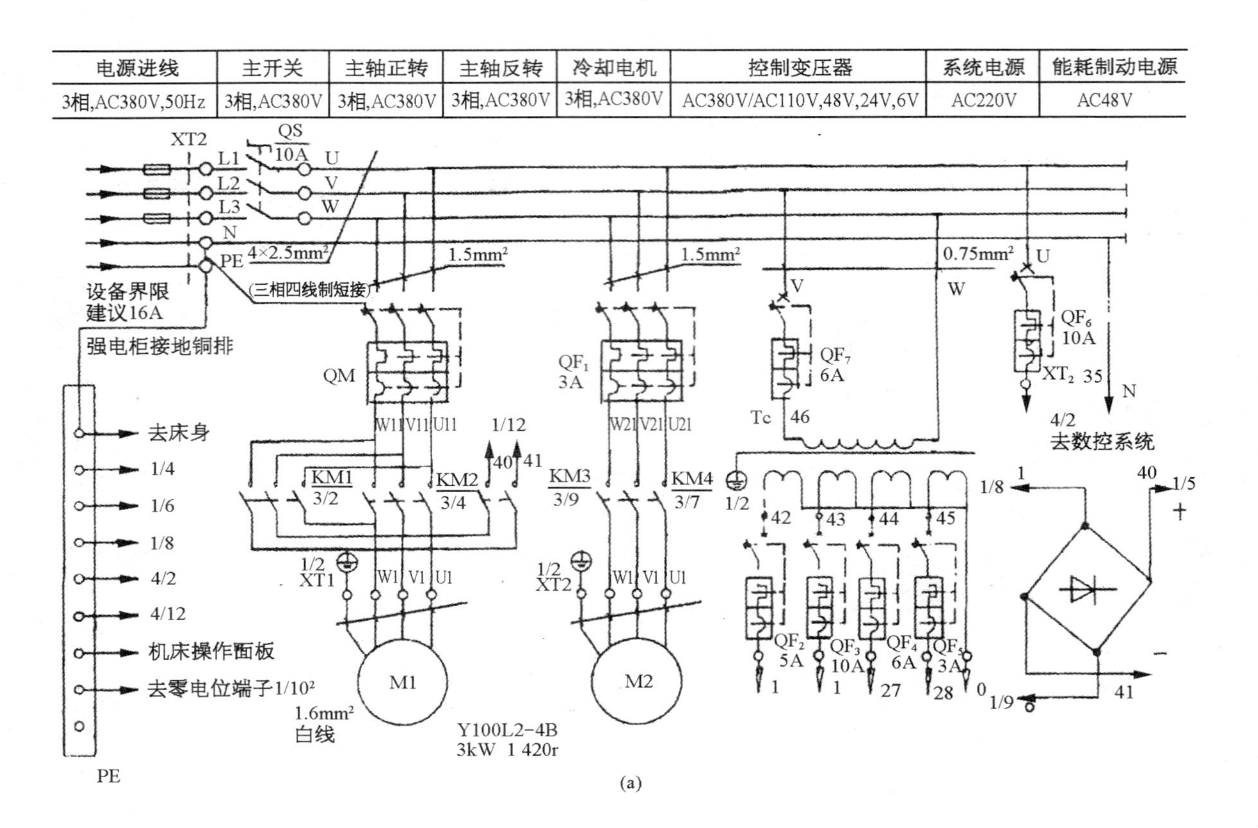
电源进线
3相,AC380V,50Hz
主开关
3相,AC380V
主轴正转
3相,AC380V
主轴反转
3相,AC380V
冷却电机
3相,AC380V
控制变压器
AC380V/AC110V,48V,24V,6V
系统电源
AC220V
能耗制动电源
AC48V
XT2
QS
10A
L1
L2
L3
N
PE
U
V
W
4×2.5mm²
(三相四线制短接)
设备界限
建议16A
强电柜接地铜排
1.5mm²
QM
W11 V11 U11
KM1
3/2
KM2
3/4
1/12
40
41
KM3
3/9
KM4
3/7
QF₁
3A
W21 V21 U21
W1 V1 U1
1/2
XT1
XT2
M1
M2
Y100L2-4B
3kW 1 420r
1.6mm²
白线
QF₇
6A
Tc
46
0.75mm²
QF₆
10A
XT₂ 35
N
4/2
去数控系统
42
43
44
45
QF₂
5A
QF₃
10A
QF₄
6A
QF₅
3A
1
27
28
0
1/8
1/9
1/5
+
−
去床身
1/4
1/6
4/12
机床操作面板
去零电位端子1/10²
PE

(a)

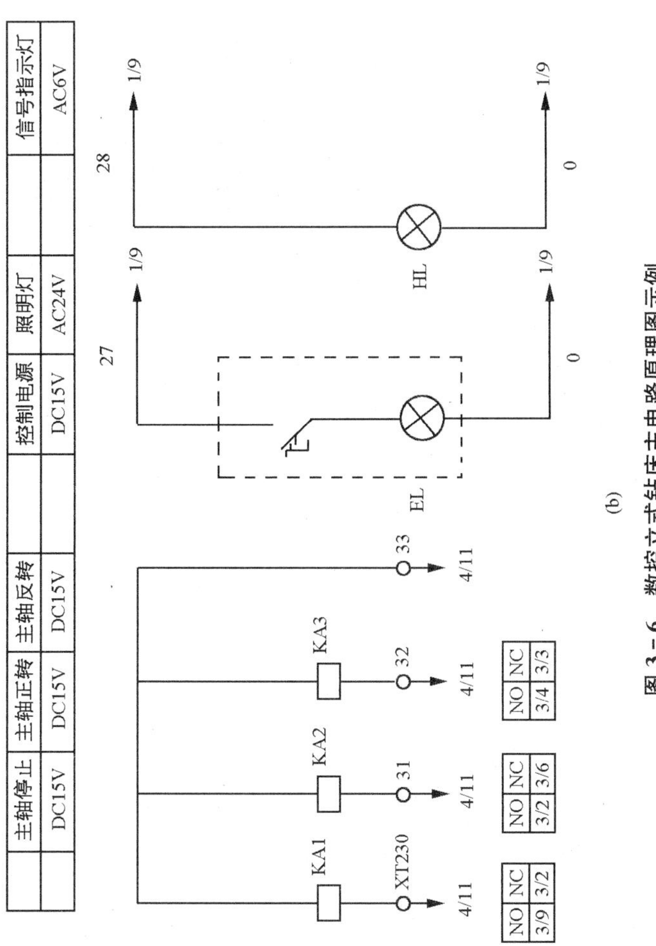

(b)

图 3-6　数控立式钻床主电路原理图示例

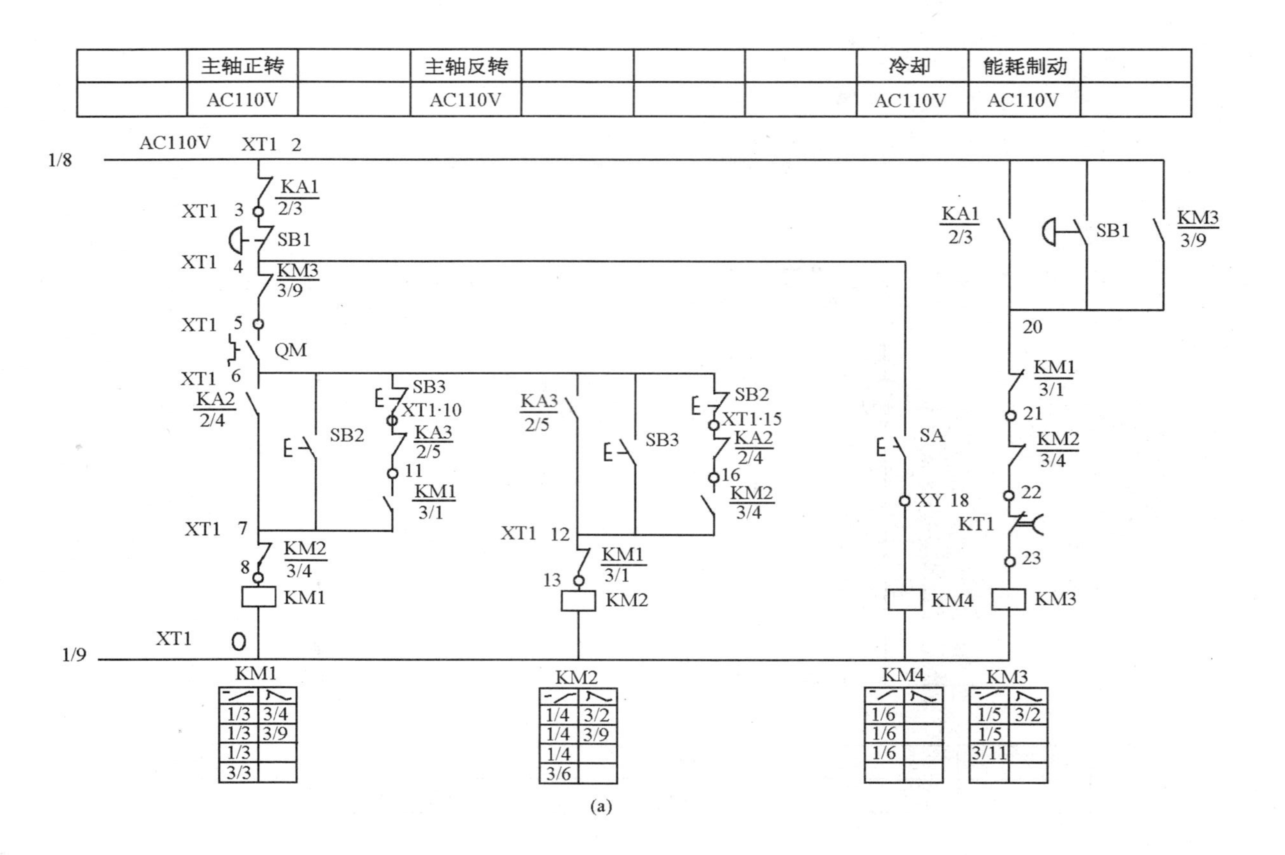
主轴正转
AC110V
主轴反转
AC110V
冷却
AC110V
能耗制动
AC110V
AC110V
XT1 2
1/8
1/9
KA1 2/3
SB1
KM3 3/9
QM
KA2 2/4
SB2
SB3
XT1·10
KA3 2/5
KM1 3/1
KM2 3/4
KM1
KA3 2/5
XT1·15
KA2 2/4
KM2
SA
XY 18
KM4
KA1 2/3
SB1
KM3 3/9
KT1
KM3

(a)

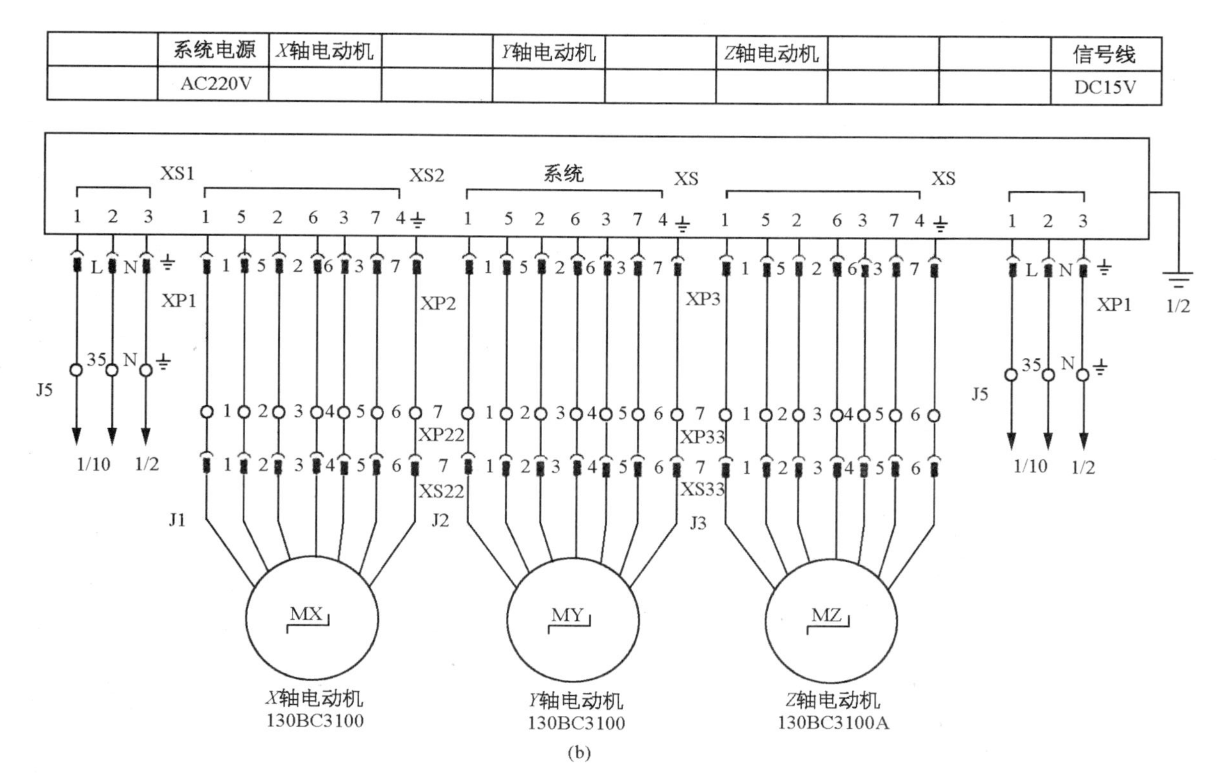

(b)

图 3-7　数控立式钻床控制电路原理图示例

表 3-2 电器元件明细表

符号	名　　称	型　　号	规　　格	数量
M1	三相异步电动机	Y100L2-4B5	3kW,1 420r/min	1
M2	三相水泵	AB-25	0.09kW	1
MX,MY	步进电动机	130BC3100		2
MZ		130BC3100A(新)		1
QS	机械联锁	DJL4-1/Y	(用长手柄)配套开关	1
	电源开关	HZ10-1014		1
TC	控制变压器	JBK3-400	380V/110V150VA: 480V200VA:24V:6.3V50VA	1
KM1,2,4	交流接触器	CJX1-12	线圈电压 110V	3
KM3	交流接触器	CJX2-1201	线圈电压 110V	1
KT	空气延时头	F5-T0	01-3S	1
QM	断路器	DZ108-20/111	6.3A-10A	1
QF1	断路器	DZ47-60	3A-3P	1
QF2,4,7	断路器	DZ47-60	6A/1P	3
QF6,3	断路器	DZ47-60	10A/1P	2
QF5	断路器	DZ47-60	3A/1P	1
KA1,2,3	小型继电器	JZX-22FD/2Z	12V(带座)	3
VC	整流桥堆	KBPC25-10	300V10A	1
SB1	急停按钮	NP4-11ZS/1	红色	1
SB2,3	按钮	NP2-11BN	绿色	2
SA	旋钮	NP2-11X21	黑色	1
HL	信号灯	NK16-22DS/2	红色	1
EL	机床工作灯	JC6-1		1

① 主电动机 M1:安装在主轴箱顶部,驱动主轴旋转和进给。

② 冷却泵及电动机 M2:安装在立柱内底部,供给一定压力的冷却液。

③ 配电板:安装在立柱内,由接触器 KM1～KM4、继电器 KA1～KA3、变压器 TC 及断路器 QF1～QF7 和整流桥 VC 等组成。

④ 机械联锁电源开关 QS:安装在壁龛门上。

⑤ 按钮开关 SB 和旋钮开关 SA：安装在机床正面，便于操作，共有 3 个按钮开关 1 个旋钮开关。总停按钮 SB1，如机床发生故障能随时切断电源；正转按钮 SB2 控制主电动机正转；反转按钮 SB3 控制主电动机反转；旋钮开关 SA 用以控制冷却泵的启停。

⑥ 制动装置：通过接触器接通直流电实现主电动机能耗制动。

⑦ 照明装置：安装在立柱左上侧，采用 JC6－1 照明灯，用以机床工作照明。

（2）工作过程

① 主轴动作手动操作。

a. 钻孔。接通电源开关 QS，按下正转按钮 SB2，控制线路经变压器转换(380/220)沿 2－3－4－5－6－7－8－0 接通 KM1，KM1 常开触点闭合，并经 6－10－11－7 自锁，主轴电动机 M1 正转。按下反转按钮 SB3，其常闭触点切断 KM1 线圈，SB3 常开触点使控制线路沿 2－3－4－5－6－12－13－0 接通 KM2 线圈，正转停止，KM2 得电并自锁，主轴电动机 M1 反转。再次按下 SB2，重复 M1 正转，此时切断电源控制线路 6－16，反转停止。

b. 总停。按急停按钮 SB1，控制线路被切断，接触器 KM1、KM2 失电，若按钮时用力重按，则制动接触器 KM3 接通，直流 48V 通过 KM3 加到主轴电动机上产生能耗制动，使得主轴电动机在数秒内停止转动。

② 主轴动作由数控控制。

a. 钻孔。接通机床电源开关 QS，当继电器 KA2 接到从数控箱程序运行时发送的正转信号 M03 时，KA2 吸合，控制线路经变压器转换(380V/220V)沿 2－3－4－5－6－7－8－0 接通 KM1，KM1 常开触点闭合，并经 6－10－11－7 自锁，主轴电动机 M1 正转。当继电器 KA3 接到数控箱发送的反转信号时，KA3 吸合，常闭触点切断 KM1 线圈通路，常开点使控制线路沿 2－3－4－5－6－12－13－0 接通 KM2 线圈，正转停止，KM2 得电并自锁，主轴电动机 M1 反转。依此类推可重复进行正反转控制。

b. 攻螺纹。接通机床电源开关 QS，首先继电器 KA2 接到数控箱程序运行传送的正转信号 M03，控制线路经变压器转换(380V/220V)沿 2－3－4－5－6－7－8－0 接通 KM1，KM1 得电，并经 6－10－11－7 自锁，主轴电动机 M1 正转，当丝锥到达预定深度时，数控箱发出主轴反转信号 M04，使 KM1 失电，正转停止，而控制线路沿 2－3－4－5－6－14－12－13－0 接通，KM2得电并经6-15-16-12自锁，主轴电动机反转，退出丝锥，回到攻螺纹起始位置，此时重新从数控箱发出M05主轴停转信号，主轴停止，整个攻螺纹过程结束，等待下一步攻螺纹过程。

c. 总停。当继电器KA1接到从数控箱程序运行时传来的停转信号M05时，KA1得电，常闭触点断开使控制线路切断，接触器KM1、KM2失电，同时常开触点闭合使制动接触器KM3接通，直流48V通过KM3加到主轴电动机上产生能耗制动，使主轴电动机在数秒内停止。

③ 冷却泵控制。将旋钮开关SA2置于冷却开启位置，控制线路沿2-3-4-18-0接通，KM4得电，冷却泵电动机M2接通，冷却液开启。将旋钮SA2置于冷却液关闭位置，则控制线路被切断，M2停转，冷却液关闭。

④ 机床电器保护。本机床采用断路器进行工作时线路过载保护和短路保护，发生过载或短路时，断路器动作，机床自动停止工作。

⑤ 接地保护。本机床有专用的接地螺钉，能可靠进行接地保护。

⑥ 机床电源机械联锁开关的原理和使用方法。本机床采用DJL/4电源机械联锁开关，与HZ10-10/4组合开关配套使用，控制机床电源的闭合、断开，并能起到锁闭柜门的作用，电源开关不切断，电气柜门就不能开启，以起到安全保护作用。联锁机构由手柄、拨块、安装板及旋柄等组成，当柜门关上后，手柄按逆时针方向转动，带动旋转柄同步转70°，将电源开关闭合；当手柄按顺时针旋转70°时，开关旋转并同步旋转，将电源开关断开。若手柄继续顺时针旋转10°，拨块圆销在旋转柄长槽内移动，利用长柄间隙，开关不受力，拨块只带动锁栓，逆时针旋转，与搭扣脱开，柜门开启，从而达到先断开电门后开柜门的目的。手柄在断开位置上锁住，钥匙可拔出。

为了便于维修，保持故障点，联锁没有解锁机械，可用解锁钥匙，逆时针旋转解锁螺钉，在带电情况下，开启柜门，寻找故障点。

任务二　数控钻床机械部分的装调维修

【实例3-1】

(1) 故障现象　某ZK5140数控钻床主轴箱噪声大，变速有阻滞感。

(2) 故障原因分析　常见故障原因是主轴箱有关机械构件有磨损等故障。

(3) 故障诊断和排除

① 原理分析。查阅有关资料，本机床的传动系统如图3-8所示，主

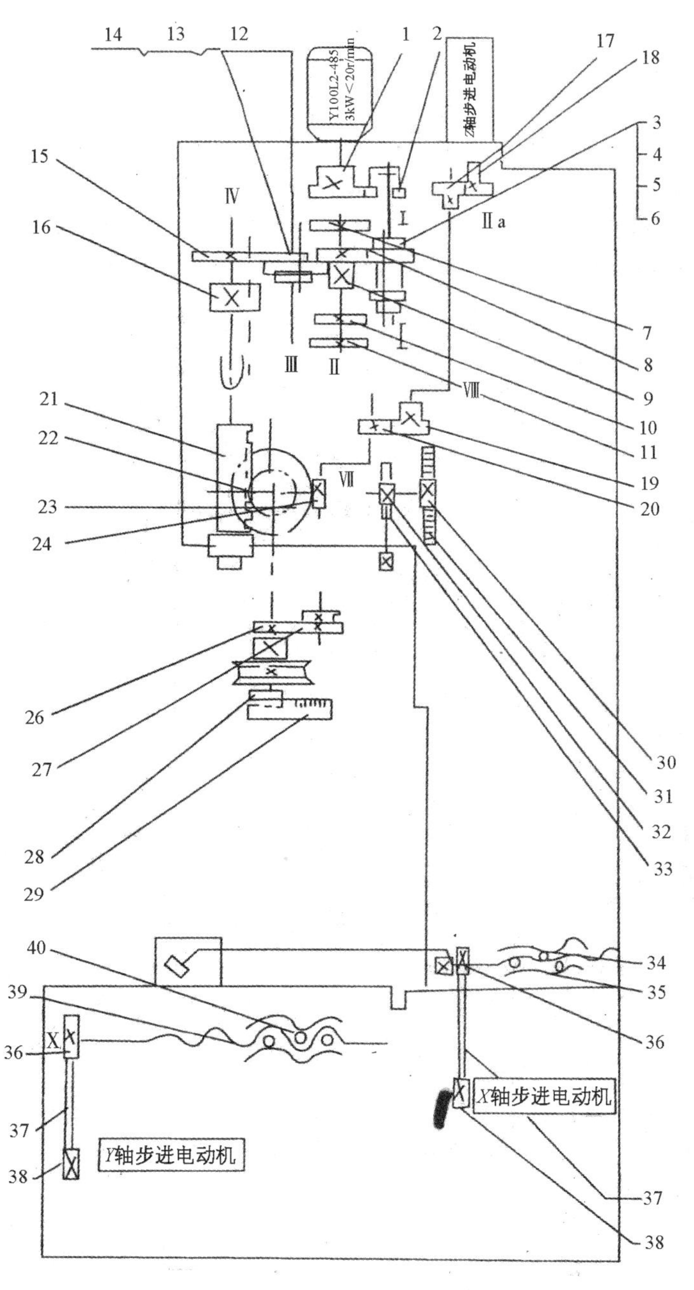

图 3-8　数控立式钻床传动系统图示例

轴旋转运动由主轴箱顶部的主电动机(1 420r/min,3kW)经齿轮1、2和摩擦离合器把旋转运动传给轴Ⅰ,经过轴Ⅰ上的四联滑动齿轮3、4、5、6传给轴Ⅱ上的固定齿轮7、8、9、10、11,由12、13将运动传给传动轴Ⅳ上的固定齿轮15、16,传动轴Ⅳ通过花键将运动传给主轴获得12级转速。

② 噪声分析。根据测听判断,噪声源于齿轮磨损。

③ 推理分析。根据转速分布图3-9,发现主轴在任意转速时均有噪声,因此估计是电动机轴至轴Ⅰ之间的传动齿轮1、2有故障。

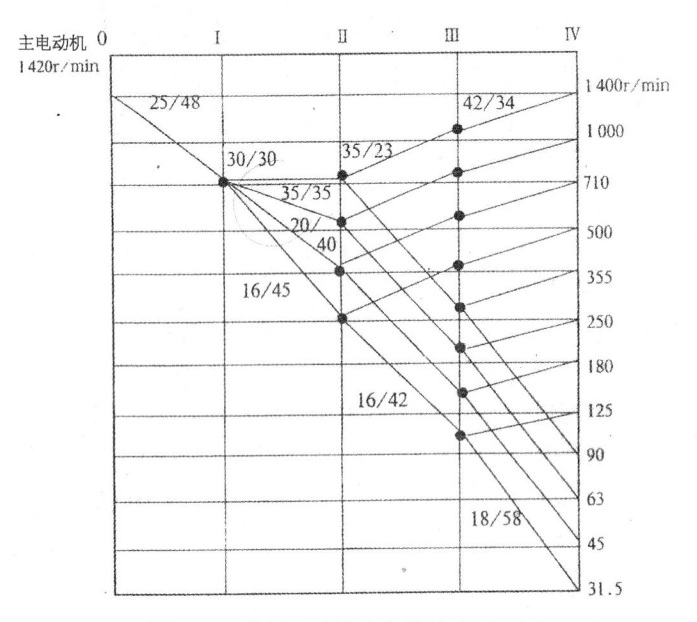

图3-9　数控立式钻床主轴转速图示例

④ 诊断确认。按技术操作要求拆卸主电动机和相关构件,发现传动齿轮1、2齿面磨损严重。

⑤ 故障维修。按技术资料要求,本机床传动齿轮1、2齿数为25、48;模数2.5mm;轮缘宽度12mm;材料45钢;变位系数−0.473;齿面高频淬火。使用备件应进行精度检测和表面硬度测试。更换传动齿轮后试车,机床主轴箱噪声大的故障被排除。

(4) 维修经验积累　本例故障属于常规的机械类故障,需要维修人员具备机械故障维修的基本技能和知识能力,准确地运用经验检测法判断故障的部位,并能按技术要求进行故障检查和修复。

【实例 3 - 2】

(1) 故障现象　某 ZK5140 数控钻床出现主轴进给和快速时有时无的不稳定现象。

(2) 故障原因分析　常见的故障原因是机床主轴 Z 轴步进电动机故障、机械传动部分故障。

(3) 故障诊断和排除

① 原理分析。查阅有关技术资料(参见图 3 - 8),主轴的进给运动由主轴箱顶部的 Z 轴步进电动机旋转运动经齿轮 18、17 传至Ⅷ轴,再由齿轮 19、20、蜗杆 24、蜗轮 22 及同轴齿轮 23 传至主轴套筒齿条 21 获得主轴进给运动。每种主轴转速均有对应的不同的进给速度。主轴的快速移动与主轴进给运动使用同一传动链,当步进电动机为快速时,主轴获得程序设定的快进、快退速度。

② 现象重演。换挡使用或采用程序指令,不同的主轴速度下的主轴进给运动均有此类故障。

③ 推断分析。当主轴进给运动传动链中某一零件出现传动故障时,可能出现此类故障。

④ 排除检查。首先检查步进电动机,测试后均正常。测听齿轮传动及轴承噪声,均正常。怀疑蜗轮蜗杆传动机构有故障。

⑤ 拆卸检查。按操作要求拆卸传动链有关构件,检查蜗轮蜗杆传动副,发现蜗轮局部磨损严重。

⑥ 确认原因。根据检查结果,蜗轮局部磨损,可能导致进给传动链间歇性的停顿,由此造成进给和快速移动的间歇性停顿故障。

⑦ 维护维修。查阅有关技术资料,本机床主轴进给传动链的蜗轮蜗杆副蜗轮 22 模数为 3mm;齿数 14;轮缘宽度 75mm;材料 40Cr;调质后表面高频淬火。蜗杆 24 模数 3mm;头数 2,轮缘宽度 65mm;材料 45 钢;调质后表面高频淬火。传动副变位系数+0. 166 7。使用备件更换维修需检测零件的各项技术要求和几何精度。装配中应注意变位系数对啮合位置的影响和啮合间隙检测。

(4) 维修经验积累　在具有蜗轮蜗杆传动副的传动链中,蜗轮蜗杆是比较容易磨损的机械零件,尤其是快速移动与进给运动使用同一传动链的结构。维修中应注意重点检查检测。平时维护应注意机构的润滑。

【实例 3 - 3】

(1) 故障现象　某 ZK5140 数控钻床加工精度下降,孔的位置精度达不到程序要求的位置精度。

(2) 故障原因分析　常见故障原因是 X、Y 轴方向的位移精度达不到机床精度要求，通常是导轨配合精度、同步带、同步电动机和滚珠丝杠副、支承轴承等部位有故障。

(3) 故障诊断和排除

① 原理分析(参见图 3-8)。本机床的工作台纵向(X 向)运动由 X 轴步进电动机通过 X 向同步齿形带轮副 36、37、38 带动滚珠丝杠 34 旋转，通过滚珠螺母 35 带动工作台纵向运动。该运动也可由转动滚珠丝杠 34 端部的方头手动实现。工作台横向(Y 向)运动由 Y 轴步进电动机通过 Y 向同步齿轮带副 36、37、38 带动滚珠丝杠 39 旋转，通过滚珠螺母 40 带动工作台横向运动。该运动也可由转动滚珠丝杠 39 端部的方头手动实现。

② 源头检查。首先检查同步电动机，X、Y 向同步电动机均正常。

③ 导向检查。检测导轨配合间隙和移动精度，均符合精度要求。

④ 丝杠检查。滚珠、丝杠和螺母均处于正常状态。

⑤ 轴承检查。查阅有关技术资料，支承轴承为 46204 和 104 单列向心球轴承，轴承润滑和运动正常。

⑥ 同步带轮副检查。发现同步带有磨损，且张力不符合要求。

⑦ 维护维修。按技术资料规定的同步带型号更换同步带，同时进行张力调整。维修后进行试车，故障被排除。

(4) 维修经验积累　伺服传动链中同步带是一种故障较多的传动副构件，平时应注意传动带的张力，维修安装中应注意与普通 V 带安装方法的不同操作步骤。

【实例 3-4】

(1) 故障现象　某 ZK5140 数控钻床锪孔表面加工精度下降，加工部位表面有振纹。

(2) 故障原因分析　常见故障原因是主轴支承轴承有故障。

(3) 故障诊断和排除

① 结构分析。主轴的支承轴承有精度较高的单列向心球轴承、单向推力球轴承、双列向心短圆柱轴承等，以保证主轴承受转矩和轴向载荷。

② 轴承损坏的特征。通常是滚珠(柱)表面、滚道表面等出现表面剥落和损坏。保持架变形等。

③ 检查诊断。逐个检查有关的轴承，发现其中双列向心短圆柱轴承的表面有划痕、局部剥落等。

④ 原因分析。仔细检查和分析，双列向心圆柱轴承润滑脂变质、有杂质导致轴承磨损失去精度。

⑤ 维修维护。按技术资料规定的规格和精度要求更换双列向心短圆柱轴承，并调整预紧力。对有关的轴承进行支承精度检查和润滑状态检查。维修维护后试车，机床的故障被排除。

(4) 维修经验积累　在经济型的钻床的维修中，由于锪孔的加工精度对主轴轴承的要求比较高，表面的质量能较灵敏地反映轴承的状态，在维修中可以通过锪孔加工来判断主轴轴承的状态。

【实例 3-5】

(1) 故障现象　某 ZK5140 数控钻床钻孔深度刻度盘动作不灵活。

(2) 故障原因分析　常见原因是刻度盘旋转传动机构相关传动副及其构件有故障。

(3) 故障诊断和排除

① 原理分析(参见图 3-8)。查阅有关技术资料，本机床刻度盘的运动是由转载水平轴端的齿轮 26 经齿轮 27 连接凸轮圆柱弹簧机构进行主轴重量平衡。装在水平轴上的齿轮 28，经内齿轮 29 带动刻度盘旋转，指示钻孔深度。

② 检查诊断。检查有关的构件和凸轮弹簧平衡机构，未发现异常；检查支承轴承，未发现异常；仔细检查齿轮 28 和内齿轮 29 的啮合状态，发现内齿轮齿槽有较多的润滑脂结垢和污物，影响了刻度盘的指示动作。

③ 维护维修。对有关的构件进行拆洗、装配、调整。维护维修后进行试车，故障被排除。

(4) 维修经验积累　在经济型钻床的使用中，通常有较多的切屑末和冷却液混合物，容易使某些部位的润滑脂变质积垢，影响传动机构的动作灵活性。

任务三　数控钻床电气部分的装调维修

【实例 3-6】

(1) 故障现象　某 ZK5140 数控钻床孔加工位置精度下降，孔位置尺寸精度不稳定。

(2) 故障原因分析　常见故障原因有伺服电动机、驱动电路及机械传动部分故障。

(3) 故障诊断和排除

① 故障检查。用手动驱动 X、Y 向工作台移动,未发现异常;检测手动位移精度未发现异常。基本排除机械传动部分的故障。

② 替换检查。采用备用驱动模块替换的方法进行驱动检查,故障依旧,估计驱动模块无故障。

③ 电动机检查。检查 X、Y 向步进电动机,发现 X 向步进电动机静扭矩及步距角不符合技术要求。

④ 故障分析。由此检查结果,通过对孔加工位置精度的复测,发现与 X 轴的精度有关。基本确定故障原因和故障的部位。

⑤ 维护维修。采用替换法进行故障原因和部位确诊,发现故障被排除。采用更换 X 向步进电动机的方法进行维修,机床孔加工精度有误差的故障被排除。

(4) 维修经验积累　步进电动机是一种将电脉冲信号转换成相应的机械位移(角位移或线位移)的机电元件,因其随输入脉冲信号而断续性的运转,故又称为脉冲电动机。步进电动机启动、停止或反转均取决于脉冲信号的控制而不受电压波动、负载变化和外界环境影响,其角位移(或线位移)误差不会长期积累,故适用于开环系统,广泛应用于经济型数控机床和程序控制系统。

【实例 3-7】

(1) 故障现象　某 ZK5140 数控钻床主轴电动机制动不良,按停止按钮后不能在规定的时间内停转。

(2) 故障原因分析　常见故障原因是能耗制动电源或控制部分有故障。

(3) 故障诊断和排除

① 原理分析。如图 3-6、图 3-7 所示,主轴电动机的停止动作过程如前述,继电器 KA1 接到从数控箱程序运行时传来的停转信号 M05 时,KA1 得电,常闭触点使控制线路切断,控制电动机正反转的接触器 KM1、KM2 失电,同时常开触点使制动控制接触器 KM3 得电,直流 48V 通过 KM3 加到主轴电动机产生能耗制动。

② 检测检查。检测控制变压器输出,能耗制动直流电源正常;检测能耗制动控制接触器 KM3 的触点状态,未发现异常;检查继电器 KA1 的触点状态,发现常开触点有烧灼氧化现象,接触电阻增大。

③ 维护维修。查阅有关技术资料，KA1是小型继电器，型号JZX-22FD/2Z(12V带座)，采用替换法进行维修确诊，机床不能在规定时间内停止的故障被排除。更换KA1继电器，同时检查同类继电器KA2、KA3的性能，以免发生类似故障。

（4）维修经验积累　继电器的故障需要进行分析，同时应检测继电器控制电路的电压是否符合控制要求。同类型的继电器在使用一定时间后，若发现其中个别继电器出现故障，需要对同类型的继电器进行必要的维护检测，以便备案后便于诊断和维修类似故障。

【实例3-8】

（1）故障现象　某ZK5140数控钻床攻螺纹加工过程中有停转现象。

（2）故障原因分析　常见故障原因是主轴正转控制电路或机械部分有故障。

（3）故障诊断和排除

① 原理分析。机床主轴正转是由接触器KM1控制的，控制电路中KM1得电后进行自锁，主轴电动机M1正转，当丝锥到达预定深度时，数控箱发出反转信号M04，使M1失电，正转停止。

② 检查检测。首先检查机械传动部分，正转传动的各个机械零件处于正常状态；检查控制线路状态和有关触点接触情况，处于正常状态；检测控制接触器KM1，主触点正常，用于闭合自锁的触点接触不良。

③ 原因分析。接触器的自锁闭合触点接触不良，可能导致主轴正转控制电路接通状态不稳定。

④ 维护维修。对KM1的触点进行检修，修复后进行试车，攻螺纹过程中停转的故障被排除。

（4）维修经验积累　数控钻床的主轴电动机主电路由接触器的主触头控制，控制电路的自锁由辅助触点控制，检修过程中应注意主副触点是否都处于正常状态，以便全面评估该接触器的工作状态，及时发现故障的原因和部位。

【实例3-9】

（1）故障现象　某ZK5140数控钻床Z向移动有间隙停顿现象。

（2）故障原因分析　常见故障原因是Z向步进电动机或驱动电路有故障。

（3）故障诊断和排除

① 原理分析。根据数控系统原理图，Z向步进电动机由专用控制程

序或零件加工程序通过计算机和接口电路经驱动电源驱动。

② 监测检查。检测 Z 向步进电动机，处于正常状态；检测驱动电路的脉冲输出波形，发现有不正常波形。

③ 原因分析。由于 Z 向步进电动机的驱动电源有故障，因此导致电动机有失步现象。

④ 原因确认。采用替换法，Z 向移动有间断停顿的故障被排除，由此确认驱动电源部分有故障。

⑤ 维护维修。更换步进电动机的驱动模块，试车检测驱动电源输出波形，故障被排除。维护中注意检测驱动模块的温升。

(4) 维修经验积累　如前述，步进电动机的驱动电源输入电动机受控制的脉冲信号，若信号异常，会出现失步现象。因此检修此类机床的驱动，应注意检测脉冲信号的状态。

【实例 3-10】

(1) 故障现象　某 ZK5140 数控钻床各种类型加工精度不稳定。

(2) 故障原因分析　常见故障原因是数控系统或伺服系统及机械传动机构等有故障。

(3) 故障诊断和排除

① 原理分析。本机床数控系统由双 CPU 主控单元、驱动电源、步进电动机及专用控制程序等组成。主控单元按照输入的加工程序发生一系列脉冲，经放大后驱动步进电动机，分别控制主轴的上、下（Z 向）；工作台的纵、横方向（X、Y 向）的运动速度和位移量，从而实现钻床的计算机控制。

② 原因推断。由于机床出现各种加工精度不稳定的故障，因此怀疑系统源头的主控单元等数控部分有故障。

③ 故障诊断。采用同类机床的主控板替换连接后进行试车，机床故障被排除，各项加工精度达到技术要求。由此确认主控板有故障。

④ 维护维修。按数控机床计算机控制程序使用及维护说明书的要求进行维护维修，机床故障排除。

(4) 维修经验积累　经济型数控钻床的使用频率较高，而数控系统的稳定性要求与日常的维护保养有一定的关系。经过替换的主控单元可以由专业厂家进行检修，有条件的也可以按技术条件自行进行维修检测。

项目二 数控铣床的装调维修

如前述，数控铣床有多种类型，如图 3-10 所示。数控铣床的主要部件包括主轴部件、进给传动部件、辅助装置(刀具夹紧装置、冷却系统、润滑系统、防护装置、排屑装置、附加回转工作台或分度头)等。立式升降台数控铣床布局示例如图 3-11 所示，数控铣床的工作原理如图 3-12 所示。

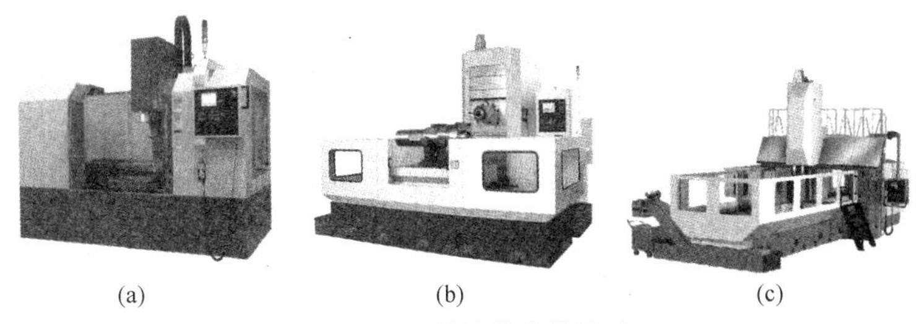

(a) (b) (c)

图 3-10 数控铣床的外形

(a) 立式数控铣床；(b) 卧式数控铣床；(c) 龙门数控铣床

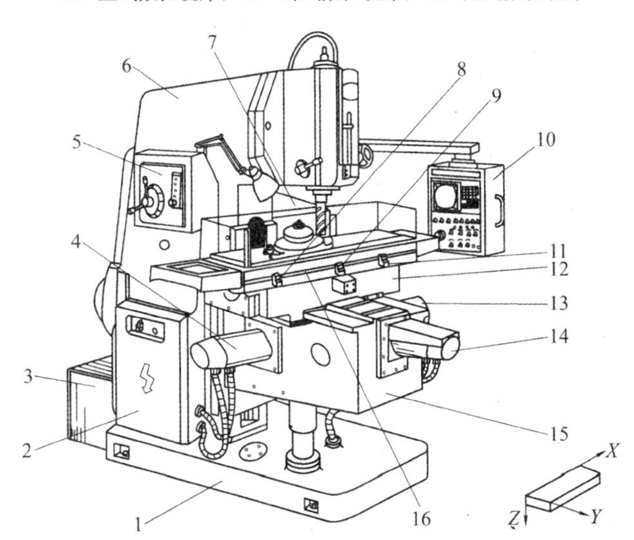

图 3-11 XK5040A 型数控铣床布局图

1—底座；2—强电箱；3—变压器箱；4—垂向进给伺服电动机；5—主轴变速和按钮板；6—床身；7—数控柜；8、11—纵向保护开关；9—挡块；10—操纵台；12—横向滑板；13—纵向进给伺服电动机；14—横向进给伺服电动机；15—升降台；16—工作台

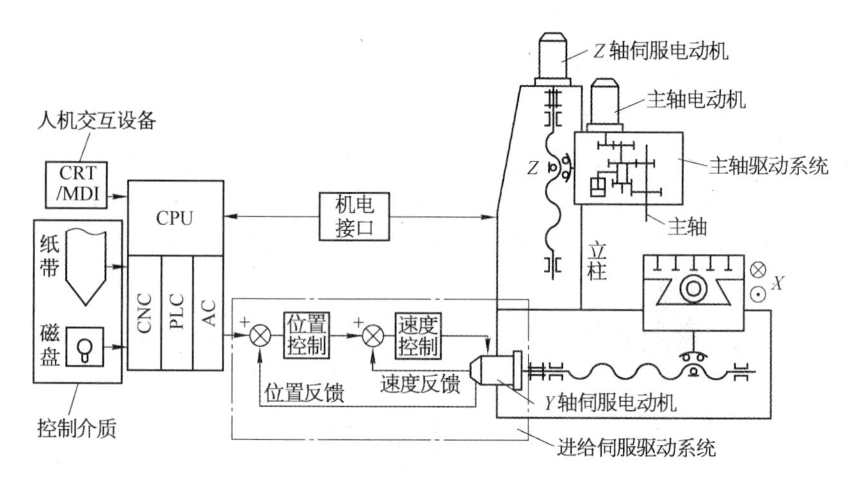

图 3-12 数控铣床的工作原理

任务一 数控铣床机械部分故障维修

数控铣床的机械部分维修包括导轨部件、进给部件、主轴部件和气动液压部件的维修调整。

1. 数控铣床的导轨

有滑动导轨、滚动导轨和静压导轨等。一般的升降台数控铣床和固定台座式数控铣床采用滑动导轨;精度较高的数控铣床采用滚动导轨;大型的数控铣(镗)床有的采用静压导轨。数控铣床导轨故障诊断和维修的有关内容可参见模块一、二的相关内容。装调维修中应注重掌握铣床精度检测和安装调整检测的基本方法、滚动导轨的安装和调整技能、滑动导轨的检修检测方法等基本技能。

2. 数控铣床的进给部件

数控铣床的进给传动部件的维修与数车床基本类似,重点是掌握进给传动部件滚珠丝杠的典型安装和检测方式、锥环联轴器的安装和检修等基本技能。

3. 数控铣床的主轴部件

1) 数控铣床结构 如图 3-13 所示为 NT-J320A 型数控铣床主轴部件结构,该机床主轴可作轴向运动,主轴的轴向运动坐标轴为数控装置中的 Z 轴。轴向运动由直流伺服电动机 16,经齿形带轮 13、15,同步带

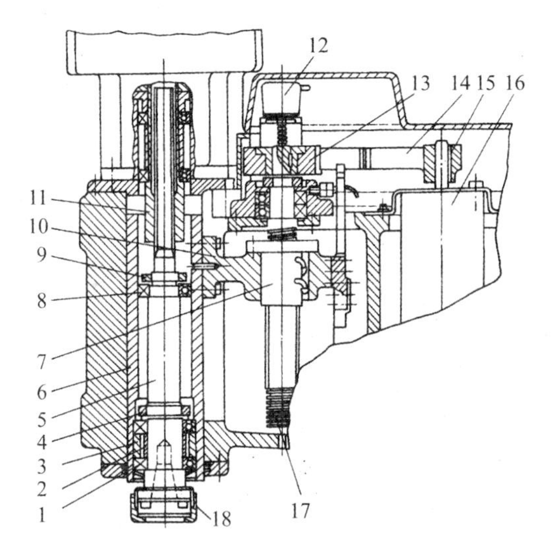

图 3－13　NT－J320A 型数控铣床主轴部件结构

1—角接触轴承；2,3—轴承隔套；4,9—圆螺母；5—主轴；6—主轴套筒；7—丝杠螺母；8—深沟球轴承；10—螺母支承；11—花键套；12—脉冲编码器；13,15—同步带轮；14—同步带；16—伺服电动机；17—丝杠；18—快换夹头

14,带动丝杠 17 转动,通过丝杠螺母 7 和螺母支承 10 使主轴套筒 6 带动主轴 5 作轴向运动,同时也带动脉冲编码器 12,发出反馈脉冲信号进行控制。

主轴为实心轴,上端为花键,通过花键套 11 与变速箱连接,带动主轴旋转。主轴前端采用两个特轻系列角接触球轴承 1 支承,两个轴承背靠背安装,通过轴承内圈隔套 2,外圈隔套 3 和主轴台阶与主轴轴向定位,用圆螺母 4 预紧,消除轴承轴向间隙和径向间隙。后端采用深沟球轴承,与前端组成一个相对于套筒的双支点单固式支承。主轴前端锥孔为 7∶24 锥度,用于刀柄定位。主轴前端端面键,用于传递铣削转矩。快换夹头 18 用于快速松、夹刀具。

2）主轴部件的维修拆卸　主轴部件在维修时需要进行拆卸,以如图 3－13 所示的铣床主轴为例,拆卸前应做好工作场地清理、清洁工作和拆卸工具及资料的准备工作,然后进行拆卸操作。拆卸后的零件、部件应进行清洗和防锈处理,并妥善保管存放。拆卸步骤：

① 切断总电源及脉冲编码器 12 以及主轴电动机等电器的线路；

② 拆下主轴电动机法兰盘连接螺钉；

③ 拆下主轴电动机及花键套 11 等部件(根据具体情况,也可不拆卸此部分)；

④ 拆下罩壳螺钉,卸掉上罩壳；

⑤ 拆下丝杠座螺钉；

⑥ 拆下螺母支承 10 与主轴套筒 6 的连接螺钉；

⑦ 向右移动丝杠螺母 7 和螺母支承 10 等部件,卸下同步带 14 和螺母支承 10 处与主轴套筒连接的定位销；

⑧ 卸下主轴部件；

⑨ 拆下主轴部件前端法兰和油封；

⑩ 拆下主轴套筒；

⑪ 拆下圆螺母 4 和 9；

⑫ 拆下前后轴承 1 和 8 以及轴承隔套 2 和 3；

⑬ 拆下快换夹头 18。

3) 铣床主轴的检测、装配和调整作业要点

(1) 维修检查　按精度标准检查各主要零件的精度：

① 轴承精度检查；

② 主轴精度检查；

③ 同步带、带轮检查；

④ 丝杠与螺母传动精度检查；

⑤ 密封件检查。

(2) 维修装配准备　装配前,各零件、部件应严格清洗,需要预先加、涂油的部位应加、涂油。装配设备、装配工具以及装配方法,应根据装配要求及配合部位的性质选取。操作者必须注意,不正确或不规范的装配方法,将影响装配精度和装配质量,甚至损坏被装配件。装配设备、工具及装配方法根据装配要求和装配部位配合性质选取。

(3) 作业顺序和要点　参见图 3-13,装配顺序可大体按拆卸顺序逆向操作。机床主轴部件装配调整时应注意以下几点：

① 为保证主轴工作精度,调整时应注意调整预紧螺母 4 的预紧量；

② 前后轴承应保证有足够的润滑油；

③ 螺母支承 10 与主轴套筒的连接螺钉要充分旋紧；

④ 为保证脉冲编码器与主轴的同步精度，调整时同步带 14 应保证合理的张紧量。

4. 数控铣床的气动液压部分

在数控铣床的气动液压装调维修中，应重点掌握主轴刀具夹紧部分的动作原理和检修技能；主轴变速机构的动作原理和检修技能；采用静压导轨的应重点掌握静压导轨的工作原理和装调维修方法。

【实例 3-11】

(1) 故障现象　某 KND 系统数控铣床加工精度下降，接刀加工的平面接刀部位不平整。

(2) 故障原因分析

① 主轴轴向窜动大。

② 工作台面沿导轨运动精度差。

③ 导轨间隙调整装置松动。

④ 机床失准，导轨变形。

(3) 故障诊断和排除

① 故障诊断检查。

a. 检测主轴轴向窜动间隙，正常。

b. 检测工作台运动精度，有偏差。

c. 检查各导轨镶条、压板间隙，正常。

d. 检测机床水平，发现失准。

e. 据理分析，该机床采用活动垫块支承，使用过程中由于切削力等因素，造成机床失准，导致导轨变形，机床工作台运动精度下降，造成接刀不平故障。

② 故障维修排除。根据诊断和检查结果，补充固定垫块支承机床，重新调整机床水平，铣削加工接刀不平的故障被排除。在维修排除过程中，应掌握以下要点。

a. 安装要点。

一般中小型数控机床可不采用单独做地基的方法，可在硬化好的地面上采用如图 3-14 所示的活动垫铁进行机床安装。

大型、重型机床必须专门做地基，精密机床需要做单独地基，在地基周围设置防振沟，在安装地脚螺栓的位置做出预留孔。数控机床的地基示例如图 3-15 所示。安装用的地脚螺栓形式见表 3-3。

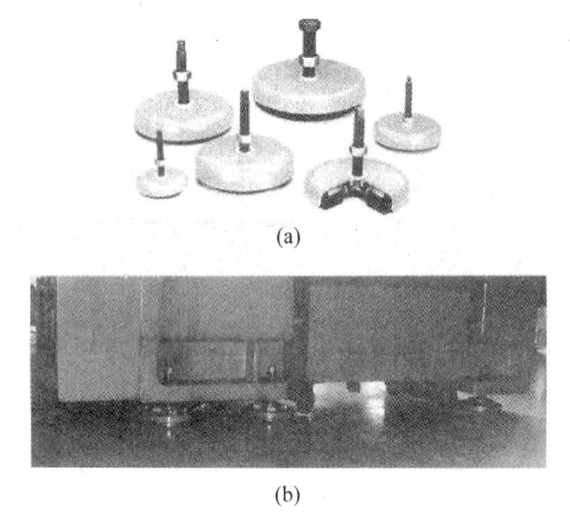

(a)

(b)

图 3－14 用活动垫铁支承、安装数控机床

(a) 活动垫铁；(b) 支承、安装示意

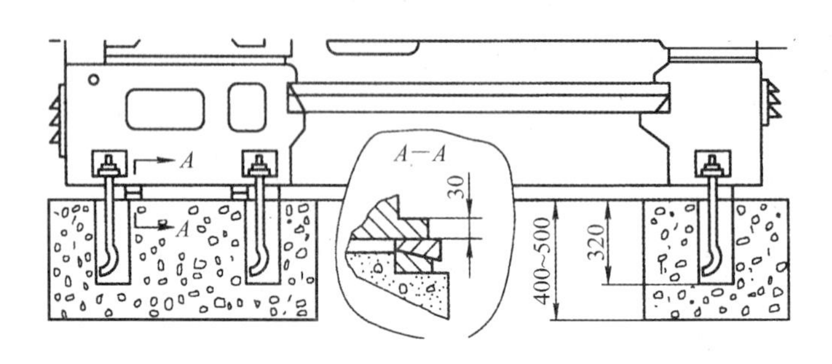

图 3－15 数控机床安装地基示例

b. 机床的水平调整要点。

在数控机床地基固化后，利用地脚螺栓和调整垫铁，可精确调整机床床身的水平，对普通数控机床，水平仪读数不超过 0.04mm/1 000mm；对于高精度数控机床，水平仪读数不超过 0.02mm/1 000mm。

大、中型机床床身大多是多点垫铁支承，为了不使床身产生额外的扭曲变形，如图 3－16 所示，应使垫铁尽量靠近地脚螺栓，注意垫铁的布置位置，并要求在床身自由状态下调整水平，各支承垫铁全部起作用后，再压紧地脚螺栓。常用垫铁的形式见表 3－4。

表 3-3　常用地脚螺栓的形式与固定方法

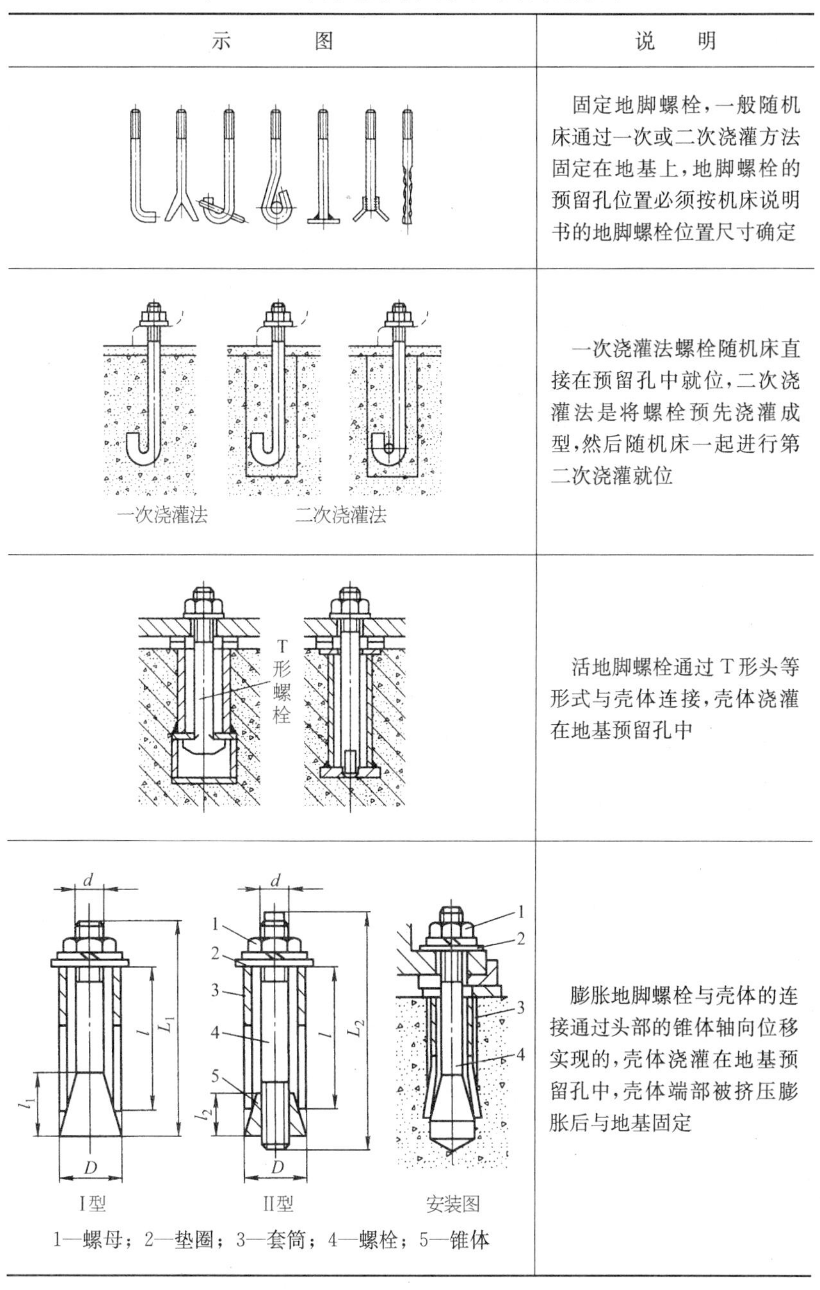

示　　图	说　　明
	固定地脚螺栓，一般随机床通过一次或二次浇灌方法固定在地基上，地脚螺栓的预留孔位置必须按机床说明书的地脚螺栓位置尺寸确定
一次浇灌法　二次浇灌法	一次浇灌法螺栓随机床直接在预留孔中就位，二次浇灌法是将螺栓预先浇灌成型，然后随机床一起进行第二次浇灌就位
T形螺栓	活地脚螺栓通过 T 形头等形式与壳体连接，壳体浇灌在地基预留孔中
d, l, L_1, l_1, D, L_2, l_2 I型　II型　安装图 1—螺母；2—垫圈；3—套筒；4—螺栓；5—锥体	膨胀地脚螺栓与壳体的连接通过头部的锥体轴向位移实现的，壳体浇灌在地基预留孔中，壳体端部被挤压膨胀后与地基固定

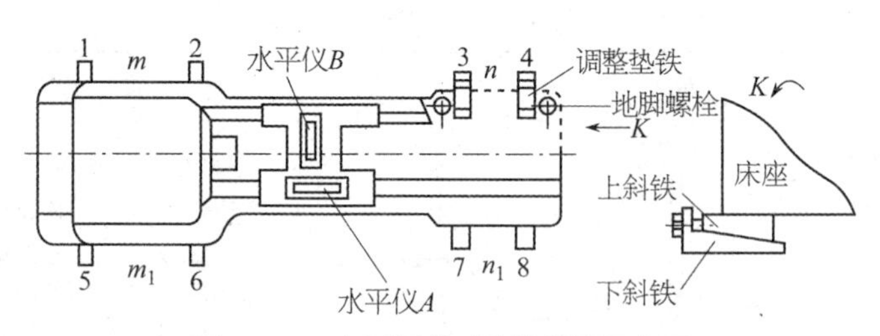

图 3-16　水平调整时垫铁放置示意图

表 3-4　常用调整垫铁的形式与使用

名　称	示　图	特点与使用
整体斜垫铁		成对使用，配置在机床地脚螺栓的附近；若单个使用，与机床底座面为线接触，刚度较差。适用于安装尺寸较小、调整要求不高的机床
钩头斜垫铁		与整体斜垫铁配对使用，钩头部分与机床底座边缘紧靠，安装调整时起定位限位作用，机床安装调整后不易走失
开口斜垫铁		开口可直接卡入地脚螺栓，成对使用，拧紧地脚螺栓时机床底座变形较小，垫铁的位置不易变动，调整比较方便
通孔斜垫铁		通孔可套入地脚螺栓，垫铁位置不易变动，调整比较方便，机床底座变形较小

c. 掌握电子水平仪的使用方法。

电子水平仪由两个带电容式传感器的水平仪和液晶显示器组成，通过电缆接口相互连接。操作面板如图 3-17a 所示，其中低能量电池开关 1 能接通液晶显示器显示电源；电位计 2 用来调整水平仪零位，其示值精度分为 10μm/m、5μm/m 和 1μm/m。

零位调整方法：

把 M 水平仪放置在被测平面上后，将液晶显示器调节为零位；

将水平仪在原位转 180°,此时液晶显示器某一读数值,调节电位计至该读数值的一半;

将水平仪转回原位,此时若显示的读数与 180°位置调节后显示读数值一致,说明水平仪的零位已调节好;

此时显示的读数值为被测平面与基准面的位置度误差;

液晶显示器左端的亮点在下,表示左倾斜(左低右高);左端的亮点在上,表示右倾斜(右低左高)。

使用操作方法,如图 3-17b 所示为采用两个水平仪同时使用的测量方法:

以 R 水平仪 3 为参考装置放置在基准面上,接输入插座 B;

以 M 水平仪 1 为测量装置测量被测平面,接输入插座 A;

将 M 水平仪 1 水平面放置在被测平面 5 上,可测出平面 5 与基准面 4 的平行度;

将 M 水平仪 1 垂直面放置在被测平面 6 上,可测出平面 6 与基准面 4 的垂直度。

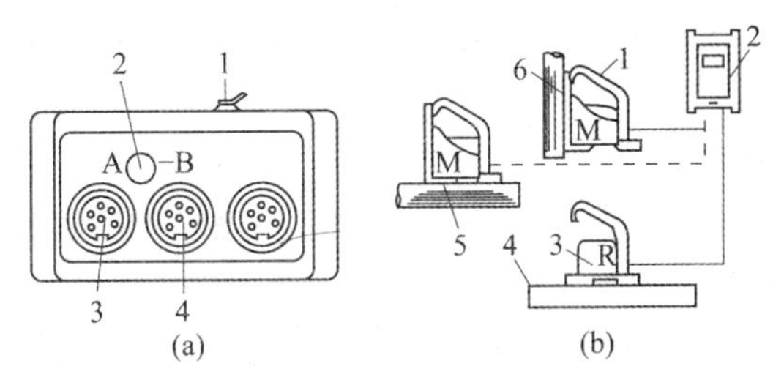

图 3-17　电子水平仪及其使用方法

(a) 电子水平仪操作面板;

1—电池开关;2—电位计;3—插座 A;4—插座 B

(b) 测量方法示意

1—M 水平仪;2—液晶显示器;3—R 水平仪;4—基准面;5,6—被测平面

【实例 3-12】

(1) 故障现象　某华中系统数控铣床在工作过程中,当 *X* 轴以 G00 的速度快速运动时,机床抖动得厉害,而且加工过程中,随着进给倍率增加,机床也有抖动感,但 CRT 没有任何报警信息。

(2) 故障原因分析　常见故障原因为伺服驱动单元、机械传动系统等有故障。

(3) 故障诊断和排除

① 故障诊断方法。

a. 因伺服驱动单元并没有任何报警，初步怀疑反馈环节有问题，造成系统超调、振荡。

b. 在 MDI 状态下，输入指令 G01 X100 F200，观察 X 轴移动时动态跟随误差 S≈115mm，增益 K≈1.7，原设定值 1.5，偏高 14%，有轻微抖动。

c. 连续按下屏幕上的(增益)，使动态增益降至 1.5，此时显示动态跟随误差为 133mm 左右，抖动消失，观察 X 轴静止状态时，静态跟随误差(0±1)mm，属正常范围。

d. 以 G00 速度移动 X 轴，抖动已无明显感觉。

e. 经过几天运转观察发现，虽然抖动现象消失，但 X 轴响应速度明显减慢。

f. 拆下 X 轴护罩，检查电动机传动部分，发现 X 轴导轨侧面有一辊式滚动块损坏。

g. 分析推断，因滚动块损坏，造成 X 轴运动阻力增大，电动机转速降低，位置反馈跟踪慢，造成数字调节器净输入信号过大引起系统振荡，产生故障。

② 维修排除作业。

a. 拆卸滚动块，检测滚动块损坏程度，发现滚柱表面有严重磨损痕迹，确定采用更换方法。

b. 按技术要求选择同一型号滚动块，检测滚动块的精度。

c. 按滚动导轨的安装步骤和预紧方式装配、调整滚动块。直线滚动导轨安装精度要求见表 3-5，滚柱导轨块在机床上的安装位置如图 3-18 所示，滚动导轨副的安装作业步骤见表 3-6。滚动导轨预紧作业中应掌握以下要点。

表 3-5 滚动导轨的安装精度要求

检测项目	精度要求
直线滚动导轨精度等级	一般选用精密级(D级)
安装基准面平面度	一般取 0.01mm 以下
安装基准面两侧定位面之间的平行度	0.015mm
侧定位面对底平面安装面之间的垂直度	0.005mm

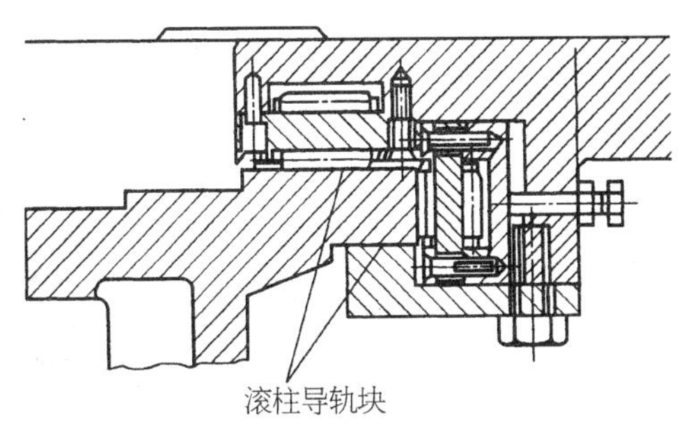

图 3-18　滚柱导轨块的安装

表 3-6　滚动导轨副的安装步骤

序号	说　　明	安 装 步 骤 图
1	检查装配面	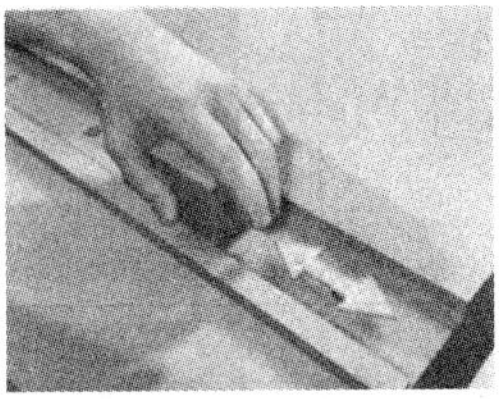
2	设置导轨的基准侧面与安装台阶的基准侧面相对	
3	检查螺栓的位置,确认螺孔位置正确	
4	预紧固定螺钉,使导轨基准侧面与安装台阶侧面相接	

（续表）

序号	说　　明	安装步骤图
5	最终拧紧安装螺栓	

滚动导轨预紧力控制的要求。预紧可以提高导轨的刚度，但预紧力应选择适当，否则会使牵引力显著增加，图 3－19 所示为矩形滚柱导轨和滚珠导轨的过盈量与牵引力的关系。

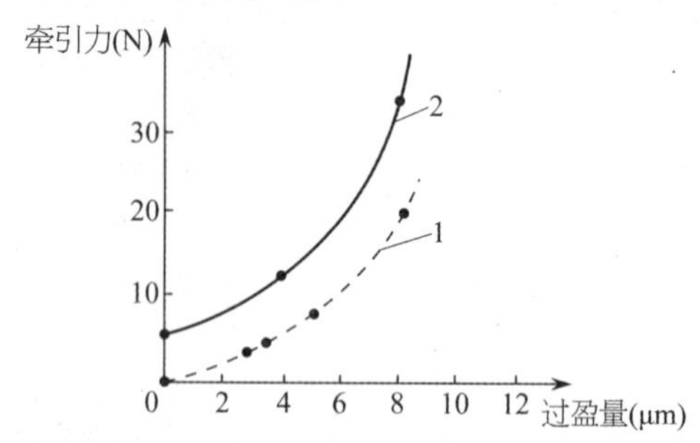

图 3－19　滚动导轨的过盈量与牵引力的关系

1—矩形滚柱导轨；2—滚珠导轨

滚动导轨的预紧作业方法见表 3－7。

表 3－7　滚动导轨的预紧方法

预紧方法	示　　图	说　　明
采用过盈配合		如左图所示，在装配导轨时，根据滚动件的实际尺寸量出相应的尺寸 A，然后研刮压板与滑板的接合面，或在期间加一垫片，改变垫片的厚度，由此形成包容 $A-\delta$（δ 为过盈量）。过盈量的大小可以通过实际测量确定

（续表）

预紧方法	示　　图	说　　明
采用调整元件实现预紧	3　2　1	如左图所示，拧紧侧面螺钉3，即可调整导轨体1及2的位置实现预加负载。预紧也可用斜镶条进行调整，采用这种方法，导轨上的过盈量沿全长分布比较均匀

注：图中1，2—导轨体；3—侧面螺钉。

d. 用激光干涉仪检查导轨移动精度。

e. 试车运行，X轴运行平稳。

经过以上维修排除作业，X轴移动抖动的故障被排除。

【实例3－13】

（1）故障现象　某华中世纪星数控龙门铣床加工的大型零件，平面的直线度误差较大。

（2）故障原因分析　常见的机械部分故障原因是机床水平失准、导轨直线度有误差等。

（3）故障诊断和排除

① 故障诊断分析。

a. 检测工作台运动精度，有偏差。

c. 检查各导轨镶条、压板间隙，正常。

d. 检测机床水平，发现失准。

e. 故障诊断分析：机床失准，导致导轨变形，机床工作台运动精度下降，造成加工平面直线度误差大的故障。

② 故障维修方法。

a. 机床水平调整。用水平仪重新调整机床水平，达到机床水平调整的技术要求，保证平行度、垂直度在0.02mm/1 000mm以内。

b. 检测导轨平直度。用光学平直仪检测导轨的直线度，如图3－20a所示为检测作业示意，使用光学平直仪应掌握以下要点。

熟悉光学平直仪的原理，其光学系统如图3－20b所示，光学平直仪是根据自准直仪原理制成的，由本体、望远镜、反射镜组成，是属于双分划板式自准直仪的一种。在光源前的十字丝分划板9上刻有透明的十字丝。在目镜5下采用一块固定分划板7和一块活动分划板6。在固定分划板7

上刻有“分”的刻度，在活动分划板 6 上则有一条用来对准十字丝影像的刻线。旋动测微螺杆 4 就可使活动分划板 6 移动。如果活动分划板 6 上的刻线对准十字丝影像的中心，就可从目镜 5 中读出“分”值，而从读数鼓筒 3 上可以读出“秒”值。即读数鼓筒 3 上的一个分度，相当于反射镜法线对光轴偏角 1″(0.005mm/m)。

使用光学平直仪检验机床导轨表面的直线度，实质上是测定反射镜在工件表面前后各个位置的角度偏差，从而推算出工件表面与理想直线之间的偏差情况。测量作业要点如下：

用光学平直仪 1 检验时，如图 3－20a 所示，在反射镜 2 的下面一般加一块支承板(俗称桥板)3，支承板 3 的长度通常有两种：即 $L=100$mm，$L=200$mm。

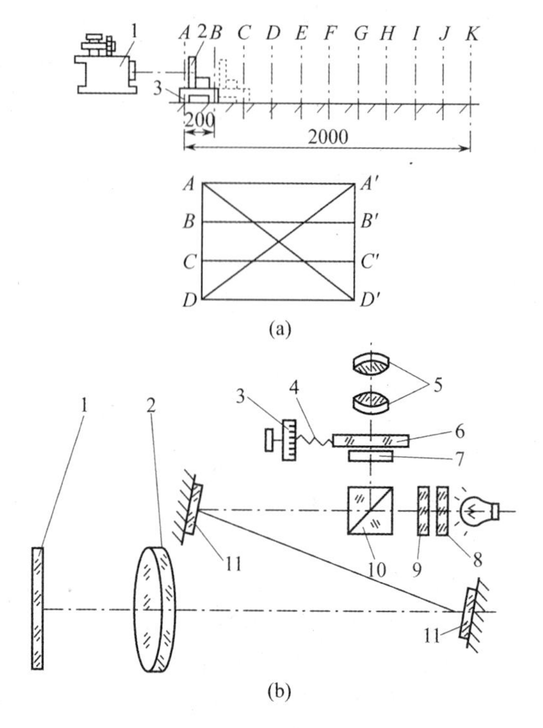

图 3－20　光学平直仪及其应用

(a) 检测示意　1—光学平直仪；2—反射镜；3—支承板

(b) 光学系统　1,11—反射镜；2—物镜；3—读数鼓筒；4—测微螺杆；5—目镜；6,7,9—分划板；8—滤光片；10—分光棱镜

哈尔滨量具刃具厂生产的光学平直仪，当反射镜支承长度 L 为 200mm 时，微动鼓轮的刻度值为 1μm，相当于反射镜的倾角变化为 1″，若支承长度为 100mm，微动鼓轮的刻度值则为 0.5μm。

反射镜的移动有两个要求：一要保证精确地沿直线移动；二要保证其严格按支承板长度的首尾衔接移动，否则就会引起附加的角度误差。为了保证这两个要求，侧面应有定位直尺作定位。

检测时应在分段上做好标记。每次移动都应沿直尺定位面和分段标记衔接移动，并记下各个位置的倾斜度。

本例经过检测，在恢复机床安装水平位置后，机床导轨的变形排除，恢复了导轨的几何精度要求和工作台的运动精度，零件加工面直线度误差大的故障被排除。

【实例 3－14】

（1）故障现象　某 SIEMENS 系统数控铣床。在工作过程中，加工自行停止。CRT 显示器右下角出现闪烁的“ALARM”报警，在故障显示界面上出现伺服报警。

（2）故障原因分析　在 SIEMENS 数控系统中，伺服系统的报警内容是“SERVOALARM：3－TH AXIS DETECTION RELATED ERROR”，即 Z 轴数字伺服系统存在故障。

（3）故障诊断和排除

① 检测伺服电动机温度和电流：手摸 Z 轴伺服电动机，感到温度很高，测试其工作电流，发现已超过了正常值。停机一段时间后再启动，可以工作半小时，而后又出现同样的故障。

② 检查伺服电动机线圈和绝缘电阻，绕组和绝缘层电阻值均在正常范围内。

③ 用替换法检测伺服驱动器：更换同型号的伺服驱动器，故障现象依旧。

④ 对传动机构进行检查，滚珠丝杠、连接部位等无故障现象。

⑤ 对导轨和镶条等进行检查，发现 Z 轴导轨的平行度不好，镶条与导轨贴合面不好。

⑥ 根据检查结果判断，由于导轨的平行度不好，镶条与导轨的接触面精度较差，致使工作台运动产生机械阻力，导致伺服电动机的电流变大，从而出现故障报警。

⑦ 根据诊断结果，对平行度不好的导轨进行研刮，对镶条进行配刮，

检测导轨、镶条的研点数，达到平行度和接触研点的精度要求后，调整 Z 轴导轨镶条，机床负载明显减轻，电流下降到正常值以下，报警解除，工作台运动故障被排除。导轨的研刮应注意以下要点：

a. 为了使研刮的导轨符合平面度、直线度要求，可用水平仪来配合测量，检查刮削面各个部位，按测得的误差进行修刮，以达到精度等级要求。

b. 防止刮削的常见缺陷。刮削操作不当，可能会产生各种缺陷，影响刮削质量，常见的刮削缺陷见表 3-8。

表 3-8 刮削常见缺陷及其原因

缺陷形式	特　征	产生原因
深凹痕	刮削面研点局部稀少或刀迹与显示的研点高低相差太多	1）刮削时用力不均，局部落刀太重或多次刀迹重叠 2）刀刃磨得过于弧形
撕痕	刮削面上有粗糙的，较正常刀迹深的条状刮痕	1）刀刃不光洁或不锋利 2）刀刃有缺口或裂纹
振痕	刮削面上出现有规则的波纹	多次同向刮削，刀迹没有交叉
划道	刮削面上划出深浅不一的直线	1）研点时夹有砂粒、切屑等杂质 2）显示剂不清洁
刮削面精密度不准确	显点情况无规律改变且捉摸不定	1）推磨研点时压力不均，研具伸出工件过多，按显示的假点刮削造成 2）研具本身精度差

c. 重视刮刀的修磨。刮刀的修磨形状和质量对刮削的质量有很大影响，因此在研刮维修中要注意刮刀的修磨作业方法。平刮刀的精磨在油石上进行，操作方法如图 3-21 所示：

精磨两平面如图 3-21a 所示，修磨时在油石上加适量机油，表面粗糙度 $Ra<0.2\mu m$；

精磨端面如图 3-21b 所示，修磨时左手扶住刀柄，右手紧握刀身，刮刀按不同的角度略带前倾向前推移，拉回时略提起，反复修磨，直至切削部分达到所需要求；

精磨圆弧面的刮刀端面如图 3-21c 所示，在刮刀推进的同时，可同时作摆动，以形成端面的圆弧刃。

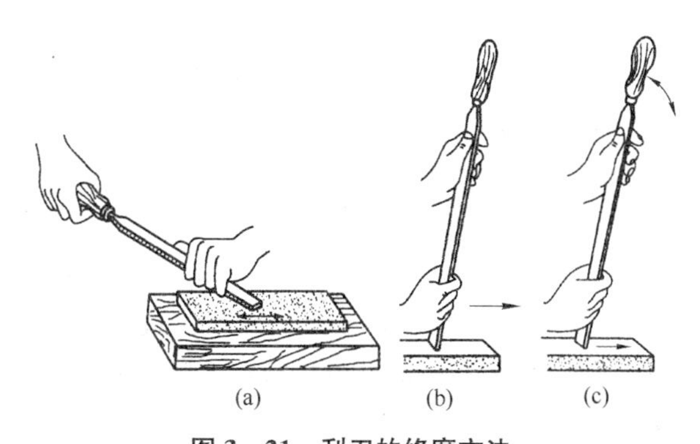

图 3-21　刮刀的修磨方法

(a) 精磨两平面；(b) 精磨端面；(c) 精磨圆弧面

【实例 3-15】

(1) 故障现象　XK5040-1 数控立式铣床，Z 轴电动机转不动，开动 Z 轴电动机即报警，机床工作台在最低位置不能上升。

(2) 故障原因分析　本例数控立式铣床，因修理拆卸 Z 轴电动机机尾部的测速电动机，维修人员对结构性能不了解，工作台底部到地面未采取任何措施，工作台快速降到底部极限位置产生严重故障。

(3) 故障诊断和排除

① 原因推断。因为机床在此故障前工作台能升降，机床立柱与升降工作台燕尾，镶条接触面间隙正常，润滑正常，因此在该处卡死可能性小。

② 拆卸检查。拆卸 Z 轴电动机，Z 轴滚珠丝杠副底座紧固螺钉，用两个同规格液压千斤顶在工作台底部将工作台往上顶，连底座将滚珠丝杠副取出。

③ 原因诊断。检查发现该丝杠副滚珠处滚道被挤扁，初步诊断是丝杠对螺母不能转动的原因。

④ 深入检查。拆卸间隙调整压板，取出 U 形外滚道钢管，旋出滚珠丝杠或螺母，修整 U 形外滚道管。作业要点如下。

a. 修整作业：U 形外滚道管是由壁厚 0.5mm 铬钢管制成的，直径为 ϕ5mm、内径 ϕ4mm，要求 ϕ4mm 钢球装进去能从另一头滑出来。U 形管压扁压伤变形后，ϕ4mm 钢球通不过管道内孔，造成丝杠不能转动，从 U 形管变形处近的一端装入 ϕ4mm 钢球，管口向上，用 ϕ3.9mm 的淬火钢棒放进管口冲 ϕ4mm 钢球，下去一段后取出钢棒，又加入钢球冲，如此反复，直到另一管口不断出钢球。且冲力逐渐减小，若达不到一口装入钢球能从另一口滑出的程度，而钢球在管内紧的部分越来越少了。选用 ϕ4.1mm 的钢球，放在管口冲下去，再放入标准 ϕ4mm 钢球冲压，直到 ϕ4.1mm 钢球从另一管口出来后，U 形外滚道管内孔也就能完全通过 ϕ4mm 标准钢珠了。

b. 清洁装配：用薄片油石清除各部分毛刺，用清洁煤油清洗好全部钢球、U 形管、滚珠螺母、丝杠后，再检查一次 ϕ4mm 标准钢珠是否能在全部 U 形管内畅通。完毕后进行装配调整滚珠丝杠副，调整间隙压板到支承螺母及丝杠副垂直位置，丝杠靠自重力自动向下转动时，间隙压板再稍稍紧固一下即可。

把各部件及 Z 轴电动机全部组装完毕，撤去千斤顶试车，机床升降运行正常，故障排除。

(4) 维修经验积累

① 该机床工作台升降系统没有自锁机构，自锁力是靠 Z 轴电动机内锁，电动机连接的齿轮与滚珠丝杠上端面处齿轮啮合，电动机正反向旋转带动齿轮使丝杠副正反向旋转，达到工作台升降运动，电动机失电时电动机内制动动作，工作台升降停止。

② 该电动机尾部的测速电动机实际上是检测升降位置距离的，拆离位置后电动机制动失去作用，造成事故。

③ 修理数控机床时，机电人员应密切配合，电气人员要了解机床结构特性，机械修理人员要了解数控原理，方能在数控机床修理中减少失误和杜绝失误，顺利地做好维修工作。本例提示，数控机床维修人员应具备机电一体化的知识和技能。

【实例 3 - 16】

(1) 故障现象　某龙门数控铣削中心加工的零件，在检验中发现工件 Y 轴方向的实际尺寸与程序编制的理论数据存在不规则的偏差。

(2) 故障原因分析　从数控机床控制角度来判断，Y 轴尺寸偏差是由 Y 轴位置环的偏差造成的。

(3) 故障诊断和排除

① 查阅机床资料，机床数控系统为 SIENEMS 系统，Y 轴进给电动机为 1FT5 交流伺服电动机带内装式的 ROD320。由于 Y 轴通过 ROD320 编码器组成半闭环的位置控制系统，因此编码器检测的位置值不能真正反映 Y 轴的实际位置值，位置控制精度在很大程度上由进给传动链的传动精度决定。

② 检查 Y 轴有关位置参数,发现反向间隙、夹紧误差等均在要求范围内,故可排除由于参数设置不当引起故障的因素。

③ 检查 Y 轴进给传动链。如图 3-22 所示为进给传动链典型连接方式。本例机床 Y 轴进给传动链采用图 3-22c 所示方式,由传动链结构分析,任何连接部分存在间隙或松动,均可引起位置偏差,从而造成加工零件尺寸超差。

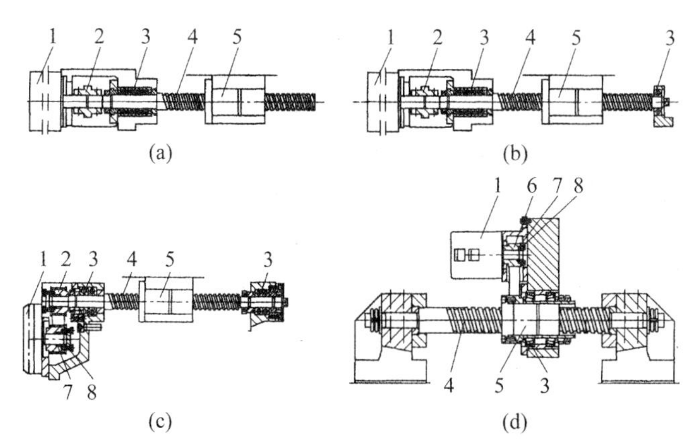

图 3-22　滚珠丝杠副的典型安装方式

(a) 一端装止推轴承;(b) 一端装止推轴承,另一端装向心球轴承;

(c) 两端装止推轴承;(d) 三支承方式

1—电动机;2—弹性联轴器;3—轴承;4—滚珠丝杠;5—滚珠丝杠螺母;6—同步带轮;7—弹性胀紧套;8—锁紧螺钉

④ 检查滚珠丝杠的轴向窜动。

a. 将一个千分表座吸在横梁上,表头找正主轴 Y 运动的负方向,并使表头压缩到 50～10μm,然后把表头复位到零。

b. 将机床操作面板上的工作方式开关置于增量方式(INC)的"×10"挡,轴选择开关置于 Y 轴挡,按负方向进给键,观察千分表读数的变化。理论上应该每按一下,千分表读数增加 10μm。经测量,Y 轴正、负方向的增量运动都存在不规则的偏差。

c. 将一颗钢珠置于滚珠丝杠的端部中心,用千分表的表头顶住滚珠,见图 3-23。将机床操作面板上的工作方式开关置于手动方式(JOG),按正、负方向的进给键,主轴箱沿 Y 轴正、负方向连续运动,观察千分表读数无明显变化,故排除滚珠丝杠轴向窜动的可能。

⑤ 检查同步传动带。检查与 Y 轴伺服电动机和滚珠丝杠连接的同

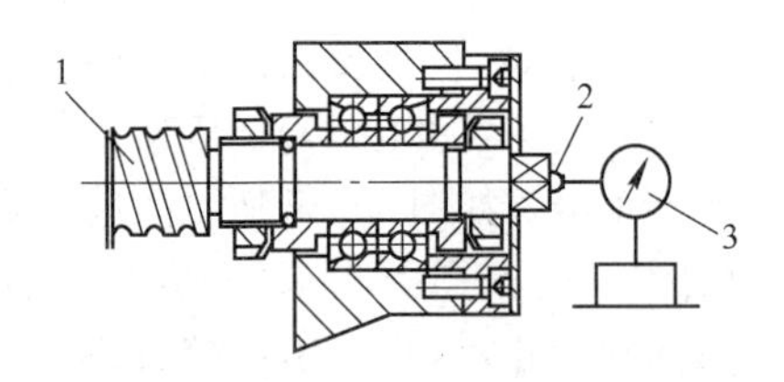

图 3-23 用千分表检测滚珠丝杠轴向窜动

1—滚珠丝杠；2—钢珠；3—千分表

步齿形带轮，传动带和带轮无损坏等现象。

⑥ 检查带轮与传动轴的连接锥套，发现与伺服电动机转子轴连接的带轮锥套有松动，使得进给传动与伺服电动机驱动不同步。

⑦ 诊断结果。根据传动链的结构形式，采用分步检查的方式，排除可能引起故障的因素，最终确定故障的部位。由于在运行中锥套的松动是不规则的，从而造成位置偏差的不规则，最终使零件加工尺寸出现不规则的偏差。

⑧ 维修维护要点。

a. 对 Y 轴传动链的锥套连接进行调整，故障被排除。

b. 在日常维护中要注意对进给传动链的检查，特别是有关连接元件，如联轴器、锥套等有无松动现象。

c. 通过对加工零件的检测，随时监测数控机床的动态精度，以决定是否对数控机床的机械装置进行调整。

【实例 3-17】

（1）故障现象　某 KND 系统立式数控铣床进行自动运行，工作台向 Y 轴方向移动时，出现明显的机械抖动。

（2）故障原因分析　将 CRT 屏幕切换到报警界面，没有出现任何报警。原因通常是伺服系统、进给传动机构有故障。

（3）故障诊断和排除

① 用手动方式沿 Y 轴移动工作台，故障现象不变。

② 观察显示器屏幕，控制 Y 轴位移的脉冲数值在均匀地变化，且与 X 轴、Z 轴的变化速率相同，由此可以初步判断数控系统的参数没有变化，硬件控制电路也没有故障。

③ 使用交换法进行检查，发现故障部位在 Y 轴直流伺服电动机及丝杠传动部分。

④ 为了分辨故障究竟是电气故障还是机械故障，将伺服电动机与滚

珠丝杠之间的挠性联轴器拆除，单独试验伺服电动机。此时电动机运转平稳，没有振动现象，这表明故障在机械传动链。

⑤ 用扳手转动滚珠丝杠，感到阻力转矩不均匀，且在丝杠的整个行程范围内都是如此，由此判断滚珠丝杠副或其支承部件有故障。

⑥ 拆开滚珠丝杠副支承部件进行检查，发现在丝杠＋Y 轴方位的平面轴承 8208 不正常，其滚道表面上呈现明显的裂纹。

⑦ 根据诊断结果，更换轴承 8208 后，机床恢复正常。为了预防此类故障，平时要注意检查 Y 轴的减速和限位行程开关，防止其失灵或挪位。否则会在＋Y 轴方向发生超程，使丝杠受到轴向冲击力，从而损伤平面轴承。在安装平面轴承时，应掌握以下要点：

a. 推力球轴承在装配时，应注意区分紧环和松环，松环的内孔比紧环的内孔大，通常情况下当轴为转动件时，一定要使紧环靠在与轴一起转动零件的平面上，松环靠在静止零件的平面上，如图 3－24 所示。否则使滚动体丧失作用，同时会加速配合件间的磨损。

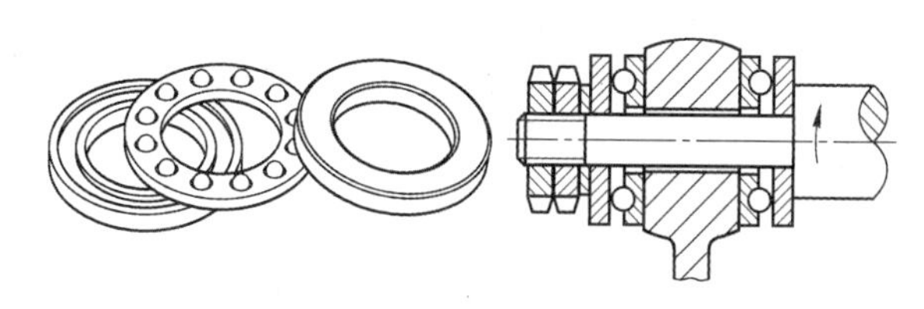

图 3－24　推力轴承的装配和调整

b. 其游隙的大小，可通过锁紧螺母来调节。

c. 拆卸时将锁紧螺母拆卸，然后将轴用铜棒自左向右击出即可。

【实例 3－18】

（1）故障现象　某 HNC 系统数控铣床在使用一段时间后，出现主轴箱噪声大故障。

（2）故障原因分析　常见的故障原因如下：

① 主轴、传动轴部件故障原因：主轴部件动平衡精度差；主轴、传动轴轴承损坏；传动轴变形弯曲；传动齿轮精度变差；传动齿轮损坏；传动齿轮啮合间隙大等。

② 带传动故障原因：传动带过松；多传动带传动各带长度不等。

③ 润滑环节原因：润滑油品质下降；主轴箱清洁度下降；润滑油量减少不足。

(3) 故障诊断和排除　拆卸主轴部件进行检查，按主轴箱噪声大的常见故障原因，检查主轴、传动部件、传动带和主轴润滑，发现主轴轴承间隙过小，传动带较松，润滑油不够清洁。为此，采用以下维修方法：

① 拆卸和更换轴承。按技术资料核对轴承的精度等级、型号和调整间隙；按配对使用的要求检查新轴承质量；拆卸旧轴承；清洗轴承装配部位并检查轴颈部精度；按规范作业方法装配新轴承；按间隙要求调整轴承的间隙。

滚动轴承故障维修应掌握以下要点：

a. 准确判断轴承的故障。滚动轴承经过长期使用，会磨损或损坏。磨损后的轴承使工作游隙增大或表面产生麻点、裂纹、凹坑等弊病，这些将使轴承工作时产生剧烈的振动和更严重的磨损。轴承磨损或损坏的原因和一般诊断方法如表 3－9 所述。

表 3－9　滚动轴承常见故障形式及原因

序号	声　音	原　因	排除方法
1	金属尖音(如哨声)	润滑不够间隙小	检查润滑、调整间隙
2	不规则声音	有夹杂物进入轴承中间	清洗轴承、维护防护装置
3	粗嘎声	滚子槽轻度腐蚀剥落	更换轴承
4	冲击声	滚动体损坏，轴承圈破裂	
5	轰隆声	滚球槽严重腐蚀剥落	
6	低长的声音	滚珠槽有压坑	

b. 轴承孔精度的维修方法。当拆卸轴承时，发现轴颈或轴承座孔磨损，此时可采用镀铬或镀铁的方法使轴颈的尺寸增大或使座孔的尺寸减小，然后经过磨削或镗削，达到要求的尺寸。

c. 轴承游隙的消除方法。消除主轴轴承的游隙，目的是为了提高主轴回转精度，增加轴承组合的刚性，提高切削零件的表面质量，减少振动和噪声。

数控机床主轴轴承的预紧方式如下：

消除轴承的游隙通常采用预紧的方法，其结构形式有多种。图3－25a、b所示是弹簧预紧结构，这种预紧方法可保持一固定不变的、不受热膨胀影响的附加负荷，通常称为定压预紧。图 3－25c、d 所示分别采用不同长度的内外圈预紧结构，在使用过程中其相对位置是不会变化的，通常称为定位预紧。

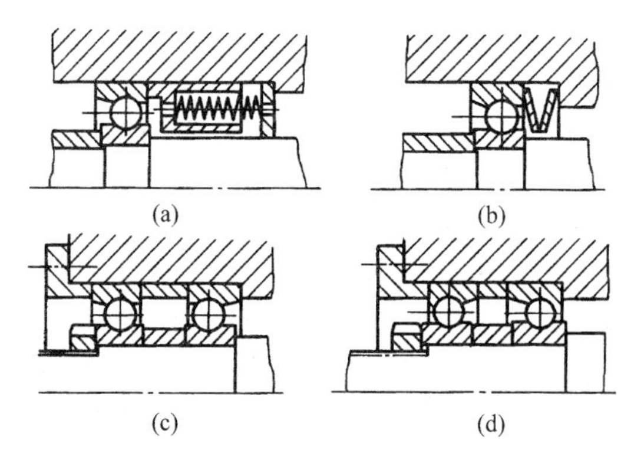

图 3-25　主轴轴承预紧的方式

(a)、(b) 定压预紧；(c)、(d) 定位预紧

向心推力预加载荷的选择。主轴预加载荷的大小，应根据所选用的轴承型号而定。预加载荷太小达不到预期的目的；预加载荷太大会增加轴承摩擦，运转时温升太高，降低轴承的使用寿命。对于同一类型轴承，外径越大，宽度越宽，承载能力越大，则预加载荷也越大。常用的向心推力球轴承预加载荷可参见表 3-10。

表 3-10　成对组装向心推力球轴承预加载荷　(N)

内径代号	型号			内径代号	型号		
	36100	36200	36300		36100	36200	36300
03	75	110	150	10	210	320	465
04	95	135	190	11	240	350	500
05	115	150	230	12	270	380	540
06	135	180	280	13	300	420	590
07	150	220	325	14	350	460	625
08	170	240	370	15	400	510	690
09	195	275	415	16	450	580	750

② 检查和更换传动带。调整传动带张紧量(发现张紧量不足)；按技术资料核对传动带的型号；检查新传动带的质量(表面、齿形、长度等)；按技术要求调整带的张紧量。

③ 检查和改善润滑系统。检查主轴箱清洁度(本例主轴箱底部略有油垢积淀);清洗油箱和有关环节;按技术要求更换规定的润滑油;按说明书规定检查润滑油的油量。

④ 修复检查。按规范装配主轴部件;试运转;检查主轴的温升、噪声、主轴颈和内锥面的全跳动等技术要求;用噪声技术标准要求测定主轴箱的噪声。

检测温升和噪声的作业应掌握以下要点:

a. 红外测温仪的使用要点。如图 3-26a 所示为红外测温仪,红外测温是利用红外辐射原理,将对物体表面温度的测量转换成对其辐射功率的测量,采用红外探测器和相应的光学系统接收被测物不可见的红外辐射能量,并将其变成便于检测的其他能量形式予以显示和记录的仪器。按红外辐射的响应形式,红外测温仪可分为光电探测器和热敏探测器两类。红外测温仪用于检测机械设备、机床等容易发热的部件,如主轴轴承、电动机等,以便采取措施控制发热部位的过高温升。选用红外测温仪应

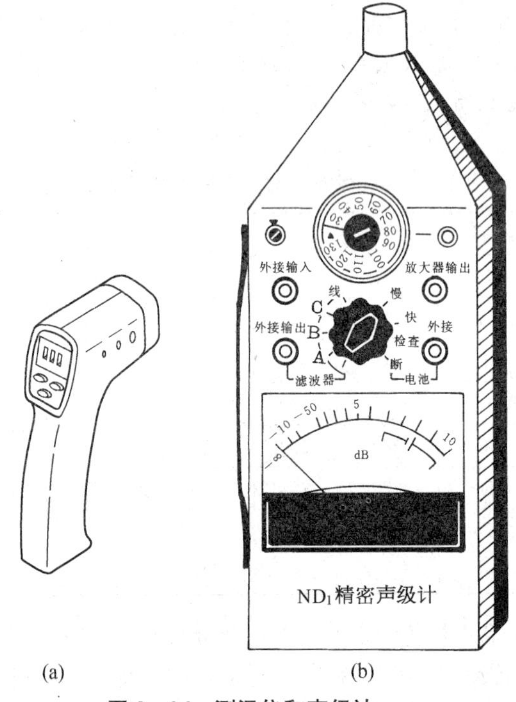

(a) (b)

图 3-26 测温仪和声级计

注意确定测温范围，既不要过窄，也不要过宽；确定被测目标尺寸应超过视场大小的50%～90%，避免测温仪受到测量区域外面的背景辐射影响；确定精确度和光学分辨率应适宜适用；环境条件应考虑：当环境温度过高、存在灰尘等条件下，可选用厂商提供的保护套等附件；确定响应速度时：当目标的运动速度很快或测量快速加热的目标时，要求快速响应的红外测温仪，对于静止的或目标热过程存在热惯性时，测温仪的响应时间就可以放宽要求。

b. 声级计的使用要点。如图3-26b所示为ND1型声级计，主要用于检测机械设备的噪声。如数控机床噪声测试的目的是按照有关标准检查机床的噪声，测试的内容包括机床噪声声压级的测量；机床噪声的频谱分析。通过频谱分析得出机床噪声的频谱图，从而得出该机床噪声的主要声源，以便采取措施控制和降低机床的总噪声。

本例数控铣床主轴部分经过以上维修和保养，主轴箱噪声大的故障被排除。

【实例3-19】

(1) 故障现象　某数控铣床，使用一段时间后出现主轴拉不紧刀具故障，无任何报警信息。

(2) 故障原因分析　主轴拉不紧刀具的原因：

① 主轴拉紧刀具的碟形弹簧变形或损坏；

② 拉力液压缸动作不到位；

③ 拉杆与刀柄弹簧夹头之间的螺纹连接松动。

(3) 故障诊断和排除

① 经检查，碟形弹簧和液压缸动作正常，发现该机床拉杆与刀柄夹头的螺纹连接松动，刀柄夹头随着刀具的插拔发生旋转，后退了约1.5mm。

② 进一步检查，本例机床的拉杆与刀柄弹簧夹头之间无连接防松的锁紧措施，在插拔刀具时，若刀具中心与主轴定位圆锥孔中心稍有偏差，刀柄弹簧夹头与刀柄间就会存在一个偏心摩擦。刀柄弹簧夹头在这种摩擦和冲击的共同作用下，螺纹松动，出现主轴拉不住刀具的故障现象。

③ 根据诊断检查结果，将主轴拉杆和刀柄夹头的螺纹连接用螺纹锁固密封胶黏接固定，并用锁紧螺母锁紧后，铣床主轴不能拉紧刀具的故障被排除。

(4) 维修经验积累　对于某些结构不够完善的部位，出现故障后，可根据结构的原理进行适当的完善改进，必要时应与有关技术人员和制造单位进行沟通联系，以便获得技术支持。

【实例 3-20】

(1) 故障现象　西门子系统 XK5040-1 型立式数控铣床。机床通电后，主轴不能启动；主轴启动后制动的时间过长。

(2) 故障原因分析　常见机械部分原因是传动带、轴承、制动器等部位有故障。

(3) 故障诊断和排除

① 检查主轴电动机和传动带，没有损坏情况，而且电动机可以通电。调整传动带松紧程度，主轴仍无法转动。

② 检查主轴电磁制动器，其线圈、衔铁、弹簧和摩擦盘都是完好的，制动系统的动作正常无误。

③ 拆下传动轴，发现轴承 E212 因润滑油干涸而已经烧坏，根本不能转动，判断不能启动的故障是由轴承损坏所引起的。

④ 仔细检查制动器，发现衔铁与摩擦盘之间的间隙加大，判断制动时间过长的故障是由间隙加大引起的。

⑤ 更换轴承后通电试机，主轴启动、运转正常。

⑥ 按技术参数调整摩擦盘和衔铁之间的间隙为 1mm 左右，具体方法是：松开锁紧螺母，调整 4 个螺钉，使衔铁向上方挪动。调整好间隙后，再将螺母锁紧。

(4) 维修经验积累　本例故障具有两个不同现象，一个是不能启动，另一个是制动不良。因此通常具有两个故障原因和部位，在分析诊断过程中应具备逻辑对应分析的基本方法。

【实例 3-21】

(1) 故障现象　某 HNC 系统数控铣床，换挡变速时，变速气缸不动作，无法变速。

(2) 故障原因分析　常见的原因是气动系统有故障，包括系统压力不正常；气动换向阀控制电路、换向阀、变速气缸等有故障。

(3) 故障诊断和排除

① 气源检查。检查气源压力，正常。

② 压力检查。检查系统压力，压力表显示 0.6MPa，压力正常。

③ 电路检查。检查换向阀控制电路，电磁阀控制电路正常。

④ 气缸检查。检查变速气缸，能进行手动动作。

⑤ 控制阀检查。检查换向阀，发现有污物卡住阀芯。判断阀芯运动

受阻，阻断了变速气缸的动作气源，导致不能变速的故障。

⑥ 维护维修。根据检查诊断结果，清洗换向阀，重新装配后，不能变速的故障被排除。

(4) 维修经验积累　本例在维护维修中，应注意检查气源的清洁度，重点检查气源净化装置的过滤部分。空气过滤器的滤芯应经常检查，污物进入阀芯，说明过滤部分失效。由此应更换空滤器的滤芯，防止故障的重复发生。空气过滤器的典型结构如图 3-27 所示，维修中应预先熟悉空气过滤器的工作原理，以便进行正确的维护维修。

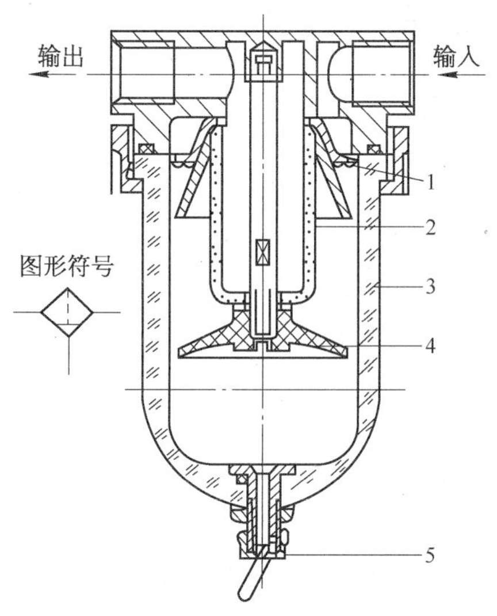

图 3-27　空气过滤器

1—旋风叶子；2—滤芯；3—存水杯；4—挡水板；5—手动排水阀

【实例 3-22】

(1) 故障现象　某 FANUC 系统组合数控铣床，液压系统压力偏低，工作台移动的速度很慢。

(2) 故障原因分析　常见原因是机械传动机构和液压回路元件有故障。

(3) 故障诊断和排除

① 检查工作时液压系统升压很慢，设定的压力，为 3.5MPa，但实际压力在 2MPa 以下。检查工作台的机械部分，无异常情况，导轨润滑处于完好状态。

② 仔细观察故障现象，三位四通电磁阀停止工作后，液压缸仍有轻微的抖动。检查电磁阀，拆卸后发现一端弹簧已老化失去弹性，电磁阀两端受力不匀，且动作不到位。更换电磁阀后，液压缸抖动现象消失，但还是不能正常工作。

③ 检查系统动力部分，发现系统升压缓慢，液压泵有轻微的嘶叫声，分析推断是液压泵有吸气现象。

④ 据理推断是液压系统中进气或执行元件中的密封圈老化，导致缸体内部的液压油泄漏。遵循先易后难的原则，对相关部位进行检查。

a. 检查管路各连接部位，未发现泄漏现象。

b. 检查各控制、执行元件与管路的连接部位，未发现泄漏现象。

c. 检查油箱液面高度，处于正常状态。

d. 检查吸油口的过滤网，发现过滤网已经全部被杂物堵塞。

⑤ 根据检查诊断结果。拆下过滤网，将杂物清洗干净后重装，机床恢复正常工作。

(4) 维修经验积累　本例提示，维护维修中为了防止类似故障重复，应检查油箱的清洁度和液压油的清洁度，必要时还需要检查系统的清洁度。

【实例 3-23】

(1) 故障现象　某 HNC 系统数控镗铣床，机床工作几个小时后，控制系统显示液压系统压力不足。

(2) 故障原因分析　常见原因是系统泄漏、液压元件故障等。

(3) 故障诊断和排除

① 测量系统压力，约为 9MPa。

② 检查系统外部管路及连接部位，无泄漏故障。

③ 测量油箱的油温，高达 85℃，而此时环境温度仅为 31℃。初步判断液压系统内部有泄漏点，造成了油温升高，压力下降。

④ 检查液压系统的液压泵、主轴变速液压缸、截止阀、溢流阀，都在正常状态。

⑤ 拆开回油管道，测得回油量较大，据理推断，9 个电磁换向阀有内泄漏故障。原因是换向阀长期频繁地打开和关闭，磨损严重，造成了阀芯与阀座之间的配合间隙增大，产生内部泄漏。

⑥ 根据检查和诊断结果，更换换向阀，机床油温升高和压力下降的故障被排除。

(4) 维修经验积累 本例机床的液压阀原件都是进口元器件,价格昂贵,维修中可使用功能相同的国产电磁阀进行替代,不能直接替换的,如本例机床的原阀门中含有定位式二位四通电磁阀,单只国产球型电磁阀不能代替原电磁阀的功能,要用两只球型电磁阀和一只单向阀组合后进行替换。三位四通电磁阀的中位机能见表 3-11。

表 3-11 三位四通电磁阀的中位机能

中位代号	结构原理图	中位符号	换向平稳性	换向精度	启动平稳性	系统卸荷	缸浮动
O	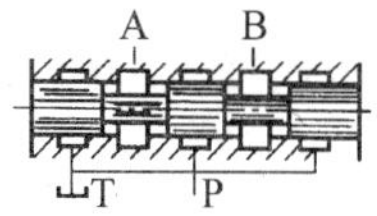		差	高	较好	否	否
H	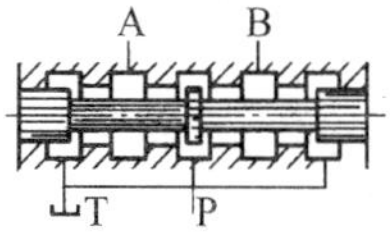		较好	低	差	是	是
P	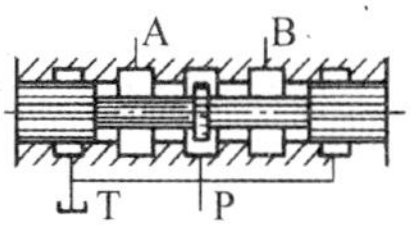		好	较高	好	否	双杆缸浮动单杆缸差动
Y	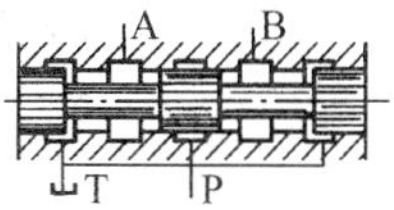		较好	低	差	否	是
M	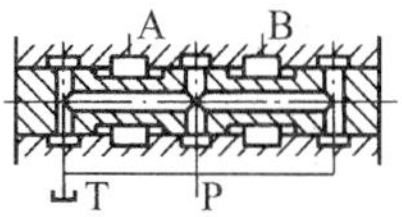	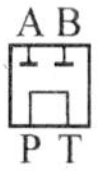	差	高	较好	是	否

【实例 3-24】

(1) 故障现象 某 KND 系统数控铣床,在自动加工过程中,不能执行换刀动作,也没有任何报警。

(2) 故障原因分析 本例机床利用液压装置进行换刀,需要检查液压装置和有关的电路。

(3) 故障诊断和排除

① 信号检查。检查控制系统，PLC已经输出了换刀信号。

② 电路检查。检查从PLC到电磁阀之间电气电路，没有异常情况，控制信号到达电磁阀。

③ 动作检查。推断液压系统有故障。在手动方式下进行主轴换挡，动作不能完成。再检查液压系统的其他各项动作，没有一个动作可以完成。

④ 压力检查。检查液压系统的压力，稳定地保持在1.5MPa。

⑤ 阀芯检查。用螺钉旋具推动总回路的电磁阀阀芯，阀芯伸缩自如，没有额外的阻力。

⑥ 线圈检查。拔下电磁阀电源插头，测电磁阀线圈的电阻，在正常状态。

⑦ 电压检查。再次测量电磁阀直流供电电压为15V，而且在不停地波动。查阅技术资料，正常状态电压应该稳定在24V上。

⑧ 原因确认。再次检查电磁阀电源的整流电桥，发现有一只二极管有故障，拆下二极管检测，二极管内部断路。

⑨ 维护维修。根据检查和故障诊断结果，更换损坏的整流二极管，安装后检测直流桥的输出电压和波形，处于正常状态。开机试车，不能换刀的故障被排除。

（4）维修经验积累　本例提示采用直流电磁阀的控制电路应注意检测供电电源的电压和波形，不稳定的电压或异常波形，会影响电磁阀的控制性能。

任务二　数控铣床电气部分故障维修

数控铣床的电气部分包括主回路、电源电路和控制电路。维修经济型数控铣床的电气部分，应掌握所维修机床的电路图的基本分析方法。首先应了解电气控制系统的总体结构、电动机和电器元件的分布状况及控制要求等内容，然后阅读分析电气原理图。

分析主回路——根据伺服电动机、辅助机构电动机和电磁阀等执行电器的控制要求，分析包括启动、方向控制、调速和制动等控制内容。

分析控制回路——根据主回路中各伺服电动机、辅助机构电动机和电磁阀等执行电器的控制要求，逐一找出控制电器中的控制环节，按功能不同划分成若干个局部控制电路进行分析。

分析辅助电路——根据辅助电路中电源显示、工作状态显示、照明和故障报警灯部分的控制要求，分析控制电路中相关控制元件的控制过程及与控制电路的关联。

分析联锁和保护环节——根据机床安全性和可靠性的要求和实现过程，分析有关的元器件和控制方法，同时应注意分析电气保护和电气连锁的有关环节。

总体检查分析——根据首先按“化整为零”方法，逐步分析局部电路的工作原理以及各部分的控制关系，然后按“集零为整”方法，从整体角度进一步理解分析各控制环节之间的联系，全面分析电路中各个元器件所起的作用。

1. 数控铣床主回路分析示例

以图 3-28 所示 XK714A 数控铣床的强电回路为例，对主回路进行分析。

① QF1 为电源总开关。QF3、QF2、QF4 分别为主轴强电、伺服强电、冷却电动机的空气开关。其作用是接通电源及电源在短路、过电流时起保

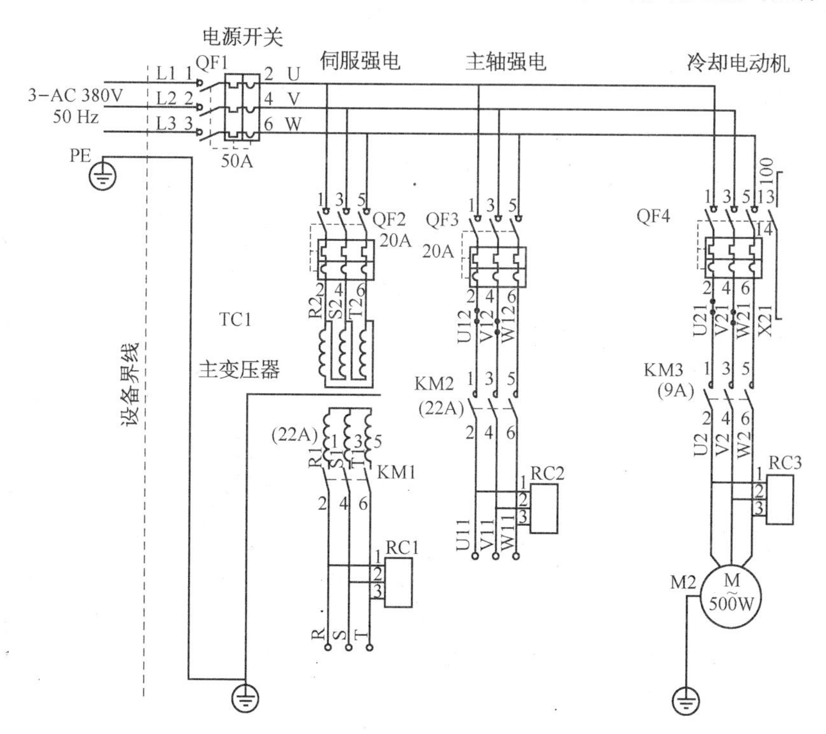

图 3-28 XK714 强电回路图

护作用。其中 QF4 带辅助触头，该触点输入 PLC 的 X27 点，作为冷却电动机报警信号，并且该空气开关为电流可调，可根据电动机的额定电流来调节空气开关的设定值，起到过电流保护作用。

② KM2、KM1、KM3 分别为控制主轴电动机、伺服电动机、冷却电动机交流接触器，由它们的主触点控制相应电动机。

③ TC1 为主变压器，将交流 380V 电压变为交流 200V 电压，供给伺服电源模块主回电路。

④ RC1、RC2、RC5 为阻容吸收，当相应的电路断开后，吸收伺服电源模块、主轴变频器、冷却电动机的能量，避免上述器件上产生过电压。

2. 数控铣床电源部分维修常识

数控铣床的电源部分维修应熟悉所维修机床的电源回路控制工作原理。以 XK714A 数控铣床电路为例，如图 3-29 所示为电源回路，控制工作原理如下：

① TC2 为控制变压器，一次侧为 AC 380V，二次侧为 AC 110V、AC 220V、AC 24V。

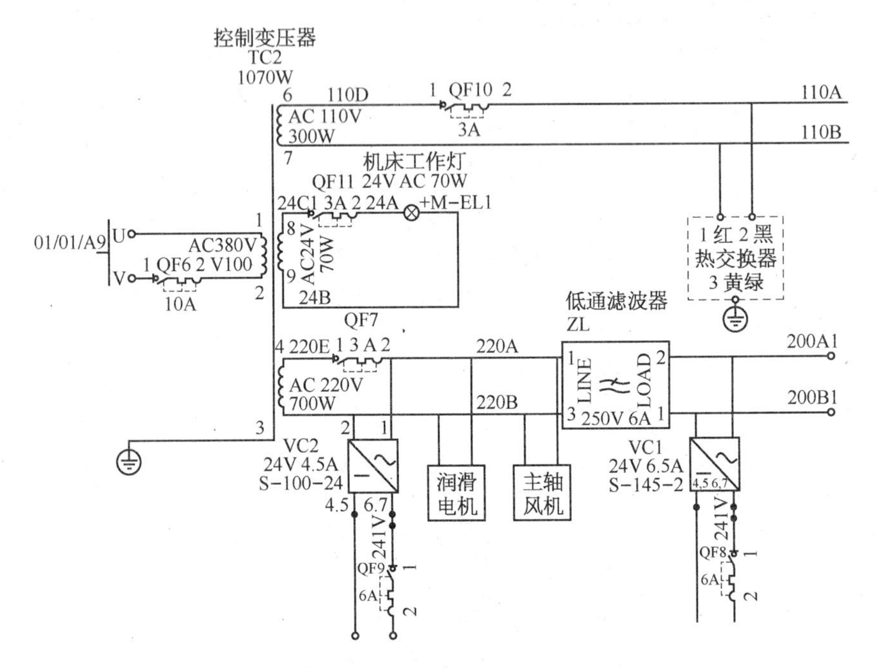

图 3-29　XK714 电源回路图

② AC 110V 给交流接触器线圈、电柜热交换器风扇电动机提供电源；AC 24V 给工作灯提供电源；AC 220V 给主轴风扇电动机、润滑电动机和 24V 电源供电，通过低通滤波器滤波给伺服模块、电源模块、24V 电源提供电源控制。

③ VC1、VC2 为 24V 电源，将 AC 220V 转换为 AD 24V，其中 VC1 给数控系统、PLC 输入/输出、24V 继电器线圈、伺服模块、电源模块、吊挂风扇提供电源；VC2 给 Z 轴电动机提供直流 24V，将 Z 轴抱闸打开。

电源类常见故障诊断及其排除方法可参见表 3-12。

表 3-12 数控机床电源类常见故障及其排除方法

故障现象	故 障 原 因		排 除 方 法
系统上电后系统没有反应，电源不能接通	电源指示灯不亮	1）外部电源没有提供、电源电压过低、缺相或外部形成了短路	1）检查外部电源
		2）电源的保护装置跳闸或熔断形成了电源开路	2）合上开关，更换熔断器
		3）PLC 的地址错误或者互锁装置使电源不能正常接通	3）更改 PLC 的地址或接线
		4）系统上电按钮接触不良或脱落	4）更换按钮重新安装
		5）电源模块不良、元器件的损坏引起的故障（熔断器熔断、浪涌吸收器的短路等）	5）更换元器件或更换电源模块
	电源指示灯亮，系统无反应	1）接通电源的条件未满足	1）检查电源的接通条件是否满足
		2）系统黑屏	2）检查显示器是否损坏
		3）系统文件被破坏，没有进入系统	3）修复系统
强电部分接通后，马上跳闸	1）机床设计时选择的空气开关容量过小，或空气开关的电流选择拨码开关选择了一个较小的电流		1）更换空气开关，或重新选择使用电流
	2）机床上使用了较大功率的变频器或伺服驱动，并且在变频器或伺服驱动的电源进线前没有使用隔离变压器或电感器，变频器或伺服驱动在上强电时，电流有较大的波动，超过了空气开关的限定电流，引起跳闸		2）在使用时需外接一电抗
	3）系统强电电源接通条件未满足		3）逐步检查电源上强电所需要的各种条件，排除故障

（续表）

故障现象	故 障 原 因	排 除 方 法
电源模块故障	1）整流桥损坏引起电源短路 2）续流二极管损坏引起的短路 3）电源模块外部电源短路 4）滤波电容损坏引起的故障 5）供电电源功率不足使电源模块不能正常工作	1）更换 2）更换 3）调整线路 4）更换 5）增大供电电源的功率
系统在工作过程中突然断电	1）切削力太大：使机床过载引起空开跳闸 2）机床设计时选择的空气开关容量过小，引起空开跳闸 3）机床出现漏电	1）调整切削参数 2）更换空气开关 3）检查线路

3. 数控铣床控制电路维修常识

维修人员应熟悉所维修机床的电气控制原理，以 XK714A 数控铣床电路为例，控制电路的原理分析如下。

（1）主轴电动机的控制　图 3－30、图 3－31 所示分别为交流控制电源回路图和直流控制回路图。

① 将 QF2、QF3 空气开关合上，当机床未压限位开关、伺服未报警、急停未压下、主轴未报警时，外部运行允许（KA2）、伺服 OK（KA3）、直流 24V 继电器线圈通电，继电器触点吸合，并且 PLC 输出点 Y00 发出伺服允许信号，伺服强电允许（KA1），24V 继电器线圈通电，继电器触点吸合，

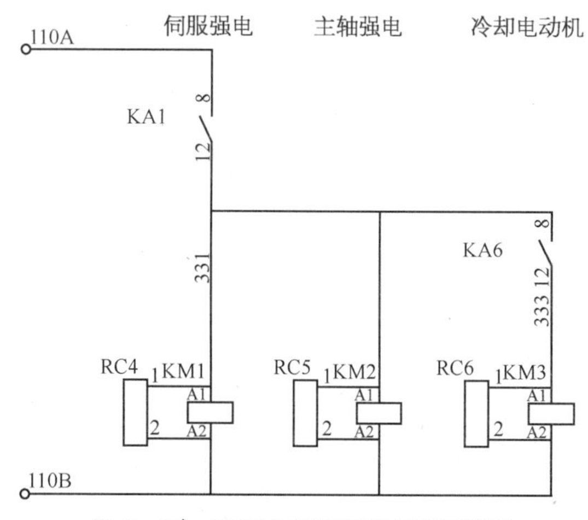

图 3－30　XK714 交流控制电源回路图

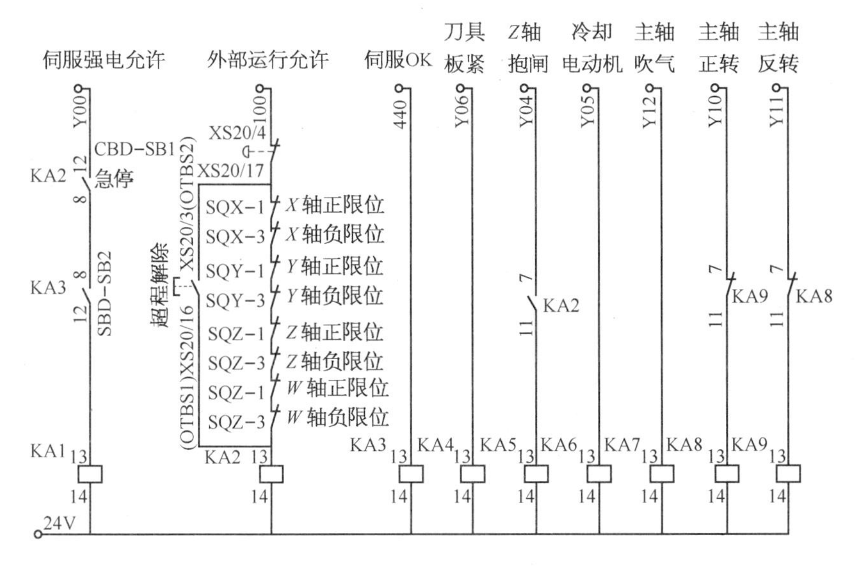

图 3-31　XK714 直流控制回路图

KM1、KM2 交流接触器线圈通电，KM1、KM2 交流接触器触点吸合，主轴变频器加上 AC 380V 电压。

② 若有主轴正转或主轴反转及主轴转速指令时(手动或自动)，PLC 输出主轴正转 Y10 或主轴反转 Y11 有效，主轴 D/A 输出对应于主轴转速值，主轴按指令值的转速正转或反转。

③ 当主轴速度到达指令值时，主轴变频器输出主轴速度到达信号给 PLC 输入 X31(未标出)，主轴正转或反转指令完成。主轴的启动时间、制动时间由主轴变频器内部参数设定。

(2) 冷却电动机控制　当有手动或自动冷却指令时，这时 PLC 输出 Y05 有效，KA6 继电器线圈通电，继电器触点闭合，KM3 交流接触器线圈通电，交流接触器主触点吸合，冷却电动机旋转，带动冷却泵工作。

(3) 换刀控制

① 当有手动或自动刀具松开指令时，机床 CNC 装置控制 PLC 输出 Y06 有效。KA4 继电器线圈通电，继电器触点闭合，刀具松/紧电磁阀通电，刀具松开，手动将刀具拔下。

② 延时一定时间后，PLC 输出 Y12 有效，KA7 继电器线圈通电，继电器触点闭合，主轴吹气电磁阀通电，清除主轴灰尘。延时一定时间后，PLC 输出 Y12 有效撤消，主轴吹气电磁阀断电。

③ 将加工所需刀具放入主轴后，机床 CNC 装置控制 PLC 输出 Y06 有效撤消，刀具松/紧电磁阀断电，刀具夹紧，换刀结束。

4. 数控铣床电气部分故障维修实例

【实例 3－25】

（1）故障现象　某数控铣床配置 HNC 数控系统。机床在运行时，CRT 突然无显示，主控制板上产生“F”报警。

（2）故障原因分析　先从系统的 CRT 无显示来分析，但检查 CRT 单元本身、与 CRT 单元有关的电缆连接、输入 CRT 单元的电源电压以及 CRT 控制板等均未发现问题。按照主板上提示的“F”报警号进行分析，其可能的原因有：

① 连接单元的连接有问题。

② 连接单元故障。

③ 主控制板故障以及 I/O 板有故障。

（3）故障诊断和排除

① 检查连接电缆和接插件，未发现异常现象。

② 检查各连接单元，未发现异常。

③ 检查主控板，未发现异常。

④ 检查 I/O 输入/输出单元，未发现异常。

经认真检查，上述原因都可排除，后发现是由于外加电源＋5V 电压连接故障，造成没有工作电压，可靠连接后故障被排除。

【实例 3－26】

（1）故障现象　KND 系统数控铣床，在停用一段时间后，再次通电系统电源不能接通，所有的动作都不能执行。

（2）故障原因分析　常见的原因是电源控制元件故障。

（3）故障诊断和排除

① 电源检查。数控系统所用的 AC200V 电源，是经过接触器 KM1 接入的，接触器 KM1 的控制电路如图 3－32 所示。24V 控制电源，经急停按钮 SA2 和 SA4、启动按钮 SA1（或自保触点 KA1）、柜门联锁开关、触点 AL 加到继电器 KA1 上，KA1 吸合后，KM1 通电，从而接通数控系统的电源。

② 电路检查。按下启动按钮 SA1 后，KA1 未能吸合，这说明控制电路中存在着故障。

③ 电器检查。打开电气控制柜的柜门，将柜门联锁开关短接后，用万

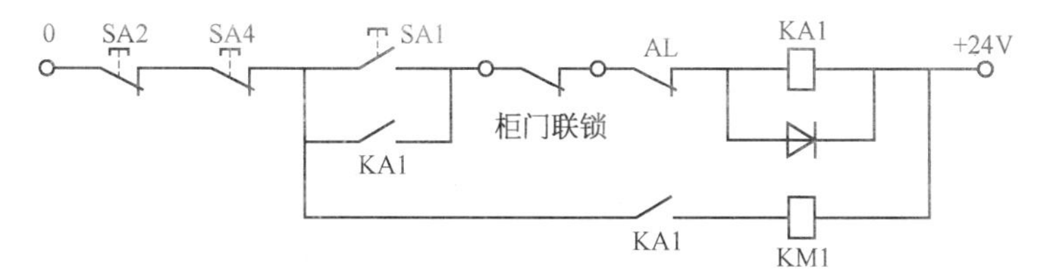

图 3-32　接触器 KM1 的控制电路

用表测量 SA2 和 SA4、触点 AL 等，都在接通状态。

④ 原因确认。进一步检查，发现启动按钮 SA1 不能接通。其原因是环境比较潮湿，电气控制柜停用三个多月后，触点受潮氧化，从而造成接触不良。

⑤ 维护维修。更换按钮 SA1，系统电源不能接通的故障被排除。

(4) 维修经验积累　在主电路和控制电路维护维修中，应注意沿控制电路的路径检查相关的电器元件，逐一排除，最后确认故障的原因和部位。

【实例 3-27】

(1) 故障现象　某 HNC 数控铣床，Y 轴在工作时，如果速度开关在 25%挡位，则噪声很大，运转不稳定。

(2) 故障原因分析　常见原因是伺服控制电路故障。

(3) 故障诊断和排除

① 在故障发生时观察步进电动机的工作情况，明显地感到 Y 轴力矩不足。试将速度开关旋转至 50%挡位，工作基本正常。

② Y 轴步进电动机运转的节拍是五相十拍：AB→ ABC→ BC→ BCD→CD→CDE→DE→DEA→SEA→EAB。用示波器检测，发现 B 相脉冲幅度很小。

③ B 相步进驱动电路如图 3-33 所示。来自输入端的步进脉冲信号，经晶体管 VT1～VT3 进行前置放大后，再由脉冲变压器 MB 送到驱动末级。

④ 对电路中的主要元器件进行检查，晶体管 VT1、VT2 等都正常，但是 VT3 严重漏电。更换 VT3 后故障被排除。

(4) 维修经验积累　本例提示，在步进电动机驱动电路中，晶体管的参数应符合电路的技术要求，否则即使没有完全损坏，也可能导致各种故障。

【实例 3-28】

(1) 故障现象　KND 系统数控铣床。机床通电后，显示器只能显示

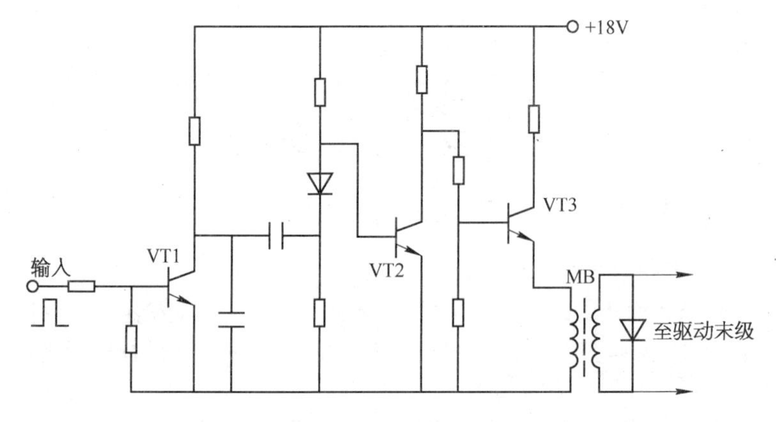

图 3-33　B 相步进驱动电路

位置界面，其他界面完全不能显示。在程序输入时，“T”按钮无法键入，也不能显示。

（2）故障原因分析　常见原因是界面选择和转换及按键有故障。

（3）故障诊断和排除

① 经检查，机床其他部分工作都很正常，只是 CRT 上的显示界面无法改变。由此判定，故障在界面选择与界面转换上。

② 拆下数控系统的 MDI 控制板（A20B-0007-0030），认真地进行检查，发现位置显示按钮触点粘连，始终处于接通状态，因此显示状态不能进行转换。

③ 检查发现系统 MDI 控制板的“T”按钮触点已损坏。

④ 将 MDI 面板上的薄膜取下，仔细修理好位置显示按钮和 T 按钮。修好按钮后，故障被排除。

（4）维修经验积累　本例的故障是 MDI 的薄膜按钮触点故障，维修中可采用更换或清洗等方法进行修理。

任务三　数控铣床数控系统故障维修

经济型数控铣床常用的数控系统是发那科 FANUC、华中 HNC、凯恩帝 KND 数控系统等，用于批量生产的专用铣床也常用西门子 SIEMENS 系统。

1. 华中数控系统数控铣床配置特点

世纪星 HNC-18i/18 xp/19xp 系列控制系统编号说明如图 3-34 所示，世纪星 HNC-18i/18 xp/19xp 系列数控型号比较见表 3-13，世纪星

HNC-18/19xp/MD 铣削数控单元如图 3-35 所示。世纪星 HNC-21/22 数控单元如图 3-36 所示，编号说明如图 2-22 所示，各种世纪星 HNC-21/22 数控单元的区别见表 3-14，HNC-21/22 数控设备的接线示意如图 2-23 所示。

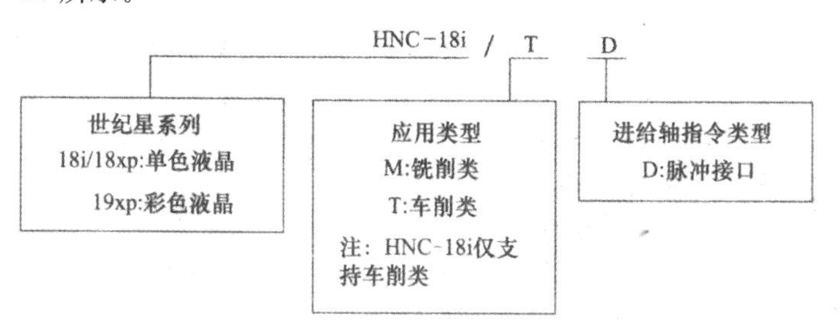

图 3-34　世纪星 HNC-18i/18xp/19xp 系列控制系统编号说明

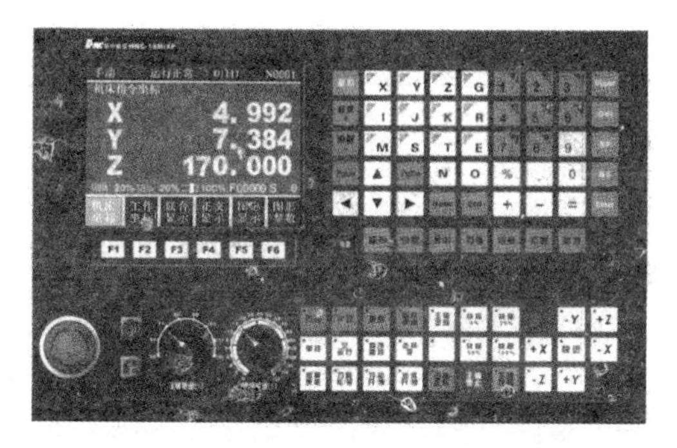

图 3-35　世纪星 HNC-18/19xp/MD 铣削数控单元

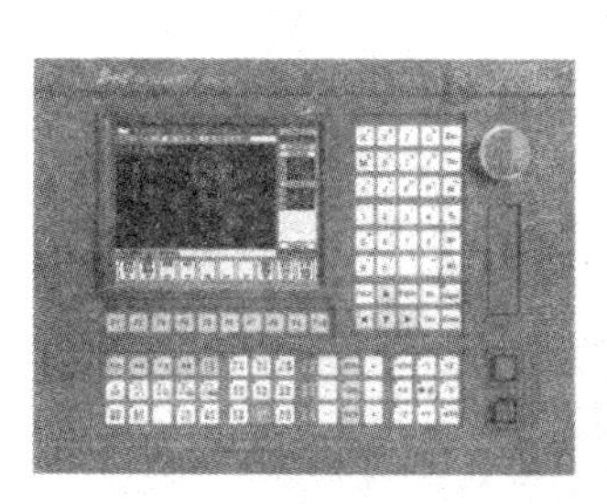

HNC-21T(或HNC-21M)数控系统面板

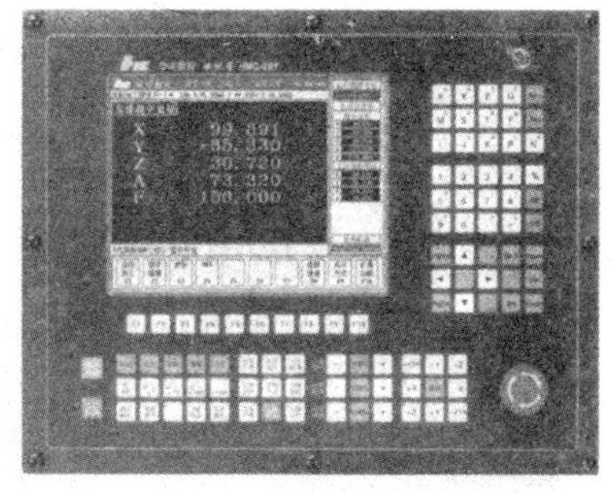

HNC-22T(或HNC-22M)数控系统面板

图 3-36　世纪星 HNC-21/22 数控单元

表 3-13　世纪星 HNC-18i/18 xp/19xp 系列数控型号比较

型　号	说　明
HNC-18i/TD	5.7″单色，二轴车削类数控单元
HNC-18xp/TD	5.7″单色，二轴车削类，波段开关，USB 盘，网络选择功能
HNC-18xp/MD	5.7″单色，三轴铣削类，波段开关，USB 盘，网络选择功能
HNC-19xp/TD	5.7″彩色，二轴车削类，波段开关，USB 盘，网络选择功能
HNC-19xp/MD	5.7″彩色，三轴铣削类，波段开关，USB 盘，网络选择功能

表 3-14　世纪星 HNC-21/22 数控单元的区别

型　号	说　明
HNC-21/TD	8.4″彩色，2～3 轴车削类，USB 盘，网络功能选择
HNC-21/MD	8.4″彩色，3～6 轴铣削类，USB 盘，网络功能选择
HNC-22/TD	10.4″彩色，2～3 轴车削类，USB 盘，网络功能选择
HNC-22/MD	10.4″彩色，3～6 轴铣削类，USB 盘，网络功能选择

（1）世纪星 HNC-21/22 数控系统铣削单元的主要特点

① 最大联动轴数 6 轴。

② 可选配各种类型的脉冲指令式驱动单元。

③ 除标准机床控制面板外，标准配置 40 路开关量输入和 32 路开关量输出接口，手持单元接口主要控制与编码器接口，还可扩展开关量输入/16 路开关量输出。

④ 支持基于总线的 PLC I/O 扩展，最多扩展 128/128。

⑤ 采用 8.4in/10.4in 彩色液晶显示器（分辨率 640×480），全汉字操作界面、故障诊断与报警、加工轨迹图形显示和仿真，操作简便，易于掌握和使用。

⑥ 采用国际标准 G 代码编程，与各种流行的 CAD/CAM 自动编程系统兼容，具有直线插补、圆弧插补、螺纹切削、刀具补偿、宏程序、恒线速切削等功能。

⑦ 反向间隙和单、双向螺距误差补偿功能。

⑧ 内置 RS232 通信接口，轻松实现机床数据通信。

⑨ 支持 USB 盘，存取程序方便快捷。

⑩ 支持以太网功能选择，快速传递程序与数据。

⑪ 128MB(可扩充至 2GB)用户零件程序断电存储区,64MB RAM 加工内存缓冲区。

(2) 典型铣床数控系统主要器件和结构　四坐标数控铣床具有 X、Y、Z 直线坐标轴和 A 旋转坐标轴(数控转台),通常应用强电控制柜+吊挂箱控制柜结构、采用变频器,液压换挡,分为高速、低速两挡调速。其主要器件见表 3-15,总体结构框图如图 3-37 所示。

表 3-15　典型数控铣床数控系统主要器件

序号	名　称	规　　格	主 要 用 途	备　注
1	数控装置	HNC-21MC	控制系统	华中数控
2	软驱单元	HFD-2001	数据交换	华中数控
3	手持单元	HWL-1001	手摇控制	华中数控
4	控制变压器	AC380/220V 300W /110V 250W /24V 100W /24V 100W	伺服控制电源、开关电源供电 热交换器及交流接触器电源 照明灯电源 HNC-21MC 电源	华中数控
5	伺服变压器	3 相 AC380/220V 7.5kW	为 HSV-11 型电源模块供电	华中数控
6	开关电源	AC220/DC24V 50W	开关量及中间继电器	明玮
7	开关电源	AC220/DC24V 100W	升降轴抱闸及电磁阀	明玮
8	伺服电源模块	HSV-11P	为伺服驱动器供强电	华中数控
9	伺服驱动器	HSV-11D075	X、Y、Z 轴电动机驱动装置	华中数控
10	伺服驱动器	HSV-11D050	A 轴电动机驱动装置	华中数控
11	主轴变频器	CIMR-G5A45P5 1A 5.5kW	主轴电动机驱动装置	安川
14	主轴电动机	4kW	矢量控制变频电动机	河北
13	伺服电动机	1FT6074(14NM)	X、Y 轴进给电动机	兰州电机厂
15	伺服电动机	1FT6074+G45(14NM 抱闸)	Z 轴进给电动机	兰州电机厂
16	伺服电动机	130STZ6-1(6NM)	A 轴进给电动机	华中数控

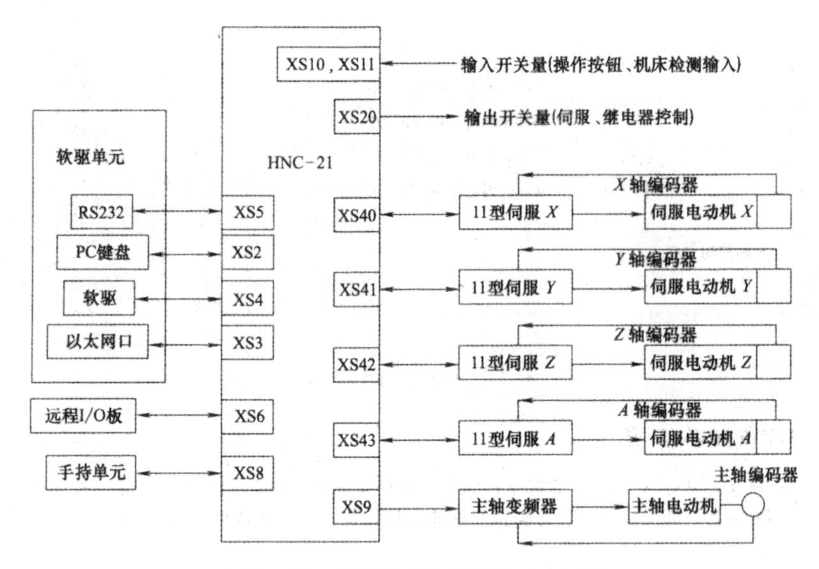

图 3-37　典型铣床数控系统结构框图

2. FANUC 数控系统数控铣床配置特点

数控铣床常配置 FANUC 0M、FANUC 10M、FANUC 0iMC/0iMD 等数控 FANUC 系统，维修数控系统，应熟悉系统的主要技术规格及其组成。例如 XK5040A 型数控铣床配置 FANUC 3MA 数控系统，属于半闭环控制系统，检测系统为脉冲编码器，各轴的最小设定单位为 0.001mm。FANUC 3MA 数控系统的主要技术规格见表 3-16 所示。数控铣床常用的 FANUC 0MC 的基本配置如图 3-38 所示。

(a)　　(b)　　(c)

图 3-38　FANUC 0MC 系统基本配置

(a) 显示装置和操作面板；(b) CNC 装置；(c) 伺服驱动单元

表 3－16　FANUC 3MA 系统主要技术规格

序号	名　称	规　格		
1	控制轴数	X、Y、Z 三轴		
2	同时控制轴数	同时两轴，手动操作仅一轴		
3	设定单位	最小设定单位	0.001mm	0.000 1in
		最小移动单位	0.001mm	0.000 1in
4	最大指令值	±9 999.999mm ±999.999 9in		
5	零件程序的输入	零件程序输入方式如下： 1）由 DMI 键输入 2）用选择功能和纸带阅读机输入程序 3）从选择功能的输入接口输入 4）根据录返功能（选择功能）控制零件程序		
6	零件程序存储容量	4 000 个字符，换算成纸带长度约 10m（使用 IC 存储器，用电池作为后备电源）。根据选择功能，可以再增加 4 000 个字符		
7	零件程序的编辑	用 MDI 面板操作，对程序进行下列编辑： 1）字符的插入、变更、删除 2）程序段或到指定程序段以前的删除 3）程序的登录、删除		
8	输入格式	采用可变程序段、字、地址格式		
9	小数点的输入	可以输入带小数点的数值，使用小数点的地址是 X、Y、Z、R、F、Q		
10	快速进给率	轴方向速度最高可达到 1 500mm/min 或 600in/min（1in＝25.4mm） 利用快速进给倍率，快速进给速度可达到 F0，25，50，100％的倍率		
11	切削进给率	可以在下列进给速度范围内设定： 1～15 000mm/min 0.016～600.00in/min 切削进给速度的上限可以用参数设定，利用进给速度倍率，每 10％为一挡，倍率可为 0～150％		
12	自动加减速	对于运动指令，可以自动地进行加减速		

（续表）

序号	名　　称	规　　格
13	绝对/增量值指令	通过G代码的变换，可以进行绝对值和增量值输入 G90；绝对值输入 G91；增量值输入
14	坐标系设定(G92)	用G92后面的 *X*、*Y*、*Z* 轴指令，设定坐标系，其中 *X*、*Y*、*Z* 轴的指令值为现在刀具坐标值
15	定位(G00)	指令G00，各轴可以独立地进行快速进给，在终点减速停止
16	直线插补(G01)	指令G01，可以用F代码指令的进给速度进行直线插补
17	圆弧插补(G02、G03)	指令G02或G03，可以进行用F代码指定的进给速度进行0°～360°的任意圆弧的插补，用R指定圆弧半径 G02：顺时针方向 G03：逆时针方向
18	暂停(G04)	利用G04指令，可以暂停执行下一个程序段的动作，其暂停时间由指令值决定。地址用P或X
19	返回参考点	返回参考点的方式如下： 1）手动返回参考点 2）返回参考点校验(G27) 3）自动返回参考点(G28) 4）从参考点返回(G29)
20	刀具半径补偿(G39～G42)	用指令G39～G42，可以进行刀具半径补偿，最多可以指令32个偏置量最大值为±999.999mm(±99.999 9in)
21	刀具长度补偿(G43、G44、G40)	G43、G44指令进行 *Z* 轴刀具位置偏置。偏置号用H代码指定
22	固定循环(G73、G74、G76、G80～G89)	有钻孔循环、精镗循环、攻螺纹循环、反攻螺纹循环等12种循环
23	外部操作功能(G80、G81)	用G81指令，当 *X*、*Y* 轴定位结束后，输出外部操作信号。G80是取消外部操作信号
24	辅助功能(M××)	用地址M后2位数值指令，可以控制机床的开/关。在一个程序段中，M代码只能指令一次
25	主轴功能(S××)	利用地址S后的2位数值，可以指令主轴速度
26	刀具功能(T××)	用地址T后2位数值，指令刀具号选择

（续表）

序号	名　　称	规　　格
27	镜像（对称）	根据设定的参数，在自动运转时，使 X、Y 轴的运动反向
28	空运转	在空运转状态，进给速率为手动速度。快速进给指令(G00)不变，快速进给倍率有效。根据参数设定，对快速进给指令(G00)也可以有效
29	互锁	可以同时停止 X、Y、Z 轴进给或者停止 Z 轴一轴的进给。当进行互锁动作时，机械的可动部分减速后停止 当互锁信号解除时，便进行加速，然后再开始动作
30	单程序段	使程序一个程序段一个程序段地执行
31	跳过任选程序段	把机床上跳过任选程序段开关置于 ON 位置，则在程序执行中，便可跳过包括“/”的程序段
32	机床锁住	除机床不移动外，其他方面像机床在运动一样动作，显示也如机床运动一样。机床锁住功能即使在程序段中途也有效
33	进给保持	在各坐标上的进给可以停止一段时间。按循环起动按钮后，进给可以再开始。在进给开始前，用手动状态可以手动操作
34	紧急停	用紧急停操作，全部指令功能停止发送，机床立即停止
35	外部复位	可以从外部进行 NC 复位。利用复位全部指令被停止，机床减速停止
36	外部电源开/关	从机床操作面板等 NC 装置外部，进行电源的接通和切断
37	存储行程极限	把用参数设定的区域之外，作为禁止区域。当运动进入此区域时，使轴的动作减速停止
38	手动连续进给	1）手动进给时，手动进给速度用旋转开关可以分为16 挡。16 挡的比率为等比级数 2）手动快速进给时，速度用参数设定。快速进给速度也可以使用倍率
39	增量进给（步进进给）	本系统可以进行下述步进量的定位： 0.001，0.01，0.1，1mm（米制输入时） 0.000 1，0.001，0.01，0.1in（英制输入时） 所以可以进行高效率的手动定位

（续表）

序号	名　　称	规　　格
40	程序号检索	利用手动数据输入和显示器面板（MDI & DPL）可以检索地址 O 后面 4 位数的程序号，另外，根据机床方面的信号也可以检索程序号
41	间隙补偿	用来补偿机床运动链中固有的刀具运动的空程。补偿量在 0～255 的范围内，每个轴用的最小转动单位，作为参数可以设定
42	环境条件	1）环境温度 运转时 0～45℃ 保管、运输时，－20～60℃ 2）温度变化 最大 1.1℃/min 3）湿度 通常＜75%（相对湿度） 短时间最大 95% 4）环境 在尘埃、切削油、有机溶剂浓度较高的环境中使用时，应与制造厂家商量

显示装置和操作面板：显示器标准配置为 9in 单色 CRT，选择配置为 10.4in 彩色 CRT。显示器和系统 MDI 键盘为一体；机床操作面板可选择 FANUC 公司的专用操作面板，一般生产厂家采用各自的操作面板。

CNC 装置：系统基本配置为 4 个 CNC 轴，且为 4 个联动轴，选择配置是为 6 个 CNC 轴，且为 4 轴联动；图形现实版、宏执行器、PMC 扩展板及远程通信板为选择配置。

伺服驱动单元：系统伺服放大器配置 α 系列伺服模块；主轴电动机和进给电动机为 α 系列伺服电动机。

3. 数控铣床系统软件故障诊断和维修特点

软件故障一般是由软件中文件的变化或丢失而形成的。机床软件一般存储在 RAM 中，软件故障可能形成的原因如下。

① 误操作。在调试用户程序或修改参数时，操作者删除或更改了软件内容，从而造成故障。

② 供电电池电压不足。为 RAM 供电的电池或电池电路短路或断路、接触不良等都会造成 RAM 得不到维持电压，从而使系统丢失软件及参数。

③ 干扰信号。有时电源的波动或干扰脉冲会窜入数控系统总线，引起时序错误或数控装置停止运行。

④ 软件死循环。运行比较复杂的程序或进行大量计算时，有时会造成系统死循环引起系统中断，造成软件故障。

⑤ 系统内存不足。在系统进行大量计算，或是误操作时，引起系统的内存不足，从而引起系统的死机。

⑥ 软件的溢出。调试程序时，调试者修改参数不合理，或造成了大量的错误操作，引起软件的溢出。

数控系统软件类故障现象、原因及排除方法可参见表 3－17。

表 3－17　数控系统软件类故障现象、原因及排除方法

故障现象	故障原因	排除方法
不能进入系统，运行系统时，系统界面无显示	1）可能是系统文件被病毒破坏或丢失，也可能是系统软件中有文件损坏或丢失了 2）电子盘或硬盘物理损坏 3）系统 CMOS 设置不对	1）重新安装数控系统，将计算机的 CMOS 设为 A 盘启动，插入干净的软盘启动系统后，重新安装数控系统 2）电子盘或硬盘在频繁地读写中有可能损坏，这时应该修复或更换电子盘或硬盘 3）更改计算机的 CMOS
运行或操作中出现死机或重新启动	1）参数设置不当 2）同时运行了系统以外的其他内存驻留程序 3）正从软盘或网络调用较大的程序 4）从已损坏的软盘上调用程序 5）系统文件被破坏（系统在通信时或用磁盘进行复制文件时，有可能感染病毒）	1）正确设置系统参数 2）、3）、4）停止正在运行或调用的程序 5）用杀毒软件检查软件系统清除病毒或者重新安装系统软件进行修复
系统出现乱码	1）参数设置不合理 2）系统内存不足或操作不当	1）正确设置系统参数 2）对系统文件进行整理，删除系统产生的垃圾
操作键盘不能输入或部分不能输入	1）控制键盘芯片出现问题 2）系统文件被破坏 3）主板电路或连接电缆出现问题 4）CPU 出现故障	1）更换控制芯片 2）重新安装数控系统 3）修复或更换 4）更换 CPU

（续表）

故障现象	故障原因	排除方法
I/O单元出现故障，输入输出开关量工作不正常	1）I/O控制板电源没有接通或电压不稳 2）电流电磁阀、抱闸连接续流二极管损坏（各个直流电磁阀、抱闸一定要连接续流二极管，否则，在电磁阀断开时，因电流冲击使得DC24V电源输出品质下降，造成数控装置或伺服驱动器随机故障报警）	1）检查线路，改善电源 2）更换续流二极管
数据输入输出接口(RS232)不能够正常工作	1）系统的外部输入输出设备的设定错误或硬件出现了故障（在进行通信时，操作者首先确认外部的通信设备是否完好，电源是否正常） 2）参数设置的错误（通信时需要将外部设备的参数与数控系统的参数相匹配，如波特率、停止位必须设成一致才能够正常通信。外部通信端口必须与硬件相对应） 3）通信电缆出现问题（不同的数控系统，通信电缆的管角定义可能不一致，如果管角焊接错误或者是虚焊等，通信将不能正常完成。另外，通信电缆不能够过长，以免引起信号的衰减引起故障）	1）对设备重新设定，对损坏的硬件进行更换 2）按照系统的要求正确地设置参数 3）对通信电缆进行重新焊接或更换
系统网络连接不正常	1）系统参数设置或文件配置不正确 2）通信电缆出现问题。通信电缆不能够过长，以免引起信号的衰减引起故障 3）硬件故障。通信网口出现故障或网卡出现故障，可以用置换法判断出现问题的部位	1）按照系统的要求正确地设置参数 2）对通信电缆进行重新焊接或更换 3）对损坏的硬件进行更换

4．数控铣床伺服系统常见故障

（1）数控铣床主轴伺服系统常见故障（表3-18）

表 3－18　数控机床主轴伺服系统常见故障

故障简称	故障现象	原因
干扰	主轴驱动出现随机和无规律性的波动。当主轴转速指令为零时，主轴仍往复转动，调整零速平衡和漂移补偿也不能消除故障	1）外界电磁干扰源干扰 2）屏蔽和接地措施不良 3）主轴转速指令信号或反馈信号受到干扰
过载	主轴电动机过热、主轴驱动装置显示过电流报警等	1）切削用量过大 2）频繁正、反转 3）输入电源缺相等
准停抖动	刀具交换、精镗退刀及齿轮换挡等场合需要主轴准停时，主轴定位抖动	1）采用带 V 形槽的定位盘和定位用的液压缸配合动作的机械准停控制方式时，定位液压缸活塞移动的限位开关失灵 2）采用磁性传感器的电气准停控制方式时，因发磁体安装在主轴后端，磁传感器安装在主轴箱上，其安装位置决定了主轴的准停点，发磁体和磁传感器之间的间隙为(1.5±0.5)mm。若发磁体和磁传感器之间的间隙发生变化或磁传感器失灵均可引起定位抖动 3）采用编码器型的准停控制时，通过主轴电动机内置安装或在机床主轴上直接安装一个光电编码器来实现准停控制，准停角度可任意设定。若编码器故障可能引起抖动 4）上述准停均要经过减速的过程，如减速或增益等参数设置不当，均可引起定位抖动
运动不匹配	当进行螺纹切削或用每转进给指令切削时，会出现停止进给、主轴仍继续运转的故障	要执行每转进给的指令，主轴必须有每转一个脉冲的反馈信号，一般情况下为主轴编码器有问题，通常可用以下方法来诊断： 1）CRT 画面有报警显示 2）通过 CRT 调用机床数据或 I/O 状态，观察编码器的信号状态 3）用每分钟进给指令代替每转进给指令来执行程序，观察故障是否消失

(续表)

故障简称	故 障 现 象	原 因
转速异常	主轴转速偏离指令值，超过技术要求所规定的范围	1）电动机过载 2）CNC 系统输出的主轴转速模拟量（通常为 0～±10V）没有达到与转速指令对应的值 3）测速装置有故障或速度反馈信号断线 4）主轴驱动装置故障
主轴不转	机床运行中主轴电动机不转动	1）检查 CNC 系统是否有速度模拟控制信号输出 2）检查 DC+24V 继电器线圈电压的使能信号是否接通 3）通过 CRT 观察 I/O 状态，分析机床 PLC 梯形图（或流程图），以确定主轴的启动条件，如润滑、冷却等是否满足 4）主轴驱动装置故障 5）主轴电动机故障
异常噪声与振动	运转过程中，主轴有异常噪声，并有振动	要区别异常噪声及振动发生在主轴机械部分还是在电气驱动部分 1）在减速过程中发生，一般是由驱动装置造成的，如交流驱动中的再生回路故障 2）在恒转速时产生，可通过观察主轴电动机自由停车过程中是否有噪声和振动来区别，如存在，则主轴机械部分有问题 3）检查振动周期是否与转速有关。如无关，一般是主轴驱动装置未调整好；如有关，应检查主轴机械部分是否良好，测速装置是否不良

（2）华中进给伺服系统的故障分析与排除（表 3－19）

表 3-19　华中进给伺服系统的常见故障分析与排除

故障现象	可能原因	排除措施
在接通控制电源时发生参数破坏	正在设定参数时电源断开	进行用户参数初始化后重新输入参数
	正在写入参数时电源断开	
	超出参数的写入次数	更换伺服驱动器（重新评估参数写入法）
	伺服驱动器 EEPROM 以及外围电路故障	更换伺服驱动器
在接通控制电源时发生参数设定异常	装入了设定不适当的参数	执行用户参数初始化处理
在接通控制电源时或者运行过程中发生主电路检测部分异常	控制电源不稳定	将电源恢复正常
	伺服驱动器故障	更换伺服驱动器
接通控制电源时发生超速	电路板故障	更换伺服驱动器
	电动机编码器故障	更换编码器
在接通控制电源时发生过载（一般有连续最大负载和瞬间最大负载）	伺服单元故障	更换伺服单元
在接通控制电源时发生过电流或者散热片过热	伺服驱动器的电路板与热开关连接不良	更换伺服驱动器
	伺服驱动器电路板故障	
在接通主电路电源时发生或者在电动机运行过程中产生过电流或者散热片过热；接线错误	*U*、*V*、*W* 与地线连接错误	检查配线，正确连接
	地线缠在其他端子上	
	电动机主电路用电缆的 *U*、*V*、*W* 与地线之间短路	修正或更换电动机主电路用电缆
	电动机主电路用电缆的 *U*、*V*、*W* 之间短路	
	再生电阻配线错误	检查配线，正确连接
	伺服驱动器的 *U*、*V*、*W* 与地线之间短路	更换伺服驱动器
	伺服驱动器故障（电流反馈电路、功率晶体管或者电路板故障）	
	伺服电动机的 *U*、*V*、*W* 与地线之间短路	更换伺服单元
	伺服电动机的 *U*、*V*、*W* 之间短路	

（续表）

故障现象		可能原因	排除措施
在接通主电路电源时发生或者在电动机运行过程中产生过电流或者散热片过热	其他原因	因负载转动惯量大并且高速旋转，动态制动器停止，制动电路故障	更换伺服驱动器（减少负载或者降低使用转速）
		位置速度指令发生剧烈变化	重新评估指令值
		负载是否过大，是否超出再生处理能力等	重新考虑负载条件、运行条件
		伺服驱动器的安装方法（方向、与其他部分的间隔）不合适	将伺服驱动器的环境温度下降到 55℃以下
		伺服驱动器的风扇停止转动	更换伺服驱动器
		伺服驱动器故障	
		驱动器的 IGBT 损坏	最好是更换伺服驱动器
		电动机与驱动器不匹配	重新选配
在接通控制电源时发生过电压（伺服驱动器内部的主电路直流电压超过其最大值）*		伺服驱动器电路板故障	更换伺服驱动器
在接通控制电源时发生电压不足（伺服驱动器内部的主电路直流电压低于其最小值）		伺服驱动器电路板故障	更换伺服驱动器
		电源容量太小	更换容量大的驱动电源
在接通主电路电源时发生电压不足（伺服驱动器内部的主电路直流电压低于其最小值）		交流电源电压过低	将交流电源电压调节到正常范围
		伺服驱动器的熔丝熔断	更换熔丝
		冲击电流限制电阻断线（电源电压是否异常。冲击电流限制电阻是否过载）	更换伺服驱动器（确认电源电压，减少主电路 ON/OFF 的频度）
		伺服 ON 信号提前有效	检查外部伺服电路是否短路
		伺服驱动器故障	更换伺服驱动器
在接通控制电源时发生位置偏差过大		位置偏差参数设定得过小	重新设定正确参数
		伺服单元电路板故障	更换伺服单元

（续表）

故障现象	可能原因	排除措施
在接通主电源时发生过电压（伺服驱动器内部的主电路直流电压超过其最大值）	交流电源电压过大	将交流电源电压调节到正常范围
在接通控制电源时发生再生异常	伺服单元电路板故障	更换伺服单元
在接通主电路电源时发生再生异常	6kW 以上时未接再生电阻	连接再生电阻
	检查再生电阻是否配线不良	修正外接再生电阻的配线
	伺服单元故障（再生晶体管、电压检测部分故障）	更换伺服单元
在接通控制电源时发生再生过载	伺服单元电路板故障	更换伺服单元
在接通主电路电源时发生再生过载	电源电压超过 270V	校正电压
在通常运行时发生过电压（伺服驱动器内部的主电路直流电压超过其最大值）	伺服驱动器故障	更换伺服驱动器
	检查交流电源电压（是否有过大的变化）	
	使用转速高，负载转动惯量过大（再生能力不足）	检查并调整负载条件、运行条件
	内部或外接的再生放电电路故障（包括接线断开或破损等）	最好是更换伺服驱动器
	伺服驱动器故障	更换伺服驱动器
在通常运行时发生电压不足（伺服驱动器内部的主电路直流电压低于其最小值）	交流电源电压低（是否有过大的压降）	将交流电源电压调节到正常范围
	发生瞬时停电	通过警报复位重新开始运行
	电动机主电路用电缆短路	修正或更换电动机主电路用电缆
	伺服电动机短路	更换伺服电动机
	伺服驱动器故障	更换伺服驱动器
	整流器件损坏	建议更换伺服驱动器

（续表）

故障现象	可能原因	排除措施
在通常运行时发生再生异常	检查再生电阻是否配线不良、是否脱落	修正外接再生电阻的配线
	再生电阻断线（再生能量是否过大）	更换再生电阻或者更换伺服单元（重新考虑负载、运行条件）
	伺服单元障碍（再生晶体管、电压检测部分故障）	更换伺服单元
在通常运行时发生（再生电阻温度上升幅度大）再生过载	再生能量过大（如放电电阻开路或阻值太大）	重新选择再生电阻容量或者重新考虑负载条件、运行条件
	处于连续再生状态	
在通常运行时发生（再生电阻温度上升幅度小）再生过载	参数设定的容量小于外接再生电阻的容量（减速时间太短）	校正用户参数的设定值
	伺服单元故障	更换伺服单元
在通常运行时发生过载（一般有连续最大负载和瞬间最大负载）	有效转矩超过额定转矩或者启动转矩大幅度超过额定转矩	重新考虑负载条件、运行条件或者电动机容量
	伺服单元存储盘温度过高	将工作温度下调
	伺服单元故障	更换伺服单元
在高速旋转时发生位置偏差过大	伺服电动机的 U、V、W 的配线不正常（缺相）	修正电动机配线
		修正编码器配线
在发出位置指令时电动机不旋转的情况下发生位置偏差过大	伺服电动机的 U、V、W 的配线不良	修正电动机配线
	伺服单元电路板故障	更换伺服单元
动作正常，但在长指令时发生位置偏差过大	伺服单元的增益调整不良	上调速度环增益、位置环增益
	位置指令脉冲的频率过高	缓慢降低位置指令频率
		加入平滑功能
		重新评估电子齿轮比
	负载条件（转矩、转动惯量）与电动机规格不符	重新评估负载或者电动机容量

（续表）

故 障 现 象	可 能 原 因	排 除 措 施
在伺服电动机减速时发生过电压（伺服驱动器内部的主电路直流电压超过其最大值）	使用转速高，负载转动惯量过大	检查并重调整负载条件、运行条件
	加减速时间过小，在降速过程中引起过电压	调整加减速时间常数
在伺服电动机减速时发生再生过载	再生能力过大	重新选择再生电阻容量或者重新考虑负载条件、运行条件
电动机运转过程中发生超速	速度标定设定不合适	重设速度设定
	速度指令过大	使速度指令减到规定范围内
	电动机编码器信号线故障	重新布线
	电动机编码器故障	更换编码器
电动机启动时发生超速	超调过大	重设伺服调整使启动特性曲线变缓
	负载惯量过大	伺服在惯量减到规定范围内
电动机得电不松开、失电不吸合制动	电磁制动故障	更换电磁阀
进给失控，而且进给有振动	霍尔开关或光电脉冲编码器发生故障	更换霍尔开关或光电脉冲编码器
在输入指令时伺服电动机不旋转的情况下发生过载（一般有连续最大负载和瞬间最大负载）	电动机配线异常（配线不良或连接不良）	修正电动机配线
	编码器配线异常（配线不良或连接不良）	修正编码器配线
	启动转矩超过最大转矩或者负载有冲击现象，电动机振动或抖动	重新考虑负载条件、运行条件或者电动机容量
	伺服单元故障	更换伺服单元
编码器出错：编码器电池故障	电池连接不良、未连接	正确连接电池
	电池电压低于规定值	更换电池、重新启动
	伺服单元故障	更换伺服单元

（续表）

故障现象		可能原因	排除措施
编码器出错	编码器故障	无 A 相和 B 相脉冲	建议更换脉冲编码器
		引线电缆短路或破损而引起通信错误	
	客观条件	接地、屏蔽不良	处理好接地
漂移补偿量过大	连接不良	动力线连接不良、未连接	正确连接动力线
		检测元件之间的连接不良	正确连接反馈元件连接线
	数控系统的相关参数设置错误	CNC 系统中有关漂移量补偿的参数设定错误引起的	重新设置参数
	硬件故障	速度控制单元的位置控制部分	更换此电路板或直接更换伺服单元
限位开关动作		限位开关有动作（即控制轴实际已经超程）	参照机床使用说明书进行超程解除
		限位开关电路开路	依次检查限位电路，处理电路开路故障
过热的继电器动作		机床切削条件较苛刻	重新考虑切削参数，改善切削条件
		机床摩擦力矩过大	改善机床润滑条件
热控开关动作		伺服电动机电枢内部短路或绝缘不良	加绝缘层或更换伺服电动机
		电动机制动器不良	更换制动器
		电动机永久磁钢去磁或脱落	更换电动机
电动机过热		驱动器参数增益不当	重新设置相应参数
		驱动器与电动机配合不当	重新考虑配合条件
		电动机轴承故障	更换轴承
		驱动器故障	更换驱动器
		负荷过大	改善使用条件（切削量、进给速度、刀具和工件重量等）

（续表）

故障现象	可能原因	排除措施
在伺服ON时发生过载（一般有连续最大负载和瞬间最大负载）	电动机配线异常（配线不良或连接不良）	修正电动机配线
	编码器配线异常（配线不良或连接不良）	修正编码器配线
	编码器有故障（反馈脉冲与转角不成比例变化，而有跳跃）	更换编码器
	伺服单元故障	更换伺服单元
位置跟踪误差超差报警	电动机过载	降低负载
	伺服变压器过热	对变压器进行散热或更换伺服变压器（如果其已经损坏）
	伺服变压器保护熔断器熔断	更换熔断器
	输入电源电压太低	提高输入电源容量
	伺服驱动器与CNC之间的信号电缆连接不良	调整连接电缆
	干扰	排除干扰
	参数设置不当（位置偏差值设定错误）	修正相关参数
	伺服电动机不良	更换电动机
	电动机的动力线和反馈线连接故障	修正连接电缆
	速度控制单元故障以及系统主板的位置控制部分故障	更换主板
	伺服参数设置不当或错误	调整伺服参数
	编码器不良	更换编码器
	机械传动系统引起	调整机械传动误差
工作过程中振动或爬行	传动环节间隙过大	调整补偿间隙
	导轨的阻尼过小	增大阻尼
	电动机负载过大	降低负载
	伺服电动机或速度位置检测部件不良	更换检测部件
	外部干扰、接地、屏蔽不良等	重新调整接线
	驱动器的设定和调整不当	调整参数

（续表）

故障现象		可能原因	排除措施
运动失控（飞车）	直流伺服系统	三相输入电压缺相或熔丝烧断	检查输入电压或更换熔丝
		三相输入相序 U、V、W 错误，或输出到电动机的＋、一端子接反，或者插头松动	检查相关环节并更正
		电动机速度反馈异常，电路接反或断线	调整电缆或更换反馈元件
		控制电路板故障	更换控制电路板
		系统的速度检测和转换回路故障	检查并调整回路
	交流伺服系统	伺服电动机 U、V、W 相序接错	调整相序
		速度反馈信号断线或接成正反馈	调整电缆
		位置反馈信号断线或接成正反馈（PA 与 PB 接错）	调整电缆
机床定位精度或加工精度差		加/减速时间设定过小	增大加/减速时间参数
		电动机与机床的连续部分刚性差或连接不牢固	调整连接
		伺服系统的增益不足	适当增大增益
		位置检测器件（编码器、光栅）不良	更换位置检测器件
		速度控制单元控制板不良	更换速度控制电路板
		机床反向间隙大、定位精度差	调整机床精度
		位置环增益设定不当	调整位置环增益
窜动		测速信号不稳定，如测速装置故障、测速反馈信号干扰等	更换测速装置或调整反馈回路，排除干扰
		速度控制信号不稳定或受到干扰	调整回路，排除干扰
		接线端子接触不良，如螺钉松动等，反向间隙或伺服系统增益过大	修正电缆或调整增益参数

（续表）

故障现象	可能原因	排除措施
爬行	进给传动链的润滑状态不良	润滑机床传动链
	伺服系统增益设置过低	适当增大增益
	外加负载过大	降低负载
	联轴器有裂纹或松动	更换或调整联轴器
伺服电动机不转	数控系统没有速度控制信号输出	查看并调整数控系统
	使能信号没有接通	检查进给轴的启动条件，如润滑、冷却等是否满足
	电磁制动电动机的电磁制动没有释放	查看电磁制动回路
	进给驱动单元故障	更换驱动单元
	电动机损坏	更换电动机
	伺服驱动器的参数、坐标轴参数或硬件配置参数设置不正确	调整参数
	机床锁住	对机床解锁
回参考点故障	回参考点减速开关产生的信号或零位脉冲信号失效	更换减速开关或重新调整零脉冲信号
	脉冲编码器零标志位或光栅尺零标志位有故障	调整零标志位
	参考点开关挡块位置设置不当	调整挡块位置
伺服电动机静止时抖动或尖叫（高频振荡）	位置反馈电缆未接好	修正电缆
	位置检测编码器故障	更换位置检测编码器
	特性参数调得太硬	检查伺服单元有关增益调节的参数，仔细调整参数（可以适当减小速度环比例增益和速度环积分时间常数）
定位超调（位置“过冲”）	加减速时间设定过小	适当增大加减速时间参数
	位置环或速度环比例增益设置过大	适当降低位置环或速度环比例增益
	速度环积分时间设置过小	适当增大速度环积分时间常数

（续表）

故障现象	可能原因	排除措施
伺服电动机缓慢转动零漂	伺服单元参数错	更正参数
	坐标轴参数设置错误	更正坐标轴参数
	数控装置与伺服单元之间的控制电缆连接不良	修正连接电缆
	伺服单元控制输入信号和反馈信号受到干扰	调整电路、排除干扰
伺服电动机有异常声音	联轴器松动	调整或更换联轴器
	连接座松动	紧固连接座
	电动机轴与丝杠不同心	调整电动机轴和丝杠
	负载过大	降低负载
启动时升降轴不稳定	没有平衡装置或平衡装置失效或工作不可靠	增加或调整平衡装置的状态
	上电时升降轴电动机抱闸打开太早	检查PLC程序，确保接通升降电动机的驱动器的伺服使能有效后，电动机轴上有力时，才能打开闸
	断电时，抱闸关闭太慢或伺服电动机在闸还未抱住时就失电无力	

注：* 表示在接通主电路电源时检测。

5. 数控铣床系统故障维修实例

1）数控铣床PLC故障维修

【实例3-29】

（1）故障现象　某配置SINUMERIK 8ME系统数控铣床，机床停用一段时间后，再次通电不能启动。显示器上只出现系统版本号。操作面板上的“Fault”灯亮，提示有故障。

（2）故障原因分析　常见原因是存储器和系统用户数据有问题。

（3）故障诊断和排除

① 状态检查。打开电气控制柜进行观察，发现PLC的CPU模块上“STOP”灯亮，MS100板上的“ PC”灯亮。

② 据实推断。推断分析是因为机床停用太久，PLC内存储器RAM中的部分用户数据丢失，造成PLC不能启动。

③ 数据输入。关掉系统的电源开关，将PLC的CPU面板上的RUN/STOP工作方式开关拨到“STOP”处，再接通系统电源，重新输入丢

失的数据。

④ 关掉电源，将工作方式开关拨到“RUN”位置。再送电，PLC 和 NC 恢复正常状态，机床可以启动。

⑤ 故障处理。按照以上步骤对故障进行处理，故障被排除。

(4) 维修经验积累

① 在 PLC 的 CPU 面板上有一个 EPROM 插口，其中存放着机床制造厂家所编写的用户程序。如果 EPROM 损坏，则 PLC 不能启动，需要更换 EPROM，然后再按上述方法重新启动 PLC。

② 诊断 PLC 故障注意检查用户数据是否完整和正常。

【实例 3-30】

(1) 故障现象　某配置 KND 数控系统数控铣床，机床通电后，CRT 无显示。

(2) 故障原因分析　数控机床 CRT 显示电路与普通电视机显示电路基本相同。根据维修手册提示：

① 检查 CRT 高压电路、行输出电路、场输出电路及 I/O 接口，以上部位均无异常。

② 检查加工程序和机床动作，均为正常状态。

③ 由以上检查结果分析，故障可能发生在数控系统内部。

(3) 故障诊断和排除

① 使用仪器检查，发现 PC-2 模板上 CRT 视放电路无输出电压，初步诊断为 PC-2 模板内部有故障。

② 采用交换法，用相同功能的模板 PC-2 替换有故障疑点的 PC-2 模板，CRT 恢复显示。

③ 确认故障原因和部位，更换 PC-2 模板，CRT 无显示故障排除。

(4) 维修经验积累　本例应用的故障诊断交换法，是对型号完全相同的电路板、模块、集成电路和其他元器件进行相互交换，观察故障的转移情况，以便快速确定故障的部位。

【实例 3-31】

(1) 故障现象　FANUC 0T 系统数控铣床，机床通电后，CRT 上显示 520 报警。

(2) 故障原因分析　在 FANUC 0T 数控系统中，520 报警属于超程报警，具体内容是“OVERTRAVEL：+Z”，即“*Z* 轴正方向超过设定的软限位位置”。通俗地说，就是 *Z* 轴在正方向超程。

(3) 故障诊断和排除

① 应用诊断界面。在这台机床中,利用行程开关的常闭触点作为 X 轴和 Z 轴的行程极限保护,行程开关连接到 PMC 的输入点 X2.4~X2.7。利用诊断界面查看可知,这几个输入点的状态都是"1",这说明并未超程,也说明故障与行程开关没有关系。

② 应用梯形图。通过对梯形图进行分析得知,当 Z 轴正向超程信号正常时,PMC 输入点 X18.5 的状态应为"1",但实际状态为"0"。

③ 应用直观法。进一步检查,故障点是与这个输入点相连接的+24V 电源断路。+24V 电源是从输入接口板 M1 上并联而来的,断路点就在接口板的端子上。

④ 故障处理。根据检查结果,判断故障是由于输入点的电源断路引发的,仔细检查接口板 M 及端子的接线,重新连接好+24V 电源线,机床报警解除,故障被排除。

(4) 维修经验积累　在经济型数控铣床的维修中,应特别注意接口部位(接口板端子等)的故障,以便较快地发现和排除故障。

【实例 3-32】

(1) 故障现象　某配置 HNC 数控系统数控铣床出现润滑系统发光二极管闪烁报警。

(2) 故障原因分析　查阅有关技术资料,机床润滑系统自动电气控制的原理如图 3-39 所示,润滑系统控制流程如图 3-40 所示,润滑系统的 PLC 控制梯形图如图 3-41 所示。根据系统监控功能,常见的故障原因如下。

① 润滑油路出现泄漏或压力开关失灵。

② 润滑油路出现堵塞或压力开关失灵。

③ 润滑油不足。

④ 润滑电动机过载。

(3) 故障诊断和排除　由梯形图可知,上述故障中有任何一种出现,将使 24I 行 R616.7 为"1",并将 24M 行 Y48.0 信号输出,接通机床报警指示发光二极管,向操作者发出报警。由此应根据润滑系统正常工作时的控制程序进行逐级检查检测。

① 按运转准备按钮 SB8,23N 行 X17.7 接点闭合,输出信号 Y86.6 接通中间继电器 KA4 线圈,KA4 触点又接通接触器 KM4,交流 380V 通过 KM4 触点与 M4 电动机接通,启动润滑电动机 M4 运行,23P 行的 Y86.6 触点实现自保。

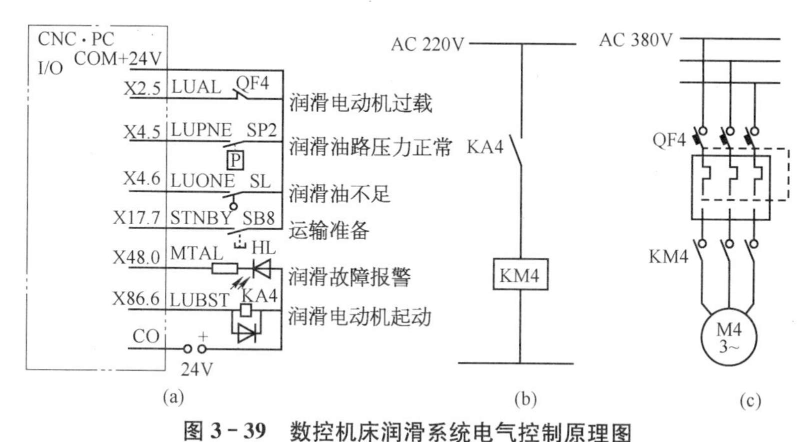

图 3-39　数控机床润滑系统电气控制原理图

(a) I/O 接口电路；(b) 继电器控制电路；(c) 主电路

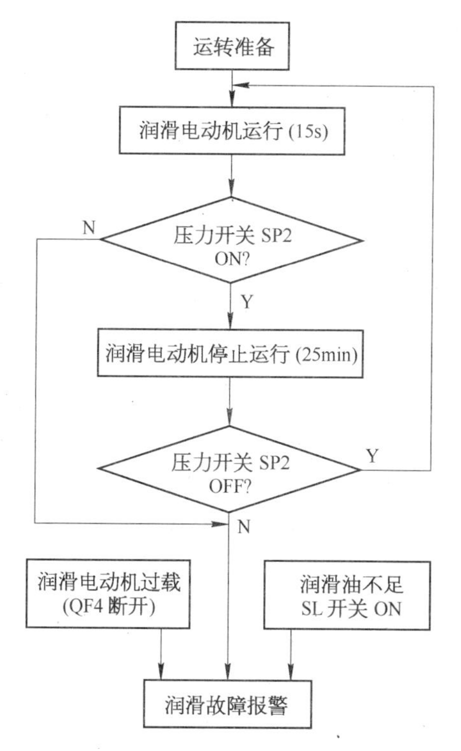

图 3-40　数控机床润滑系统控制流程图

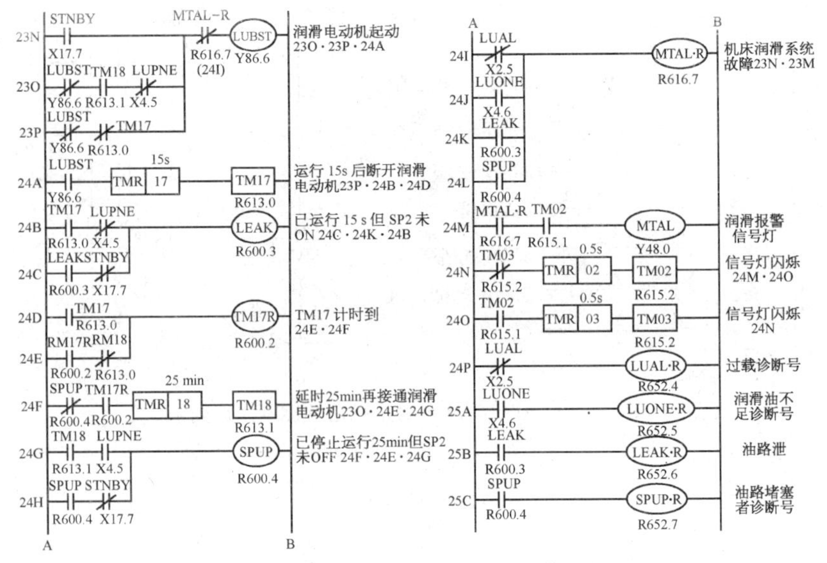

图 3-41　润滑系统 PLC 控制梯形图

② 当 Y86.6 为“1”时，24A 行Y86.6 触点闭合，TM17号定时器(8613.0)开始计时，设定时时间为 15s(通过 MD1 面板设定)。到达 15s 后，定时器 TM17 线圈接通，23P 行的 R613.0 触点断开，Y86.6 停止输出，润滑电动机 M4 停止运行，同时也使 24D 行输出 R600.2 为“1”。并由 24E 行自保。

③ 24F 行的 R600.2 为“1”，TM18 定时器开始计时，计时时间设定为 25min。到达时间后，输出信号 8613.1 为“0”，24G 行的 R613.1 触点无法闭合，Y86.6 无输出，润滑电动机 M4 无法重新启动运行。

④ 检查发现，润滑油路有堵塞情况，由此，在润滑电动机 M4 已停止运行 25min 后，油路压力将不下来(SP2 处于闭合状态)，则 24G 行的 X4.5 闭合，R600.4 输出为“1”，同样使 24I 行的 R616.7 输出为“1”，又使 23N 行的 R616.7 断开，导致润滑电动机不再启动。

⑤ 根据检查和诊断分析结果，对润滑油路进行清洗，更换润滑油，重新启动机床进行润滑自动控制测试，报警解除，润滑电动机运转 15s 后停止，润滑油路压力下降。25min 后，润滑电动机重新启动进行润滑，润滑系统故障被排除。

(4) 维修经验积累　经济型数控铣床用于大批量生产，工作负荷大、环境差，所用的润滑油等容易氧化和污染，因此发生相关故障可首先检查润滑油等介质的相关油路的状况，以便迅速排除故障。

2）数控铣床 CNC 系统故障维修

【实例 3-33】

（1）故障现象　某数控铣床，配置华中 HNC 系统。使用程序加工过程中产生过载报警，并发现机床有爬行现象。

（2）故障原因分析

① 分析引起过载的原因。

a. 机床负荷异常，引起电动机过载。

b. 速度控制单元上的印制线路板设定错误。

c. 速度控制单元的印制线路板不良。

d. 电动机故障。

e. 电动机的检测部件故障等。

② 分析机床爬行现象原因。先从机床着手寻找故障原因，经检查机床进给传动链、工作台导轨等均正常。机床爬行现象除了机械原因，也有可能是由程序编制错误引发的。本例对加工程序进行检查时，发现工件曲线的加工是采用细微分段圆弧逼近来实现的，而在编程时采用了 G61 指令，也即每加工一段就要进行一次到位停止检查，从而使机床出现爬行现象。

（3）故障诊断和排除

① 检查机床的负载、电动机电流、速度控制单元的电路板、电动机检测部件，均无故障现象。单独检测电动机，发现电动机故障，更换电动机故障排除。

② 当将 G61 指令改用 G64 指令（连续切削方式）之后，上述故障现象立即消除。

（4）维修经验积累　从这一故障的排除过程可以看出，一旦遇到故障，应全面分析，将与本故障有关的所有因素，包括数控系统、机械、气、液等方面的原因都列出来，从中筛选找出故障的最终原因。如本例故障表面上是机械方面原因，而实际上是由于编程不当引起的。

【实例 3-34】

（1）故障现象 XK715F 数控铣床，采用 FANUC 7CM 数控系统。机床自动或手动运行约 15min，系统即发生中断，无报警显示。停机一段时间重新开机，又能工作数分钟，然后故障重现，机床无法正常工作。

(2) 故障原因分析　数控系统运行中断,又无报警信号,一般是 CPU 控制系统异常。检查位控板(01GN710),发现 PCB 上 LED 故障显示发光,提示位控板或 CPU 及其连接电路发生故障。经检查连接电路无异常,更换位控板后故障仍存在,推断 CPU 板(01GN700)有故障。

(3) 故障诊断和排除　经分析,由于 NC 能正常工作十几分钟,估计是板上某个元件存在热稳定性差的问题。打开数控柜门,采用风冷散热后试机,NC 能延长工作数小时。采用测温及降温法,确定故障部位在 CPU 板上的 ROM 存储器集成电路(型号 MB7122E)。

更换 ROM 上热稳定性差的集成电路,故障排除。

【实例 3-35】

(1) 故障现象　某数控铣床,配置 FANUC 6M 系统。当用手摇脉冲发生器使两个轴同时联动时,出现有时能动,有时却不动的现象,而且在不动时,CRT 的位置显示画面也不变化。

(2) 故障原因分析

① 发生故障的常见原因。

a. 机床处于锁紧状态。

b. 手摇脉冲发生器故障。

c. 连接故障。

d. 主板故障等多种原因。

② 分析检查。

a. 一般可先调用诊断画面,检查诊断号 DGN100 的第 7 位的状态是否为 1,也即是否处于机床锁住状态。

b. 检查系统参数 000～005 号的内容是否与机床生产厂提供的参数表一致。

c. 检查互锁信号是否已被输入(诊断号 DGN096～099 及 DGN119 号的第 4 位为 0)。

d. 方式信号是否已被输入(DGN105 号第 1 位为 1)。

e. 检查主板上的报警指示灯是否点亮。

(3) 故障诊断和排除

① 经检查以上原因均排除。故障集中在脉冲发生环节上。检查手摇脉冲发生器和手摇脉冲发生器接口板。

② 经仔细检查发现是手摇脉冲发生器接口电路板上 RV05 专用集成块损坏,经调换后故障消除。

（4）维修经验积累　以上故障与脉冲发生器是关系比较密切的，因为手摇脉冲发生器产生轴运动的驱动信号，若信号时有时无，所产生的故障现象与机床的故障现象是基本相同的。

【实例 3－36】

（1）故障现象　某 KND 系统数控铣床，开机后，CRT 显示器上没有任何显示，数控系统的电源指示灯也不亮。

（2）故障原因分析　这类故障涉及面很广，在查找故障之前，必须熟悉数控系统的硬件结构，原因是多方面的。

（3）故障诊断和排除　本例数控铣床使用的是 KND 系统，按系统常见故障原因，诊断和检修步骤如下：

① 检查电源电压。一般单色显示器多为 24V 直流电压，而彩色显示器多为 220V 交流电压。不同厂家的产品，电压则会有一定的区别。

② 检查电缆连接。查看与显示器有关的电源电缆、视频信号电缆连接是否正常，插接件是否紧固可靠。

③ 检查显示器。显示器由显示单元、视频调节器等部分组成，其中任何一部分有故障，都会造成显示器无亮度，或者有亮度但是没有图像。在开机或关机的瞬间，观察显示器屏幕上是否有亮点或光带，就可判断显示器本身有无故障。要注意，如果亮度旋钮不在正常位置，也会造成没有任何显示的故障。检查结果显示器无故障。

④ 检查系统控制部分。如果显示器既无显示，机床又不能执行手动和自动操作，则说明数控系统的主控部分不正常，如 CPU 模块、RAM 或 ROM 有故障。检查结果发现 CPU 模块接触不良。

⑤ 用替换法更换 CPU 模块后，故障不再出现。由此采用更换主板的方法进行维修，故障被排除。

（4）维修经验积累　本例机床的故障现象应首先排除显示器的故障，然后可直接检查 CPU 和存储器的故障。

【实例 3－37】

（1）故障现象　SINUMERIK 802D 系统四轴四联动数控铣床，机床通电，选择所需的加工程序后，按下“执行”键，但是加工程序不能执行，CRT 显示器上出现报警，提示“系统不在复位状态”。

（2）故障原因分析　常见原因是程序编制有误。

（3）故障诊断和排除

① 编程试验。改用 MDI（手动数据输入）方式执行程序，发现机床的

工作没有问题。重新编写几个简单的加工程序进行试验,机床可以准确无误地执行。分析认为可能是原来的程序编写不正确。

② 编程规范。在SINUMERIK 802D数控系统中,对程序名的编写格式有四点要求:第一,开头两位必须是英文字母;第二,其余各位应为英文字母、数字或下划线;第三,不能使用分隔符;第四,字符总数不能超过16个。

③ 程序检查。检查加工程序,发现程序名中包含有中文字符,而802D数控系统无法识别中文字符。

④ 故障处理。按照以上四点要求.重新修改程序名后,故障不再出现。

(4) 维修经验积累　由本例的故障排除过程可以看出,一旦遇到故障,应全面分析,将与本故障相关的所有因素,包括数控系统、机械、气液等方面的原因都列出来,从中筛选找出故障的最终原因。如本例故障表面上是机械方面的原因,而实际上是由于编程不当引起的。在经济型数控铣床的使用过程中,由于操作人员的变动,编程技能的不熟练或掌握不全面,均可引发故障。因此维修诊断中此类故障引发因素不容忽视。

3) 数控铣床主轴伺服系统故障维修

【实例3-38】

(1) 故障现象　华中HNC系统数控铣床,机床通电后,发出“M03”或“M04”主轴旋转指令,按下启动按钮后,主轴不能启动,电动机发出“嗡嗡”的声音。

(2) 故障原因分析　常见原因是主轴电源和速度反馈部分有故障。

(3) 故障诊断和排除

① 据理推断。在正常情况下,当发出旋转指令,同时给定某一速度值时,主轴便开始旋转。但主轴没有转动,所以要重点检查主轴电源和速度反馈部分。

② 电压检查。用万用表检查电源电压,三相电压平衡,数值稳定,不存在断相运行的问题。

③ 反馈检查。查看机床的电气原理图,了解到主轴是采用脉冲编码器实现速度反馈的,与主轴同轴安装。

④ 状态常规。编码器及其连接电缆正常时,主轴驱动箱内U板上的两只绿色发光二极管(代表A、B两个通道)应该有一只点亮或两只同时点亮。

⑤ 状态检查。用手盘动主轴使其旋转,观察两只发光二极管,没有一只点亮,这说明编码器没有将速度反馈信号送到主轴驱动箱。

⑥ 信号检查。检查编码器的连接电缆,发现有一根芯线断路。

⑦ 故障处理。更换这根电缆后，故障被排除。

（4）维修经验积累　信号电缆是常见故障部位之一，在经济型数控铣床的维修中，由于工作环境等因素，信号电缆的断路属于比较常见的故障，因此平时应加强维护保养。检修与信号传递相关的故障时可首先检查信号电缆的连接部位和电缆通断情况，以便迅速排除有关故障。

【实例 3-39】

（1）故障现象　某凯恩帝 KND 系统数控固定台座式铣床，机床主轴在一次电网拉闸停电后，主轴转动只能以手动方式 10r/min 的速度运行；当启动主轴自动运行方式时，转速一旦升高，主轴伺服装置三相进线的 L1、L2 两相熔丝立即烧断。

（2）故障原因分析　常见原因是主轴驱动有故障。

（3）故障诊断和排除

① 电源检查。检查其伺服装置，发现三相进线中的 L1、L2 两相熔丝已经烧断。

② 运转试验。更换熔丝后，主轴可以在手动方式下以 10r/min 的低速运转，但是转速很不稳定，在 3～12r/min 的范围内变化。

③ 电流检测。电动机的电枢电流超过正常值。转入自动运行方式后，L1、L2 两相熔丝又立即熔断。

④ 机理分析。主轴伺服电动机功率为 55kW，伺服装置中采用了三相桥式可控整流电路，如图 3-42 所示。经了解，这个故障是在一次电网突然拉闸断电后出现的。根据电气原理可知，电动机在高速运转时，如果突然断电，在电动机的电枢两端会产生一个很高的反电动势，其数值大约

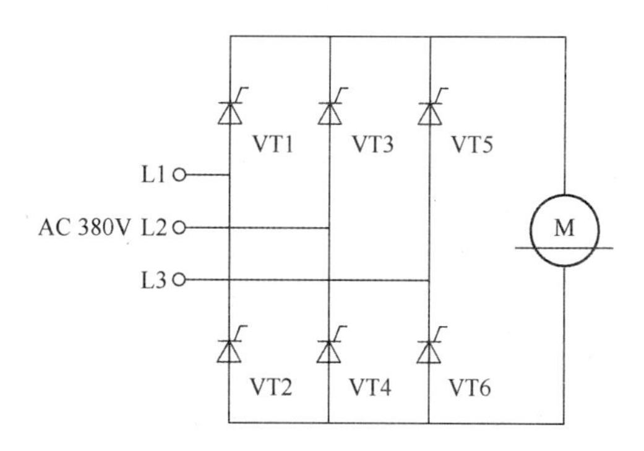

图 3-42　伺服电动机三相桥式可控整流电路

是电源电压的 3～5 倍。在这个伺服单元中，对晶闸管没有采取保护措施，难以避免偶发性浪涌过电压的影响，所以电路中的元器件，特别是晶闸管等很容易被击穿，从而造成失控状态。

⑤ 元件检测。对图 3-42 中的元器件进行检测，VT1 和 VT4 阳极与阴极之间的绝缘电阻为 1.2MΩ，其余 4 只都在 10MΩ 以上，说明这两个晶闸管的性能变差，但是还没有被完全击穿。在低速、小电流的情况下，还可以勉强工作；当转速升高，电流增大时便被击穿而造成短路。

⑥ 故障处理。更换性能不良的晶闸管 VT1、VT4，并在各个晶闸管上并联一只压敏电阻，以预防同类故障。

(4) 维修经验积累　三相桥式整流电路的晶闸管软击穿可能有一个过程，因此检测中可通过电阻测量进行判断。没有完全被击穿的晶闸管可能勉强工作，在诊断中应引起注意，避免误诊断。

【实例 3-40】

(1) 故障现象　某数控铣床配置 FANUC 系统，主轴低速启动时，主轴抖动很大，高速时却正常。

(2) 故障原因分析　该机床使用的主轴系统为台湾生产的交流调速器。在检查确认机械传动无故障的情况下，可将检查重点放在交流调速器上。

采用分割法，将交流调速器装置的输出端与主轴电动机分离。在机床主轴低速启动信号控制下，用万用表检查交流调速装置的三相输出电压，测得三相输出端电压参数分别为 U 相 50V，V 相 50V，W 相 220V。旋转调速电位器，U、V 两相的电压能随调速电位器的旋转而变化，W 相不能被改变，仍为 220V。这说明交流调速器的输出电压不平衡（主要是 W 相失控），从而导致主轴电动机在低速时三相输入电源电压不平衡产生抖动，而高速时主轴运转正常的现象。

(3) 故障诊断和排除　根据交流变频调速器装置的工作原理分析：该装置除驱动模块输出为强电外，其余电路均为弱电，且 U、V 两相能被控制。因而可以认为：交流变频调速器装置的控制系统正常，产生交流电输出电压不平衡的原因应是变频器驱动模块有故障。

交流变频器驱动模块原理如图 3-43 所示。根据该原理示意图将驱动模块上的引出线全部拆除，再用万用表检查该驱动模块各级，发现模块的 W 端已导通，即 W 相晶体管的集电极与发射极已短路，造成 W 相输出电压不能被控制。将该模块更换后，故障排除。

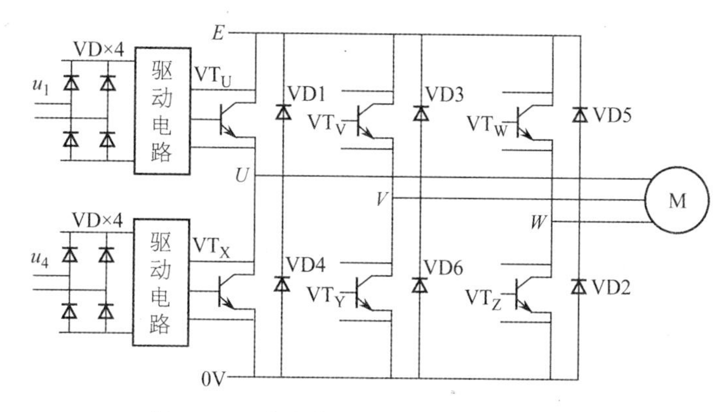

图 3－43　交流变频器驱动模块原理示意图

(4) 维修经验积累　在经济型数控铣床的维修中，若发现模块有故障，可首先采用替换法进行维修，然后进行模块内部的维修，以减少故障维修的周期，满足生产的需要。

4) 数控铣床进给伺服系统故障维修

【实例 3－41】

(1) 故障现象　某华中 HNC 系统数控铣床，在加工或快速移动时，X 轴与 Z 轴电动机声音异常，Z 轴出现不规则的抖动，并且在主轴启动后，此现象更为明显。

(2) 故障原因分析　当机床在加工或快速移动时，Z 轴、Y 轴电动机声音异常，Z 轴出现不规则的抖动，而且在加工时主轴启动后此现象更为明显。从表面看，此故障属干扰所致。分别对各个接地点和机床所带的浪涌吸收器件进行检查，并做了相应处理。启动机床并没有好转。之后又检查了各个轴的伺服电动机和反馈部件，均未发现异常。又检查了各个轴和 CNC 系统的工作电压，都满足要求。

(3) 故障诊断和排除　排除引发故障的一般原因，进一步检查：

① 用示波器查看各个点的波形，发现伺服板上整流块的交流输入电压波形不对。

② 往前循迹，发现一输入匹配电阻有问题。

③ 焊下后测量，阻值变大。

④ 更换一相应规格的电阻后，故障排除，机床运行正常。

(4) 维修经验积累　在经济型数控铣床的维修中，经常会在现场进行必要的电路焊接维修操作，因此平时应注意电路焊接的技能训练。电路的焊接应掌握的要点见表 3-20。

表 3-20　电子电气元件的焊接方法

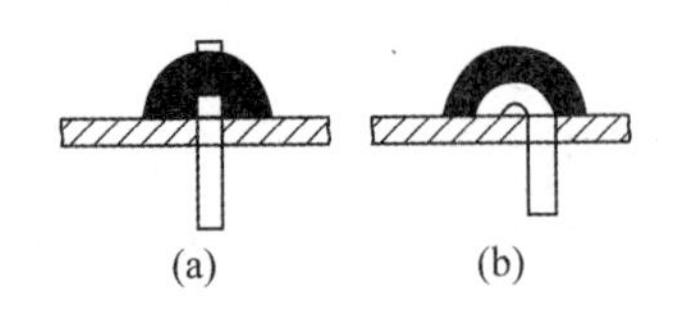

(a)　　(b)

项　目	说　明
焊接器件	1）电烙铁。一般采用 25W、45W 两种规格的电烙铁 2）焊料和焊剂。焊料是焊锡或纯锡，常用的有锭状和丝状两种。丝状的通常在其中心包含着松香，在焊接中比较方便。焊剂有松香、松香酒精溶液等
焊接要求	1）焊接点必须牢固，具有一定的机械强度，每一个焊点都是被焊料包围的接点 2）焊接点的锡液必须充分渗透，其接触电阻要小，不能出现虚焊（假焊）或夹生焊现象 3）焊接点表面光滑并有光泽，焊接点的大小均匀
焊接方法	1）用电工刀或砂布清除连接线端的氧化层，并在焊接处涂上焊剂 2）将含有焊锡的烙铁焊头，先蘸上一些焊剂，然后对准焊接点迅速下焊。当锡液在焊点四周充分溶开后，快速向上提起焊头
电子分立元件的插焊方法	如图所示插焊方法如下 1）首先清除元件焊脚处的氧化层，并搪锡 2）清除安装元件的电路板表面的氧化层，并涂上松香酒精溶液 3）直脚插焊时，在确认元件各焊脚所对应的位置后，插入孔内，剪去多余的部分，然后下焊。每次下焊时间不超过 2s。弯脚插焊时，在确认元件各焊脚对应位置后，插入孔内，剪去多余部分，再弯曲 90°（略带弧形），然后下焊。每次下焊时间不超过 2s
集成块的焊接方法	除掌握分立元件的焊接方法外，焊接集成块还应注意以下几点 1）工作台面必须覆盖有可靠接地的金属板，所使用的电烙铁应可靠接地 2）集成块不可与台面经常摩擦 3）集成块焊接需要弯曲时不可用力过大 4）焊接时应注意使用吸锡器，防止落锡过多

【实例3－42】

(1) 故障现象　某华中HNC系统的数控铣床，开机时出现伺服系统报警，驱动器也显示报警。

(2) 故障原因分析　查阅有关技术资料，伺服驱动器出现报警的含义是"编码器的电压太低，编码器反馈监控生效"。

(3) 故障诊断和排除

① 驱动器件检查。经检查，开机时伺服驱动器可以显示"RUN"，表明伺服驱动系统可以通过自诊断，驱动器的硬件应无故障。

② 观察推断。经观察发现，故障发生过程中，每次报警都是在伺服驱动系统"使能"信号加入的瞬间出现，若此时无故障，则机床就可以正常启动并正常运行。因此，推断故障原因可能是由于伺服系统电动机励磁加入的瞬间干扰引起的。

③ 故障处理。重新连接伺服驱动的电动机编码器反馈线，进行正确的接地连接后，故障清除，机床恢复正常。

(4) 维修经验积累

① 故障报警提示和诊断结果可能不直接对应。

② 本例的维修诊断过程提示电动机编码器的反馈线接地不良造成的瞬间干扰对伺服监控的影响。类似的故障维修实例中，如电动机转子位置检测错误、脉冲编码器"零位"信号出错引起伺服驱动报警等，若开机时伺服驱动器可以显示"RUN"，同样表明伺服驱动系统可以通过自诊断，驱动器的硬件应无故障。常见的故障原因也是伺服系统电动机励磁加入的瞬间干扰引起的。

③ 使用第四轴的数控铣床，需特别注意第四轴（数控转台、数控分度头）电动机的电枢屏蔽线应可靠接地，否则会产生瞬间干扰而造成故障报警。

【实例3－43】

(1) 故障现象　FANZTC－BESK 3MA系统XK5040型数控铣床，工作中Z轴移动时出现异常的响声。

(2) 故障原因分析　常见的原因是Z轴机械传动部分、Z轴伺服电动机故障。

(3) 故障诊断和排除

① 询问观察故障发生形式及现象。

a. 当该铣床在进行工件加工时，沿Z轴方向移动，就有"哒哒哒"的连续响声，将"快速倍率开关"调小至25%，故障现象为异常声音的间隔增加。

b. 当 X、Y 轴单独运动或两轴联动时数控机床无异常声音。

c. 机床能进行工件加工，CRT 及报警指示灯无报警信息显示。

初步判断故障在机械部分。

② 对发生响声的地方进行重点检查，发现声音来自伺服电动机部分，可能是电动机内部或其机械连接部分有故障。

③ 检查机械连接部分，发现 Z 轴丝杠的传动齿轮和过渡齿轮的配合间隙过大，将其调小后，又检查各处的轴承和机械连接都正常。

④ 开车试验响声依旧，因此断定故障部位在 FB25 伺服电动机内部。借助检测仪器，发现异常声音来自伺服电动机中间部位。

⑤ 伺服电动机采用永磁式直流电动机，其励磁方式为永磁式。分析故障具体部位有以下几种可能：

a. 电动机永磁体黏接不良，使磁体局部与电动机转子相蹭；

b. 某些磁钢因质量问题破裂了一小块；

c. 某些不确定因素，使伺服电动机轴弯曲变形，以致电枢蹭刮永磁体；

d. 电动机轴两端的轴承存在问题，例如轴承滚道或钢球有剥落；

e. 某一块永磁体因黏接不良而脱落。因 FB25 伺服电动机轴向的两块永磁体（因电动机磁极很长，故每一磁极由两段磁钢组成）中，如有一块磁体脱落，会减弱电动机磁场。

⑥ 拆卸电动机进行检查，发现定子磁极后端磁体有一块脱落，确认该部位是异常杂音的故障根源。

⑦ 根据检查诊断的结果，将脱落的磁体进行复位黏接，重新开机试验，异常响声消失，故障被排除。

（4）维修经验积累　磁体的黏接操作应注意黏合剂的选用，并注意黏接操作的步骤和基本要求，如黏接部位清洁、黏合剂涂抹、黏接体位置精度、黏接部位的凝固时间等，以保证维修的质量和耐用性，以免故障反复。

【实例 3－44】

（1）故障现象　SIEMENS 820M 系统、配套 611A 交流伺服驱动的数控铣床，在加工零件时，当切削量稍大时，机床出现 $+Y$ 方向爬行，系统显示 ALM1041 报警。

（2）故障原因分析　SIEMENS 820M 系统 ALM1041 报警的含义为“Y 轴速度调节器输出达到 D/A 转换器的输出极限”。

（3）故障诊断和排除　经检查伺服驱动器，发现 Y 轴伺服驱动器的报警指示灯亮。为了尽快确认报警引起的原因，考虑到该机床的 Y 轴与 Z

轴所使用的是同型号的伺服驱动器与电动机，维修时首先按以下步骤对 Y/Z 轴的驱动器进行互换处理。

① 在611A驱动器侧，将 Y 轴伺服电动机的测速反馈电缆与 Z 轴伺服电动机的测速反馈电缆互换。

② 在611A驱动器侧，将 Y 轴伺服电动机的电枢电缆与 Z 轴伺服电动机的电枢电缆互换。

③ 在CNC(810)侧，将 Y 轴伺服电动机的位置反馈与 Z 轴伺服电动机的位置反馈电缆互换。

经过以上处理，事实上已经完成了 Y 轴与 Z 轴驱动器的互换。

重新启动机床，发现原 Y 轴伺服驱动器的报警灯不亮，Z 轴可以正常工作；而原 Z 轴伺服驱动器的报警灯亮，Y 轴仍然存在报警。由此可以判断，故障的原因不在驱动器，可能与 Y 轴伺服电动机及机械传动系统有关。

根据以上判断，考虑到该机床的规格较大，为了维修方便，首先检查了 Y 轴伺服电动机。在打开电动机防护罩后检查，发现与 Y 轴伺服电动机侧的位置反馈插头明显松动，重新将插头扭紧，并再次开机，故障现象消失。

进一步检查、连接伺服驱动器的全部接线，恢复到正常连接状态，重新启动机床，报警消失，机床恢复正常运转。

（4）维修经验积累 在数控机床进给伺服系统维修中，经常应用互换法进行故障诊断和分析处理，在伺服驱动器互换法处理过程中可参照本例的互换处理步骤。

西门子系统数控机床的进给驱动有STEPDRIVE C/C+步进驱动和610、611A、611U/Ue等交流进给驱动器驱动。611A系列伺服驱动系统的状态显示见表3-21，常见故障诊断见表3-22。

表3-21 611A系列伺服驱动系统的状态显示

<table>
<tr><td rowspan="8">电源模块的状态显示[电源模块(UE或I/R)设有6个状态指示灯(LED)]</td><td colspan="4">V1—○○—V2　V3—○○—V4　V5—○○—V6</td></tr>
<tr><td>指示灯</td><td>显示</td><td colspan="2">说　明</td></tr>
<tr><td>V1</td><td>SPP(红)</td><td>辅助控制电源15V故障指示灯</td><td rowspan="6">当电源模块直流母线预充电完成，监控模块电源模块无故障时，(UNIT)灯亮，其余指示灯灭，同时“准备好”继电器吸合，并输出触点信号</td></tr>
<tr><td>V2</td><td>5V(红)</td><td>辅助控制电源5V故障指示灯</td></tr>
<tr><td>V3</td><td>EXT(绿)</td><td>电源模块未加“使能”指示灯</td></tr>
<tr><td>V4</td><td>UNIT(黄)</td><td>电源模块准备好指示灯</td></tr>
<tr><td>V5</td><td>≈(红)</td><td>电源模块电源输入故障指示灯</td></tr>
<tr><td>V6</td><td>UZK(红)</td><td>直流母线过电压指示灯</td></tr>
</table>

（续表）

标准进给驱动模块	H1	红	轴故障，表明驱动器出现故障
	H2	红	电动机/电缆连接故障表明监控电路检测来自伺服电动机的故障
带扩展接口的进给驱动模块状态显示	8	8	参数板末插入驱动器
		8	脉冲使能（端子663）、速度控制使能（端子65）信号末加入
		8	脉冲使能（端子663）未加入，速度控制使能（端子65）信号已加入
		8	脉冲使能（端子663）已加入，速度控制使能（端子65）信号未加入
		8	脉冲使能、速度控制使能信号已加入
		1	I^2t 监控，驱动器连续过载
		2	转子位置检测器不良
		3	伺服电动机过热
		4	测速发电机不良
		5	速度控制器达到输出极限，引起 I^2t 报警
		6	速度控制器达到输出极限
		7	实际电动机电流为零，电动机线连接不良

表3-22　611A系列伺服驱动器常见故障诊断

故障现象	原　　因
V4指示灯不亮	直流母线电压过高 5V电压太低 输入电源过低或缺相 与电源模块相连接的轴驱动模块存在故障
H1（轴故障）指示灯亮	速度调节器到达输出极限 驱动模块超过了允许的温升 伺服电动机超过了允许的温升 电动机与驱动器电缆连接不良
H2指示灯亮	测速反馈电缆连接不良 伺服电动机内装式测速发电机故障 伺服电动机内装式转子位置检测故障

5）数控铣床位置检测装置故障维修

在经济型数控机床的维修中，目前常采用激光干涉仪进行维修精度测量。采用激光干涉仪可方便地恢复机床精度，主要功能如下。

几何精度检测——可检测直线度、垂直度、俯仰与偏摆、平面度、平行度等。

位置精度检测及自动补偿——可检测数控机床定位精度、重复定位精度、微量位移精度等。

线性误差自动补偿——通过 RS232 接口传输数据，效率高，避免了手工计算和手动数据输入而引起的操作误差，可最大限度地选用被测轴上的补偿参数，使机床达到最佳精度。

数控转台分度精度的检测机器自动补偿——ML10 激光干涉仪加上 RX10 转台基准能进行回转轴的自动测量，可对任意角度，以及任意角度间隔进行全自动测量。

双轴定位精度的检测及其自动补偿——可同步测量大型龙门移动式数控机床，由双伺服驱动某一轴向运动的定位精度，通过 RS232 接口，自动对两轴线性误差分别进行补偿。

数控机床动态性能检测——利用 RENISHAW 动态特性测量与评估软件，可用激光干涉仪进行机床振动测试与分析（FFT）、滚珠丝杠的动态特性分析、伺服驱动系统的响应特性分析、导轨的动态特性（低速爬行）分析等。

【实例 3-45】

（1）故障现象　FANUC BESK 7M 系统四坐标轴数控铣床，在加工时，CRT 上显示 37 报警。

（2）故障原因分析　查阅维修手册可知，37 报警表示 Y 轴位置控制偏移量太大。常见故障原因：伺服电动机电源线断线；位置检测器和伺服电动机之间的连线松动。

（3）故障诊断和排除

① 查看 Y 轴的工作情况，发现伺服电动机速度偏高，说明其电源线没有断开。

② 重点检查位置控制环，由于 X、Y 两个伺服驱动系统的结构一致，参数设置也基本相同，采用交换法，将两个系统的驱动板、位置控制器、测速反馈电路对换试用，此时故障现象不变，说明这些部件都没有问题。

③ 检查参数设置，在 CRT 的参数界面中，调出“位置控制环偏移补偿

量”的给定数据，与正常值进行比较，没有发现异常现象，可排除偏移补偿量给定数据不正确的因素。

④ 本例使用测速发电机产生速度控制信号，是对伺服电动机作恒速控制的重要元器件。据理推断，如果发生故障，就会影响进给轴速度的位移量。

⑤ 对测速发电动机进行检查。拆开 Y 轴伺服电动机，发现它与测速发电机之间的连接齿轮松动。

⑥ 根据检查结果，判定由于连接齿轮松动，使测速发电机的取样偏离 Y 轴的实际转速，从而造成 Y 轴速度异常。

⑦ 根据诊断结果，检查连接齿轮松动的原因，进行针对性的维修，将连接齿轮紧固，报警解除，Y 轴位置控制量过大的故障被排除。

(4) 维修经验积累　本例提示，对于故障源于结构上原因的数控机床，应在进行维修档案记录时，明确规定对该部位进行定期检查，以保证机床的正常运行，避免故障的重复发生。

【实例 3-46】

(1) 故障现象　FANUC 系统 BTM-4000 数控仿形铣床，机床运行时 X 轴的运行不稳定，具体表现为指令 X 轴停在某一位置时，始终停不下来。

(2) 故障原因分析　常见原因是位置检测装置有故障。

(3) 故障诊断和排除

① 观察故障现象。机床在使用了一段时间后，X 轴的位置锁定发生了漂移，表现为 Z 轴停在某一位置时，运动不停止，出现大约±0.000 7mm 振幅偏差。而这种振动的频率又较低，直观地可以看到丝杠在来回旋动。

② 初步诊断分析。鉴于这种情况，初步断定这不是控制回路的自激振荡，有可能是定尺(磁尺)和动尺(读数头)之间有误差所致。

③ 技术资料查阅。查阅有关技术资料，磁尺位置检测装置是由磁性标尺、磁头和检测电路组成，其方框图如图 3-44 所示。

④ 装置原理分析。磁尺的工作原理与普通磁带的录磁和拾磁的原理是相同的。将一定周期变化的方波、正弦波或脉冲信号，用录磁磁头录在磁性标尺的磁膜上，作为测量的基准。检测时用拾磁磁头将磁性标尺上的磁信号转化成电信号，经过检测电路处理后，计量磁头相对磁尺之间的位移量。按其结构可分为直线磁尺和圆形磁尺，分别用于直线位移和角位移的测量。按磁尺基体形状分类的各种磁尺如图 3-45 所示。

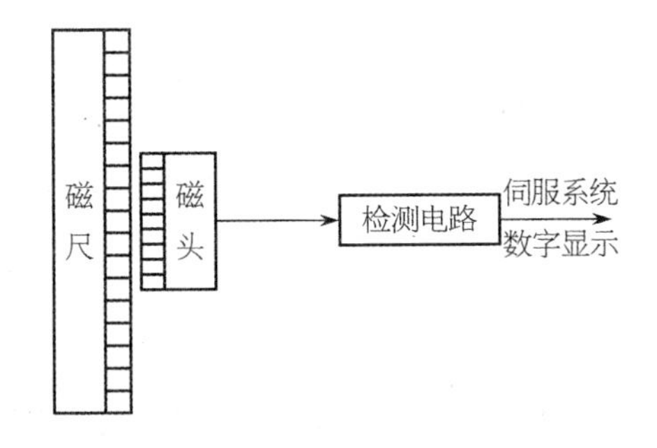

图 3-44　磁尺位置检测装置框图

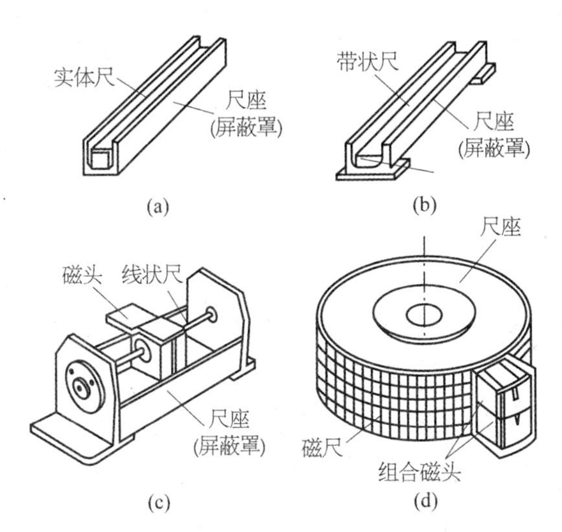

图 3-45　按磁尺基体形状分类的各种磁尺

(a) 实体型磁尺；(b) 带状磁尺；(c) 线型磁尺；(d) 回转型磁尺

⑤ 配合间隙调整。调整定尺和动尺的配合间隙,情况大有好转。

⑥ 几何精度调整。配合调整机床的静态几何精度,此故障被排除。

(4) 维修经验积累　维修磁尺类位置检测装置,应首先熟悉磁尺的工作原理,掌握磁尺安装调整的基本方法和步骤,以免维修方法不熟练,无法修复或造成磁尺损坏引发新的故障。

【实例 3-47】

(1) 故障现象 SINUMERIK 810M 系统 W160HDNC 2750 型数控落地镗铣床，机床在立柱行走时，X 轴不能运行，出现 1360 报警："X AXIS System dirty"。

(2) 故障原因分析 按报警说明提示，X 轴测量系统有故障。

(3) 故障诊断和排除

① 配置检查。本例机床配用由海登汉因公司制造的 LB326 型反射式金属带光栅，对清洁度要求较高。

② 诊断检查。检查发现，光栅尺经过长时间使用后，污物进入光栅尺内部，且划伤了光栅头表面。需要进行清洗和处理。

③ 故障处理。先将光栅尺端盖拆下，取出光栅头，将密封橡皮条抽出，然后用长纤维棉球蘸工业无水酒精，轻轻擦洗光栅尺，还要更换已经划伤了的光栅头。最后照原样安装好，开机后故障消除。

(4) 维修经验积累 维修中如果更换光栅尺，要注意以下几点。

① 参考点标记可能挪动，不在原来的位置，要经过实测后重新调整。

② 读数头与光栅之间的间隙非常严格，要校正好轴向移动时的平行度。

③ 压缩空气插头对光栅尺有保护作用，不要忘记安装。

任务四 数控铣床辅助装置故障维修

数控铣床的主要机床辅助装置(附件)是数控分度头、回转台和万能铣削头等。

数控分度头是数控铣床常用辅助装置和工艺装备，数控分度头有多种类型，通常用第四轴驱动。

数控回转工作台可做任意角度的回转和分度，表面 T 形槽呈放射状分布(径向)。数控转台能实现进给运动，在结构上和数控机床的进给驱动机构有许多共同之处，数控机床进给驱动机构实现的是直线进给运动，数控转台实现的是圆周进给运动。数控转台按控制方式分为开环和闭环两种；数控回转工作台按其直径(mm)分为 160、200、250、320、400、500、630、800 等；按安装方式又可分为立式、卧式、万能倾斜式等多种型式。

数控回转工作台的常见故障和维修方法见表 3-23。

在实际维修中，数控分度头和回转工作台可借鉴以下维修实例。

表 3－23　回转工作台(用端齿盘定位)的常见故障及排除方法

故障现象	故障原因	排除方法
工作台没有抬起动作	控制系统没有抬起信号输入	检查控制系统是否有抬起信号输入
	抬起液压阀卡住没有动作	修理或清除污物，更换液压阀
	液压系统压力不够	检查油箱中的油是否充足，并重新调整压力
	与工作台相连接的机械部分研损	修复研损部位或更换零件
	抬起液压缸研损或密封损坏	修复研损部位或更换密封圈
工作台不转位	工作台抬起或松开完成信号没有发出	检查信号开关是否失效，更换失效开关
	控制系统没有转位信号输入	检查控制系统是否有转位信号输出
	与电动机或齿轮相连的胀套松动	检查胀套连接情况，拧紧胀套压紧螺钉
	液压转台的转位液压阀卡住没有动作	修理或清除污物，更换液压阀
	工作台支承面回转轴及轴承等机械部分研损	修复研损部位或更换新的轴承
工作台转位分度不到位，发生顶齿或错齿	控制系统输入的脉冲数不够	检查系统输入的脉冲数
	机械转动系统间隙太大	调整机械转动系统间隙，轴向移动蜗杆，或更换齿轮、锁紧胀紧套等
	液压转台的转位液压缸研损，未转到位	修复研损部位
	转位液压缸前端的缓冲装置失效，死挡铁松动	修复缓冲装置，拧紧死挡铁螺母
	闭环控制的圆光栅有污物或裂纹	修理或清除污物或更换圆光栅
工作台不夹紧，定位精度差	控制系统没有输入工作台夹紧信号	检查控制系统是否有夹紧信号输出
	夹紧液压阀卡住没有动作	修理或清除污物，更换液压阀
	液压系统压力不够	检查油箱内油是否充足，并重新调整压力
	与工作台相连接的机械部分研损	修复研损部位或更换零件
	上下齿盘受到冲击松动，两齿牙盘间有污物，影响定位精度	重新调整固定，修理或清除污物
	闭环控制的圆光栅有污物或裂纹，影响定位精度	修理或清除污物，或更换圆光栅

【实例 3－48】

（1）故障现象　某凯恩帝 KND 系统数控铣床使用 FK14160B 型数控分度头，机床开机后出现第四轴报警。

（2）故障原因分析　FK14160B 型数控分度头结构见图 3－46，本例故障的常见原因如下：

① 电动机缺相。

② 反馈信号和驱动信号不匹配。

③ 机械负载过大。

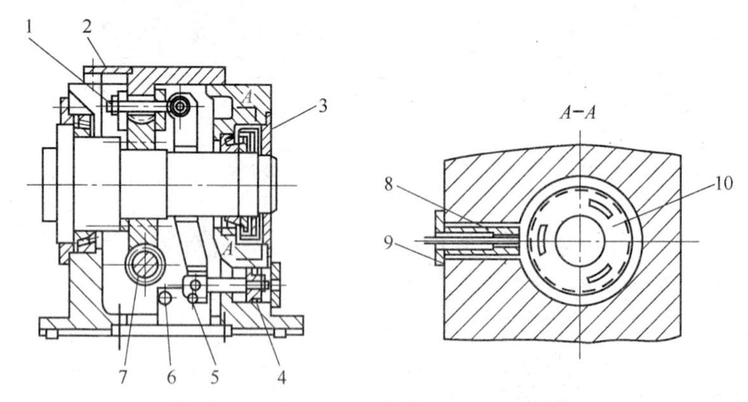

图 3－46　FK14160B 数控分度头结构简图

1—调整螺母；2—压板；3—法兰盘；4—活塞；5—锁紧信号传感器；6—松开信号传感器；7—双导程蜗杆；8—零位信号传感器；9—传感器支座；10—信号盘

（3）故障诊断和排除

① 用万用表检查第四轴驱动单元控制板上的熔断器、断路器和电阻，检查结果处于正常状态。

② 本例机床 X、Y、Z 轴和第四轴的驱动控制单元属于同一规格型号的电路板，故采用替代法，将第四轴的驱动控制单元与其他任一轴的驱动控制单元对换连接，断开第四轴，测试与第四轴对换的那根轴运行情况，本例检测结果为运行正常，表明第四轴的驱动控制单元无故障。

③ 检查第四轴的驱动电动机是否缺相，本例检查结果，电动机电源输入正常。

④ 检查第四轴与驱动单元的连接电缆，发现电缆外表有裂痕。进一步检查检测，发现电缆内部有短路。

⑤ 检查诊断确认，由于连接电缆长期浸泡在油中产生老化，随着机床

往复运动，电缆反复弯折，出现内部绝缘层损坏，引起短路，导致机床开机后报警，显示第四轴过载。

⑥ 观察机床加工的位置和行程长度，使用适宜长度的电缆进行更换维修。同时采取适当的措施，避免电缆长期浸泡在油中，以延长电缆的使用寿命。

(4) 维修经验积累　在使用数控分度头时，第四轴的连接电缆处于比较特殊的工作环境，因此需要注意检查和维护电缆的完好，防止短路和断路等隐性故障。

【实例 3-49】

(1) 故障现象　某华中 HNC 系统数控铣床使用 FKNQ160 型数控分度头，使用过程出现工件加工后不符合等分要求的故障。

(2) 故障原因分析　查阅有关技术资料，FKNQ 系列数控气动等分分度头是数控铣床和数控镗床、加工中心等数控机床的常用配套附件，以端齿盘作为分度元件，采用气动驱动分度，可完成以 5°为基数的整倍数的水平回转坐标的高精度等分分度工作。FKNQ160 型数控气动等分分度头的结构如图 3-47 所示，动作过程原理如下：分度指令至气动系统控制阀→控制阀动作→滑动齿盘 4 前腔通入压缩空气→滑动齿盘 4 沿轴向右移→齿盘松开→传感器发信至控制装置→分度活塞 17 开始运动→棘爪 15 带动棘轮 16 进行分度(每次分度角度 5°)→检测活塞 17 位置的传感器 14 检测发信→分度信号与控制装置预置信号重合→分度台锁紧→滑动齿盘后腔进入压缩空气→端齿盘啮合定位→分度过程结束。据理分析，本例常见的故障原因如下：

① 分度台锁紧动作机构有故障。

② 三齿盘齿面之间有污物。

③ 三齿盘齿有损坏损伤。

④ 传感器有故障。

⑤ 防止棘爪返回时主轴反转的机构有故障。

(3) 故障诊断和排除

① 据理分析，若分度头锁紧动作有故障，可能影响分度精度，由此检查分度头锁紧动作相关的机械部分，检查结果锁紧机械部分处于正常状态。

② 若分齿盘齿面之间有污物或齿面损坏损伤，可能造成分度定位误差，影响工件等分分度精度，由此检查分度头分度齿盘齿面，无污物和损伤现象。

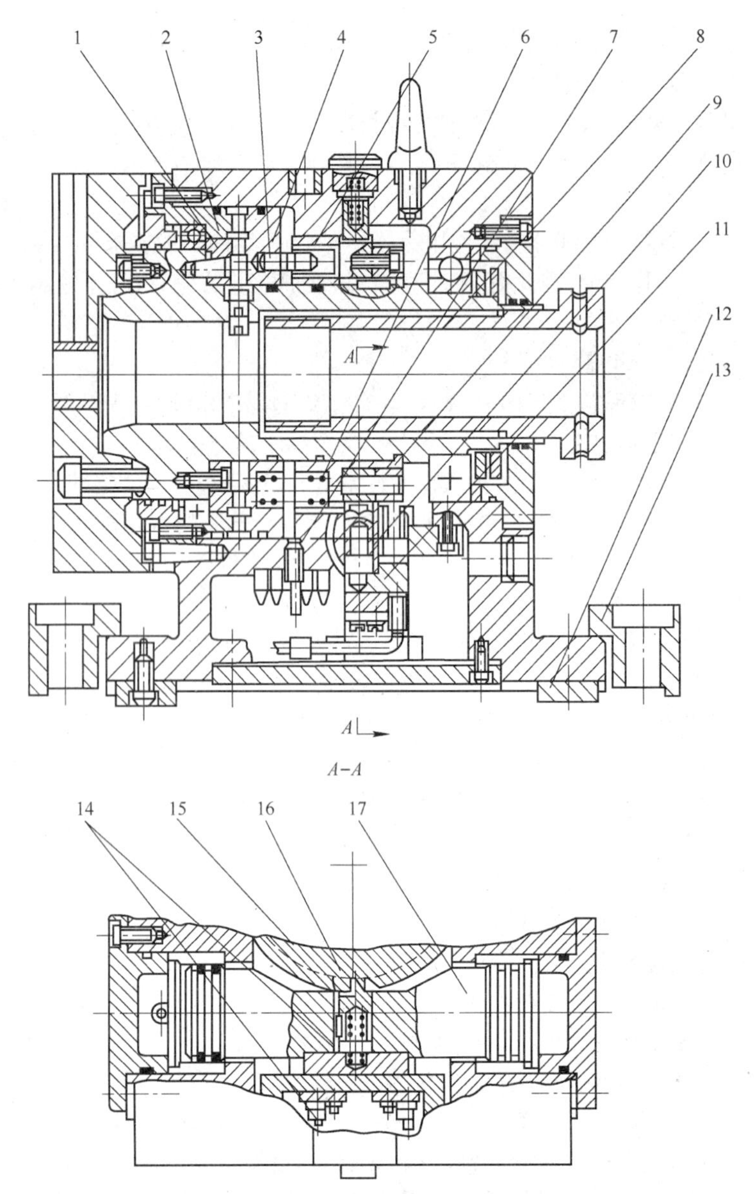

图 3-47　FKNQ160 型数控气动等分分度头结构简图

1—转动端齿盘；2—定位端齿盘；3—滑动销轴；4—滑动端齿盘；5—镶装套；6—弹簧；7—无触点传感器；8—主轴；9—定位轮；10—驱动销；11—凸块；12—定位键；13—压板；14—传感器；15—棘爪；16—棘轮；17—分度活塞

③ 若传感器的位置松动或传感器有故障，会影响锁紧动作指令的执行，检查传感器，发现传感器14有位移和性能不良的现象。

④ 本例等分分度头在分度活塞17上安装凸块11，使驱动销10在返回过程中插入定位轮9的槽中，以防止转过位。检查防止棘爪返回时主轴反转的机构，处于正常状态。

⑤ 根据检查和诊断结果，确诊传感器性能不良是引起分度不稳定的主要原因。由此，拆下传感器进行检测检查，检查时可参见表3-24。

表3-24　接近开关的种类、特点和检测方法

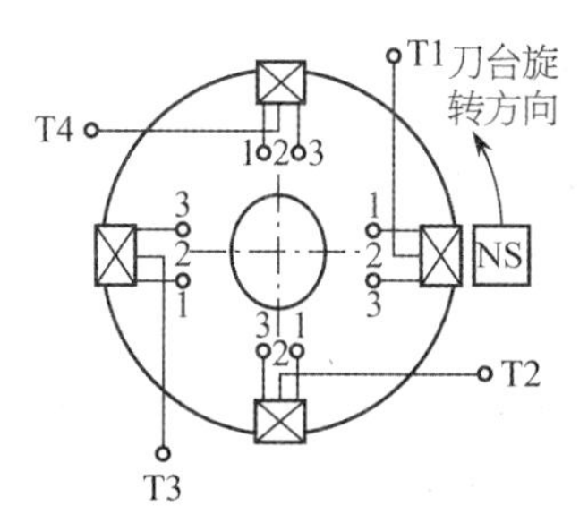

1,2,3—接线端；T1～T4—刀位

名　称	种　类　和　特　点
霍尔式接近开关	1) 组成：霍尔式接近开关是将霍尔元件、稳压电路、放大器、施密特触发器和集电极开路(OC)门等电路做在同一个芯片上的集成电路，典型的霍尔集成电路有UGN3020等 2) 原理：霍尔集成电路受到磁场作用时，集电极开路门由高电阻态变为导通状态，输出低电平信号；当霍尔集成电路离开磁场作用时，集电极开路门重新变为高阻态，输出高电平信号 3) 应用：图所示为霍尔集成电路在LD4系列电动刀架中应用示意。LD4系列刀架在经济型数控车床中得到广泛的应用，其动作过程为：数控装置发出换刀信号→刀架电动机正转使锁紧装置松开且刀架旋转→检测刀位信号→刀架电动机反转定位并夹紧→延时→换刀动作结束。动作过程中的刀位信号是由霍尔式接近开关检测的，如果某个刀位上的霍尔式接近开关损坏，数控装置检测不到刀位信号，会造成转台连续旋转不定位 4) 检测：在图中，霍尔集成元件共有三个接线端子，1、3端之间是+24 V直流电源电压；2端是输出信号端。判断霍尔集成元件的好坏，可用万用表测量2、3端间的直流电压，人为将磁铁接近霍尔集成元件，若万用表测量数值没有变化，将磁铁极性调换后测试；若万用表测量数值还没有变化，说明霍尔集成元件已损坏

（续表）

名　称	种　类　和　特　点
电感式接近开关	1）接近开关内部有一个高频振荡器和一个整形放大器，具有振荡和停振两种不同状态。由整形放大器转换成开关量信号，从而达到检测位置的目的 2）在数控机床中电感式接近开关常用于刀库、机械手及工作台的位置检测 3）判断电感式接近开关好坏最简单的方法是用金属片接近开关，如果无开关信号输出，可判定开关或外部电源有故障。在实际位置控制中，如果感应块和开关之间的间隙变大，会使接近开关的灵敏度下降，甚至无信号输出。因此在日常检查维护中要注意经常观察感应块和开关之间的间隙，随时调整
电容式接近开关	电容式接近开关的外形与电感式接近开关类似，除了可以对金属材料的无接触式检测外，还可以对非导电性材料进行无接触式检测。和电感式接近开关一样，在使用过程中要注意间隙调整
磁感应式接近开关	磁感应式接近开关又称磁敏开关，主要对气缸内活塞位置进行非接触式检测。固定在活塞上的永久磁铁使传感器内振荡线圈的电流发生变化，内部放大器将电流转换成开关信号输出。根据气缸形式的不同，磁感应式接近开关有绑带式安装和支架式安装等类型
光电式接近开关	光电式接近开关有遮断型和反射型两种。当被测物从发射器与接收器之间通过时，红外光束被遮断，接收器接收不到红外线，而产生一个电脉冲信号，由整形放大器转换成开关量信号。在数控机床中光电式接近开关常用于刀架的刀位检测和柔性制造系统中物料传送位置的检测等

【实例 3－50】

（1）故障现象　某 FANUC 系统数控铣床，使用端齿盘定位数控回转工作台，出现加工零件分度位置不准确、不稳定故障。

（2）故障原因分析　根据表 3－23 所示的常见故障及其诊断，本例机床的故障属于工作台转位不到位、工作台不夹紧或定位精度差的故障现象。因此其可能的常见原因如下：

① 伺服控制系统故障，导致输入脉冲、工作台夹紧信号等有问题。

② 液压系统故障，包括液压缸研损或缓冲装置失效、液压阀卡阻、系统压力不够等。

③ 机械部分故障，包括与工作台相连接的机械部分研损、机械转动部分间隙过大等。

④ 定位盘故障，包括定位齿盘松动、两齿盘间有污物等。

⑤ 闭环控制检测装置故障，包括圆光栅有污物或裂纹等。

（3）故障诊断和排除

① 检查控制系统的输入脉冲数，正常；检查控制系统的夹紧信号输出，输出信号正常。

② 检查液压系统，转位液压缸无研损现象；缓冲装置及死挡铁螺母无失效和松动现象；检查液压系统的压力，处于正常状态。

③ 检查机械部分，与工作台连接部分无研损现象；传动系统间隙正常；齿轮和锁紧胀紧套等处于正常状态。

④ 检查上下齿盘，发现有松动现象，两齿牙盘之间有污物。

⑤ 检查圆光栅，发现有污物。

⑥ 根据检查，故障原因诊断为定位装置有污物，光栅有污物，导致定位不稳定。

⑦ 按维修基本方法，对齿盘进行修理、清洗和调整固定；对圆光栅进行清洗，安装调整。维修过程中可参见图 3-48。

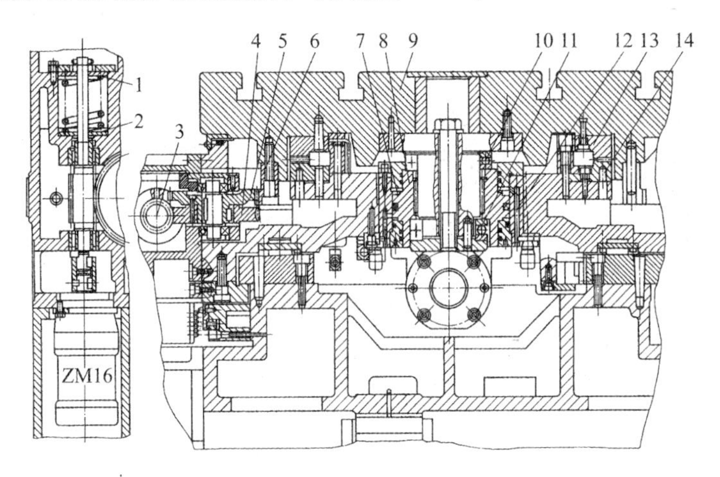

图 3-48　THK6370 端齿盘定位分度工作台结构

1—弹簧；2,10,11—轴承；3—蜗杆；4—蜗轮；5,6—齿轮；7—管道；8—活塞；9—工作台；12—液压缸；13,14—端齿盘

【实例 3-51】

(1) 故障现象　某 SIENEMS 系统数控铣床，在自动加工过程中，回转工作台不能旋转。

(2) 故障原因分析　常见原因是机械传动部分和气动系统故障。

(3) 故障诊断和排除

① 技术资料查阅。查阅有关技术资料，分析本例机床回转台的工作原理如下：

a. 工作台在旋转之前，要先将工作台气动浮起，工作台的浮起驱动气缸由气动电磁阀控制，电磁阀由 PLC 的输出点 Q1.2 控制。Q1.2 得电的条件是工位分度头 A 和 B 都必须在起始位置。

b. 工位分度头 A 的检测开关是 I9.7，工位分度头 B 的检测开关是 I10.6。

c. 气动电磁阀的控制梯形图如图 3-49 所示。

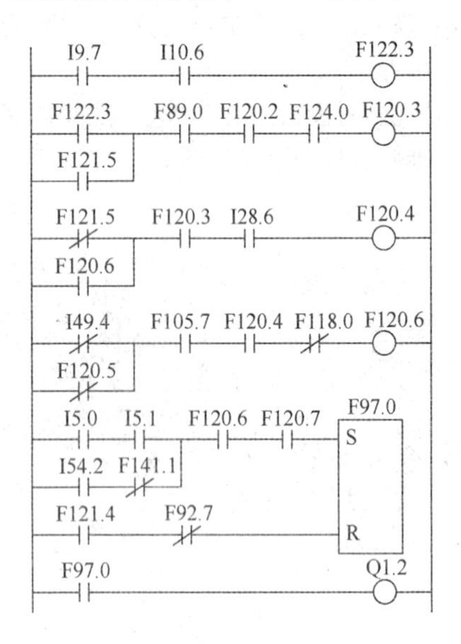

图 3-49 气动电磁阀的 PLC 控制梯形图

② 检查机械部分。本例根据回转工作台的机械结构进行手动检查，回转工作台能正常回转。初步判断故障在启动系统。

③ 诊断功能应用。利用 SIEMENS 数控系统中的诊断功能，跟踪 PLC 梯形图的运行，发现 I9.7 与 I10.6 的状态总是相反，导致两个工位分度头不同步，即不能同时处于起始位置，这使得 F122.3 总是为“0”。

④ 控制状态分析。从梯形图 3-49 可知，由于 F122.3 总是为“0”，导致 F120.3、F120.4、F120.6，F97.0 都处于“0”的状态，Q1.2 无法得电，最后造成回转工作台不能旋转。

⑤ 故障部位检查。进一步检查发现，故障的根本原因是检测开关

I9.7和 I10.6 位置发生偏移，不能同时处于起始位置。

⑥ 维护维修方法。根据检查诊断结果，采用以下方法进行：

a. 检查测试检测开关的性能和完好情况，本例检查后检测开关无故障现象。

b. 调整两个检测开关的位置，使两个检测开关的动作一致。

c. 检查和调整两个工位分度头机械装置的位置，避免机械装置错位引起检测开关不同步的故障。

⑦ 在进行维修档案记录时，提示设备检修时注意检查检测开关的位置和两个工位分度头机械装置的位置。

模块四　其他数控机床装调维修

内容导读

常用的经济型其他数控机床有数控磨床、数控专用金属切削机床(专用车床、专用铣床、专用磨床、数控孔加工机床、数控组合机床等)、数控电加工机床和数控成形加工专用机床,如数控线切割机床、数控淬火机床、数控冲床、数控弯管机/数控折弯机等,经济型其他数控机床通常使用于生产一线,具有使用环境特殊、使用频率高的特点。维修经济型其他数控机床时,可按照系统的故障特点和机床的机械液压结构特点,分析并诊断故障原因,然后按机床所用的数控系统常见故障和机械机构及元器件、零部件的维修方法进行故障诊断、维修维护、排除故障。在实际工作中,首先要熟悉所维修机床的工作原理和数控系统组成,掌握机床的基本操作方法,同时借鉴并灵活应用前述模块中的故障诊断基本方法(如经验法、替代法、逻辑推断法、排除法等),由表及里、先易后难、系统思考、综合分析故障常见原因和相关因素,以便快速、准确诊断出故障的部位,及时进行装调维修操作。

项目一　数控磨床故障维修

数控磨床有立式磨床、卧式磨床、外圆磨床、内圆磨床、滚道磨床等多种类型,图 4-1 所示为数控磨床示例。数控磨床通常采用西门子系统,适用于数控磨床的西门子数控系统有 3G、3M、10M、805、810G、810M、840D 等。数控磨床的常见故障有回参考点故障、系统故障和主轴故障等。适用于数控磨床的 FANUC 系统有 FANUC 0GA、FANUC 0GB、FANUC 0-GCC(内外圆磨床)、FANUC 0-GSC(平面磨床)、FANUC 0-GCD(内外

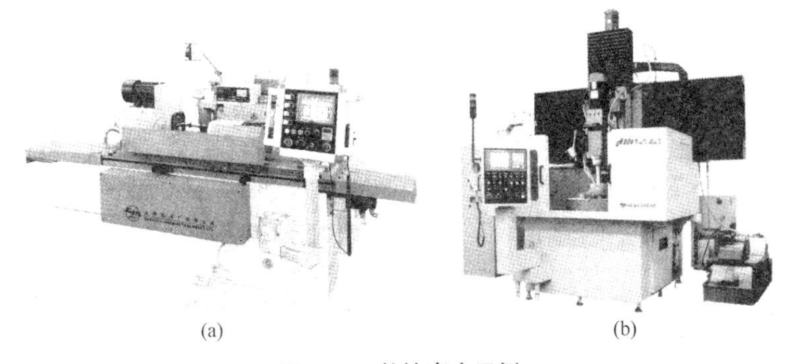

(a)　　(b)

图 4-1　数控磨床示例

(a) MKE1320/H 数控卧式外圆磨床；(b) H206 数控立式万能外圆磨床

圆磨床)、FANUC 0-GSD(平面磨床)、FANUC 21iB-M 系列等。

此类数控系统与其他数控系统的区别：

① 支持工件在线量仪的接入，量仪主要检测尺寸是否到位，并通知数控系统退出磨削循环。

② 支持砂轮修整，并将修整后的砂轮数据作为刀具数据记入数控系统。

③ 数控系统的 PLC 具有较强的温度监测和控制回路，具有与振动监测、超声砂轮切入监测仪接入，并协同工作的能力。

④ 对于非圆磨削，数控系统及伺服驱动在进给轴上需要更高的动态性能。有些非圆加工(例如凸轮)由于被加工表面高精度要求，数控系统曲面平滑技术方面具有特殊处理能力。

1. SIEMENS 810T/M 和 840D 系统的硬件构成

(1) SIEMENS 810T/M 系统　采用模块化结构，构成简单、维修方便。系统模块安装在一个 14in 黑白电视机大小的机箱内，使用 9in 单色显示器，其机箱的背面示意如图 4-2 所示。各模块插接在机箱内的总线槽上，主要由 CPU 模块、位置控制模块、系统程序存储器模块、文字处理模块、接口模块、电源模块、CRT 显示器及操作面板等组成，详见表 4-1，系统连接如图 4-3 所示。

(2) SIEMENS 840D 系统　主要特点是计算机化、驱动模块化、控制与驱动接口数字化，硬件结构简单，人机界面建立在 FlexOs 基础上，容易操作和掌握。SIEMENS 840D 系统的基本构成如图 4-4 所示，西门子 840D 系统硬件连接如图 4-5 所示。

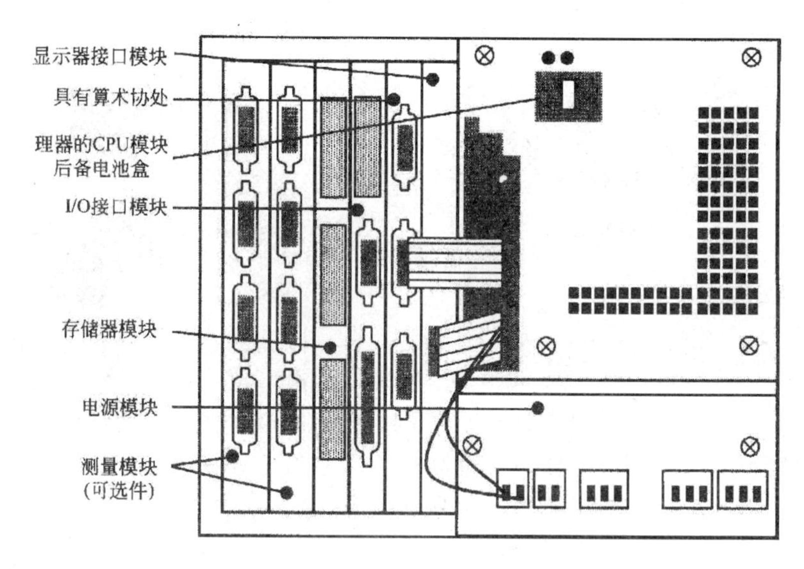

图 4-2 SIEMENS 810T/M 系统背面外观图

表 4-1 SIEMENS 810T/M 系统硬件构成

序号	模块名称	功能
1	CPU 模块(6FX1138-5BB××)	数控系统的核心,主要包括 NC 和 PLC 共用的 CPU、实际值寄存器、工件程序存储器、引导指令输入器(启动芯片)以及两个串行通信接口。系统只有一个中央处理器(INTEL 80186),为 NC 和 PLC 所共用
2	系统存储器模块(6FX1120-7BA 或者 6FX1128-1BA)	插接系统存储器子模块(EPROM)。可插接机床预先存储内容的 UMS EPROM 子模块,6FX1128-1BA 模块还可带有 32kB 静态随机存储器(SRAM)作为工件程序存储器的扩展
3	位置测量控制模块(6FX1121-4BA××)	数控系统对机床的进给轴和主轴实现位置反馈闭环控制的接口(每个模块最多控制 3 个轴) 1) 输出各轴的控制指令模拟量(0～±10V,2mA) 2) 输出相应轴的调节释放信号 3) 接收位置反馈信号
4	接口模块(6FX1121-2BA)	1) 实现与系统操作面板和机床控制面板的接口 2) 通过输入输出总线与 PLC 输入/输出模块以及手轮控制模块实现接口 3) 还可以连接两个快速测量头(用于工件或者刀具的检测) 4) 可插接用户数据存储器(带电池的 16kB RAM 存储器模块)

（续表）

序号	模块名称	功能
5	文字、图形处理器模块(6FX1126-1AA)	1）进行文字和图形的显示处理 2）输出高分辨率的隔行扫描信号，提供给CRT显示器的适配单元
6	电源模块(6EV3055-0AC)	包括电源启动逻辑控制、输入滤波、开关式稳压电源(24V/5V)及风扇监控等
7	I/O子模块(6FX1124-6AA××)	作为PLC的输入/输出开关量接口，可连接多点接口信号，如6FX1124-6AA01可连接64点的24V输入信号，24点直流24V、400mA的输出信号，这些信号短路时分别有3个LED指示短路报警，另外还有8点直流24V、100mA的输出信号，这8点输出信号没有短路保护
8	监视器和监视器控制单元	监视器一般采用9in单色显示器，实现人机会话 监视器控制单元是监视器的一部分，通过接口连接到文字图形处理器模块，其上的电位器可调节监视器的亮度、对比度、聚焦等

2. SIEMENS 810T/M和840D系统的软件构成

(1) SIEMENS 810T/M系统　SIEMENS 810T/M系统的软件分为启动软件、NC软件和PLC软件、机床数据、参数设置文件、工件加工程序等，详见表4-2，系统软件构成及其之间的关系如图4-6所示，其中Ⅱ、Ⅲ类程序及数据存储在NC系统的随机存储器RAM中，存储这些数据的存储器在机床断电时是受后备电池保护的，如果后备电池电量不足或失效，这些数据将丢失。因此须做好这些数据的纸质备份和电子备份。

(2) SIEMENS 840D系统　系统软件结构如图4-7所示，其中NCU是系统控制核心和信息中心，数控系统的直线插补、圆弧插补等轨迹运动和控制都是由NCU完成的。此外，PLC系统的算术运算和逻辑运算也是由NCU完成的。NCU包括两个部分：NCU盒和NCU控制板。NCU盒的主要功能是用来插接固定NCU控制板；下部安装后备电池，用于系统断电保护数据；安装风扇，为NCU板控制模块驱散热量。NCU控制板插接在NCU盒上，是数控系统的控制核心，其本身是工业计算机控制系统，PLC-CPU和NC-CPU采用硬件一体化结构，合成在NCU控制板，实现对机床的自动控制。NCU控制板通过各种接口与所控制的设备通信，实现控制功能。另外，通过MPI接口与MCP连接，并作为下位机接受MMC(PCU)的控制，并将信息反馈给MMC(PCU)进行屏幕显示。

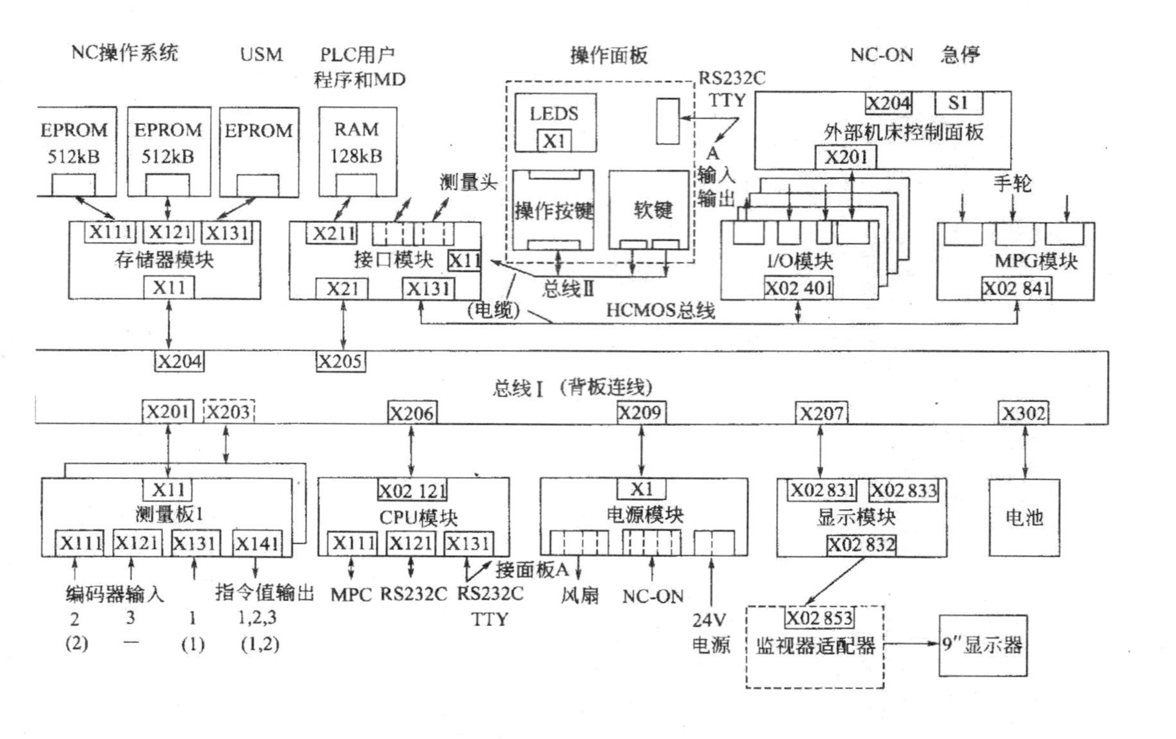

图 4－3 SIEMENS 810T/M 系统硬件模块原理框图

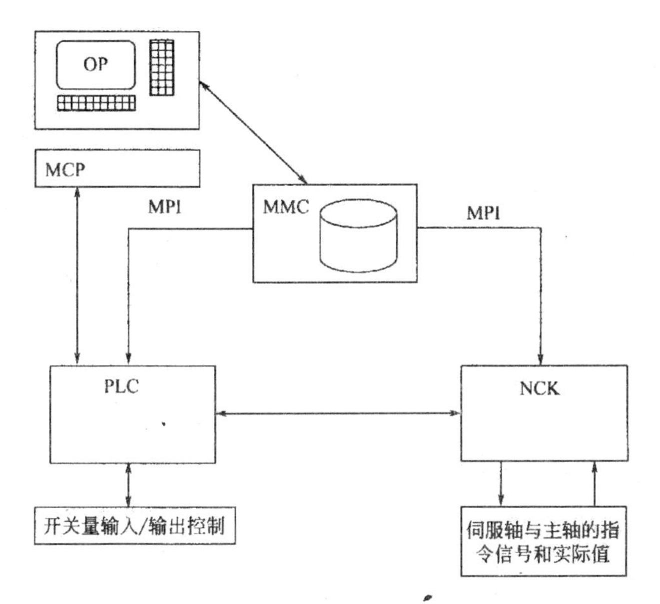

图 4-4 SIEMENS 840D 系统的基本构成框图

OP—操作面板；MMC—人机通信；MCP—机床控制面板；
NCK—数控控制核；PLC—可编程控制器；MPI—多点接口

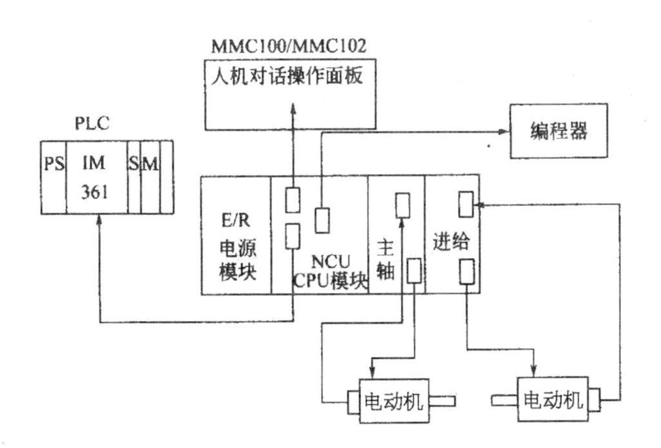

图 4-5 SIEMENS 840D 系统硬件连接示意图

表 4－2　SIEMENS 810T/M 系统数控机床的软件构成

<table>
<tr><th>分类</th><th>名　称</th><th>传输设别符</th><th>简 要 说 明</th><th>所在的存储器</th><th>编　制　者</th></tr>
<tr><td rowspan="4">Ⅰ</td><td>启动程序</td><td>—</td><td>启动基本系统程序，引导系统建立工作状态</td><td>CPU 模块上的 EPROM 存储器</td><td rowspan="4">西门子公司</td></tr>
<tr><td>基本系统程序</td><td>—</td><td>NC 与 PLC 的基本系统程序，NC 的基本功能和选择功能，显示语种</td><td rowspan="2">存储器模块上的 EPROM 存储器子模块</td></tr>
<tr><td>加工循环</td><td>—</td><td>用于实现某些特定加工功能的子程序软件包</td></tr>
<tr><td>测量循环</td><td>—</td><td>用于配接快速测量头的测量子程序软件包，是选件</td><td>占用一定容量的工件程序存储器</td></tr>
<tr><td rowspan="5">Ⅱ</td><td>NC
机床数据</td><td>%TEA1</td><td>数控系统的 NC 部分与机床适配所需设置的各方面数据</td><td rowspan="5">16kB RAM 数据存储器子模块</td><td rowspan="5">机床生产厂家的设计者</td></tr>
<tr><td>PLC
机床数据</td><td>%TEA2</td><td>系统的集成式 PLC 在使用时需要设置的数据</td></tr>
<tr><td>PLC
用户程序</td><td>%PCP</td><td>用 STEP5 语言编制的 PLC 逻辑控制程序块和报警程序块，处理数控系统与机床的接口和电气控制</td></tr>
<tr><td>报警文本</td><td>%PCA</td><td>结合 PLC 用户程序设置的 PLC 报警（N6000～N6063）和 PLC 操作提示（N7000～N7063）的显示文本</td></tr>
<tr><td>系统
设定数据</td><td>%SEA</td><td>进给轴的工作区域范围、主轴限速、串行接口的数据设定等</td></tr>
<tr><td rowspan="4">Ⅲ</td><td>工件主程序</td><td>%MPF</td><td>工件加工主程序 %0～%9999</td><td rowspan="4">工件程序存储器</td><td rowspan="4">机床设计者或者机床用户的编程人员</td></tr>
<tr><td>工件子程序</td><td>%SPF</td><td>工件加工子程序 L1～L999</td></tr>
<tr><td>刀补参数</td><td>%TOA</td><td>刀具补偿参数（含刀具几何值和刀具磨损值）</td></tr>
<tr><td>零点补偿</td><td>%ZOA</td><td>可设定零偏 G54～G57，可补偿零偏 G58、G59 及外部零偏（由 PLC 传送）</td></tr>
</table>

（续表）

分类	名　称	传输设别符	简 要 说 明	所在的存储器	编　制　者
Ⅲ	R参数	%RPA	分子通道R参数（各通道有R00～R499）和所有通道共用的中央R参数（R900～R999）	16kB RAM数据存储器子模块	机床设计者或者机床用户的编程人员

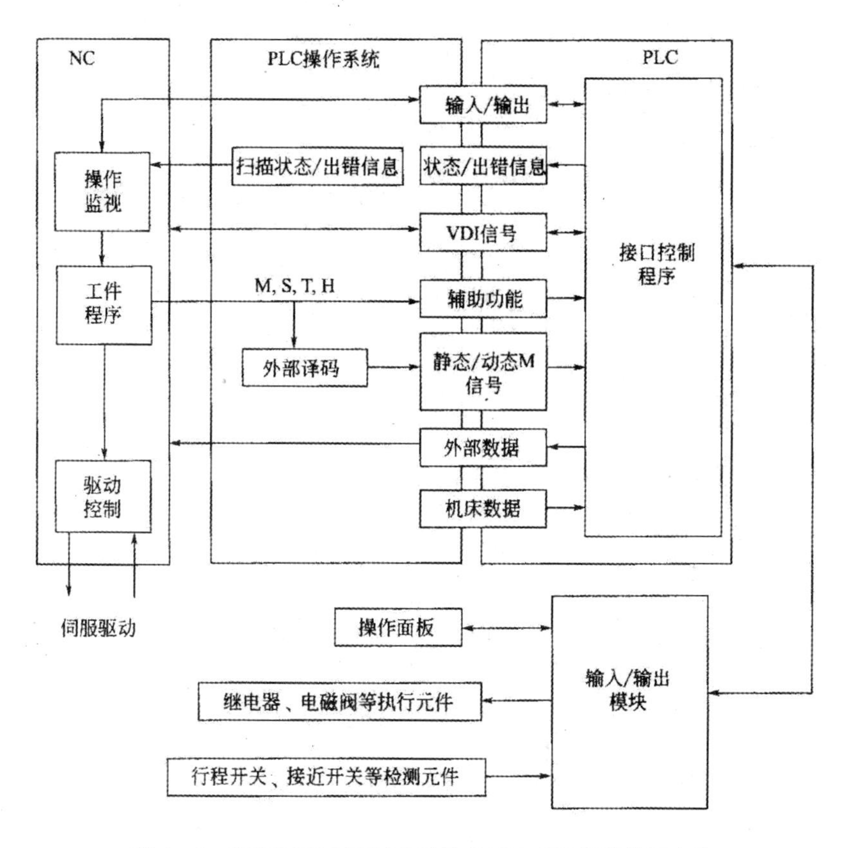

图4-6　SIEMENS 810T/M系统PLC与NC间的信号交换

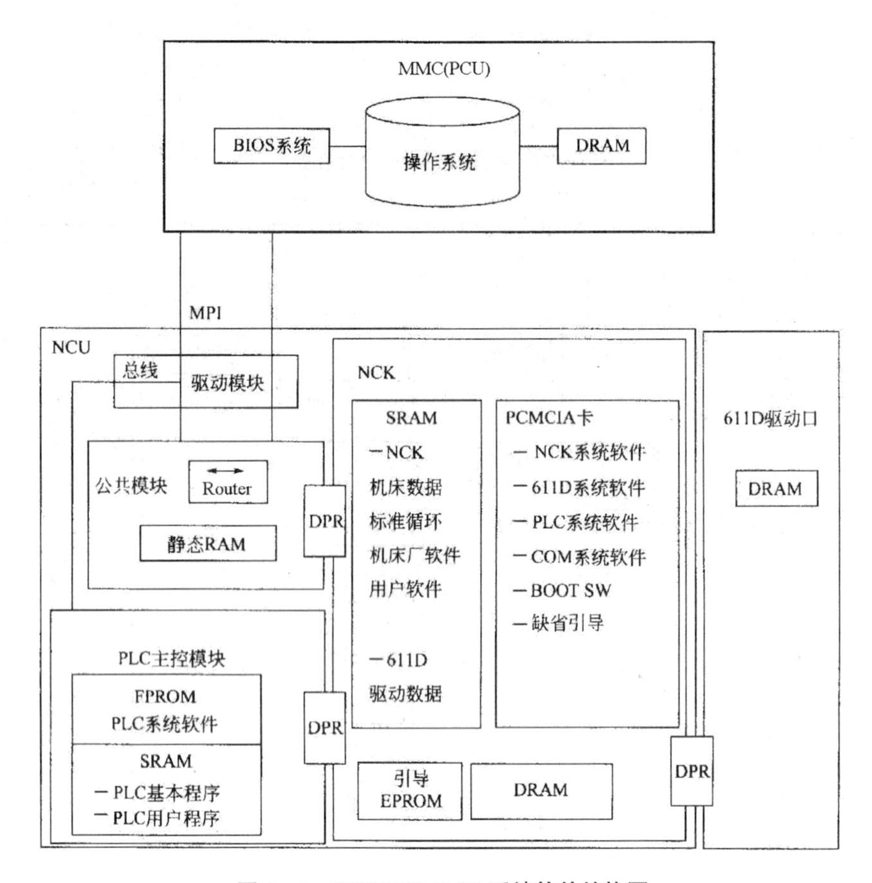

图 4-7　SIEMENS 840D 系统软件结构图

SRAM—静态存储器；DPR—双口 RAM；DRAM—动态存储器；

FPROM—闪存 EPROM 读写存储器；MPI—多点通信接口

3. SIEMENS 840D 系统报警及硬件维修

(1) 系统报警　SIEMENS 840D 系统自诊断能力非常强，系统发现故障后，即会产生报警，并在系统屏幕上显示报警号和报警信息，另外还生成报警记录，可记录近期曾经发生的报警。SIEMENS 840D 系统报警分类见表 4-3。

表 4-3　SIEMENS 840D 系统报警号与分类

序　　号	报　警　号	报　　警	报警类别
1	000000～009999	一般报警	NC 报警
2	010000～019999	通道报警	
3	020000～029999	进给轴/主轴报警	
4	030000～039999	功能报警	
5	060000～064999	SIEMENS 循环程序报警	
6	065000～069999	用户循环程序报警	
7	070000～079999	机床厂编制的报警	
8	100000～100999	基本程序报警	MMC 报警/信息
9	101000～101999	诊断报警	
10	102000～102999	服务报警	
11	103000～103999	机床报警	
12	104000～104999	参数报警	
13	105000～105999	编程报警	
14	107000～107999	OEM 报警	
15	300000～399999	驱动报警	611D 驱动报警
16	400000～499999	一般报警	PLC 用户报警
17	500000～599999	通道报警	
18	600000～699999	进给轴/主轴报警	
19	700000～799999	用户报警	
20	800000～899999	顺序控制报警	

（2）SIEMENS 840D 硬件检修特点　SIEMENS 840D 硬件的特点是由软件代替了一部分硬件功能，因而模块少，结构简单，硬件的故障率很低，一旦出现系统自身的硬件故障，在现场只有用备件进行替换。除了驱动模块外，可替换的只有 NCU 和 MMC(PCU)这两个模块，而这两个模块的集成度很高，在现场是无法维修的。若 PLC 的 I/O 模块有问题，系统也

会相应的提示和报警,及时更换就可以了。

常见故障的诊断和维修可参见下述维修实例。

任务一　数控磨床回参考点故障维修

数控磨床回参考点故障维修应掌握数控机床回参考点的控制装置和原理,同时应掌握常见故障的主要原因。

1. 数控机床回参考点控制过程

(1) 控制装置和运动过程　数控机床一般都采用增量式旋转编码器或增量式光栅尺作为位置反馈元件,因而机床在每次开机后都必须首先进行回参考点的操作,以确定机床的坐标原点。寻找参考点主要与零点开关、编码器或者光栅尺的零点脉冲有关,一般有两种方式。

① 轴向预定方向快速运动,压下零点开关后减速向前继续运动,直到数控系统接收到第一个零点脉冲,轴停止运动,数控系统自动设定坐标值。在这种方式下,停机时轴恰好压在零点开关上。如果采用自动回参考点,轴的运行方向与上述的预定方向相反,离开零点后,轴再反向运行,当又压上零点开关后,PLC 产生减速信号,使数控系统准备接收第一个零点脉冲,以确定参考点。如果手动进行,脱离零点开关,然后再回参考点。

② 轴快速按预定方向运动,压上零点开关后,反向减速运动,当又脱离零点开关后,数控系统接收到第一个零点脉冲,确定参考点。在这种方式下,停机时轴恰好压在零点开关上,当自动回参考点时,轴的运动方向与上述的预定方向相反,离开零点开关后,PLC 产生减速信号,使数控系统在接收到第一个零点脉冲时确定参考点。如果手动回参考点,应先将轴手动运行,脱离零点开关,然后再回参考点。

(2) 运行控制方式　采用何种方式或如何运行,系统都是通过 PLC 的程序编制和数控系统的机床参数设定来决定,轴的运动速度也是在机床参数中设定的。数控系统回参考点的过程是 PLC 系统与数控系统配合完成的,由数控系统给出回参考点的命令,然后轴按预定的方向运动,压上零点开关 (或离开零点开关)后,PLC 向数控系统发出减速信号,数控系统按照预定的方向减速运动,由测量系统接收零点脉冲,接收到第一个脉冲后,设定坐标值。所有的轴都找到参考点后,回参考点的过程结束。

2. 常见的故障原因

数控机床开机后回不了参考点的故障一般有以下几种情况:一是由于零点开关出现问题,PLC 没有产生减速信号;二是编码器或者光栅尺的零点脉冲出现了问题；三是数控系统的测量板出现了问题，没有接收到零点脉冲。数控磨床开机后不能回参考点是常见故障之一，数控磨床开机回参考点故障维修可借鉴以下维修实例。

【实例4-1】

（1）故障现象　SIEMENS 10M系统的数控磨床，*X*2轴找不到参考点。

（2）故障原因分析　常见原因是零点开关、检测装置或数控系统测量板有故障。

（3）故障诊断和排除

① 现象观察。观察回参考点时故障的发生过程：

a. 观察*X*1轴回参考点，没有问题。

b. 观察*X*2轴回参考点，这时*X*2轴一直正向运动，没有减速过程，直至运动到压下上限位开关，产生超限位报警。

② 据理推断。根据故障现象和工作原理进行分析，可能是零点开关有问题。

③ 状态检查。应用数控系统的诊断功能检查PLC的*X*2零点开关的输入状态，发现其状态为“0”，在回参考点的过程中一直没有变化，进一步证明零点开关出现了问题。

④ 元件检查。检查零点开关却没有问题，推断线路有问题。

⑤ 连接检查。检查其电气连接线路，发现这个开关的电源线折断，使PLC得不到零点开关的变化信号而没有产生减速信号。

⑥ 故障处理。根据检查结果，重新连接线路，故障消除。

（4）维修经验积累　本例的*X*2轴找不到参考点的故障，诊断的结果是零点开关的接线有故障，接线故障包括断路、接线端松脱松动、绝缘层失效等，使用电缆接线的，需要注意检查接线的接地性能，防止干扰影响信号的传递。经济型数控磨床可能是通用数控磨床或是专用数控磨床，由于大批量和单一产品生产的特点，开关的接线随机床运动时在经常发生弯折和受力的部位以及容易受到切削液和磨屑污染和腐蚀的部位都可能发生接线故障，发生故障后应注意进行重点检查，以便迅速发现故障部位。

【实例4-2】

（1）故障现象　一台采用SIEMENS 3M系统的数控磨床，开机后*Z*轴找不到参考点。

（2）故障原因分析　常见原因是零点开关、编码器等有故障。

（3）故障诊断和排除

① 现象观察。观察发生故障的过程，Z 轴首先快速负向运动，然后减速正向运动，说明零点开关没有问题。

② 据理推断。推断零点脉冲有问题。用示波器检查编码器的零点脉冲，确实没有发现脉冲，初步判断是编码器出现故障。

③ 拆卸检查。从轴上拆下编码器检查，发现编码器内有很多油。

④ 故障机理。检查诊断原因，由于机床磨削工件时采用了冷却油，油污进入编码器，沉淀下来将编码器的零点标记遮挡住，零点脉冲不能发出，从而找不到参考点。

⑤ 故障处理。将编码器清洗干净并进行密封，重新安装后故障被消除。

（4）维修经验积累　光电脉冲编码器的结构如图 4－8 所示，编码器的输出信号有：两个相位信号输出，用于辨相；一个零标志信号（又称一转信号），用于机床回参考点的控制。此外还有＋5V 电源和接地端。清洗编码器时应注意伺服电动机与编码器的连接和调整，如图 4－9 所示为伺服电动机与编码器连接安装结构示意。

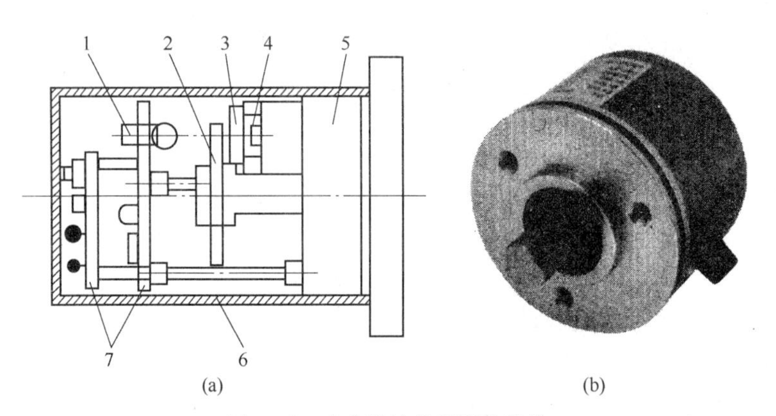

图 4－8　光电脉冲编码器的结构

（a）结构图；（b）实物图

1—光源；2—圆光栅；3—指示光栅；4—光电池组；5—机械部件；6—护罩；7—印刷电路板

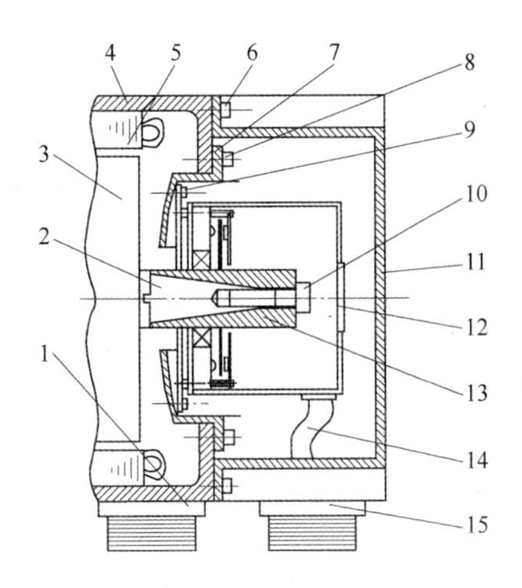

图 4－9　伺服电动机的结构与光电脉冲编码器的安装

1—电枢线插座；2—连接轴；3—转子；4—外壳；5—绕组；6—后盖连接螺钉；7—安装座；8—安装座连接螺钉；9—编码器固定螺钉；10—编码器连接螺钉；11—后盖；12—橡胶盖；13—编码器轴；14—编码器电缆；15—编码器插座

【实例 4－3】

(1) 故障现象　SIEMENS 3M 系统的数控磨床，开机后出现 Y 轴回不到参考点。

(2) 故障原因分析　常见原因是零点开关、零点脉冲或测量板故障。

(3) 故障诊断和排除

① 现象观察。观察故障现象，发现当 X 轴回到参考点后，Y 轴开始运动，但减速后一直运动，直到压下上限位开关。观察表明零点开关无故障。

② 据理推断。排除零点开关故障后，推断是零点脉冲出现了问题。

③ 系统分析。数控系统是通过测量板接收零点脉冲和位置反馈信号的，由于位置反馈采用的是光栅尺，所以测量板上 X、Y 轴各加一块脉冲整形及放大电路 EXE 板。

④ 交换检查。由于 X 轴没有问题，可能是 Y 轴的 EXE 板出现问题，将 X 轴与 Y 轴的 EXE 板对换，开机测试，故障转移到 X 轴上，说明确实是 Y 轴的 EXE 板出现了问题。

⑤ 故障处理。根据检查和诊断结果，更换EXE板后故障被排除。

(4) 维修经验积累　本例故障是由于数控系统的测量板出现了问题而导致Y轴回不了参考点。正弦输出型的光栅尺由光栅尺、脉冲整形插值器(EXE)、电缆及接插件等部件组成，如图4-10所示。脉冲整形插值器(EXE)的作用是将光栅尺或编码器输出的增量信号进行放大、整形、倍频和报警处理。EXE信号的处理如图4-11所示。EXE由基本电路和细分电路、同步电路组成，基本电路包含通道放大器、整形电路、报警电路；细分电路包含单选功能，同步电路的目的是为了获得与两路方波信号前后精确对应的方波参考脉冲。

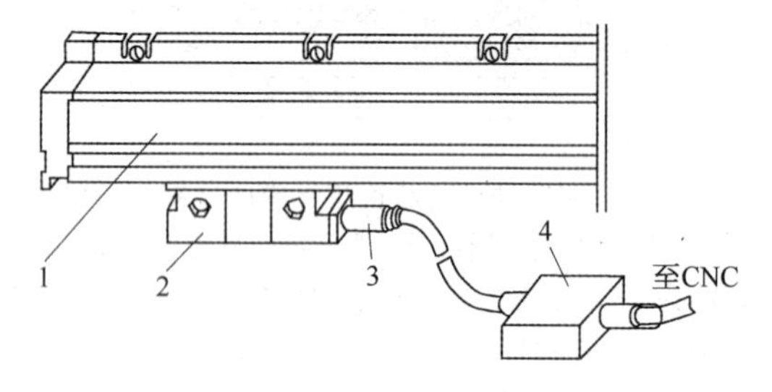

图4-10　光栅尺检测装置的组成

1—光栅尺；2—扫描头；3—连接电缆；4—EXE

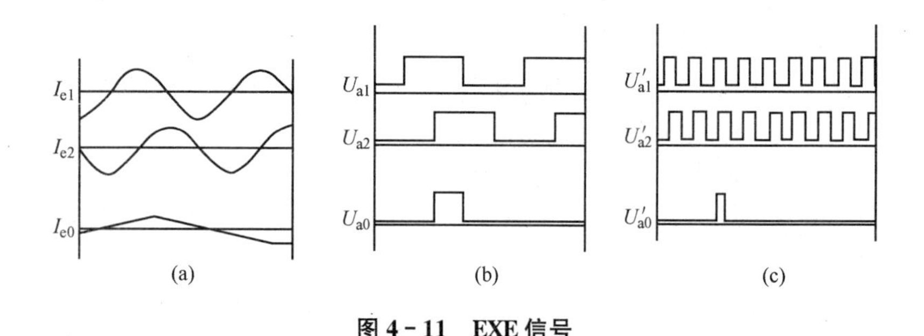

图4-11　EXE信号

(a) 正弦测量信号；(b) 数字化后的测量信号；(c) 5倍频后的测量信号

【实例4-4】

(1) 故障现象　FANUC数控系统的数控磨床，在回参考点时，轴不动，检查机床的报警信息，有X轴超负向限位的报警信息。

(2) 故障原因分析　常见原因是使能条件不符合、零点开关和编码器等有故障。

（3）故障诊断和排除

① 将取消限位的开关（OVER RIDING END POSITION）打开，手动让 X 轴正向运动，但也不走。

② 检查 X 轴的伺服使能条件，发现为“0”。

③ 根据 PLC 程序进行检查，发现某上料开关应置于不用位置。

④ 根据检查结果，将这个上料开关置于正确位置后，将 X 轴走回，然后机床三个轴都能正常回参考点，故障被排除。

（4）维修经验积累

① 当数控机床开机后，回参考点的命令不执行，手动运动时轴也不动，这时故障的原因一般都为伺服轴的伺服使能条件没有准备好。遇到这类问题，可根据机床工作原理和 PLC 的程序，逐步检查，才能确定故障原因。

② 在换上新的零点开关、编码器后，机床的坐标原点可能会发生变化。在自动加工之前要进行检查和校对，如果发生了变化，要及时调整加工程序或进行机床的零点补偿。

③ 根据经验，重新换上新零点开关或编码器后，要调整好零点脉冲与零点开关的距离，最好压上零点开关后，编码器再转过半转左右发出零点脉冲；否则，太近或太远都可能造成回参考点不准的故障。

【实例 4－5】

（1）故障现象　某数控磨床，E 轴修整器失控，E 轴能回参考点，但自动修整或半自动时，运动速度极快，撞到限位开关。

（2）故障原因分析　常见原因是编码器、位置反馈环节有故障。

（3）故障诊断和排除

① 观察发生故障的过程，发现撞到压限位开关时，其显示的坐标值远小于实际值，推断是位置反馈有问题。

② 更换反馈板和编码器都未能解决问题。

③ 检查发现，E 轴修整器是由 Z 轴带动运动的，一般回参考点时，E 轴都在 Z 轴的一侧，而修整时，E 轴修整器被 Z 轴带到中间。

④ 进行试验检查，将 E 轴修整器移到 Z 轴中间，然后回参考点，这时回参考点也出现失控现象。

⑤ 推断可能由于 E 轴修整器经常往复运动，导致 E 轴反馈电缆折断。

⑥ 检查连接电缆，找到断点，证实判断正确。

⑦ 根据检查结果，焊接断点，并采取预防折断的措施，故障被排除，机床恢复工作。

（4）维修经验积累　在经济型数控磨床的实际使用中，由于批量生产的缘故，E 轴（修整器）使用的频率比较高，经常需要修整砂轮，同时，E 轴的反馈电缆是随运动件运动的，经常转弯可能引发反馈电缆折断等故障。因此，E 轴的故障是常见故障之一。根据逻辑分析、追根寻源的诊断方法，本例磨床修整器 E 轴是由 Z 轴带动运动的，Z 轴正常，E 轴不正常，且运动的实际坐标值与显示坐标值偏差很大，可推断反馈连接部分有故障。

任务二　数控磨床系统报警故障维修

数控磨床的系统报警故障一般可参考操作手册，对报警号进行分析，然后判断故障的具体原因和部位，确认引起故障的参数或发生故障的元器件，最后进行排除调整和维修。数控磨床系统报警故障维修可借鉴以下实例。

【实例 4－6】

（1）故障现象　某经济型数控磨床采用直流伺服系统，E 轴运动时产生“E AXIS EXECESSFOL－LOWNG ERROR”报警。

（2）故障原因分析　常见原因是位置检测部分有故障。

（3）故障诊断和排除

① 观察故障发生过程，在启动 E 轴时，其他轴开始运动，CRT 上显示的 E 轴数值变化，当数值变到 14 时，突然跳变到 471。

② 根据坐标显示值变化异常的现象，判断反馈部分存在问题。

③ 采用替换法进行故障诊断，确认位置反馈板故障。

④ 根据诊断结果，更换位置反馈板，机床报警解除，故障被排除。

（4）维修经验积累　CRT 的坐标显示，是由位置反馈板的信息控制的，位置反馈板有故障，可根据运动时动态坐标值显示是否正常进行判断。E 轴用于砂轮的修整器，若坐标显示有误，可能导致机床出现砂轮修整操作的机床事故，因此维修此类故障应十分谨慎，防止在维修和调试过程中产生砂轮被挤压后碎裂的事故发生。

【实例 4－7】

（1）故障现象　某 SIEMENS 3M 系统数控磨床，当 Y 轴正向运动时，工作正常，而反向运动时却出现 113 报警“Contour Monitoring”和 222 报警“Position Control Loop Not Ready”，并停止进给。

（2）故障原因分析　常见原因是速度控制环的参数设置不合理、速度环增益 KV 系数不当、伺服系统有故障。

（3）故障诊断和排除

① 报警分析。根据操作手册对报警进行分析，确认后者报警是由于出现前者报警引起的。伺服系统其他故障也可引发这个报警。根据操作手册说明，113“Contour Monitoring”报警是由于速度控制环没有达到最优化，速度环增益 KV 系数对特定机床来说太高。对这个解释进行分析，导致这种故障有以下原因：

a. 速度控制环参数设定不合理。但这台机床已运行多年，从未发生这种现象，为慎重起见，对有关的机床参数进行核对，没有发现任何异常，这种可能被排除。

b. 当加速或减速时，在规定时间内没有达到设定的速度，也会出现这个故障，这个时间是由 KV 系数决定的。对 NC 系统相关的线路进行了检查，且更换了数控系统的伺服控制板和伺服单元，均未能排除故障。

② 更换检查。推断若伺服反馈系统出现问题也会引起这一故障。更换 NC 系统伺服反馈板，但没能解决问题。

③ 元件检查。推断用于位置反馈的旋转编码器工作不正常或脉冲丢失都会引起这一故障。检查编码器是否损坏。

④ 拆卸检查。当把编码器从伺服电动机上拆下时，发现联轴器在径向上有一斜裂纹。

⑤ 故障机理。当电动机正向旋转时，联轴器上的裂纹不受力，编码器工作正常，机床正常运行不出故障；电动机反向旋转时，裂纹受力张开，致使编码器不正常，导致系统出现 113“Contour Monitoring”报警。

⑥ 故障处理。根据检查结果，更换新的联轴器，机床故障被排除。

（4）维修经验积累

① 数控系统的信号传递有许多是由机械部件的运动通过机械零件传递给信号处理装置的。联轴器是此类机械传动的主要零件之一，若联轴器出现故障会引发各种信号传递故障，从而导致系统信号传递引发的各种故障。

② 对于经济型数控磨床，由于各种机械传递控制运动相对比较频繁，因此在传递信号的过程中，机械零件故障也是常见的系统故障引发原因。在维修过程中，联轴器的安装需要注意操作方法，孔与轴的配合应符合机械配合的精度要求，换装的过程中应注意校核联轴器的安装精度。

【实例 4-8】

（1）故障现象　FANUC 系统轴颈端面磨床，系统的 CRT 显示“ALARM EPOSITIONAR”报警。

（2）故障原因分析　根据其报警信息，该报警为 PLC 操作信息报警。

（3）故障诊断和排除

① 查阅机床 PLC 语句表，输入点 E7.5 和状态标志字 M170.3 为“或”关系，当其中之一为“1”时，状态标志字 M110.5 就为“1”。于是产生操作信息报警。

② 利用机床状态信息进行检查，在 CRT 上调出 PLC 输入/输出状态参数，发现 E7.5 为“1”，M110.5 为“1”。因而有相应的报警产生。

③ 根据机床电气原理图，在其连接插座 A1 上查阅到 E7.5 为砂轮平衡检测仪的限位开关，指示砂轮平衡检测仪超出范围。

④ 检查该指示表，发现表针处于极限位置。

⑤ 检查砂轮平衡检测仪，发现监测仪表有故障。

⑥ 根据检查结果，本例是由于仪表故障，导致限位开关发出信号，从而引发 PLC 操作信息报警。

⑦ 根据诊断结果，将该仪表修复后，机床警报解除，故障被排除。

（4）维修经验积累

① 本例是由平衡检测仪的故障引发的 PLC 操作信息报警。磨床的数控系统中设置了一些安全报警的内容。砂轮平衡检测是数控磨床加工操作中必须要控制的安全监测信息。发出报警后，应首先查阅有关资料，并利用机床状态信息进行检查，对不正常的状态查找故障原因和部位，直至故障元器件，然后对故障部位或元器件进行维修操作。

② 对于经济型数控磨床，由于批量生产和单一产品加工的特殊性，通常用于粗磨加工的机床径向磨削余量比较大，容易引起砂轮的不平衡故障，因此需要安装平衡监测仪；在加工过程中，由于工作环境比较差，如磨屑、切削液等对仪表的污染和腐蚀，容易引起平衡监测等各种仪表的故障。在维修的过程中，应注意仪表防护装置的维护和维修。

【实例 4-9】

（1）故障现象　SIEMENS 802C 系统无心磨床 203 报警，机床不能进入正常加工状态。

（2）故障原因分析　查阅机床技术资料，203 报警 NEIRONG 内容为“未返回参考点”。

（3）故障诊断和排除

① 观察故障过程，在选择开关处于“自动”方式下，启动机床后就产生报警，系统即进入加工画面，而未按正常情况进入自动返回参考点画面，因而机床不能进行正常工作。

② 按上位键可进入该画面，也能进行自动返回参考点操作，此后，机床能进行正常操作。

③ 重新启动机床后又会产生该项报警，重复上述故障。

④ 根据以上检查，推断该报警的产生可能是系统参数设置错误。

⑤ 在“自动”方式下首先进入加工画面，选择“OPERAT MODE”软键，进入系统设置菜单画面，发现“CYCLE WITHOUT WORK PIECES”项参数由“0”变为了“1”，使系统每次启动后都在工作区外循环，从而造成机床报警。

⑥ 经询问了解，在该故障发生前，曾因车间电工安装新机床电源时，造成全车间电源短路跳闸，从而影响了正在工作的该机床，致使其系统参数改变。

⑦ 根据检查和诊断结果，将该参数由“1”改为“0”后，重新启动机床，报警解除，故障被排除。

（4）维修经验积累

① 本例报警故障的引发是电源突然切断，引起系统参数改变。值得注意的是，系统起保护作用的参数状态改变，经常会导致机床不能进入正常加工状态。因此，在机床经历突然断电后出现故障，可对一些起保护作用的参数进行状态检查。

② 对于经济型数控磨床，所处的故障环境是生产第一线，各种机床的用电负荷都比较重，供电电压的波动情况也是经常发生的，因此机床的系统参数需要进行检查和维护，以便保证系统正常运行。在供电发生故障后，应首先关注系统参数的正确性。

【实例4-10】

（1）故障现象　FANUC系统数控磨床，工作时不定时地出现×××报警。报警有时在Z轴快速移动或刚开始移动时出现，有时在修正砂轮时出现。

（2）故障原因分析　查看×××报警常见原因是电动机、伺服控制和机械传动部分等有故障。

（3）故障诊断和排除

① 向操作人员询问，该故障的情况较特别，在每天早晨开机时正常，但工作到下午时故障就频繁出现，机床无法使用，有时间性的偶发故障特征。

② 检查电动机和伺服控制器都处于正常状态。

③ 查看报警说明，其中原因有机械阻力过大，手动检查传动丝杠和电动机无异常。

④ 检查机械传动机构，在拆卸机床防护罩对丝杠进行检查时，无意中发现防护罩两侧已堆积了大量的磨屑。

⑤ 根据现象分析，机床经一夜停歇，磨屑已干燥，在早晨开机时一般能正常工作，但在使用一段时间后，冷却液使堆积的磨屑膨胀，造成防护罩移动阻力增大，引起机床报警。

⑥ 按检查结果，清除磨屑后，故障排除。

⑦ 正常使用了一段时间后，又出现了上述报警。对故障进行检查后，发现有多方面的原因，如电动机故障、光栅尺故障和机械故障等，而其中出现最多的原因是光栅尺被带有水蒸气的压缩空气污染。该光栅尺内通压缩空气，以防止灰尘进入，但由于在潮湿天气空气湿度大，压缩空气中的水未被滤除同时吹入，使光栅尺模糊，引起检测错误。

⑧ 根据检查结果，对压缩空气的净化装置进行调整和维护，使用净化和滤除水蒸气的压缩空气后，故障被排除。

（4）维修经验积累

① 本例说明对同类故障现象，在检查时应根据具体情况分析，相同故障现象的故障原因可能是不同的，而不同的故障现象可能由一个故障部位或元器件引发。

② 本例提示维修人员，数控磨床是应用光栅尺进行位置检测的，因光栅尺内通压缩空气，以防止灰尘进入，若在潮湿天气或环境中空气湿度大，压缩空气中的水未被滤除同时吹入，会使光栅尺模糊，引起检测错误，从而引发系统故障。

任务三　数控磨床主轴故障维修

数控磨床主轴的故障一般由电气和机械故障引发，常见的故障与维修可借鉴以下实例。

【实例 4－11】

（1）故障现象　FANUC 系统 B4015750 数控高精度 CNC 轴颈端面磨床磨头主轴自动时不能复位。

（2）故障原因分析　常见原因是系统控制输出信号、控制回路有故障。

（3）故障诊断和排除

① 询问调查，从操作者处了解到，故障发生后，每次磨削完成后其主轴均不能自动复位，用手动方式可以复位。根据上述情况，可以判断主轴电动机无故障，伺服驱动无故障。

② 从该机床电气原理图分析，当手动方式时，由控制面板上的按钮直接控制交流接触器，从而控制主轴电动机正、反转。

③ 自动方式时通过 NC 进行控制。NC 的输出信号控制磨头主轴控制器 N1 工作，再由控制器 N1 控制磨头主轴电动机运行，磨头主轴电动机控制原理如图 4－12 所示，图中方框位置控制器即为主轴控制器 N1。

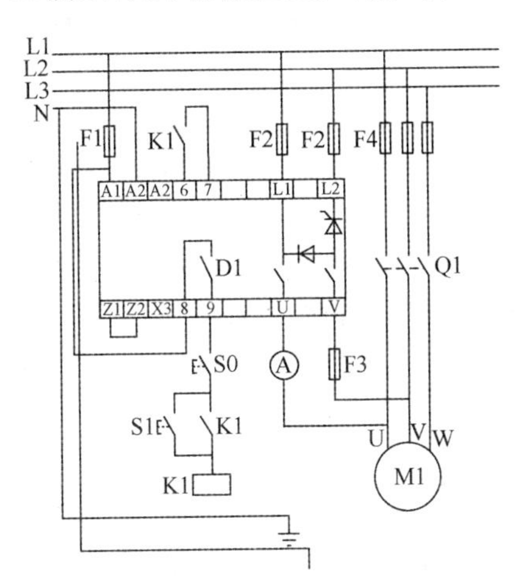

图 4－12　磨头主轴电动机控制原理图

④ 主轴加工完成后能自动后退，这说明 NC 信号已经发出。

⑤ 将检查重点放在自动控制回路上。打开电气控制柜，检查自动控制回路，发现磨头主轴控制器 N1 的电源输入端 L1 上一只快速熔断器熔断，从而导致磨头主轴控制器 N1 无输入电压，因此，造成该故障。

⑥ 根据检查和诊断结果，更换熔断器后，故障被排除。

【实例 4－12】

（1）故障现象　FANUC 系统 B4015750 高精度 CNC 数控轴颈端面磨床，出现磨头主轴测速电动机启动即发生熔断器熔断故障。

（2）故障原因分析　常见原因是电路负载有短路故障。

（3）故障诊断和排除

① 磨头主轴电动机能够启动，主电路无故障。

② 启动其测速电动机即发生熔断器熔断，故障熔断器号为 F2。

③ 检查其测速电动机控制电路。从电气原理图可知：磨头主轴测速电动机 M1 由电动机控制器 N1 控制，其控制回路的电源经 F2 的两只快速熔断器输入，输出信号由熔断器 F3 以及电流表送入 M1 电动机。

④ 检查熔断器 F3 完好，说明 M1 电动机无故障。

⑤ 熔断器 F2 熔断，说明故障在 N1 电动机控制器中。

⑥ 拆开 N1 进行检查，发现跨接于 L1 与晶闸管之间的二极管被击穿。

⑦ 据理分析，当其电动机启动时，晶闸管导通后，输入电源 L1、L2 产生短路，将熔断器熔断。

⑧ 根据检查和诊断结果，更换二极管，故障被排除，机床恢复正常。

（4）维修经验积累　熔断器熔断是属于保护性现象，故障大多是负载电路的短路故障。本例跨接电源输入线和晶闸管之间的二极管被击穿，电动机启动时晶闸管导通，致使电源线短路，属于条件短路现象，在故障分析和诊断中具有值得注意和借鉴的价值。

【实例 4－13】

（1）故障现象　某内外圆数控磨床，零件孔加工的表面粗糙度值太大，无法使用。

（2）故障原因分析　常见原因是主轴轴承精度下降或失调。

（3）故障诊断和排除

① 经验推断。孔的表面粗糙度值太大主要原因是主轴轴承的精度降低或间隙增大。

② 结构分析。主轴的轴承是一对双联（背对背）向心推力球轴承，当主轴温升过高或主轴旋转精度过差时，应调整轴承的预加载荷，否则容易产生加工表面粗糙度值较大的故障。

③ 调整检查。调整时，卸下主轴下面的盖板，松开调整螺母的螺钉，当轴承间隙过大，旋转精度不高时，向右顺时针旋紧螺母，使轴向间隙缩小。

④ 温升控制。主轴升温过高时，向左逆时针旋松螺母，使其轴向间隙放大。调好后，将紧固螺钉均匀拧紧。

⑤ 故障处理。经过几次反复调试，主轴恢复了精度，控制了主轴温升，加工的孔也达到了表面粗糙度的要求。

(4) 维修经验积累　数控磨床的主轴常采用电主轴结构，如图4-13所示为电主轴的基本结构。电主轴的常见故障及其原因见表4-4。电主轴是一种高速主轴单元，包括动力源、主轴、轴承和机架等组成部分。高速主轴的核心支承部件是高速精密轴承，这种轴承具有高速性能好、动载荷承载能力强、润滑性能好、发热量小等特点。高速主轴的维护应注意以下要点：

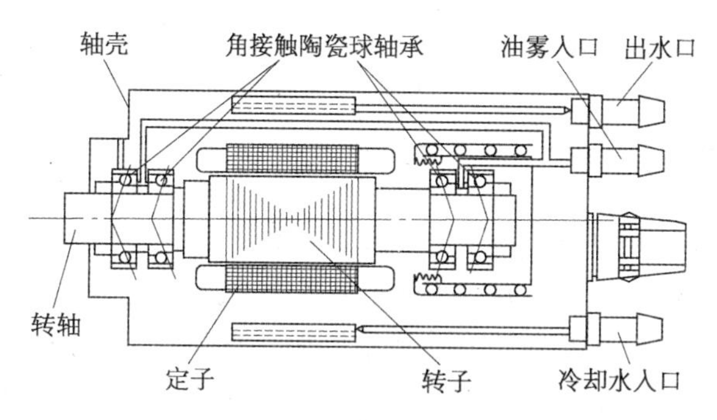

图4-13　电主轴的结构

表4-4　电主轴的常见故障及其原因

故　障	原　　因	
	HSK-A63	SK40
刀具没有正确夹紧	1) 调整尺寸错误 2) 锁紧被松开 3) 刀具内部轮廓有错误 4) 弹簧断裂(行程过小) 5) 夹紧组件磨损 6) 刀具引导不足 7) 清洁空气从更换位置挤压刀具	1) 调整尺寸错误 2) 锁紧被松开 3) 安装错误的夹紧钳(刀具标准) 4) 弹簧断裂(行程过小) 5) 传动机构中有大量污染物 6) 刀具拧紧销错误或者有故障 7) 刀具引导不足 8) 清洁空气从更换位置挤压刀具 9) 夹紧力损失
刀具不能松开	1) 柱塞密封件损坏 2) 回转接头不密封 3) 松开压力不足 4) 定心件上配合部分锈蚀 5) 弹簧腔注满机油	1) 柱塞密封件损坏 2) 回转接头不密封 3) 松开压力不足 4) 立锥上配合部分锈蚀 5) 弹簧腔注满机油

（续表）

故　障	原　　因	
	HSK－A63	SK40
刀具在工作过程中脱落或者松开	1）夹紧钳、夹紧锥或者拉杆断裂 2）刀具杆断裂 3）弹簧断裂 4）拧紧力过小	1）夹紧钳、夹紧锥或者拉杆断裂 2）拧紧销或者立锥杆断裂 3）刀具过长/过短 4）弹簧断裂 5）拧紧力过小，变速器不在工作范围内
夹紧力损失	1）夹紧组件在干燥条件下工作 2）建议测量夹紧力	1）夹紧组件在干燥条件下工作 2）建议测量夹紧力

① 了解和熟悉电主轴的润滑方式，保证滚动轴承在高速运转时给予正确的润滑，否则会造成轴承因过热而烧坏。

② 了解和熟悉电主轴的冷却循环系统，保证使高速运行的电主轴尽快地散热。通常对电主轴的外壁通以循环冷却剂，冷却剂的温度通过冷却装置来保持。高速电主轴的冷却系统主要依靠冷却液的循环流动来实现。

③ 电主轴的转速在10 000r/min以上，因此应保证电主轴的动平衡，主轴运转部分微小的不平衡量，都会引起巨大的离心力，造成机床的振动，导致加工精度和表面质量的下降。

④ 电主轴是精密部件，在高速运转的情况下，任何微尘进入主轴轴承都可能引起振动，甚至使主轴轴承咬死。同时电主轴必须防潮、防止冷却液、冷却和润滑介质进入轴承和电动机内部，因此必须做好主轴的密封工作。

任务四　数控磨床无报警故障维修

数控磨床的某些故障没有报警信息显示，只是某些动作不执行。诊断维修此类故障，要熟练掌握数控磨床的工作原理，仔细观察故障现象，根据数控系统的工作原理和PLC的梯形图或状态显示功能进行诊断，然后进行故障维修，常见的故障与维修可借鉴以下实例。

【实例4－14】

（1）故障现象　SIEMENS 810C系统数控球道磨床，在机床自动批量磨削工件时，发现磨削的球道有啃刀的痕迹。

（2）故障原因分析　常见原因是机床侧进给系统有故障。

（3）故障诊断和排除

① 观察分析。本例是一台全自动球道磨床，依靠机械手自动装卸工件，磨削工件的圆弧球道，磨削时 *X* 轴和 *Z* 轴进行圆弧插补。检查出现啃刀痕迹的工件，发现啃刀痕迹出现在球道的任意磨削点，并不是仅在圆弧转换点和其他固定点，因此可以排除丝杠的间隙故障。

② 关联分析。经过反复观察，发现在磨削过程中只要系统面板上的"进给保持灯"红色指示灯闪亮，磨削出来的工件就有啃刀痕迹，红灯闪亮指示进给停止。由此分析，因磨削过程中出现进给停顿造成工件球道出现啃刀痕迹。

③ 信号分析。根据系统工作原理，PLC 输出到 NC 的信号 Q108.2 为 *X* 轴伺服使能信号，Q112.2 为 *Y* 轴伺服使能信号，Q116.2 为 *Z* 轴伺服使能信号，Q84.7 为总的伺服使能信号，利用系统 DIGNOSIS（诊断）功能检查这几个信号的状态，发现正在磨削时并没有瞬间变为"0"的现象。

④ 状态分析。PLC 输出到 NC 的信号 Q108.5 为 *X* 轴进给使能信号、Q112.5 为 *Y* 轴进给使能信号、Q116.5 为 *Z* 轴进给使能信号。观察这几个信号的状态，发现 Q108.5 的状态瞬间变为"0"时，系统操作面板上的"进给保持灯"红色指示灯闪亮，磨削的工件就有磨痕。

⑤ 梯形图分析。Q108.5 的梯形图如图 4-14 所示。对梯形图相关元件的状态进行观察，发现标志位 F142.3 的状态瞬间变为"0"使 *X* 轴进给使能信号 Q108.5 的状态变为"0"。标志位 F142.3 是送料机械手在上方的标志，其梯形图如图 4-15 所示，观察 PLC 输入 I8.3 和 I8.4 的状态，发现在磨削时 I8.4 的状态瞬间变"1"是 F142.3 状态变"0"的原因。

⑥ 原因分析。PLC 输入 I8.4 连接的接近开关检测机械手是否在下面，其连接图如图 4-16 所示。观察机械手一直在上方没有问题，检查接近开关 32PS4，发现其电缆连接接头有故障，导致接近开关工作不正常。

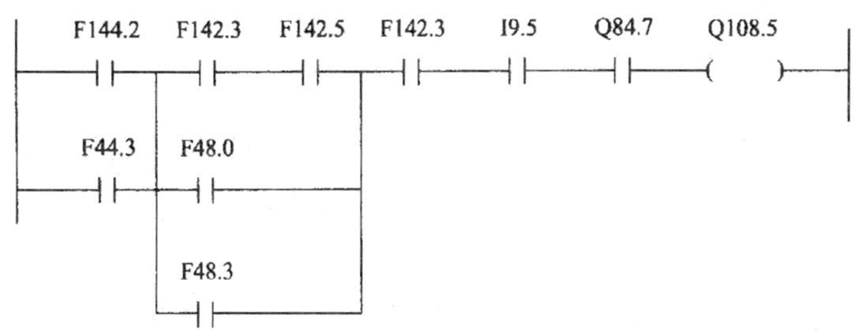

图 4-14　*X* 轴进给使能信号 Q108.5 的梯形图

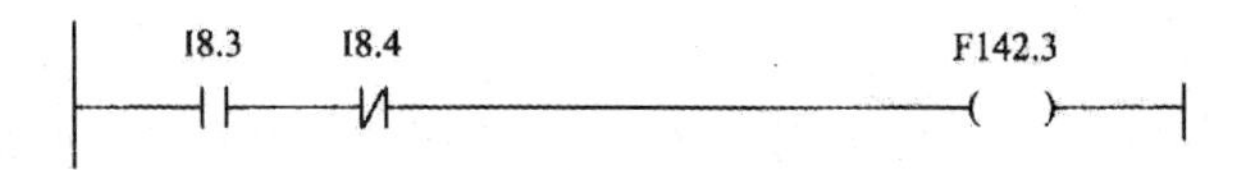

图 4－15　送料机械手在上方标志 F142.3 的梯形图

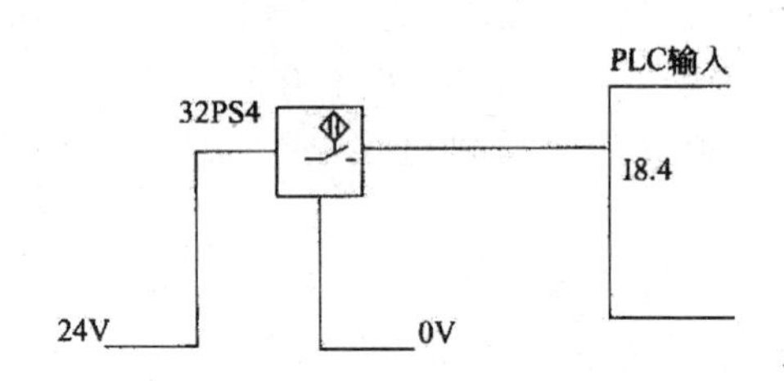

图 4－16　PLC 输入 I8.4 的连接图

⑦ 故障维修。更换相同型号的接近开关，并进行电缆的正确连接，试车运行机床，球道磨削不再出现啃刀现象，故障被排除。

（4）维修经验积累　本例是通过 PLC 状态和梯形图进行故障原因分析的应用实例，在维修此类故障时，需要熟悉 PLC 梯形图和状态的分析方法，在分析状态不正常的情况下，可进一步检查有关联的输入输出元器件及其连接部位，以便诊断故障引发的部位和元器件，然后进行故障维修。对于经济型数控磨床，本例提示，诸如接近开关等动作控制元器件和连接电缆是容易引发故障的常见部位。

【实例 4－15】

（1）故障现象　SIEMENS 3M 系统数控球道磨床开机回参考点时，X 轴和 Y 轴回参考点正常，B 轴不能回参考点。

（2）故障原因分析　常见原因是机床 B 轴进给系统有故障。

（3）故障诊断和排除

① 手动试验。X 轴和 Y 轴都可以正常运动，但 B 轴不运动。

② 推断分析。判断 B 轴可能使能没有加上。

③ 原理分析。根据 SIEMENS 3M 系统的工作原理，PLC 输出 Q72.3 是 B 轴进给使能信号，检查此信号为“0”，表明有问题。

④ 状态分析。PLC 关于 B 轴进给使能的梯形图在 PB25 的 36 段中，如图 4－17 所示，利用系统 PC 功能检查 PLC 的状态，发现 Q72.3 的状态为“0”的原因是标志位 F122.4 的状态为“0”。

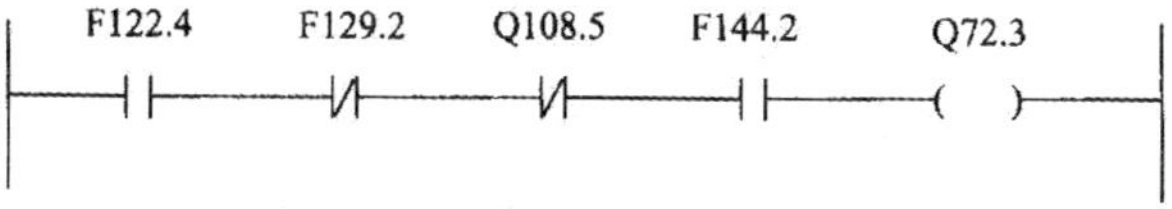

图 4-17　*B* 轴进给使能 Q72.3 的梯形图

⑤ 梯形图分析。关于 F122.4 的梯形图在 PB25 中的 32 段中，如图 4-18 所示。

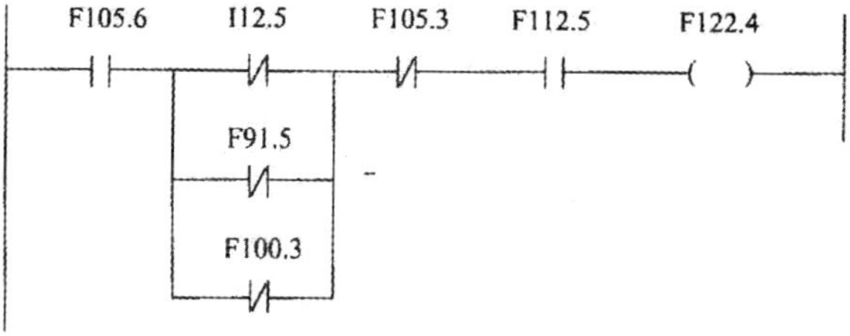

图 4-18　关于标志位 F122.4 的梯形图

⑥ 状态追溯检查。用 PLC 状态显示功能观察相应的梯形图中各元件的状态，发现标志位 F105.6 的状态为“0”是标志位 F122.4 的状态为“0”的缘故。关于标志位 F105.6 的梯形图在 PB25 的 28 段中，如图 4-19 所示

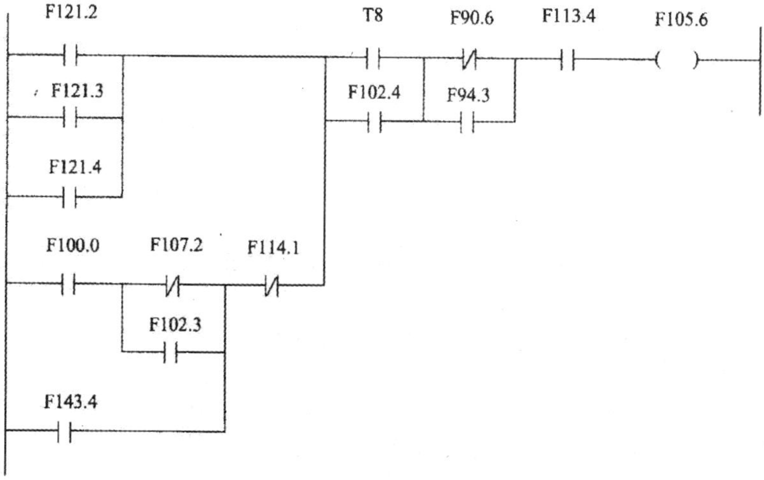

图 4-19　关于标志位 F105.6 的梯形图

示，利用系统的 PLC 的状态显示功能逐个检查梯形图中各个元件的状态，发现 T8 的状态为“0”是标志位 F105.6 的状态为“0”的缘故。关于 T8 的梯形图在梯形图 PB25 的 23 段中，如图 4－20 所示，检查梯形图相应元件的状态，发现由于输入 I3.6 的状态为“0”，使定时器 T8 没有正常工作。

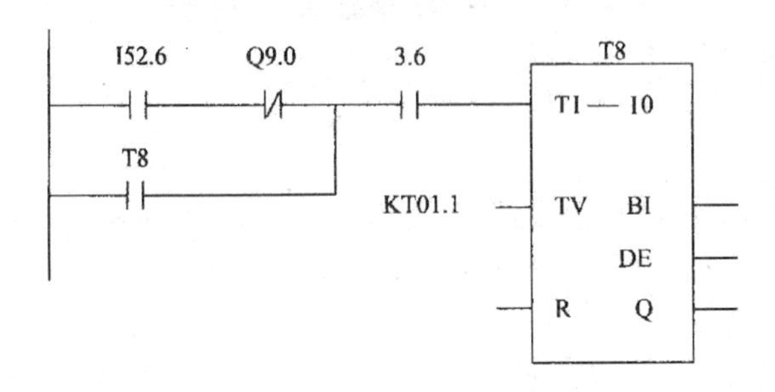

图 4－20　关于定时器 T8 的梯形图

⑦ 关联分析。PLC 输入 I3.6 连接的是继电器 K36 的常开触点信号，如图 4－21 所示，K36 是受接近开关 B36 控制的，接近开关检测的分度装置在位信号，其状态为“0”，表明分度装置没有到位。但检查分度装置已经到位。进一步检查接近开关 B36 时发现该开关松动，不能正确反映分度装置到位的状况。

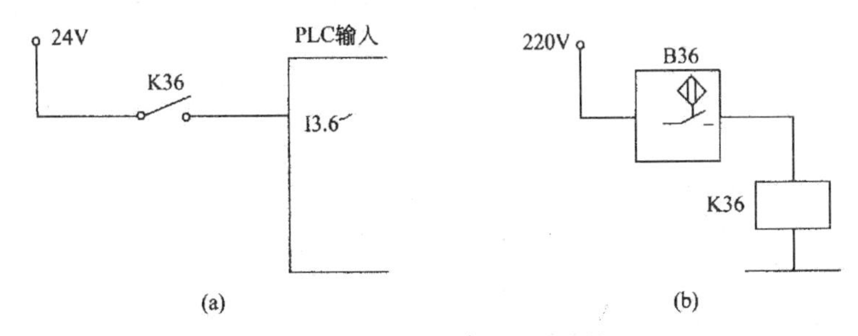

图 4－21　PLC 输入 I3.6 的连接图

⑧ 故障维修。将 B36 接近开关位置调整好并进行紧固，开车试运行，数控机床的 *B* 轴能正常回参考点，故障被排除。

(4) 维修经验积累　本例提示，在分析 PLC 状态过程中，可按关联逐个元件进行追溯分析，然后诊断确定故障部位和元器件。

【实例 4－16】

(1) 故障现象　SIEMENS 810G 系统数控外圆磨床，在加工工件时，有时机械手不能把磨削完工的工件带出，而又送入另一个工件，将两个工件都挤到电磁吸盘夹具上，无法正常进行加工。

（2）故障原因分析　常见原因是机床进给伺服控制系统有故障。

（3）故障诊断和排除

① 工作原理分析。分析机床机械手的工作原理，工件磨削完成后，机械手插入环形工件并带着工件沿环形轨道上滑至出料口，机械手退出工件，磨削完成的工件落入出料口，而机械手继续上滑至上料口，完成上料工作。

② 故障现象分析。仔细观察故障发生过程，工件磨削完成后，机械手插入环形工件，之后机械手又马上退出工件，接着机械手经过出料口上滑至上料口，将机械手插入未磨削的工件，带动工件下滑至电磁吸盘与没有带出的工件挤在一起。

③ 监视程序运行。由于故障比较复杂，并且不是经常发生，因此用机外编程器在线监视 PLC 程序运行。

④ 梯形图跟踪：从工件磨削完工，机械手插入工件又马上退出这一故障现象入手，根据机床电器原理，PLC 输出 Q2.1 控制气缸使机械手从工件退出。这部分的 PLC 程序在 PB12 的 5 段中，如图 4－22 所示。用编程器在线观察梯形图的运行，发现机械手插入时，由于 Q2.2 变为通电状态（Q2.2 控制机械手插入电磁阀），其常闭触点断开，使 Q2.1 处于断电状态。而插入工件后，Q2.2 马上断电，Q2.2 的常闭触点恢复闭合，从而使 Q2.1 通电，控制机械手退出。

图 4－22　机械手退出工件控制梯形图

⑤ 故障原因分析。

a. 根据电气原理图，PLC 的输出 Q2.2 控制气缸使机械手进入工件，为了确定 Q2.2 断电的原因，继续观察有关 Q2.2 梯形图，这部分梯形图在 PB12 的 6 段中，如图 4－23 所示。在线跟踪 PLC 程序运行，发现 Q2.2 断电的直接原因是标志位 F40.5 的触点断开，F40.5 是加工程序中的辅助功能指令 M53 的译码信号，M53 是机械手插入指令，标志位 F40.5 是由数控系统把加工程序中的 M53 指令译码后置位的，复位则由 PLC 程序完成，F40.5 复位梯形图在 PB12 的 5 段中，如图 4－24 所示。

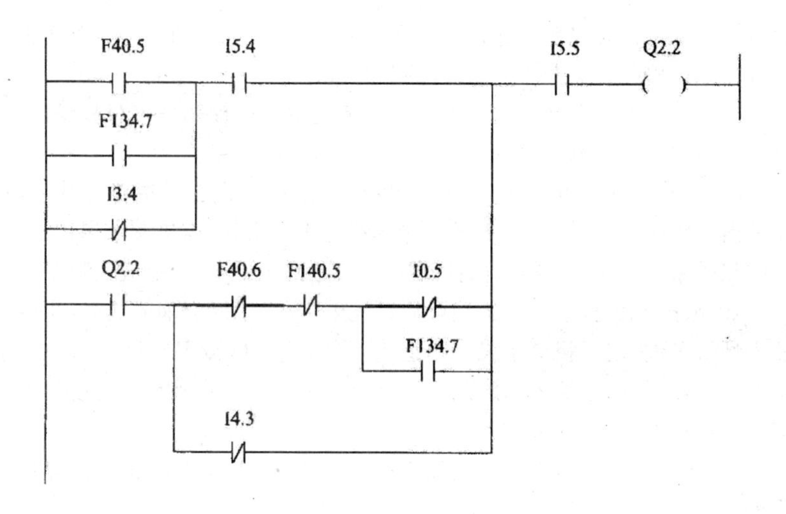

图 4-23　机械手插入工件控制梯形图

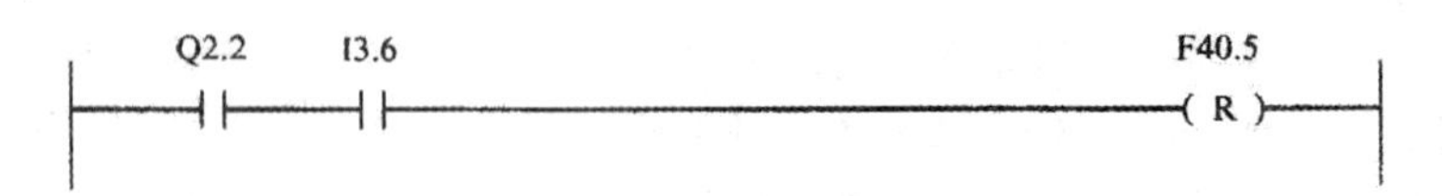

图 4-24　M53 辅助指令复位梯形图

b. 机械手插入时 Q2.2 通电，机械手到位后，到位信号 I3.6 的状态变为“1”，这时把 F40.5 复位，应该是正常的。因此 Q2.2 掉电另有原因。重新分析图 4-23 所示的梯形图，Q2.2 通电后有一支路应该可以实现自锁，从在线梯形图显示分析，由于标志位 F140.5 有电，其常闭触点断开，不能使 Q2.2 自锁。

c. 控制标志位 F140.5 的梯形图在 PB3 的 3 段中，如图 4-25 所示，继续在线观察这部分梯形图，发现 PLC 的标志位 F139.1、F139.5 和输入 I3.2的触点都闭合，使标志位 F140.5 的“线圈”有电，所以三个问题需要逐个排除。

⑥ 故障部位分析。

a. 首先检查 PLC 输入 I3.2 的状态是否正常，根据电气原理图(图 4-26)，PLC 输入 I3.2 连接元件触电开关 3PX2，该开关检测机械手是否到达出料口的信号，在机械手到达出料口时，其状态都应该是“0”。

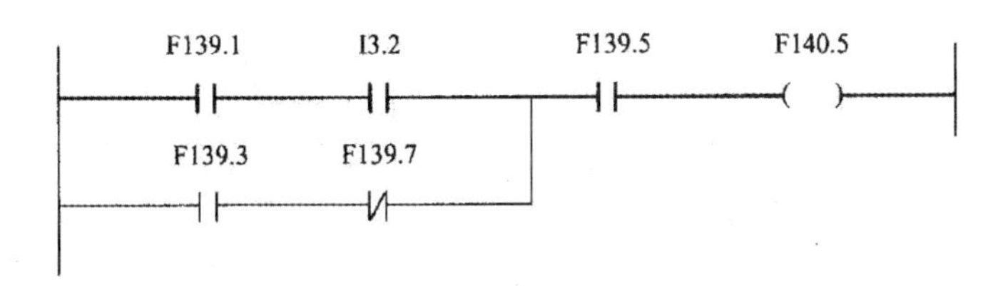

图 4 - 25　有关标志位 F140.5 的控制梯形图

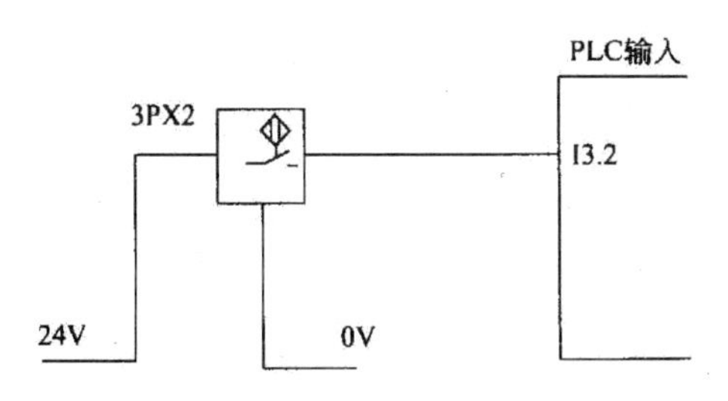

图 4 - 26　PLC 输入 I3.2 的连接图

b. 发生故障时,机械手在磨削位置,其状态应该是“0”,但实际状态却为“1”。在机械手还没有上滑至出料口时其状态就已经是“1”了,说明3PX2 开关有故障。

⑦ 故障排除维修。更换同型号的无触点开关 3PX2,试运行机床,机床工作恢复正常。运行一段时间后,没有发生误动作现象。该机床机械手不能将工件带出的故障被排除。

(4) 维修经验积累　本例提示,当机床的故障现象比较特殊,故障的诊断比较复杂时,通过系统的 DIAGNOSIS 功能检查比较困难,此时可使用机外编程器在线跟踪梯形图的运行,可以达到事半功倍的效果。在线跟踪梯形图运行应做好如下准备(以 SIEMENS 810T/M 系统为例):

① 电缆连接。将机外编程器或者通过计算机连接到 SIEMENS 810T/M 系统面板上的 RS232 接口上。

② 通信口数据设置。将机床通信口设定数据设定为

5010 00000100

5011 11000111

5013 11000111

5016 00000000

③ 数控系统数据设定。在 SIEMENS 810T/M 系统上用菜单转换键找到 DATA IN－OUT 功能，按下面的软件，系统显示如图 4－27 所示。

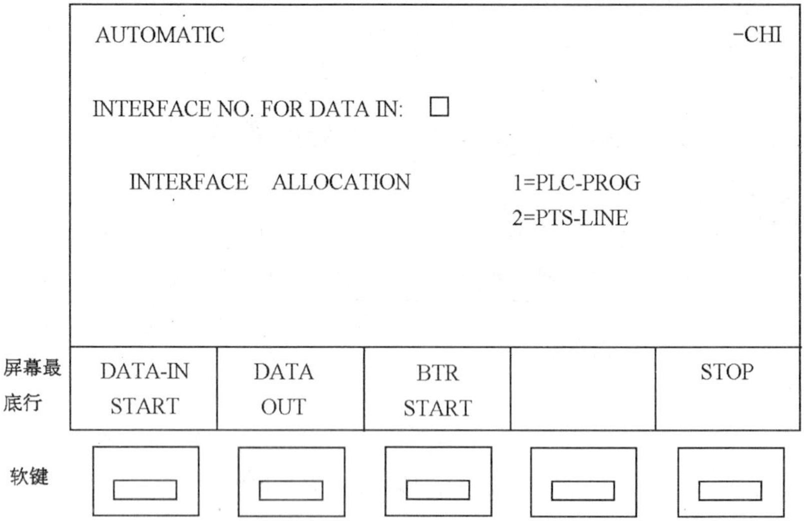

AUTOMATIC　　-CHI

INTERFACE NO. FOR DATA IN: □

INTERFACE　ALLOCATION　　1=PLC-PROG
2=PTS-LINE

屏幕最底行	DATA-IN START	DATA OUT	BTR START		STOP
软键	□	□	□	□	□

图 4－27　SIEMENS 810T/M 系统 PLC 接口设定界面

在“INTERFACE NO. FOR DATA IN”(数据输入用接口号)后面的方框中输入数字 1，即选择接口 1，之后按 DATA－IN START 按键，启动通信口。

④ 调用编程软件。机外编程器或者通用计算机进入 S5 编程软件。

⑤ 联机。在 S5 编程软件中，设置为 ONLINE(在线联机)状态；用 TEST(试验)菜单中的 Block Status(块状态)功能观察梯形图运行。

⑥ 跟踪梯形图。根据故障现象，首先找到没有执行的动作，然后再根据 PLC 梯形图的因果关系，从结果出发，跟踪梯形图的变化，最终找出故障原因。有时可以从指令信号发出入手，分析 PLC 用户程序，逐步跟踪 PLC 程序的运行，最后找到动作没有执行的原因。

项目二　数控专用金属切削机床故障维修

数控专用金属切削加工机床是经济型数控机床的重要组成部分，适用于生产线零件金属切削加工，通常包括各类通用机床衍生的专用机床

（数控专用磨床、铣床、车床等）、多工位机床、组合机床等。维修此类数控机床，应熟悉所加工产品的加工过程和自动上下料的方法，对于设置产品和刀具自动检测装置的机床，还需要熟悉检测仪器控制系统的工作原理。

任务一　数控专用加工中心故障维修

【实例 4 - 17】

（1）故障现象　某 SIEMENS 880 系统双工作台加工中心，出现定位错误时，CRT 出现 NC 报警显示。

（2）故障原因分析　查询报警内容为：M19 选择无效，即 M19 定位程序在运行时没有完成，当时认为是 M19 定位程序和有关的 NCMD 有错，但是检查程序和数据正常，经分析有可能是下面几种原因引起工作台定位错误。

① 同步齿形带损坏，导致工作台实际转速与检测到的数值不符。

② 编码器联轴器损坏。

③ 测量电路不良导致定位错误。

④ 脉冲编码器光电盘划分有误，导致工作台定位不准。

（3）故障诊断和排除

① 查阅有关技术资料，本例立式加工中心有以下结构特点：

a. 机床工作台为双工作台，通过交换工作台完成两工件加工。

b. 工作台用鼠牙盘定位，鼠牙盘等分 360 个齿，每个齿对应 1°。

c. 工作台靠液压缸上下运动实现工作台的离合。

d. 通过伺服电动机拉动同步齿形带，带动工作台旋转。

e. 通过脉冲编码器来检测工作台的旋转角度和定位。

② 观察故障特点，工作台出现定位故障，工作台不能正确回参考点，每次定位错误不管自动还是手动都相差几个角度，角度有时为 1°，有时为 2°，但是工作台如果分别正转几个角度如 30°、60°、90°，再相应地反转 30°、60°、90°时，定位准确。

③ 根据以上原因，对同步齿形带和编码器联轴器进行检查，发现一切正常。

④ 推断有可能是测量电路不良引起的故障。本机床是由 RAC2：2 - 200 驱动模块，驱动交流伺服电动机构成 S1 轴，由 6FX1 121 - 4BA 测量模块与一个 1024 脉冲的光电脉冲编码器组成 NC 测量电路，在工作台定位出现故障时，检查工作台定位 PLC 图，PLC 输入板 4A1 - C8 上输入点 E9.3、E9.4、E9.5、E9.6、E9.7 是工作台在旋转连接定位的相关点，输出板

4A1 - C5 上 A2.2、A2.3、A2.4、A2.5、A2.6 是相应的输出点，检查这几个点，工作状态正常，从 PLC 图上无法判断故障原因。

⑤ 检查测量电路模块 6FX1 121 - 4BA 无报警，显示正常。

⑥ 在工作台定位的过程中，用示波器测量编码器的反馈信号，判定编码器出现故障。

⑦ 拆下编码器，拆下其外壳，发现其光电盘与底下的指示光栅距离太近，旋转时产生摩擦，光电盘里圈不透光部分被摩擦划了一个透光圆环，导致产生不良脉冲信号。

⑧ 根据检查诊断结果，更换编码器后，机床报警解除，故障被排除。

(4) 维修经验积累　本例机床的报警没有显示测量电路故障，是因为编码器光电盘还没有完全损坏，产生故障是一个随机性的故障，CNC 无法真实地显示真正的报警内容。因此数控设备的报警并不一定能准确地表明故障的原因，尤其是一些随机性的故障，需要更加深入地进行推断分析，才能找出故障的引发部位。

【实例 4 - 18】

(1) 故障现象　MDSIT 车削中心 1 号刀架出现了偶尔找不到刀的故障。

(2) 故障原因分析　常见原因是编码器及有关连接部位有故障。

(3) 故障诊断和排除

① 仔细观察故障发生过程，刀架处在自由转动状态，有时输入换刀指令时，出现刀架没有动，而且发生刀架锁死现象，CRT 显示刀号编码错误信息；刀架锁死后，更换任何刀都没动作。不管断电还是带电，都无法转动刀架。只有在拆除刀架到位信号线后，再通电才能转动刀架。

② 从上述现象看，可能由两种情况所致，一种是编码器接线接触不良，另一种是编码器损坏。

③ 通过检查编码器连线，没发现接线松动现象，接线良好，排除接触不良因素。

④ 结合刀架卡死现象推断，由于刀架夹紧之后，编码器出现故障，发出了错误的二进制编码，即计算机不能识别的代码。所以，计算机处在等待换刀指令状态，而且刀架到位信号一直有效，刀架被锁死。至此，可以诊断是编码器损坏引发故障。

⑤ 根据检查结果，采用以下维修方法：

a. 在刀架锁死的情况下，在机床断电后把刀架到位信号线断开。

b. 机床再通电，任意选一刀号，输入换刀指令，让刀架松开，此时刀架处在自由转动状态。

c. 再次断电，拆下原来的编码器，按原来的接法把新编码器与机床的连线接好，刀架与编码器轴连接好，不要固定编码器。

d. 机床送电，一边观察 CRT 显示的编码器编码，即 PLC 的输入刀号信息，一边用手转动刀架。查阅有关技术资料，此机床上有两个刀架，每个刀架有 12 个刀位。对应的编码由 4 位二进制组成，且有一个 8 位 PLC 输入口，如下所示。

7	6	5	4	3	2	1	0

第 7 位：刀架旋转准备好信号；第 6 位：刀架锁位信号；第 5 位：在位信号；第 3、2、1、0 位：为 12 个刀号编码，1 号编码为 0001，2 号编码为 0010，以此类推。

e. 在转动刀架时，手握住编码器，只让刀架带动编码器轴转动，使 1 号刀对准工作位置，然后用手旋转编码器直到 CRT 显示刀号编码为 0001。

f. 按同样方式再转动刀架，让 2 号刀对准工作位置，使 CRT 显示编码为 0010，至此，其余 10 把刀与其编码一一对应。

g. 最后固定编码器。

⑥ 更换编码器工作结束后通电试车，机床故障被排除。

(4) 维修经验积累　刀架编码器更换需要对应刀架刀位与编码器的编号。实际维修中，可参照本例的维修方法和操作步骤。

任务二　数控专用孔加工机床故障维修

【实例 4－19】

(1) 故障现象　FANUC 系统 742MCNC 多孔精密镗床，机床主轴不动，CRT 故障显示 $n<n_x$。

(2) 故障原因分析　常见原因是主轴伺服系统及其相关的机械部分有故障，也可能是系统参数紊乱。

(3) 故障诊断和排除

① 该镗头电动机采用直流伺服驱动系统。

② 由维修资料可知：n 为给定值，n_x 为实际转速值。

③ 在机床主轴启动或停止的控制中，根据预选的方向接触器 D2 或 D3 工作，接通相应的主接触器，启动信号使继电器 D01 接通，并同时使

$n<n_{min}$的触头(119－117)接通,此触头在调节器释放电路中。

④ 当启动信号消失后,D01 保持自锁,调节器释放电路因为“$n<n_{min}$”的触头而得以保持。

⑤ “$n<n_{min}$”的触头在机床停止时是打开的,在约 20～30r/min 时闭合。

⑥ 在发出停止信号后,n 给定＝0,D01 断开,调节器释放电路先仍保持接通,直到运转在 $n=n_{min}$时才断开。

⑦ 当转速调节器的输出极性改变时,相应的接触器 D2 或 D3 打开或接通。

⑧ 根据维修资料检查,发现当系统启动信号发出后,在系统的调节器线路中,50 号、14 号线没有指令电压(±10V),213 号没有 24V 工作电压。

⑨ 根据系统原理推断。机床主轴系统当无指令电压和工作电压时,其调节封闭装置将起作用。使 104 号、105 号线接通,产生一个封闭信号,封锁主轴的启动,同时,在 CRT 上显示出主轴转速小于额定转速的故障报警。

⑩ 检查故障的部位,按钮开关无故障,各控制线路无故障。

⑪ 通过操作人员了解到,在该故障发生之前,曾因变电站事故造成该机床在加工过程中突然停电,致使快速熔断器熔断现象。

⑫ 由此判断是因突然停电事故使 CNC 内部数据、参数发生紊乱而造成上述报警。

⑬ 将机床 NC 数据清零后,重新输入参数,故障排除,机床恢复正常。

(4) 维修经验积累　通常在工作电源断电后发生故障,首先应检查参数的准确性,若参数正常准确,可按常见的故障原因逐一排除,最后找到故障部位和故障元器件。

【实例 4－20】

(1) 故障现象　某数控孔加工机床,当加工一排等距孔的零件,出现了严重孔距误差(达 0.16mm),且误差为“加”误差(正向误差),连续多次试验故障现象相同。

(2) 故障原因分析　常见原因是进给伺服系统、机械传动机构有故障。

(3) 故障诊断和排除

① 按常规进行检查诊断。

a. X 坐标轴的伺服电动机和丝杠传动齿轮间隙过大。调整电动机前端的偏心轮调整盘，使齿轮间隙合适。

b. 固定电动机、机械齿轮的紧固锥环松动，造成齿轮运动时产生间隙。检查并紧固锥环的压紧螺钉。

c. X 导轨镶条的锁紧螺钉脱落或松动，造成工作台在运动中出现间隙。重新调整导轨镶条，使工作台在运动中不出现过紧或过松现象。

d. X 坐标导轨和镶条出现不均匀磨损，丝杠局部螺距不均匀，丝杠螺母之间间隙增大。检查并修研调整，使导轨的接触面积（斑点）达到 60% 以上，用 0.04mm 塞尺不得塞入；检查丝杠精度应为正常，测量螺母和丝杠的轴向间隙应在 0.01mm 以内，否则就重新预紧螺母和丝杠。

e. X 坐标的位置检测元件"脉冲编码器"的联轴器磨损及编码器的固定螺钉松动都会造成误差出现；编码器进油后也会造成"丢脉冲"现象。打开编码器用无水酒精清洗，检查电动机和编码器的联轴器，要求 0.01mm 的塞尺不得塞入其传动键侧面，紧固编码器螺钉。

f. 滚珠丝杠螺母座和上工作台之间的固定连接松动，或螺母座端面和结合面不垂直。检查结合面有无严重磨损，并将螺母座和上工作台的紧固螺钉重新紧固一遍。

g. 因丝杠两端控制轴向窜动的推力圆柱滚子轴承（9108，P4 级）严重研损，造成间隙增大。或轴承座上用以消除轴承间隙的法兰压盖松动，及调节丝杠轴向间隙的调节螺母松动，都会造成间隙增大。卸下丝杠两端四套轴承（9108），发现轴承内外环已经出现研损，轴承已经失效。重换轴承并重配法兰盘压紧垫的尺寸，使法兰盘压紧时对轴承有 0.01mm 左右的过盈量，这样才能保证轴承的运转精度和平稳性，使机床在强力切削时不会产生抖动。装上轴承座并调整锁紧螺母，用扳手转动丝杠使工作台运动，应使用不大的力量就能使其运动，并且没有忽轻忽重的感觉。

按故障引发的常见原因，逐一进行了检查和处理，故障却仍然存在。

② 按原理进行检查诊断

a. 机械所能带给的误差，在坐标轴上的反应一般都是位移距离偏少，对孔距来说就是减误差，孔距的尺寸是减小的，而现在是坐标的实际位移距离比指令值给出的位移量偏多了 0.16mm，由此判断问题出在电气方面。

b. 从实际位移大于指令位移来看，问题可能出在 X 轴的位置反馈环节上，即当运动指令值为 0.16mm 后，反馈脉冲才进入数控系统中，由此初步判断是反馈环路中某些部分性能不良所致。

c. 将系统控制单元和 X 轴速度控制单元换到另一台机床上，经测试出现同样现象。

d. 经检查，确认控制单元故障。

e. 将控制单元送厂家检修后，机床加工精度恢复，故障被排除。

(4) 维修经验积累　在经济型数控机床的维修中，对控制系统的故障，通常使用备用板替换法进行故障诊断确认和现场维修，故障板换下后，应及时进行元器件故障检测和检修，需要送专业维修机构进行维修的，应及时送修，以便下一次发现故障时备用。

任务三　数控专用车床、铣床故障维修

【实例 4-21】

(1) 故障现象　SIEMENS 810T 系统双工位数控车床，机床工作了 2～3h 之后，进行自动加工换刀时，刀架转动不到位，这时手动找刀，也不到位。后来在开机确定零号刀时，就出现故障，找不到零号刀，确定不了刀号。

(2) 故障原因分析　常见原因是刀架计数检测开关、卡紧检测开关、定位检测开关有故障。

(3) 故障诊断和排除

① 检查上述可能引起故障的开关，没有发现问题。

② 调整这些开关的位置也没能排除故障。

③ 推断刀架控制器出现问题也会引起这个故障，替换刀架控制器，仍没有排除故障。

④ 仔细观察发生故障的过程，发现在出现故障时，NC 系统产生报警"SLIDE POWER PACK NO OPERATION"。该报警指示伺服电源没有准备好。

⑤ 分析刀架的工作原理，刀架的转动是由伺服电动机驱动的，而刀架转动不到位就停止，并显示伺服电源不能工作的报警，显然是伺服系统有故障。按系统手册，该报警为 PLC 报警，通过分析 PLC 的梯形图，利用 NC 系统 DIAGNOSIS 功能，发现 PLC 输入 E3.6 为"0"，使 F102.0 变"1"，从而产生了"SLIDE POWER PACK NO OPERATION"报警。

⑥ PLC 的输入 E3.6 接的是伺服系统 GO 板的"READY FOR OPERATION"信号，即伺服系统准备操作信号，该输入信号变为"0"，表示伺服系统有问题，不能工作。

⑦ 检查伺服系统，在出现故障时，N2 板上口[I_{max}]t 报警灯亮，指示

过载。

a. 引起伺服系统过载的第一种可能为机械装置出现问题，但检查机械部分并没有发现问题。

b. 引起伺服系统过载的第二种可能为伺服功率板出现问题，但更换伺服功率板，也未能排除故障。

c. 引起伺服系统过载的第三种可能为伺服电动机出现问题，对伺服电动机进行测量并没有发现明显问题，但与另一工位刀架的伺服电动机交换，这个工位的刀架故障转移到另一工位上。

⑧ 由此诊断确认伺服电动机的问题是导致刀架不到位的根本原因。

⑨ 根据诊断结果，用备用电动机更换故障电动机，机床恢复正常运行，故障被排除。

（4）维修经验积累 本例提示，在经济型数控机床的维修中，对于故障元器件的检测手段不完善的，若一般检测没有发现元器件故障，通常需要进一步使用替换法进行运行检测，以便确认被怀疑元器件的实际状态，防止故障原因误诊而影响维修进度，影响生产。

【实例 4-22】

（1）故障现象 FANUC 11T 系统数控车螺纹机床，“SV011X(2)LS1 OVERFLOW”报警在使用中出现的次数最多，同时在伺服控制器的电源板或控制板上也有报警。

（2）故障原因分析 查阅 FANUC 11T 资料指出：“位置偏差超过 32767 或 D/A 转换器的速度指令值超出－8192～＋8192 的范围，这个错误通常是由于不适当的参数设定所引起的”。

（3）故障诊断和排除

① 修改参数设定不能解决问题。

② 根据故障引发规律，主要有伺服电源板过热，伺服柜内温度高，伺服电动机与丝杠联轴器松动，丝杠拖动的机械传动部分阻力过大，润滑不良，光栅尺的反馈信号失控等具体原因。

③ 应用替换法，在 SV011 报警时把伺服控制板、光栅尺、EXE 放大器、CNC 主板都进行替换，也没解决问题。

④ 仔细检查相关部分，发现伺服电源板下面的风扇不工作，电源板内吸浮的灰土油污较多，不能良好散热。

⑤ 根据检查结果，由于电源板不能良好散热，风扇又不能工作，由此引起机床报警。清理排气扇电动机后，报警消失，故障排除。

【实例 4-23】

(1) 故障现象　FANUC数控系统的双工位、双主轴铣削加工数控机床,机床在AUTOMATIC方式下运行,工件在1工位加工完,2工位主轴还没有退到位且旋转工作台,正要旋转时,2工位主轴停转,自动循环中断,并出现报警。

(2) 故障原因分析　报警内容显示2工位主轴速度不正常。

(3) 故障诊断和排除

① 两个主轴分别由B1、B2传感器来检测转速,通过对主轴传动系统的检查,没发现问题,用机外编程器观察梯形图的状态。F112.0为2工位主轴启动标志位,F111.7为2工位主轴启动条件,Q32.0为2工位主轴启动输出,I21.1为2工位主轴刀具卡紧检测输入,F115.1为2工位刀具卡紧标志位。

② 在编程器上观察梯形图的状态,出现故障时,F112.0和Q32.0状态都为“0”,因此主轴停转,而F112.0为“0”是由于B1、B2检测主轴速度不正常所致。

③ 动态观察Q32.0的变化,发现故障没有出现时,F112.0和F111.7都闭合,而当出现故障时,F111.7瞬间断开,之后又马上闭合,Q32.0随F111.7瞬间断开其状态变为“0”。

④ 在F111.7闭合的同时,F112.0的状态也变成了“0”,这样Q32.0的状态保持为“0”,主轴停转。

⑤ B1、B2由于Q32.0随F111.7瞬间断开测得速度不正常而使F112.0状态变为“0”,主轴启动的条件F111.7受多方面因素的制约。

⑥ 从梯形图上观察,发现F111.6的瞬间变“0”引起F111.7的变化,向下检查梯形图PB8.3,发现刀具卡紧标志F115.1瞬间变“0”,促使F111.6发生变化。

⑦ 继续跟踪梯形图PB13.7,观察发现,在出故障时I21.1瞬间断开,使F115.1瞬间变“0”,最后使主轴停转。

⑧ I21.1是刀具液压卡紧压力检测开关信号,它的断开指示刀具卡紧力不够。

⑨ 根据诊断结果,刀具液压卡紧力波动,调整液压系统的压力控制,使系统压力稳定正常,机床故障被排除。

(4) 维修经验积累　本例诊断和维修过程中,PLC故障诊断的关键:

① 要了解数控机床各组成部分检测开关的安装位置,如加工中心的

刀库、机械手和回转工作台，数控车床的旋转刀架和尾架，机床的气、液压系统中的限位开关、接近开关和压力开关等，弄清检测开关作为 PLC 输入信号的标志。

② 了解执行机构的动作顺序，如液压缸、气缸的电磁换向阀等，弄清对应的 PLC 输出信号标志。

③ 了解各种条件标志，如启动、停止、限位、夹紧和放松等标志信号，借助必要的诊断功能，必要时用编程器跟踪梯形图的动态变化，搞清故障的原因，根据机床的工作原理做出诊断。

④ 作为用户来讲，要注意资料的保存，作好故障现象及诊断的记录，为以后的故障诊断提供数据，提高故障诊断的效率。当然，故障诊断的方法不是单一的，有时要用几种方法综合诊断，才能获得正确的诊断结果。

【实例 4－24】

（1）故障现象　某专用强力铣削加工数控机床进行框架零件强力铣削加工时，Y 轴产生剧烈的抖动，向正方向运行时尤为明显，向负方向运行时抖动减小。

（2）故障原因分析　伺服驱动系统和机械传动部分有故障。

（3）故障诊断和排除

① 检查伺服驱动系统，处于正常状态。

② 检查伺服电动机，观察伺服电动机电刷损坏情况，编码器是否有进油现象，伺服电动机是否有内部进油现象，电动机磁钢是否脱落等。按伺服电动机常见故障逐一进行检查，然后将电动机和丝杠脱开空运行，电动机运转正常，没有抖动。

③ 检查传动机构，丝杠轴承是否损坏，丝杠锁紧螺母有否松动，检测传动间隙是否过大，检查支承轴承是否完好，检查锁紧螺母并重新紧固，故障仍未排除。

④ 进一步检查，发现丝杠螺母间隙过大，螺母座和结合面的定位销及紧固螺钉松动，从而造成单方向抖动。

⑤ 根据检查和诊断结果，重新紧固螺母座，调整传动间隙，机床故障被排除。

（4）维修经验积累　机械故障的引发原因也可能是多种因素，本例的传动副，传动间隙增大、定位销和紧固螺钉松动，是造成 Y 轴单向进给振动的多重原因。在进行故障部位检查和诊断时，应注意多种因素，避免继发性故障，即一种原因排除后，另一种因素又会继发性地引发重复故障现象。

任务四　数控组合机床故障维修

数控组合机床是具有标准部件的典型专用机床。如图 4－28 所示为组合机床的组成示例。

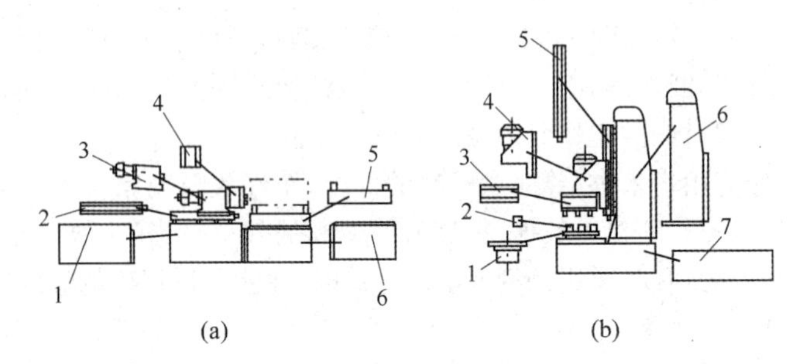

图 4－28　组合机床的基本组成示例

(a) 卧式组合机床

1—床身；2—滑座；3—动力头；4—主轴箱；5—夹具；6—中间底座

(b) 立式组合机床

1—回转工作台；2—夹具；3—主轴箱；4—动力头；5—滑座；6—立柱；7—底座

【实例 4－25】

(1) 故障现象　WY203 型自动换箱数控组合机床，圆形回转台控制系统为位置半闭环，一次运行中突然出现电动机不能启动故障。

(2) 故障原因分析　常见原因是电动机、位置检测反馈元件、检测装置等有故障。

(3) 故障诊断和排除　按常见故障原因检查各部分。

① 查阅有关资料，系统由 PLC 的程序构成位置调节器，模拟输出插件输出模拟量转速设定电压，数字输入插件输入位置反馈，交流转速调节器控制交流电动机，电动机内装转速传感器，位置反馈元件为脉冲编码器。

② 在诊断中拆除系统引向转速调节器的设定和允许信号，拆除转速调节器到电动机的引线，对调节器补加设定和允许信号，发现调节器无输出，诊断出调节器自身有故障。

③ 更换转速调节器，机床恢复正常，故障被排除。

(4) 维修经验积累　组合机床是一种具有标准部件的专用机床，具有加工效率高的特点。机床适用于大批量生产，数控的系统一般比较简单，如本例采用位置半闭环控制。维修此类机床，应熟悉组合机床的结构，工作过程和性能特点。如图 4－29 所示为组合机床常用的进给循环过程。

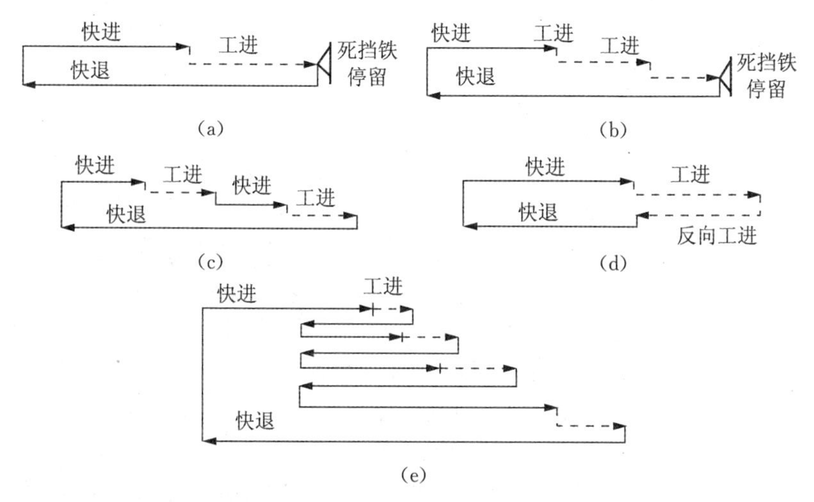

图 4－29　组合机床的典型进给方式

(a) 一次工作进给循环；(b) 二次工作进给循环；(c) 超越进给循环；(d) 反向进给循环；(e) 分级进给循环

【实例 4－26】

(1) 故障现象　数控铣钻组合机床，在加工过程中，主控面板上的夹紧到位指示灯一直闪烁，但是分控单元 14B 工位不能夹紧。

(2) 故障原因分析　常见原因是机床夹紧液压系统、位置信号传递、检测反馈装置有故障。

(3) 故障诊断和排除

① 检查液压系统，缸体位置和压力都正确。

② 检查与 14B 工位有关的连接导线和插接件都在正常状态。

③ 在 PLC 的 I/O 框架上，观察 14B 也未见其他问题。

④ 进一步检查，发现夹紧信号 125/16 和松开信号 125/17 指示灯同时亮着。工位的夹紧和松开指示灯是一对状态相反的信号，两只指示灯不能同时都亮。

⑤ 进一步检查，发现接近开关 125/17 处于正常状态，而 125/16 已经损坏。接近开关的检测方法可参见表 3－24。

⑥ 根据检查和诊断结果，更换损坏的接近开关后，夹紧动作正常，机床故障被排除。

【实例 4－27】

（1）故障现象　数控深孔加工组合机床，在进行切削加工时，液压系统突然停止。

（2）故障原因分析　常见原因是控制模块中有关元器件有故障。

（3）故障诊断和排除

① 观察各个 V0 框架上的适配器，发现其中一个框架上的适配器红灯亮起，换上新的适配器后，不能排除故障。

② 这个框架上共有 16 个 I/O 模块，应用置换法分别置换，每换一块后，都要启动机床进行试验，根据机床故障是否排除来判断模块是否有故障。

③ 当试换到第 5 个 I/O 模块时，故障被排除，确认该模块有故障。

④ 对换下的模块进行仔细检查，发现其中 SN7438 芯片的第 3 引脚电阻值不正常。

⑤ 对该模块进行维修，更换模块上损坏的芯片后，将这个模块再接插到系统框架，机床工作正常，故障没有再次出现。

（4）维修经验积累　在经济型数控组合机床的维修中，连接导线、接插件和接近开关等是故障高发部位和元器件，需要重点维护保养和检修检测。接近开关的检测方法可参见表 3－24。

【实例 4－28】

（1）故障现象　数控深孔加工组合机床，在进行切削加工时，液压系统突然停止。

（2）故障原因分析　常见原因是控制模块中有关元器件有故障。

（3）故障诊断和排除

① 观察各个 I/O 框架上的适配器，发现其中一个框架上的适配器红灯亮起，换上新的适配器后，不能排除故障。

② 这个框架上共有 16 个 I/O 模块，应用双模块置换法分别置换，每换一块后，都要启动机床进行试验，根据机床故障是否排除来判断模块是否有故障。

③ 当试换到第 5－6 个 I/O 模块时，故障被排除，确认该模块有故障。

④ 对换下的模块进行仔细检查，发现第 6 个模块中 SN7438 芯片的第 3 引脚电阻值不正常。

⑤ 对该模块进行维修，更换模块上损坏的芯片后，将这个模块再接插到系统框架，机床工作正常，故障没有再次出现。

（4）维修经验积累　本例应用的双模块置换诊断法，需要预先对置换的模块进行测试，以便通过置换和试车判断故障模块。值得注意的是若同时有几个模块有故障，此法可能需要重新进行置换步骤的设计和确定。

项目三　数控电加工机床故障维修

经济型数控机床有各类特种加工机床，如数控电火花切割机床、数控电火花成型加工机床、数控激光切割机等，如图 4-30 所示。

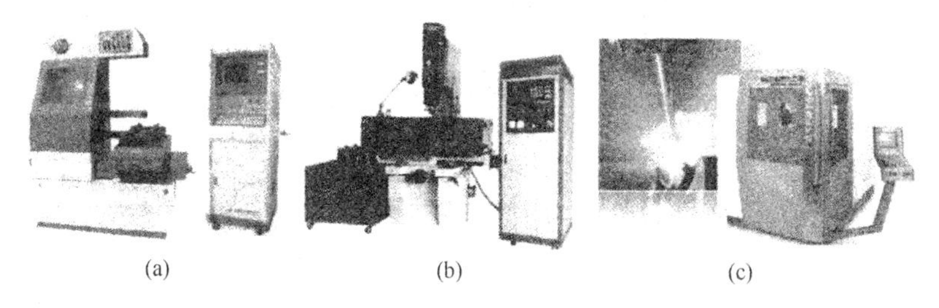

(a)　　(b)　　(c)

图 4-30　数控特种加工机床

（a）数控电火花线切割机床；（b）数控电火花成型加工机床；（c）数控激光切割机

数控线切割机床是数控电加工机床的典型机床之一，机床的电气系统主要分为数控系统、高频脉冲电源和机床电器三大部分。在数控系统中又分为微处理机、接口电路、步进驱动电路等等。数控线切割机的典型控制原理如图 4-31 所示，控制系统由微机根据用户输入的加工程序进行运算，并发出相应的信号通过接口电路传送至步进驱动电路，经放大后驱动步进电动机使机床按程序设定的轨迹进行运动。微机同时发出信号，通过接口电路打开脉冲电源，为工件和电极丝之间提供放电加工用的电源。另外变频电路将加工中检测到的间隙平均电压转换成频率信号，通过接口电路反馈给微型计算机，调节加工进给的速度。机床电器则是控制

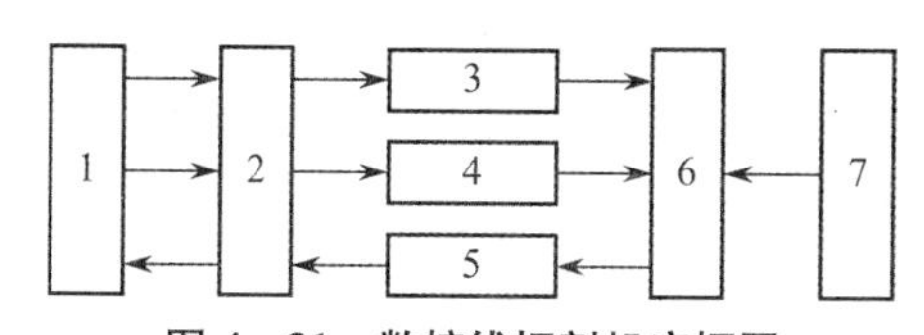

图 4-31　数控线切割机床框图

1—微处理机；2—接口电路；3—步进驱动电路；4—脉冲电源；5—变频电路；6—机床；7—机床电器

机床运丝、液压泵、上丝等电动机的工作。数控线切割机床的工作原理、特点及其应用见表 4－5。

表 4－5　数控电火花切割的工作原理、特点及其应用

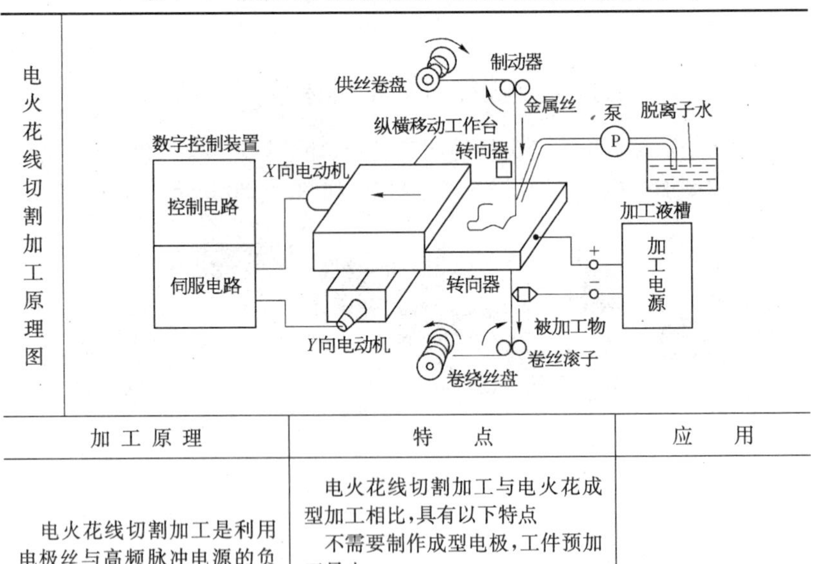

加 工 原 理	特　　点	应　　用
电火花线切割加工是利用电极丝与高频脉冲电源的负极相接，零件与电源的正极相接。加工中，在线电极与加工零件之间产生火花放电而切割出零件的一种加工方法。如果使电极丝按照图纸要求的形状运动，便可切割出与图纸一样形状及尺寸的零件 加工形状的控制，通常是使安装零件的工作台以一定规律作 X、Y 方向的运动。控制方法有靠模仿形法、光电跟踪法、数字程序控制法等	电火花线切割加工与电火花成型加工相比，具有以下特点 不需要制作成型电极，工件预加工量少 能方便地切割工件的复杂轮廓以及微型孔和窄缝等 可直接选用精加工或半精加工一次加工成型，一般不需要中途转换规准 采用较长（200m 以上）电极丝进行往复加工，单位长度电极丝的损耗较小。因此，对加工精度影响较小。采用慢速走丝方式，电极丝一次性使用，加工精度较高 切割的余料还可利用 自动化程度高，电脑控制可实现无人化操作	应用范围广：能加工出 0.05～0.07mm窄缝，$R\leqslant 0.03$mm 的圆角 能加工淬硬整体凹模，不受热处理变形影响 能加工硬质合金材料等

任务一　数控线切割机床 CNC 系统故障维修

【实例 4－29】

（1）故障现象　机床无自动，手动 X 轴运行正常，手动 Y 轴电动机振动，但不走。

（2）故障原因分析　常见原因是 Y 轴驱动部分、高频取样电路或

CNC装置有故障。

（3）故障诊断和排除

① 观察故障特征：手动时 X 轴运转正常，而 Y 轴运转不正常，可排除公共部分有故障的可能。

② 推断 Y 轴驱动部分步进电动机及两者的连线、插头或插座有故障，对于机床有手动而无自动，推断高频取样电路有故障或者CNC装置有故障。

③ 首先检查 Y 轴步进电动机，步进电动机到电器柜的连线均未发现异常。

④ 采用替代法，互换 X 轴与 Y 轴驱动板，接通电源试验手动 Y 轴运转正常，而 X 轴电动机有振动声，并不走，由此可知，故障随 Y 轴驱动板转移，从而确诊 Y 轴驱动板有故障。

⑤ 进一步检查 Y 轴驱动板，发现其功放管有一只损坏，更换功放管，机床手动时 X 轴和 Y 轴运转正常。

⑥ 检查高频取样电路，用示波器检查高频电源内插头32CZ的0脚对地，有脉冲信号。而自动时，用示波器测手动/自动的公共线，无脉冲信号。

⑦ 进一步检查连线时，发现在机床内部有一根线被压断，查此断线为信号的零线，将其接好，再通电，运行正常。

（4）维修经验积累　通过本例的故障诊断分析，以及从检查到排除的过程可看出，故障原因有主次之分，排除时要分清主次，先解决哪一个，后解决哪一个。诊断故障部位的步骤是解剖，隔离法，分成若干小单元，如：电源部分、驱动部分、CNC装置等，然后根据故障现象，推断分析，确诊故障发生的某一部分，从而重点检查，找出故障的部位和元器件。

【实例4-30】

（1）故障现象　DK7725E数控电火花线切割机床，系统采用TP801单板机进行控制。X 轴工作时抖动，同时伴有机械噪声。

（2）故障原因分析　X 轴电动机和机械传动部位有故障；机床电气部分有故障。

（3）故障诊断和排除

① 本例机床的伺服驱动部分采用步进电动机。该故障发生后，初步推断是机械故障所引起，根据“先机械后电气”的原则，首先将 X 轴电动机与其机械部分脱离，故障仍然存在，这表明故障源在电气部分。

② 该机床电气部分大致可分为：

a. 计算机主机电路,该电路为典型的单板机标准电路;

b. 接口电路,计算机与控制电路的信号传输电路;

c. 步进驱动电路,机床的主要输出电路;

d. 其他辅助电路,包括电源电路、变频电路等。

③ 与该故障有关的电路为计算机主机电路、接口电路和步进驱动电路。

④ 检查步进驱动电路。应用“替换法”用 Y 轴驱动电路去驱动 X 轴电动机,则 X 轴故障消除;用 X 轴驱动电路去驱动 Y 轴电动机,故障发生在 Y 轴。由此,可判断是 X 轴驱动电路发生了故障。

⑤ 根据该机床驱动电路原理图(如图 4-32 所示),检查 X 轴驱动电路各晶体管元件,发现一只大功率晶体管 3DD101B 断路,从而造成步进电动机输入 A、B、C 三相缺相运行,进而造成故障发生。更换大功率晶体管后,故障排除。

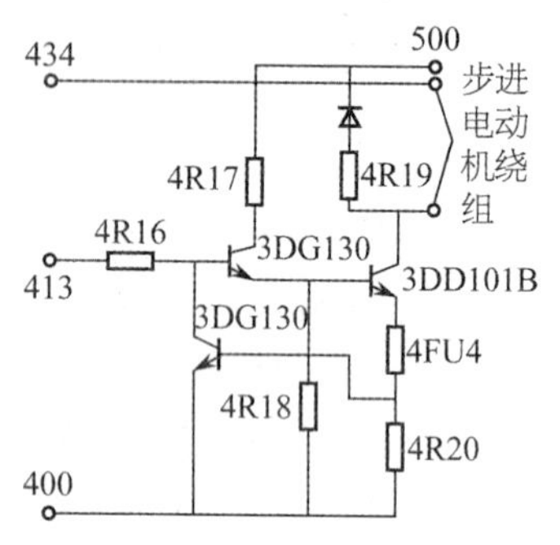

图 4-32 数控线切割机床驱动电路原理

(4) 维修经验积累 在开环控制系统的线切割数控机床中,步进驱动电路的大功率晶体管是故障率较高的元件。当机床在加工的过程中,由于某种原因发生过载或过流,其开环系统无法检测到这种过载或过流信号,使控制步进驱动电路停止工作,而是继续执行其控制指令,驱使大功率晶体管在过载或过流状态下工作,因此,常会烧毁晶体管。这是数控开环控制系统一个重要的故障原因。

任务二 数控线切割机床脉冲电源故障维修

【实例 4-31】

(1) 故障现象 三光牌系列产品之一的线切割机床,脉冲电源输出有故障。

（2）故障原因分析　常见原因是控制电路、接口电路及其相关元器件有故障。

（3）故障诊断和排除

① 查阅有关资料，脉冲电源电路如图 4－33 所示，由多谐振荡器产生相应的脉冲宽度和间隔，经过三极管 V1 倒相放大，当控制机发出开脉冲电源信号时，继电器 K2 吸合，使脉冲波形信号通过射极输出器 V2 传送至功放电路，经放大后供机床放电加工。S1 是调试开关，在控制机无开脉冲信号时，可按下 S1 强制输出脉冲电源。当运丝电动机换向时，继电器 K1 吸合，使三极管 V3 导通而关掉脉冲电源信号。

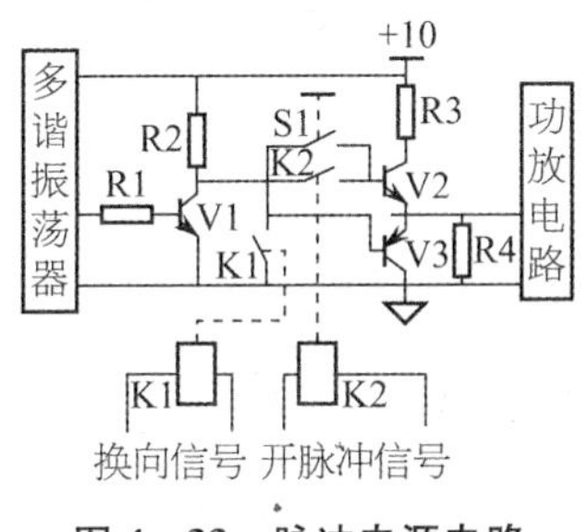

图 4－33　脉冲电源电路

② 脉冲电源输出的常见故障有以下几类：

a. 输出电流过大，一般是因为功放管 V5 被击穿。正常脉冲电源的短路电流为每一功放管 0.6～0.8A，如果被击穿则大于 3A。造成 V5 击穿的原因多数是 V6 失效。更换功率放大管，可排除故障。

b. 打开控制机上的脉冲电源开关，并且按了切割键以后，脉冲电源无输出，这多为 V1 的集电极与 V2 的基极未接通引起的。此时可测量继电器 K2 线圈两端是否有 6V 电压，有 6V 电压，说明是继电器损坏，如果无 6V 电压则说明控制机未发出开脉冲的信号，应检查控制机的接口电路。更换继电器、检修或替换接口电路可排除故障。

c. 运丝电动机换向时不切断脉冲电源输出，这种现象一般是由于继电器 K1 发生故障引起的，这时应更换继电器排除故障。

③ 本例经故障现象观察，发现运丝电动机换向时不切断脉冲电源输出，按故障规律检查继电器 K1，发现继电器有故障。

④ 根据检查结果，更换继电器 K1，机床恢复正常，脉冲电源输出的故障被排除。

【实例 4-32】

（1）故障现象　DK7732 数控钼丝切割机床高频脉冲电源工作不正常，在加工走丝过程中，切削火花时大时小，短路时不回退，也不停机，造成断丝。

（2）故障原因分析　该机床系 DK7732 数控钼丝切割机床，控制框图如图 4-34 所示。切削火花时大时小，常见原因是脉冲电源工作不正常。

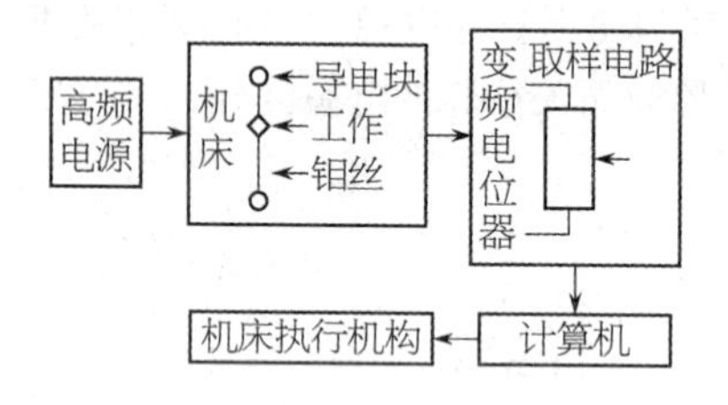

图 4-34　数控钼丝切割机床控制框图

（3）故障诊断和排除

① 检查发现电压指示正常，切削电流指示不正常。

② 短路时，短路处仍有火花产生，且间隙电压也不为零。

③ 检查脉冲电源各部分的波形及电位也都正常，可确定脉冲电源输出正常。

④ 推断短路时不回退，不停机是计算机控制回路不正常。

⑤ 检查时发现，调节变频电位器时有时正常，判断是电位器内部不良，更换一个后故障现象依旧。

⑥ 继续检查高频电源输出部分以及计算机信号馈给部分，发现线架上的导电块已严重磨损。

⑦ 导电块磨损可造成钼丝与之接触不良，产生切削火花时大时小，断丝等故障现象。

⑧ 根据检查和诊断结果，修磨导电块后，重新调整机床，机床恢复正常，故障被排除。

任务三　数控线切割机床伺服装置故障维修

数控线切割机床的组成如图 4-35 所示，主要组成部分如下：

① 机床本体。包括工作台部分、电极丝驱动部分和其他部分。

② 加工电源。采用晶体管放电电器组成的脉冲电源。

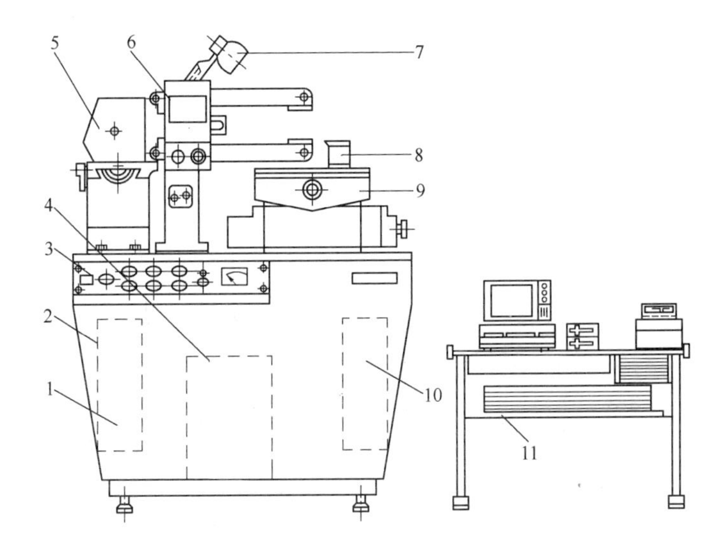

图 4-35　数控线切割机床的组成

1—机床电路；2—机身；3—机床面板；4—工作液箱；5—储丝筒；6—丝架；7—机床灯；8—工件安装台；9—滑板；10—高频电源；11—微型计算机编程操作台

③ 控制装置。采用电脑数控，自动控制电极丝偏置、镜像、断丝处理、加工条件自动变换、自动定位、自动穿丝等。

④ 自动编程装置。按工件形状轮廓编制加工程序。

⑤ 加工液供给装置。恢复极间绝缘产生放电爆炸压力、冷却电加工产物。

伺服装置的维修必须熟悉机床的基本组成和加工原理，具体作业中可借鉴以下维修实例。

【实例 4-33】

(1) 故障现象　某数控电加工机床，运丝电动机运行不正常，运丝不正常。

(2) 故障原因分析　机床运丝电动机控制电路如图 4-36 所示。启动运丝电动机时，接触器 K1 的常开触点接通，X1、Y1、Z1 得电，由于继电器 K2 的常闭触点接通，换向电路中的晶闸管 V2 和 V4 导通，Xl 和 Z1 分别通过 V2、V4 对电动机的 X2 和 Z2 供电，Y1 与 Y2 为直通，电动机正转，当运丝拖板运行到限位块压到换向开关 S1 时，继电器 K2 得电动作，其常开触点闭合而常闭触点断开，这样换向电路中的 V2、V4 关断，V1 和 V3

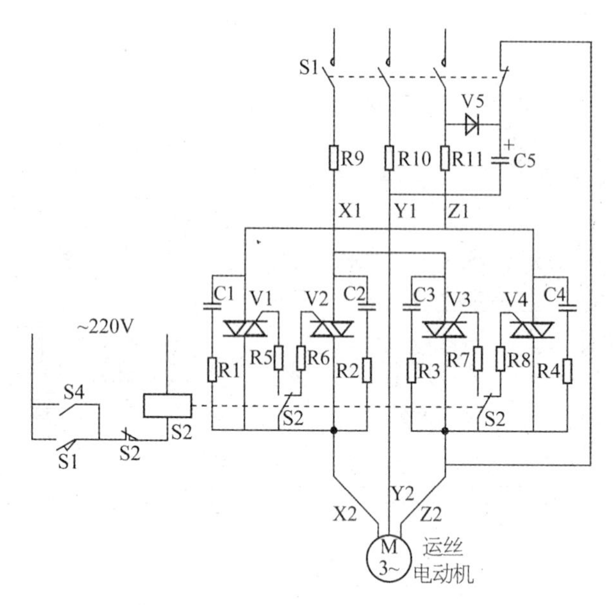

图 4-36 数控线切割机床运丝电动机控制电路

导通，运丝电动机的供电也就变为 X1 对 Z2，而 Z1 对 X2，也就是交换了三相供电中两相的相位，所以电动机反转。当滑板反向运行到限位块压到换向开关 S2 时，继电器 K2 失电释放，晶闸管又恢复到 V2、V4 导通，再使电动机正转，运丝电动机就这样周而复始的工作。

由于晶闸管 V2 导通后，当交流电源未过零是不会自动关断的，而继电器 K2 动作后又使 V1 导通，这样有可能使 V1 和 V2 同时导通，同理 V3 和 V4 也有可能同时导通，造成 Xl 与 Z1 之间短路，电路中的 R9、R10、R11 这时就起限流作用。在运丝电动机工作的同时由于接触器 K1 的常闭触点断开，通过二极管 V5 对电容 C5 进行充电，一旦接触器的常开触点断开停止运丝电动机工作，此时 K1 的常闭触点接通，电容 C5 则迅速放电，起到制动的作用。

根据以上工作过程分析，常见的原因是晶闸管有故障，或相关的元器件有故障。

(3) 故障诊断和排除　运丝电动机电路常见故障的处理方法：

① 电动机不运转，一般是晶闸管开路引起的，可重点检查晶闸管的性能，若检查结果晶闸管损坏，应更换有故障的晶闸管。

② X1、Z1 相线中的限流电阻 R9 和 R11 烧焦，原因是晶闸管的阴极

和阳极之间有漏电现象，应更换漏电的晶闸管。

③ Y1、Z1 相线中的限流电阻 R10 和 R11 烧焦，主要是充电二极管 V5 击穿短路，应更换该二极管。

④ 停机时制动失效，这是因为充电二极管 V5 开路损坏或者电容 C5 失效引起的，应检查更换二极管或电容。

⑤ 本例机床经检查限流电阻烧焦，按故障规律，检查充电二极管，发现充电二极管击穿，更换充电二极管，机床恢复正常，故障被排除。

（4）维修经验积累　如前述，运丝电动机及其控制电路的常见故障原因有一定的规律，掌握控制电路的原理和过程，按基本规律进行诊断，可切实提高运丝电动机常见故障的诊断维修效率。

【实例 4-34】

（1）故障现象　DK77328D 线切割机床丝筒电动机不能换向，撞终点开关而停止。

（2）故障原因分析　DK77328D 线切割机床丝筒是用三相交流电动机传动的，其行程是靠接近开关控制接触器来实现正反转以达到循环工作。从电器方面分析，可能是换向的接近开关有问题或接触器铁心有粘连的现象。

（3）故障诊断和排除

① 通电后用铁片检查接近开关，接触器动作正常，开动丝筒电动机，观察发现在换向时电动机已减速，但丝筒仍向前滑行，而终点限位与换向限位又较近，马上压终点限位而停止丝筒电动机，从电器方面来分析没有发现问题。

② 检查电动机轴与丝筒的连接，发现电动机轴与丝筒旋转不同步，有打滑的现象。

③ 将丝筒与电动机轴的锥度连接部分拆开，发现内部的 10 个自动调节弹簧漏装。

④ 根据检查结果，推断漏装自动调节弹簧后，丝筒与电动机同步失调，影响丝筒换向。

⑤ 根据诊断结果，用合适的弹簧配上后，启动丝筒电动机，机床运转正常，故障被排除。

（4）维修经验积累　在维修过程中，需要按拆卸的逆序进行安装和调整，若在维修中漏装、错装零件，或装配的顺序有错，调整不当，都可能造成新的故障隐患。

项目四 数控专用成形加工机床故障维修

经济型数控机床有各种成型加工加床，如图 4－37 所示为各种数控成型加工机床示例。

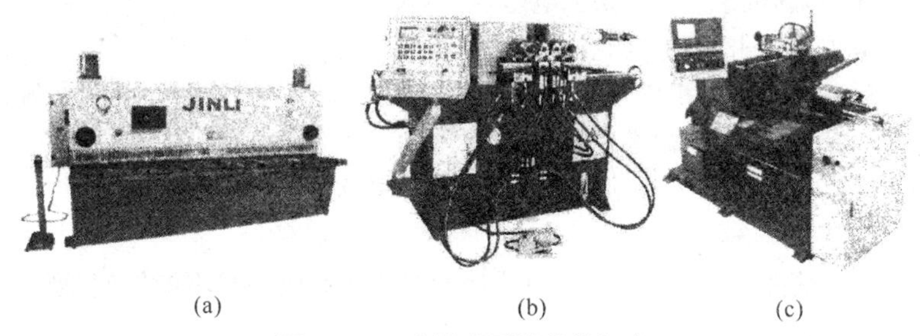

(a) (b) (c)

图 4－37 金属成型类数控机床

(a) 数控折弯机；(b) 数控弯管机；(c) 数控旋压机

任务一 数控冲压机床故障维修

【实例 4－35】

(1) 故障现象 GE－FANUC 系列 OO－P 控制系统 3600ATC 板材加工中心，机床正处于自动加工过程中，当加工程序进行到等离子切割时，机床自动点火一瞬间，显示器屏幕上出现一片混乱，原有一切显示的格式全部被覆盖，机器自动停止，操作键盘上显示灯部分亮着，无法消除。关机后，重新启动，显示器显示的指令格式和数据已经被改变成几种相同的格式和数据，机器无法工作。

(2) 故障原因分析 由于是在等离子切割时造成此故障，可能是等离子切割自动点火瞬间，产生高频脉冲，窜行到主系统中，引起系统参数混乱。

(3) 故障诊断和排除 按初步判断的原因，重新建立系统参数，才有可能恢复，此 CNC 系统 GE FANUC OO－P 中，存在一个只读存储器，机器的系统参数都保存在其芯片中，只有把只读存储器(E－P ROM)中的系统参数重新调用到 CNC 操作系统，这样才有了机床所需的最基本的参数。在此条件下，重新修正主轴的参数、参考点的确定，可使机器恢复正常。建立参数的具体操作步骤：

① 用 in－line A 电缆替换 M74/M05 电缆，插座号是 M74；

② 在参数页，手动修改如下二进位参数：a. PWE＝1；b. 参数页：P2＝00110110；P5 ＝ 00000001；P44 ＝ 1；P302 ＝ 01000001；P303 ＝ 00010001；P311＝00011001；P340＝2；

③ 关机，再启动（指总电源开关）。（注意：Emergency 应出现在屏幕上），有出错信号出现，同时，保护开关应开着；转换开关于 MMC 一边，在 I>提示符下键入：I>LOADPRM，再按 INPUT 键，转换到 MMC 屏幕，选择参数页（PARAMETER PAGE），键入 P－9999，再换按 READ 键，转换到 MMC 一边，准备好，按 INPUT 键，见 READ 键在闪烁，直到参数重新建立；

④ 手动修改诊断参数（Diagnostic）；D600 ＝ 00010001；D601 ＝ 00010001；D602＝10000101；D325＝00010100；D330＝00010100；

⑤ 切断电源，再启动机器，清除屏幕显示的错误信号；

⑥ 确定参数 P318＝00100000；

⑦ 每一种机床都使用一组用户宏指令程序（9000 系列），只有把只读存储器中的宏指令调用到 CNC 的零件程序存储器中，机器才能工作。

a. 修改 PWE＝1，改变参数 P318＝00000000，保护键打开；

b. 重复修改参数：P44＝1　P340＝2D602 的第三位为 1，再修改 PWE＝0。关掉电源，再启动，拉出紧急开关。此时应注意：当有出错信号，应予消除，如果无法消除，应重复以上动作。然后转换到 MMC 一边，在提示符 I>处，键入：I>LOADMAC，按 INPUT 键；

c. 在 CNC 一边的编辑状态，键入＞0. 9999，再按 READ 键，转换到 MMC 一边，按 INPUT 键，再回到 CNC 一边，直到宏指令程序出现；

d. 修改 PWE＝1，重新确定如下参数：P318＝10100000（保护程序）；P44＝0；D602 第三位为 0，修改完以后，确定 PWE＝0；

e. 关电源，再启动。

⑧ 检查坐标轴参数的设定（以下参数适合 3600ATC）：P82（“X” AXIS）＝1985；P85（“Y”AXIS）＝2750；P85（“C”AXIS）＝1095；P7508（“Z” AXIS）＝0；P7509（“R”AXIS）＝0；

⑨ 检查确定的刀具号，检查工件夹紧设定参数，如有不同，必须根据实际情况修改。

通过以上步骤，如果仍无法建立系统参数，就必须重新清除系统参数和宏指令程序（当接通电源时，同时按下 RESET、DELETE 和 CANCEL 键），然后重复以上步骤，直到建立系统参数。

(4) 维修经验积累　恢复机床的系统参数需要严格按照机床有关手册的步骤进行,系统参数恢复作业后,注意检查参数的正确性,如检查确定刀具号,检查工件夹紧设定参数等。注意修改完以后,确定 PWE=0。

【实例 4-36】

(1) 故障现象　NNS3-16 冲槽机,工作台 X 轴方向运动时,正向工作正常,负方向有连续响声,其声音类似液压波动引起冲击造成的,且有时工作台处于停止状态有轴向抖动现象,而移动时没有抖动现象。

(2) 故障原因分析　对故障现象及该机构分析认为造成故障原因有 3 个方面:

① 由于负载过大造成响声;

② 液压油压力波动产生的冲击;

③ 伺服系统工作不稳定造成液压冲击。

(3) 故障诊断和排除

① 查阅技术资料。该机床 X 轴采用是 SFM 转矩放大机构作为驱动装置(图 4-38)。其工作原理是先导电动机转动丝杠作轴向移动,丝杠带动阀芯运动开启液压油通道让液压油进入液压马达。液压马达旋转反馈丝杠、开口螺母保证阀芯的开口恒定、轴向移动量由弹性联轴器张开和压扁来得到。其作用原理如图 4-39 所示。

② 推断故障部位。深入对 X 轴整个控制系统(如图 4-40)进行分析,推断故障可能发生在下面 5 个部位:

a. 工作台传动滚珠丝杠与双螺母和滑动导轨;

b. 液压系统;

c. 先导电动机同力矩放大机构的弹性联轴器;

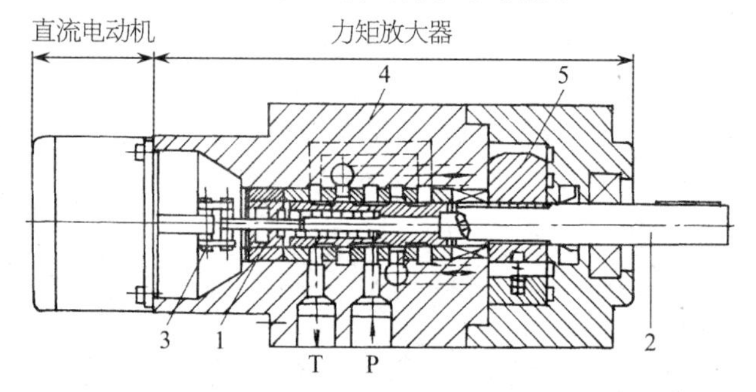

图 4-38　转矩放大机构原理图

1—丝杠;2—输出轴;3—弹性联轴器;4—伺服阀;5—液压马达

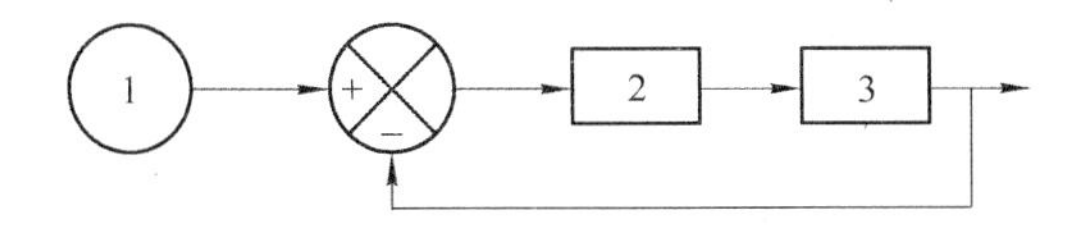

图 4-39　液压工作原理图

1—先导电动机；2—伺服阀；3—液压马达

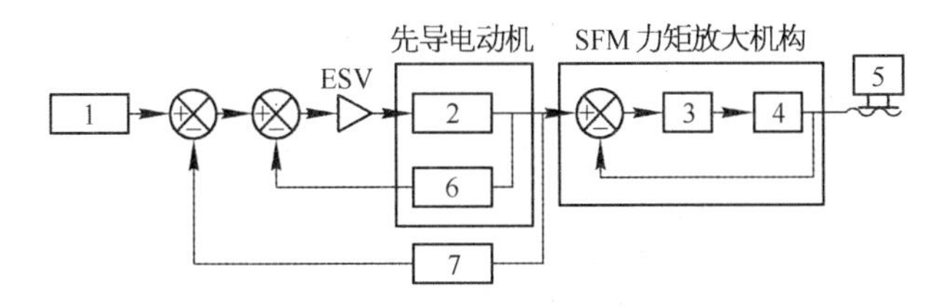

图 4-40　*X* 轴控制系统原理图

1—控制系统；2—DC 电动机；3—伺服阀；4—液压马达；
5—工作台；6—测速发电机；7—编码器

d. 先导电动机工作不正常；

e. 控制系统及测量反馈系统。

③ 检查诊断分析。由于拆卸滚珠丝杠、开口螺母及导轨比较困难，且其精度较高，拆卸后不易恢复精度。因此查找过程中遵照先易后难原则，按推断的几个部位逐一进行诊断检查，并采用分段分步方法来确定故障区域。

a. 检查液压系统，检查油质、油量、油温、油的供应压力，均正常，液压系统没有波动。

b. 对弹性联轴节进行调整，仍然不能改变故障现象。

c. 在机床处于工作状态下，将先导电动机同液压伺服阀脱开，用手旋转伺服阀丝杠来控制进出油路，发现正负两方向运动均无响声，工作台移动平稳正常。

d. 剩下的部位属于不易拆卸和诊断的部位。由此判定其故障产生在先导电动机部分。

e. 将电动机卸下进行专门测试，发现转动时一个方向正常，另一方向有轻微不均匀现象，从而确定故障原因是电动机旋转不均匀使伺服阀进出油口频繁变化而产生液压冲击造成响声。

（4）维修排除故障

① 对电动机进行清理，更换电刷，调整换向器，经测试后达到技术要

求，重新换上后，该轴运行时有异常响声故障被排除。

② 由于工作台抖动现象仍时有出现，决定在工作台发生抖动时，同样将电动机同伺服阀在联轴器处脱开，发现电动机轴在抖动。

③ 推断原因可能由于编码器上有污物而引起的。将编码器拆卸后进行擦拭，重新安装后，机床恢复正常工作，故障全部被排除。

【实例 4-37】

(1) 故障现象　GE-FANUC OO-P 数控系统 3700ATC 板材冲剪中心，在更换模具时，实际上冲模已换下来，但机床报警显示："冲模该换"。

(2) 故障原因分析　根据实际现象判断为传感器信息有误。

(3) 故障诊断和排除

① 顺着线路检查，直到检测件上，线路无故障。

② 检查传感器件，本例用一个光电传感器件检测冲模，右边有发光——受光器件，左边有一反射镜片。检查结果器件没有受到碰撞等损害。

③ 根据检查结果，因传感器件没有损坏，推断是由于表面污染造成信号不可靠而报警。

④ 用柔软的纱布擦拭干净发光——受光器件和反射镜片，经过这样处理后调换模具，机床报警解除，故障被排除。

(4) 维修经验积累　根据本例设备的工件性质、工件环境和加工工艺等条件影响因素，对检测用的光电传感器件应定期进行维护保养，清洁光电传感器件的表面，防止污染，以免发生报警或引起故障，造成较大的事故。

【实例 4-38】

(1) 故障现象　GE-FANUC OO-P 数控系统 3700ATC 板材冲剪中心，执行 T××M06 时(换模具)，发生报警"Robot Cycle Exceed Allowable Time See Machine Diagnostic"。

(2) 故障原因分析　查阅机床诊断部分技术资料，报警"Robot Cycle Exceed Allowable Time See Machine Diagnostic"提示机械手循环运行超出允许时间。

(3) 故障诊断和排除

① 故障重演分析。

a. 回顾故障发生前，机床曾改动参数 D485，休息两天上班后开机发生故障。

b. 依次修改参数为 800、700、500 结果相同，机床都是在机械手取下冲压位的模具缩回后，Z 轴没有上升动作。等待约 5～10s 后，停车报警，内容同上。

c. 把参数改为 300、400、450 时，报警提示变为："Robot Arms Not In Position on Motion Time Period Exceed"即：机械手不在位，运行时间周期超过范围。此时机械手取下冲压位的模具缩回后，马上停车报警。

② 故障诊断分析。

a. 通过查询 PLC 的梯形图，发现 D485 是一个定时器的参数，未给出其取值范围。

b. 把机械手转到空位，伸出无问题，缩回后则发生报警。

c. 检查维护 SQ36，冲模检测信号，也无效果。

d. 采取动态观察法，运动时观察梯形图，还未看清动作状态变化，CRT 已换成了报警画面，没有观察结果。

e. 仔细检查，发现手动装模具时和以前比较感觉不一样。

f. 拆开盖板，发现模后面一个接近开关 SQ26；SQ26 传感器常亮，经分析判断属不正常。

g. 仔细检查发现接近开关的撞块卡死。推断原因是等离子切割时，翻水导致生锈，从而使撞块失去弹性复位能力。

h. 经查梯形图和电路图核实，SQ26 输入信号为 X6. 6，会导致 Z 轴上升支路接不上，从而发生超时报警。

③ 故障排除方法　经清洁修复处理故障部位后，X6. 6 信号正常，机床故障被排除。

(4) 维修经验积累

① 本例由于梯形图注释不详，查找 Z 轴运动支路较困难，此时宜采用逐步检查推断的方法进行检查诊断。

② 本例接近开关撞块复位故障是一个故障易发生点，在日常维护中要经常清理一下，确保信号的可靠，以保证机床正常工作。

③ 此故障与 D485 参数无任何关系，由于先入为主而误入歧途，走了一个大弯路，应引以为戒。

【实例 4－39】

(1) 故障现象　某经济型数控冲床，通电后，冲床不能启动。

(2) 故障原因分析　常见的原因是电源部分有故障。

(3) 故障诊断和排除

① 打开电气控制柜，用万用表测量各部分的电压，电源电压正常，数控系统 24V 直流电源的电压为 0V。

② 检查电源模块，电源模块的型号是 A16B－1211－0850－01，电源模块处于正常状态。

③ 检查保护电器，发现熔丝熔断，推断负载部分有短路故障。

④ 测量 24V 输出端的电阻接近于 0Ω，表明负载中有短路故障。24V 直流电源供给多路负载：显示器单元、中间继电器、PMC 输入和输出点的各种开关。

⑤ 断开各路负载，分别测量各路负载的电阻，发现 PMC 输入点上有一只开关对地电阻很小。

⑥ 检查该路负载和连接线路，最后查明开关电缆线的绝缘外皮磨破，芯线与床身短路。

⑦ 根据检查和诊断结果，用绝缘胶布包好破损处，并采取措施，防止电缆线与机械部分的摩擦，数控系统的直流电源电压 24V 恢复正常，机床不能启动的故障被排除。

（4）维修经验积累　绝缘层的破损是移动部件外部连接线的常见故障，通常的维修方法大多是采用绝缘胶带进行包缠，使连接线缆恢复绝缘。在维修中应掌握绝缘胶带包缠的基本操作方法，以免绝缘胶带脱落发生重复故障。同时要采取一定的措施，避免移动部件连接线缆与邻近部位的摩擦。

【实例 4－40】

（1）故障现象　某经济型回转头数控冲床，冲孔时 *X* 轴出现误差。

（2）故障原因分析　常见原因是伺服系统或参数设置有问题。

（3）故障诊断和排除

① 故障现象观察，利用 T5、T6、T7 等冲模冲孔时，所冲的孔在 *X* 轴发生偏差。有的模具偏差大，有的模具偏差小。如运行程序 X30、Y120、T7 时，*X* 轴坐标应为 X30，但实际坐标为 31.27，存在 1.27mm 的偏差。

② 改用 T15、T20 等冲模，没有发生上述现象。在 MDI 方式下，输入 T6 或 T7 指令，*X* 轴又出现超程报警。

③ 检查 *X* 轴的定位精度，在良好状态。

④ 将有关参数与机床生产厂家备份的参数进行对比，没有发生变化。

⑤ 由于管理方面的原因，本例机床的系统参数纸带丢失，无法对系统进行初始化，检修陷入困境。

⑥ 逐个分析生产厂家没有备份的参数，发现698号参数恰好为1.27，与T7模具在X轴所产生的偏差完全一致。

⑦ 根据检查结果，推断由于偶然的干扰，使部分冲模在X轴的位置偏移量参数发生变化，从而导致了加工误差。

⑧ 根据诊断结果，将698号参数修改为0后，误差消失，故障不再出现。

(4) 维修经验积累　本例机床的无备份系统参数，属于维修档案不注重资料积累造成的。使用和维修数控机床，在系统参数资料不齐全的情况下，可在机床正常运行的条件下，有意识地进行有关参数的记录和保管，以便在维修时进行比照检查核对和修改。

【实例4－41】

(1) 故障现象　某经济型数控冲床，在冲压工件过程中，突然停止工作。

(2) 故障原因分析　常见原因是电源电路和控制电路有故障。

(3) 故障诊断和排除

① 观察故障过程，故障出现后过十几分钟再开机，又能正常工作一段时间，然后又突然停机。

② 对机床的工作状态进行观察，发现故障只是在冲压大工件时出现，冲压小工件时完全正常。

③ 对照电气原理图进一步检查，发现热继电器常闭触点断开，导致交流接触器释放，冲压电动机断电。

④ 将热继电器复位后，重新启动冲压电动机，用感应式钳形表测量电动机的工作电流，在额定电流以下，这说明电动机并未过载。

⑤ 据理推断，在冲压大工件时，电动机的电流增大，这时候出现故障，说明热继电器动作电流的整定值偏小，导致过热跳闸。

⑥ 查看热继电器动作电流整定值，果然小于电动机的额定电流。

⑦ 重新调节热继电器的整定值，使其与电动机的额定电流相等，机床冲压大工件时停机的故障被排除。

(4) 维修经验积累　热继电器的动作整定电流应按规范进行调整，过大会失去保护作用，偏小会因不能满足工作电流而出现停机故障。

【实例4－42】

(1) 故障现象　某经济型数控冲床出现转台不转，冲头也不能升降故障。

（2）故障原因分析　常见原因是PLC及信号传递部分有故障。

（3）故障诊断和排除

① 从故障现象来看，机床数控装置锁定了输出，输出禁止的原因是输入信号出现异常，故首先应从机床状态指示灯和信号来分析。

② 观察机床操作面板上的故障指示灯，在亮的状态，这表示操作失误或NC单元有故障。

③ 观察指示灯POS. READY在亮的状态，这表示定位挡板已经完成了定位工作；观察指示灯INDEX PIN IN，在亮的状态，这表示分度销已经正确地插进了转盘；观察指示灯TURRENT NOT READY X. Y，在不亮的状态，这表示定位挡板行程和转台行程正常。

④ 观察指示灯RAM TOP POS，在不亮的状态，这表示冲头上极限开关所检测到的信号异常。

⑤ 启用诊断键，进入PLC地址和状态指示界面中，找到冲头上极限开关地址X25，检查其状态为11011，说明这只开关的信号出错。

⑥ 找到机床冲头处极限开关，经检测发现极限开关已经损坏。

⑦ 根据诊断结果，更换冲头上的极限开关，故障被排除。

（4）维修经验积累　冲床冲头处的极限开关等安装电气元件的部位，是一个易发故障部位，电气元件的损坏也比较常见，因此在维修维护中，可将此部位及其有关的电器元件作为点检部位。

【实例4-43】

（1）故障现象　FANUC 6 ME系统数控冲床，机床在进行自动加工过程中，CRT上出现ALM401报警。

（2）故障原因分析　在FANUC 6 ME数控系统中，ALM401报警提示“伺服驱动系统没有准备好”。

（3）故障诊断和排除

① 打开电气控制柜进行观察，发现Y轴速度控制单元上的HCAL报警灯亮。查阅机床使用说明书，其含义是“速度控制单元存在过电流报警”。

② 本例机床使用的是PWM直流速度控制单元，据理推断，故障根源是速度控制单元存在着过电流，导致“VRDY”信号断开，并使数控系统产生ALM401报警。

③ 检查伺服电动机电枢绕组，没有短路现象，对地绝缘性能良好。

④ 测量伺服驱动器主电路的逆变晶体管模块，发现其中有两只晶体

管模块被击穿，导致过电流。

⑤ 根据检查诊断结果，拆卸故障晶体管模块，换上相同规格的晶体管模块，故障被排除。

(4) 维修经验积累　晶体管模块的击穿有软击穿和硬击穿两种状态。处于软击穿状态的晶体管模块，故障是断续性的。处于硬击穿的晶体管模块，过电流状态是连续性的。

任务二　数控弯形机床故障维修

【实例 4-44】

(1) 故障现象　WE67 K-63/2500 型数控液压板料折弯机，系统液压泵不能启动。

(2) 故障原因分析　常见原因是液压系统及其动力部分有故障。

(3) 故障诊断和排除

① 仔细观察故障现象，按下液压泵启动按钮，滑块没有按要求快速向上抬起，而是停在下面不动。液压泵和管路发出“嗡—嗡—嗡”的声音，而 CRT 上没有出现报警。

② 检查同步控制块中的比例换向阀 4Y5(左、右液压缸中各有一个)，动作正常，从液压泵出的油已经进入液压缸的下腔。

③ 检查液压泵控制部分的比例溢流阀 1Y1，这时数控系统已经对 1Y1 发出了动作信号，但手摸阀芯感觉到动作迟钝乏力，判断是有异物将阀芯卡住，使其动作不能完全到位，提供给液压缸的压力不足，难以驱动滑块。

④ 根据诊断结果，将 1Y1 拆下，取出阀芯和其他工件，在汽油中浸泡清洗几次。装上后重新通电启动，机床工作正常，故障被排除。

【实例 4-45】

(1) 故障现象　WPE800/807 型电液数控折弯机，机床通电后，显示器出现“白屏”，没有字符、图像和任何信息，无法进行加工。

(2) 故障原因分析　本例数控折弯机使用透射型液晶显示器，其正常工作必须满足两个条件：一是要有背光源，二是液晶电极两端要加上由图像信号所调制的交流驱动电压。显示器出现“白屏”，说明故障不在背光源电路，而是交流调制信号没有加到液晶电极上。此时液晶晶体前后自动偏转 90°，刚好与偏振片方向一致，处于透光状态，背光源穿过呈透明状态的液晶屏后，肉眼所看到的就是纯粹的“白屏”。因此原因可能是显示器的主板单元电路及其相关接插件、连接线有故障。

(3) 故障诊断和排除　重点检查显示器的主板单元电路，以及相关的插接件、连接线。

① 断电停机，打开显示器机壳，检查主板单元电路，未发现有明显的故障。

② 用万用表检测各个插接件和连接线，都是正常的。

③ 通电开机进行观察，发现主板上指示 5V 直流电源的发光二极管不亮。

④ 进一步检查发现，在 12～5V 的直流电压变换模块上，12V 输入电压完全正常，但是没有 5V 输出电压。判断该模块有故障。

⑤ 根据检查结果，更换损坏的直流电压变换模块，故障被排除。

【实例 4-46】

(1) 故障现象　某数控弯板机，在加工过程中，机床的 Y 轴出现振动现象，且时大时小，时有时无，但没有显示任何报警。

(2) 故障原因分析　本例机床的 Y 轴使用直流永磁式伺服电动机，由直流伺服系统驱动。常见原因是 Y 轴伺服系统、检测装置和相关电路有故障。

(3) 故障诊断和排除

① 在 Y 轴运动未发生抖动时，用手挪动一下位置反馈编码器的电缆，电动机随即发出振动的响声。推断问题出在接线上，于是在断电后打开位置编码器的插头，发现其屏蔽层未接地。做好接地后再试机，反复挪动该电缆，电动机再未发出振动声，便以为故障已经排除。

② 反复操作 Y 轴运行来进行验证，十几分钟后电动机再次发出振动声，通过传动轮可以明显地看到，这台电动机正在进行频繁的动态校正状态。推断故障原因是伺服驱动器的参数没有设置好，于是对伺服单元进行反复的检测和调整，包括改变偏置值和增益、调整零点漂移等，但是没有任何效果。

③ 检查相关机构，伺服电动机通过蜗杆副驱动滑块，以进行上、下方向的运行。拆下蜗杆副中的蜗轮，这时电动机不带负载。再次通电试验，电动机仍然在不停地抖动。分析认为，电动机的旋转是靠指令来进行的，而此时 NC 没有发出任何指令，电动机应该完全静止。它能够转动，一定是有不正常的指令电压施加在伺服驱动器上。电动机转动后，位置编码器立即对其进行校正，令其向反方向转动，看起来好像是在振动。显然，故障出在伺服驱动器的指令电路上。

④ 从伺服驱动器的插接端子上，将传送 Y 轴伺服单元指令信号的电缆拔掉，再通电后电动机果然静止下来。分析故障原因是伺服系统受到了外界的干扰。进一步检查发现，传送 Y 轴指令的电缆没有接地。

⑤ 按照有关的技术要求，对 Y 轴和其他所有需要接地的电缆进行检查和整改，做好接地屏蔽，其后再没有发生类似故障。

(4) 维修经验积累　本例故障由多项因素引发，第一次维修是反馈编码器连接电缆接线松动引起的，第二次检查，发现振动故障与外界的干扰有关，而干扰是由连接电缆没有可靠接地导致的。振动的原因应是 Y 轴伺服电动机的频繁误动作及其校正动作形成的，因此，本例维修诊断实例值得借鉴的：一是同一种故障现象可有多种因素引发；二是振动的原因不仅仅是机械故障，还可能是误动作或校正动作的频繁启动造成。

【实例 4－47】

(1) 故障现象　BEYELER 型数控折弯机，机床使用几年后，加工的工件尺寸误差太大，以致完全报废。

(2) 故障原因分析　常见原因是伺服系统及其机械传动部分有故障。

(3) 故障诊断和排除

① 检查伺服电动机的控制电路和驱动器，都在正常状态。

② 对折弯机的加工过程进行观察，发现其后部挡位块位置偏高。挡位块由一个半闭环的伺服驱动轴进行驱动，其定位取决于伺服电动机。

③ 打开伺服电动机与滚珠丝杠的传动箱盖，电动机与丝杠由一条同步齿型带相连接，其中间有一个凸轮，用以调节同步齿型带的张紧程度。检查发现，同步齿型带已经严重变形，长度增加，凸轮已经无法调节同步齿型带的张紧程度。

④ 据理推断，伺服电动机转动时，齿形带有时会错位，从而导致挡位块偏离正常位置，并导致轴定位出现偏差。在这种情况下，轻则使加工工件报废，重则导致意外事故。

⑤ 根据检查和诊断结果，更换齿型带，并重新调整其张紧程度，故障被排除。

(4) 维修经验积累　同步齿形带(图 4－41)是数控机床传动机构中的易损故障构件之一。更换同步带，调节同步带的作业应注意以下事项。

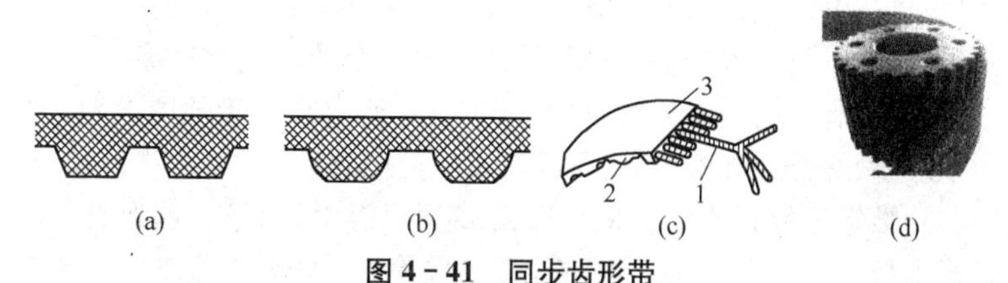

图 4-41　同步齿形带

(a) 梯形齿；(b) 圆弧齿；(c) 齿形带的结构；(d) 实物图

1—强力层；2—带齿；3—带背

① 安装注意事项。

a. 带轮的轴线必须平行,带轮齿向应与同步带的运动方向垂直。

b. 调整同步带轮的中心距时,应先松开张紧轮,装上同步带后进行中心距调整。

c. 对固定中心距的传动机构，应先拆下带轮，将带装上带轮后，再将带轮装到轴上固定。不能使用工具把同步带撬入带轮，以免损伤抗拉层。

d. 不能将同步带存放于不正常的弯曲状态,应存放在阴凉处。

② 同步带的失效形式:同步带使用中会出现故障、失效,主要的失效形式如下。

a. 同步带体疲劳断裂。

b. 同步带齿剪断、压溃。

c. 同步带齿、带侧边磨损、包布脱落。

d. 承载层伸长、节距增大,形成齿的干涉、错位。

e. 过载、冲击造成带体断裂。

③ 同步带维修安装的注意事项。

a. 按失效的形式进行故障原因分析,若是正常磨损,应进行带的更换、安装和调整;若是随机性的故障,应及时进行诊断,分析原因后找出引发故障的部位予以排除,然后进行更换、安装和调整。

b. 更换带时,应根据技术文件规定的规格进行核对,并进行必要的检测,如检测带的长度、宽度和齿形尺寸(表 4-6)等。对带轮的齿形、带轮的中心距、张紧装置的完好程度都应进行检查检测,以保证更换安装后的传动精度。

表 4-6　同步带的齿形尺寸

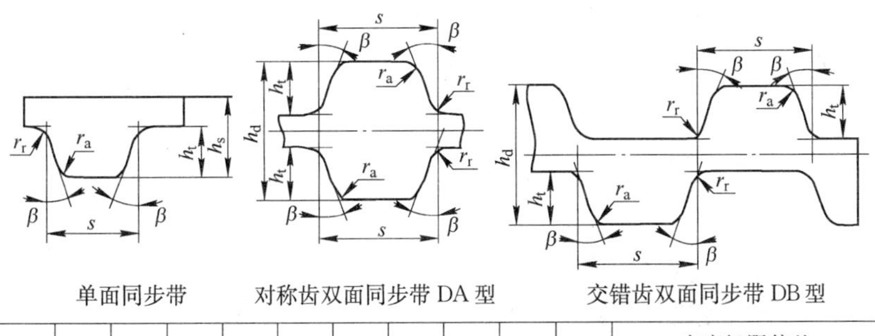

单面同步带　　对称齿双面同步带 DA 型　　交错齿双面同步带 DB 型

型号	节距 p_b (mm)	2β (°)	s (mm)	h_t (mm)	r_r (mm)	r_a (mm)	h_d (mm)	h_s (mm)	b_s (mm)	标准宽度代号	宽度极限偏差		
											≤838.2*	838.2～1 676.4*	≥1 676.4*
MXL	2.032	40	1.14	0.51	0.13	0.13	1.53	1.14	3.2 4.8 6.4	012 019 025	+0.5 −0.8	—	—
XL	5.080	50	2.57	1.27	0.38	0.38	3.05	2.3	6.4 7.9 9.5	025 031 037	+0.5 −0.8	—	—
L	9.525	40	4.65	1.91	0.51	0.51	4.58	3.6	12.7 19.1 25.4	050 075 100	+0.8 −0.8	—	—
H	12.700	40	6.12	2.29	1.02	1.02	5.95	4.3	19.1 25.4 38.1	075 100 150	+0.8 −0.8	+0.8 −1.3	+0.8 −1.3
									50.8	200	+0.8 −1.3	+0.8 −1.3	+0.8 −1.3
									76.2	300	+1.3 −1.5	+1.5 −1.5	+1.5 −2
XH	22.225	40	12.57	6.35	1.57	1.19	15.49	11.2	50.8 76.2 101.6	200 300 400	—	+4.8 −4.8	+4.8 −4.8
XXH	31.750	40	19.05	9.53	2.29	1.52	22.11	15.7	50.8 76.2 101.6 127	200 300 400 500	—	+4.8 −4.8	—
XXL	3.175	50	1.73	0.76	0.2	0.3		1.52	3.2 4.8 6.4	3.2 4.8 6.4	+0.5 −0.8		

注：* 指节线长，单位为 mm。

【实例 4－48】

（1）故障现象　WE67 K－63/2500 型数控液压板料折弯机，X 轴（后挡料）在折弯定位时，定位不准确。每次开机时，定位精度在 0.05～0.10mm之间无规律地变化，而且在连续折弯时误差不断地积累。例如，连续折弯 4 次，工件尺寸误差就会超过 0.3mm。

（2）故障原因分析　常见原因是伺服系统参数设置不适当，机械传动机构有故障。

（3）故障诊断和排除

① 检查电动机与丝杠联轴器，并用百分表检测丝杠的轴向窜动，都没有问题。

② 检查后挡料（X 轴）传动链，不存在传动间隙引发的故障因素。

③ 用手正反向转动滚珠丝杠，检查丝杠螺母的反向间隙，误差在规定的范围之内。

④ 检查数控系统的参数，各项设置完全正确。

⑤ 打开电动机的后盖检查，发现紧固编码器和电动机轴的紧定螺钉松动，以至造成电动机在正反向转动时，编码器不能正确地反映实际位置。转动次数越多，检测的理论位置与后部挡料实际位置的累计误差就越大。

⑥ 根据检查结果，紧固紧定螺钉，故障被排除。

（4）维修经验积累　本例数控机床安装后，使用时间不长就出现了编码器紧定螺钉松动的故障，可见在机床运输、安装过程和初期使用阶段，会产生一些装配不可靠引发的故障，值得维修人员注意和借鉴。

【实例 4－49】

（1）故障现象　某经济型数控折弯机，机床通电后，数控系统不能启动，显示器上也没有任何显示。

（2）故障原因分析　常见原因是电源部分有故障。

（3）故障诊断和排除

① 数控系统工作的首要条件是电源。检测系统电源的供电模块，输入的交流电压正常，但是没有直流输出电压。

② 对开关电源板进行直观检查，没有发现异常情况。使用替换法，更换一块电源板后，直流输出电压正常，机床恢复正常工作。

③ 仔细观察有故障的电源板，发现有一只钮扣大小的电容器不正常，周边上有些发黑，经检测电容短路。

④ 故障电容器的容量是 0.01μF，根据电路原理，故障电容是开关电源中的正反馈电容，其短路后造成反馈信号中断，开关电源不能起振，从而引发机床系统不能启动故障。

⑤ 根据检查结果，更换短路的电容器，故障得以排除。

（4）维修经验积累　电容器老化和击穿是电源部分元器件中的常见故障，在数控机床的电源部分有不少电容，因此进行电源部分维修时，除了注重检查晶体管的性能外，可注重检查电容的性能。